职业教育理实一体化教材

智能制造装备应用

代　毅　乔丽娟　主　编

中国纺织出版社有限公司

内 容 提 要

本书是根据《国家职业教育改革实施方案》（简称"职教 20 条"）中针对三教改革的相关要求编写而成的新型模块化教材。本书融合了《智能制造通识课》《工业机器人编程》《工业机器人离线编程》《PLC 应用技术基础》《自动化生产线运行与维护》五本教材的主要内容，按照企业岗位技能、结合最新课程标准、运用行动导向的教学方法进行整合开发。通过项目式的教学，将工作标准与教学标准有机结合。每个项目都有成果展示，项目设计由浅入深、循序渐进、理实结合，注重学生知识结构、技能、非专业能力的培养。

图书在版编目（CIP）数据

智能制造装备应用 / 代毅，乔丽娟主编 . -- 北京 ：中国纺织出版社有限公司，2023.1

职业教育理实一体化教材

ISBN 978-7-5229-0322-4

I. ①智… II. ①代… ②乔… III. ①智能制造系统－装备－职业教育－教材 IV. ①TH166

中国国家版本馆 CIP 数据核字（2023）第 016629 号

责任编辑：张 宏 责任校对：江思飞 责任印制：储志伟

中国纺织出版社有限公司出版发行
地址：北京市朝阳区百子湾东里 A407 号楼 邮政编码：100124
销售电话：010—67004422 传真：010—87155801
http://www.c-textilep.com
中国纺织出版社天猫旗舰店
官方微博 http://weibo.com/2119887771
三河市宏盛印务有限公司印刷 各地新华书店经销
2023 年 1 月第 1 版第 1 次印刷
开本：787×1092 1/16 印张：22.75
字数：257 千字 定价：98.00 元

凡购本书，如有缺页、倒页、脱页，由本社图书营销中心调换

前 言
preface

根据智能制造装备应用模块的培养目标，全书共分为 6 个项目，项目 6 为本模块的最终项目，其内容为物料自动出库编程调试。其他项目的设计为本项目服务。

项目 1　智能制造装备认知和操作。包括智能制造装备认知，工业机器人手动操作并完成"目"字轨迹的描绘任务。

项目 2　工业机器人绘图应用。介绍 MoveJ、MoveL、MoveC 指令，程序创建、修改的流程及方法，轨迹规划、姿态调整的方法，TCP 的标定方法及流程。

项目 3　工业机器人搬运应用编程。以智能制造系统中的工业机器人为核心装备，检测仓库中的物料状态，控制夹爪工具的开合，控制输送带的启停，实现物料搬运任务。

项目 4　工业机器人雕刻应用编程。以智能制造系统中的工业机器人为核心装备，在离线编程软件中生成现场工业机器人能够运行的复杂程序并进行调试。

项目 5　智能制造装备综合调试运行。以 PLC 为整个智能制造系统的控制中心，以接收传感器、安全保护系统的信号、操作界面的指令作为控制条件；PLC 与工业机器人以通信的方式实现信号的传递，PLC 传输信号控制工业机器人执行相应的动作。

本书在编写过程中参阅了国内外相关资料，在此向原作者表示衷心感谢。希望本书能够成为推动机电技术应用专业教材改革的有益探索，有助于学生技术与技能的学习及培养。因编写仓促，加之编者水平有限，书中不妥之处在所难免，希望各位专家和广大读者批评指正。

本书参考引用资料广泛，因疏漏未能注明全部出处，如有版权问题，请联系编者及时更正。

著者

2022 年 9 月

目 录
contents

项目 1 智能制造装备认知和操作

为了完成物料自动出库编程调试的最终项目任务，需要知道智能制造系统和智能制造装备的相关知识，在熟悉智能制造装备的知识后，我们需要手动操作智能制造装备，以便后续能够完成安装、操作、调试、运行智能制造装备等工作任务。

在本工作站中，工业机器人是主要且关键的智能制造装备，因此我们首先需要掌握工业机器人的组成、操作、应用等。

在项目 1 中，我们的任务是：手动操作工业机器人完成"目"字轨迹的描绘任务。如图 1-1 所示，指示部分就是本工作站中的工业机器人。

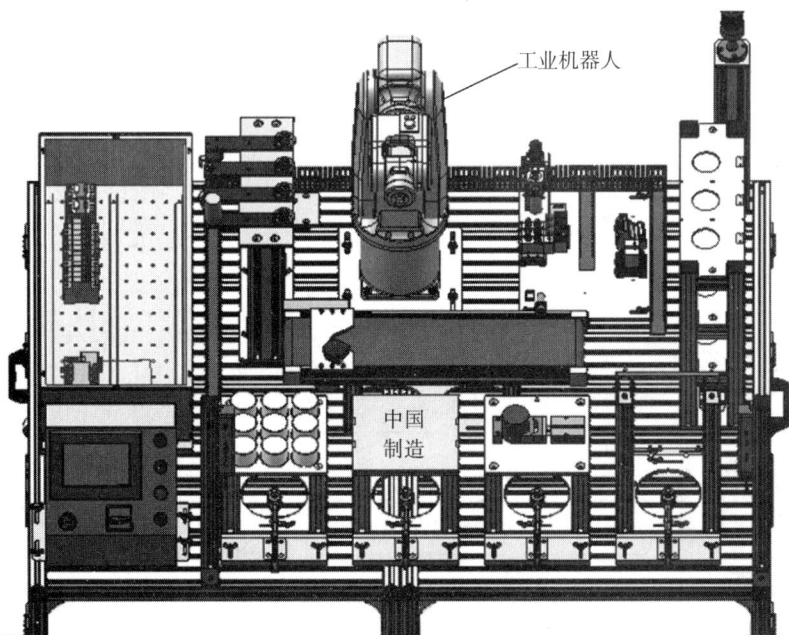

图 1-1　工作站中的工业机器人

根据讲解内容，本项目分为两个任务：

任务 1　智能制造装备认知

本任务从智能制造的背景及政策出发，先介绍学习智能制造的重要性，然后介绍智能制造系统和装备、类型及其典型设备，使学生对智能制造装备有基本认识。

任务 2　工业机器人手动操作

本任务需要完成"目"字轨迹的描绘，介绍工业机器人的手动操作、发展史、典型结构及编程方式等，使学生掌握手动操作工业机器人的方法。

任务 1　智能制造装备认知

为了完成物料自动出库编程调试的最终项目任务，在项目 1 中，要完成智能装备的手动操作，因此需要知道智能制造系统、智能制造装备及其应用、典型结构等相关知识，以及本工作站中所具有的智能制造装备。

任务要求：

①认识智能制造工作站中的各个模块；

②写出各个模块的作用及功能；

③写出智能制造装备的典型设备。

知识目标：

①了解智能制造装备的概念；

②熟悉智能制造装备的类型；

③了解智能制造装备的典型应用。

能力目标：

①能够区分智能制造装备的类型；

②能够说出智能制造装备的典型应用。

学习内容：

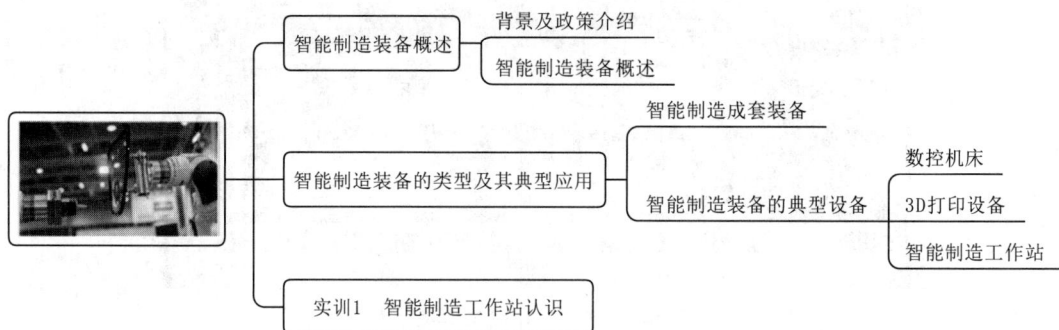

一、智能制造装备概述

> **提示：** 本部分可观看视频——"1. 智能制造装备介绍"。

（一）背景及政策介绍

自 2008 年金融危机以来，各国纷纷倡导将互联网技术与传统制造业结合起来，进而提

高制造业的自动化、智能化水平，从而进一步夯实制造业对经济发展的贡献或主导力量。在2011年汉诺威工业博览会上，德国提出了"工业4.0"概念，推进传统制造业与现代化信息科技技术进行整合，实现智能化生产；2012年，美国启动了"先进制造业国家战略计划"，通过信息技术来重塑制造业。在此背景下，中国也提出了智能制造装备产业的发展规划和《中国制造2025》，明确了未来中国制造业的发展方向，以智能制造为主线，推动中国制造业提升生产效率和产品质量，从而降低生产成本，增强产品竞争力。智能制造装备制造业是将人工智能、自动化等先进制造技术应用于整个制造业生产加工过程，从而实现生产的精密化、自动化、信息化、柔性化、图形化、智能化、可视化、多媒体化、集成化和网络化。

1.《中国制造2025》

制造业是国民经济的主体，是立国之本、兴国之器、强国之基。18世纪中叶开启工业文明以来，世界强国的兴衰史和中华民族的奋斗史一再证明，没有强大的制造业，就没有国家和民族的强盛。打造具有国际竞争力的制造业，是我国提升综合国力、保障国家安全、建设世界强国的必由之路。

中华人民共和国成立尤其是改革开放以来，我国制造业持续快速发展，建成了门类齐全、独立完整的产业体系，有力推动工业化和现代化进程，显著增强综合国力，支撑我世界大国地位。然而，与世界先进水平相比，我国制造业仍然大而不强，在自主创新能力、资源利用效率、产业结构水平、信息化程度、质量效益等方面差距明显，转型升级和跨越发展的任务紧迫而艰巨。

当前，新一轮科技革命和产业变革与我国加快转变经济发展方式形成历史性交汇，国际产业分工格局正在重塑。必须紧紧抓住这一重大历史机遇，按照"四个全面"战略布局要求，实施制造强国战略，加强统筹规划和前瞻部署，力争通过三个十年的努力，到2049年，把我国建设成为引领世界制造业发展的制造强国，为实现中华民族伟大复兴中国梦打下坚实基础。

《中国制造2025》，是我国实施制造强国战略第一个十年的行动纲领。

（1）全球制造业格局面临重大调整

新一代信息技术与制造业深度融合，正在引发影响深远的产业变革，形成新的生产方式、产业形态、商业模式和经济增长点。各国都在加大科技创新力度，推动三维（3D）打印、移动互联网、云计算、大数据、生物工程、新能源、新材料等领域取得新突破。基于信息物理系统的智能装备、智能工厂等智能制造正在引领制造方式发生变革；网络众包、协同设计、大规模个性化定制、精准供应链管理、全生命周期管理、电子商务等正在重塑产业价值链体系；可穿戴智能产品、智能家电、智能汽车等智能终端产品不断拓展制造业新领域。我国制造业转型升级、创新发展迎来重大机遇。

全球产业竞争格局正在发生重大调整，我国在新一轮发展中面临巨大挑战。国际金融危机发生后，发达国家纷纷实施"再工业化"战略，重塑制造业竞争新优势，加速推进新一轮全球贸易投资新格局。一些发展中国家也在加快谋划和布局，积极参与全球产业再分工，承接产业及资本转移，拓展国际市场空间。我国制造业面临发达国家和其他发展中国家"双向挤压"的严峻挑战，必须放眼全球，加紧战略部署，着眼建设制造强国，固本培元，化挑战为机遇，抢占制造业新一轮竞争制高点。

（2）我国经济发展环境发生重大变化

新型工业化、信息化、城镇化、农业现代化的同步推进，超大规模内需潜力不断释放，为我国制造业发展提供了广阔空间。各行业新的装备需求、人民群众新的消费需求、社会管理和公共服务新的民生需求、国防建设新的安全需求，都要求制造业在重大技术装备创新、消费品质量和安全、公共服务设施设备供给和国防装备保障等方面迅速提升水平和能力。全面深化改革和进一步扩大开放，将不断激发制造业发展活力和创造力，促进制造业转型升级。

我国经济发展进入新常态，制造业发展面临新挑战。资源和环境约束不断强化，劳动力等生产要素成本不断上升，投资和出口增速明显放缓，主要依靠资源要素投入、规模扩张的粗放发展模式难以为继，调整结构、转型升级、提质增效刻不容缓。形成经济增长新动力，塑造国际竞争新优势，重点在制造业，难点在制造业，出路也在制造业。

（3）建设制造强国任务艰巨而紧迫

经过几十年的快速发展，我国制造业规模跃居世界第一位，建立起门类齐全、独立完整的制造体系，成为支撑我国经济社会发展的重要基石和促进世界经济发展的重要力量。持续的技术创新，大大提高了我国制造业的综合竞争力。载人航天、载人深潜、大型飞机、北斗卫星导航、超级计算机、高铁装备、百万千瓦级发电装备、万米深海石油钻探设备等一批重大技术装备取得突破，形成了若干具有国际竞争力的优势产业和骨干企业，我国已具备了建设工业强国的基础和条件。

但我国仍处于工业化进程中，与先进国家相比还有较大差距。制造业大而不强，自主创新能力弱，关键核心技术与高端装备对外依存度高，以企业为主体的制造业创新体系不完善；产品档次不高，缺乏世界知名品牌；资源能源利用效率低，环境污染问题较为突出；产业结构不合理，高端装备制造业和生产性服务业发展滞后；信息化水平不高，与工业化融合深度不够；产业国际化程度不高，企业全球化经营能力不足。推进制造强国建设，必须着力解决这些问题。

（4）"三步走"战略目标

立足国情，立足现实，力争通过"三步走"实现制造强国的战略目标。

第一步：力争用十年时间，迈入制造强国行列。

到2020年，基本实现工业化，制造业大国地位进一步巩固，制造业信息化水平大幅提升。掌握一批重点领域关键核心技术，优势领域竞争力进一步增强，产品质量有较大提高。制造业数字化、网络化、智能化取得明显进展。重点行业单位工业增加值能耗、物耗及污染物排放明显下降。

到2025年，制造业整体素质大幅提升，创新能力显著增强，全员劳动生产率明显提高，两化（工业化和信息化）融合迈上新台阶。重点行业单位工业增加值能耗、物耗及污染物排放达到世界先进水平。形成一批具有较强国际竞争力的跨国公司和产业集群，在全球产业分工和价值链中的地位明显提升。

第二步：到2035年，我国制造业整体达到世界制造强国阵营中等水平。创新能力大幅提升，重点领域发展取得重大突破，整体竞争力明显增强，优势行业形成全球创新引领能力，全面实现工业化。

第三步：中华人民共和国成立一百年时，制造业大国地位更加巩固，综合实力进入世界制造强国前列。制造业主要领域具有创新引领能力和明显竞争优势，建成全球领先的技术体系和产业体系。

2.《智能制造发展规划（2016—2020年）》

（1）规划内容

为贯彻落实《国民经济和社会发展第十三个五年规划纲要》和《中国制造2025》，工业和信息化部、财政部联合组织相关单位和专家，经过大量的研究和调研，在充分听取了专家、行业协会、重点企业及各地主管部门的意见基础上，编制完成了《智能制造发展规划（2016—2020年）》。

（2）规划战略

第一步，到2020年，智能制造发展基础和支撑能力明显增强，传统制造业重点领域基本实现数字化制造，有条件、有基础的重点产业智能转型取得明显进展。

第二步，到2025年，智能制造支撑体系基本建立，重点产业初步实现智能转型。

（3）重点任务

①加快智能制造装备发展。攻克关键技术装备，提高质量和可靠性，推进在重点领域的集成应用。

②加强关键共性技术创新。突破一批关键共性技术，布局和积累一批核心知识产权。

③建设智能制造标准体系。开展标准研究与试验验证，加快标准制修订和推广应用。

④构筑工业互联网基础。研发新型工业网络设备与系统、信息安全软硬件产品，构建试验验证平台，建立健全风险评估、检查和信息共享机制。

⑤加大智能制造试点示范推广力度。开展智能制造新模式试点示范，遴选智能制造标杆企业，不断总结经验和模式，在相关行业移植、推广。

⑥推动重点领域智能转型。在《中国制造2025》十大重点领域试点建设数字化车间／智能工厂，在传统制造业推广应用数字化技术、系统集成技术、智能制造装备。

⑦促进中小企业智能化改造。引导中小企业推进自动化改造，建设云制造平台和服务平台。

⑧培育智能制造生态体系。加快培育一批系统解决方案供应商，大力发展龙头企业集团，做优做强一批"专精特"配套企业。

⑨推进区域智能制造协同发展。推进智能制造装备产业集群建设，加强基于互联网的区域间智能制造资源协同。

⑩打造智能制造人才队伍。健全人才培养计划，加强智能制造人才培训，建设智能制造实训基地，构建多层次的人才队伍。同时，《智能制造发展规划（2016—2020年）》提出了加强统筹协调、完善创新体系、加大财税支持力度、创新金融扶持方式、发挥行业组织作用、深化国际合作交流这六个方面的保障措施。

（二）智能制造装备概述

> **分组讨论**：智能＝"智慧+能力"，解释什么是智慧，什么是能力。
>
> 分发卡片，写出自己的理解，然后小组讨论，展示讨论结果。

1. 智能制造系统

> **提示**：本部分可观看视频——"2.智能制造的全面认识"。

智能制造系统是一种由智能机器和人类专家共同组成的人机一体化智能系统，将互联网、云计算、大数据、移动应用等新技术与产品生产管理深度融合，借助计算机模拟人类专家的智能活动进行分析、推理、判断、构思和决策等，从而取代或者延伸制造环境中人的部分脑力劳动。同时，收集、存储、完善、共享、集成和发展人类专家的智能。

如图 1-2 所示，智能机器人具备形形色色的内部信息传感器和外部信息传感器，如视觉、听觉、触觉、嗅觉。除具有感受器外，它还有效应器，是其用于周围环境的手段，这就是筋肉，或称自整步电动机，它们使手、脚、长鼻子、触角等动起来。由此可知，智能机器人至少要具备三个要素：感觉要素，运动要素和思考要素。智能机器人是一个多种高新技术的集成体，它融合了机械、电子、传感器、计算机硬件和软件、人工智能等许多学科的知识，涉及当今许多前沿领域的技术。

图 1-2　智能机器人

2.智能制造装备

智能制造装备，是指具有感知、分析、推理、决策、控制功能的制造装备，它是先进制造技术、信息技术和智能技术的集成和深度融合。

重点推进高档数控机床与基础制造装备，自动化成套生产线，智能控制系统，精密和智能仪器仪表与试验设备，关键基础零部件、元器件及通用部件，智能专用装备的发展，实现生产过程自动化、智能化、精密化、绿色化，带动工业整体技术水平的提升。

智能制造产业链涵盖智能装备（工业机器人、数控机床、其他自动化装备）、工业互联网（机器视觉、传感器、RFID、工业以太网）、工业软件（ERP/MES/DCS等）、3D打印以及将上述环节有机结合的自动化系统集成及生产线集成等。

例如，在精密和智能仪器仪表与试验设备领域，要针对生物、节能环保、石油化工等产业发展需要，重点发展智能化压力、流量、物位、成分、材料、力学性能等精密仪器仪表和科学仪器及环境、安全和国防特种检测仪器。

在关键基础零部件、元器件及通用部件领域，要重点发展高参数、高精密和高可靠性轴承、液压/气动/密封元件、齿轮传动装置及大型、精密、复杂、长寿命模具等。

在智能专用装备领域，要重点发展新一代大型电力和电网装备，机器人产业，全断面掘进机、快速集成柔性施工装备等智能化大型施工机械，以及大型先进高效智能化农业机械等。

此外，还要以大飞机、支线飞机及通用飞机为应用对象，采用飞机制造、机床制造和材料生产企业相结合的方式，重点发展复合材料制备装备、自动辅带/辅丝设备、构件加工机床、超声加工/高压水切割设备等。

二、智能制造装备的类型及其典型设备

> 提示：本部分可观看视频——"3.智能制造与传统制造对比视频"。

（一）智能制造成套装备

1.石油石化智能成套设备

集成开发具有在线检测、优化控制、功能安全等功能的百万吨级大型乙烯和千万吨级大型炼油装置、多联产煤化工装备、合成橡胶及塑料生产装置。

2.冶金智能成套设备

集成开发具有特种参数在线检测、自适应控制、高精度运动控制等功能的金属冶炼、短流程连铸连轧、精整等成套装备。

3.智能化成型和加工成套设备

集成开发基于机器人的自动化成型、加工、装配生产线及具有加工工艺参数自动检测、控制、优化功能的大型复合材料构件成型加工生产线，如图1-3所示为智能化加工生产线，如图1-4所示为智能传感器网络。

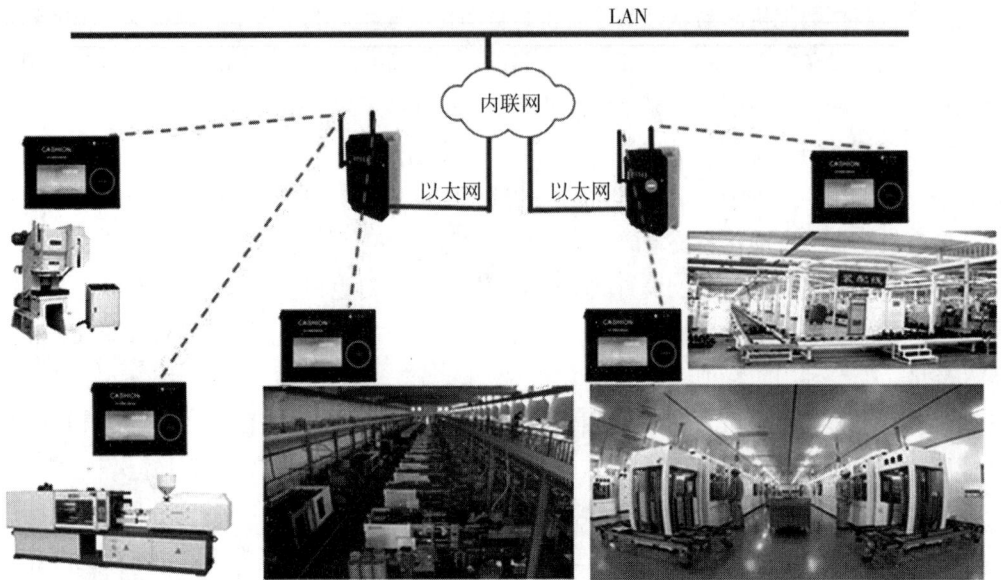

图 1-3 智能化加工生产线

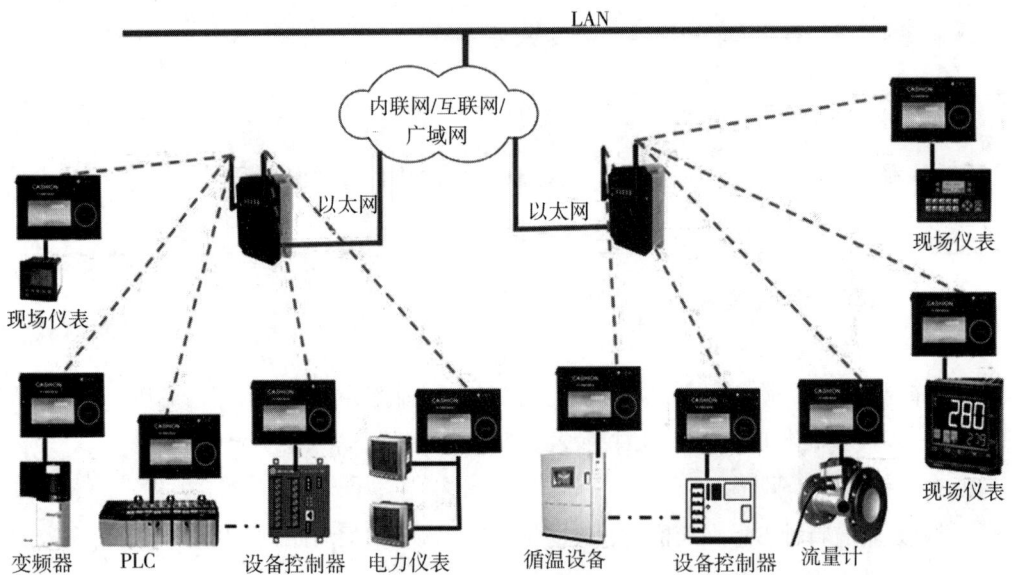

图 1-4 智能传感器网络

4. 自动化物流成套设备

集成开发基于计算智能与生产物流分层递阶设计、具有网络智能监控、动态优化、高效敏捷的智能制造物流设备，如图 1-5 所示为自动化物流输送线。

图1-5　自动化物流输送线

5. 建材制造成套设备

集成开发具有物料自动配送、设备状态远程跟踪和能耗优化控制功能的水泥成套设备、高端特种玻璃成套设备。

6. 智能化食品制造生产线

集成开发具有在线成分检测、质量溯源、机电光液一体化控制等功能的食品加工成套装备，如图1-6所示为智能化食品制造生产线。

图1-6　智能化食品制造生产线

7. 智能化纺织成套装备

集成开发具有卷绕张力控制、半制品的单位重量、染化料的浓度、色差等物理、化学参数的检测仪器与控制设备，可实现物料自动配送和过程控制的化纤、纺纱、织造、染整、制成品等加工成套装备，如图1-7所示为智能化纺织生产线。

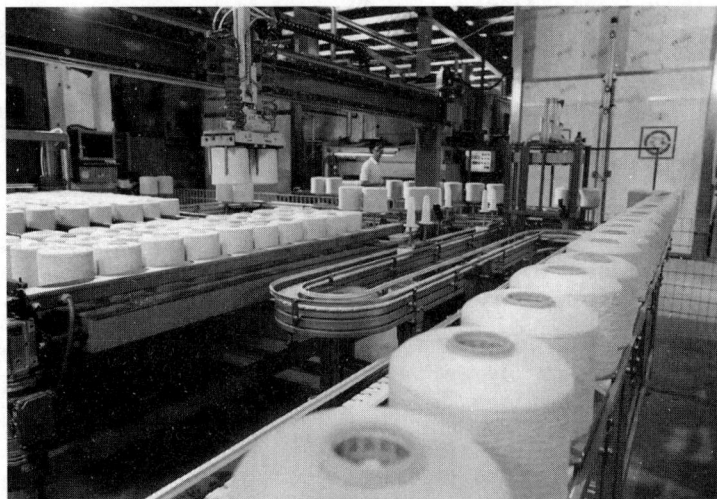

图1-7　智能化纺织生产线

8. 智能化印刷装备

集成开发具有墨色预置遥控、自动套准、在线检测、闭环自动跟踪调节等功能的数字化高速多色单张和卷筒料平版、凹版、柔版印刷装备，数字喷墨印刷设备，计算机直接制版设备（CTP）及高速多功能智能化印后加工装备。

（二）智能制造装备的典型设备

1. 数控机床

数控机床是数字控制机床的简称，是一种装有程序控制系统的自动化机床。该控制系统能够逻辑地处理具有控制编码或其他符号指令规定的程序，并将其译码，用代码化的数字表示，通过信息载体输入数控装置。经运算处理由数控装置发出的各种控制信号，控制机床的动作，按图纸要求的形状和尺寸，自动将零件加工出来。

数控机床较好地解决了复杂、精密、小批量、多品种的零件加工问题，是一种柔性的、高效能的自动化机床，代表了现代机床控制技术的发展方向，是一种典型的机电一体化产品，如图 1-8 所示。

图 1-8　数控机床

2.3D 打印设备

3D 打印通常是采用数字技术材料打印机来实现的。常在模具制造、工业设计等领域被用于制造模型，后逐渐用于一些产品的直接制造，已经有使用这种技术打印而成的零部件，如图 1-9 所示。

图 1-9　3D 打印设备

3. 智能制造工作站

（1）工业机器人

在科技界，科学家会给每一个科技术语一个明确的定义，但机器人问世已有几十年的时间，却仍然没有一个统一的定义。原因之一是机器人还在发展，新的机型、新的功能不断涌现。根本原因是因为机器人涉及人的概念，成为一个难以回答的哲学问题。正是由于机器人定义的模糊，给了人们充分的想象和创造空间。各国对机器人有自己的定义，这些定义之间的差别较大。

国际上，关于机器人的定义主要有以下几种：

美国国家标准局（National Bureau of Standards，NBS），现更名为国家标准和技术研究所（National Institute of Standards and Technology，NIST）对机器人的定义是："机器人是一种能够进行编程并在自动控制下执行某些操作和移动作业任务的机械装置。"

美国机器人协会（Robotic Industries Association，RIA）将机器人定义为："一种用于移动各种材料、零件、工具或专用装置的，通过程序动作来执行各种任务的，并具有编程能力的多功能机械手（manipulator）。"

日本工业机器人协会（Japan Industry Robot Association，JIRA），现更名为日本机器人协会（Japan Robot Association，JARA），指出："工业机器人是一种带有存储器件和末端操作器的通用机械，它能够通过自动化的动作代替人类劳动。"

国际标准组织（International Standardization Organization，ISO）对工业机器人的定义为："工业机器人是一种能自动控制，可重复编程，多功能、多自由度的操作机，能搬运材料、工件或操持工具来完成各种作业。"

我国将工业机器人定义为："一种自动化的机器，所不同的是这种机器具备一些与人或者生物相似的智能能力，如感知能力、规划能力、动作能力和协同能力，是一种具有高度灵活性的自动化机器。"

由此不难发现，工业机器人是由仿生机械结构、电动机、减速机和控制系统组成的，用于从事工业生产，能够自动执行工作指令的机械装置。它可以接受人类的指挥，也可以按照预先编排的程序运行，现代工业机器人还可以根据人工智能技术制定的原则和纲领行动。

> **提示**：一般情况下，工业机器人应该具有以下四个特征：
>
> ①具有特定的机械结构，其动作具有类似于人或其他生物的某些器官（肢体、感受等）的功能；
>
> ②具有通用性，可从事多种工作，可灵活改变动作顺序；
>
> ③具有不同程度的智能，如记忆、感知、推理、决策、学习等；
>
> ④具有独立性，完整的机器人系统在工作中可以不依赖于人的干预。

标准的工业机器人包括工业机器人本体、控制柜、示教器，如图1-10所示。

工业机器人本体：工业机器人运动的执行机构。

控制柜：相当于电脑的主机，用于对机器人进行控制、存放系统和数据等。

示教器：在触摸屏上完成工业机器人绝大多数的操作，同时也保留了必要的按钮和操作装置。

（a）工业机器人本体

（b）控制柜

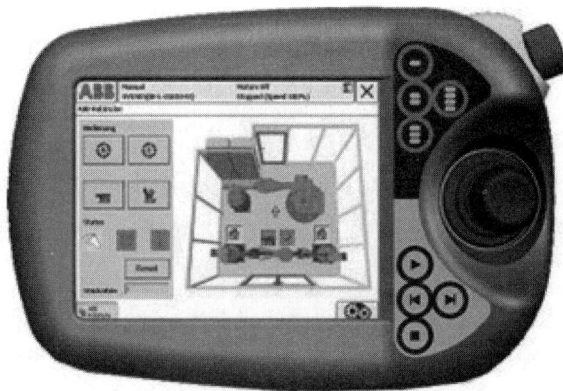

（c）示教器

图1-10　标准工业机器人

（2）工作站

只有工业机器人无法完成工作及生产任务，需要给工业机器人配备工具及外围设备，它才能按照要求完成生产任务，工业机器人的基本工作站如图 1-11 所示。

图 1-11　工业机器人工作站

工业机器人工作站主要构成模块简介如表 1-1 所示。

表 1-1　工业机器人工作站主要构成模块简介

名称及规格型号	模块图片	功能描述
工作台	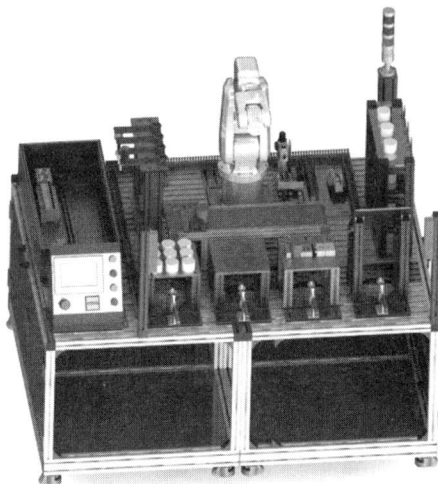	由模块安装平台、模块存储单元和机器人控制柜存储单元构成，是整个工作站的基础组成部分
电气柜模块		由主开关、电源、PLC、工业交换机、航空插头接头和端子排等构成，采用透明材质设计，能够清晰明了地了解电气元器件和基本接线技术规范，熟悉电气基本原理和知识

名称及规格 型号	模块图片	功能描述
工业机器人 模块		动作执行机构
画板模块	中国 制造	通过工业机器人调用快换夹具模块中的尖端夹具，实现工业机器人自动写字、雕刻等功能
皮带电机 模块		该模块由调速电机模块、电机、皮带、接近开关、光电传感器等构成，在检测到目标物后实现停机和传输目标物等功能
快换夹具 模块		该模块由手爪夹具、真空吸盘、尖端夹具和打磨单元构成，机器人根据 HMI 选择的程序自动完成夹具的快速切换功能
打磨定位 模块		该模块通过气缸实现对打磨目标物的固定和夹紧，配合机器人及打磨单元完成对目标物的打磨任务

名称及规格 型号	模块图片	功能描述
斜面装配 模块		通过机器人调用手爪夹具，完成如圆形、三角形和正方形的装配和码垛任务
仓储物料 模块		通过机器人调用手爪夹具，皮带运输单元等，实现对目标物的存储功能
智能仓库 模块		该模块由货架、传感器等构成，实现 HMI 实时显示仓库各位置的物品状态，完成自动仓储任务
主控制单元 模块		该模块由 HMI、指示灯、按钮、急停开关和主开关构成，主开关实现对整个电路的控制并通过指示灯显示电路状态；按钮控制机器人的使能信号；急停开关控制整个系统处于正常运行状态或者急停状态
光幕模块		从提高安全角度考虑设计光幕，防止机器人在移动过程中被人工干预，威胁人身安全和导致设备损坏，提高综合实训平台的安全等级

续表

名称及规格型号	模块图片	功能描述
三色灯模块		与真实的工业场景应用一致，通过三色灯显示整个实训平台的工作状态（正常运行、调试模式、故障模式）

在本工作站中，智能制造装备有工业机器人、触摸屏、PLC、传感器等装备。工业机器人可以完成绘画、搬运、打磨等工作任务。触摸屏可以显示工业机器人的运动状态、夹具的状态、输送带的状态、料库的状态等内容。PLC与工业机器人通信，控制工业机器人、处理信号等。

在本工作站中能完成以下任务。

①搬运作业。搬运作业是指用一种设备握持工件，将其从一个加工位置移到另一个加工位置。搬运机器人可安装不同的末端执行器以完成各种不同形状和状态的工件搬运工作，大大减轻了人类繁重的体力劳动。世界上使用的搬运机器人逾10万台，被广泛应用于机床上下料、冲压机自动化生产线、自动装配流水线、码垛搬运、集装箱等的自动搬运。部分发达国家已制定出人工搬运的最大限度，超过限度的必须由搬运机器人来完成。它的优点是可以通过编程完成各种预期的任务，在自身结构和性能上有了人和机器的各自优势，尤其体现出人工智能和适应性。

②打磨作业。打磨作业主要用于卫浴、汽车零部件、工业零件、医疗器械、民用产品等行业中高精度的打磨抛光作业。很多产品加工出来都需要进行表面打磨，过去都是人工操作，打磨效果不好，效率低，而且操作者的手还常常受伤，非常费时费力。但是使用工业机器人来打磨就简单得多，而且速度是人工的好几倍。打磨机器人根据被加工零部件光洁度要求配置不同的打磨机和磨头。具有可长期进行打磨作业、保证产品的高生产率、高质量和高稳定性等特点。

③绘画作业。在本工作站中工业机器人能够完成绘画作业，绘画属于一种轨迹的应用，在实际生产中，工业机器人利用轨迹的描绘这个特点，在工业机器人末端法兰上装载不同工具或末端执行器，完成焊接、切割、喷涂、雕刻等作业。因此，我们在本工作站中，通过完成平面图形的绘画任务，模仿工业机器人的焊接、切割、喷涂、雕刻等任务。

提示：本部分可由老师展示运行工作站，操作工业机器人给定程序运行。学生记录操作流程。

④传感器。如图 1-12 所示，传感器是一种检测装置，能感受到被测量的信息，并能将感受到的信息按一定规律变换为电信号或其他所需形式的信息输出，以满足信息的传输、处理、存储、显示、记录和控制等要求。

传感器是实现自动检测和自动控制的首要环节。传感器的存在和发展，让物体有了触觉、味觉和嗅觉等感官，让物体慢慢变得活了起来。

图 1-12 传感器

实训1 智能制造工作站认识

实训名称	智能制造工作站认识
实训内容	了解智能制造工作站的组成及功能，明确实训的规范及流程，回顾理论课所讲的知识
实训目标	1.熟悉智能制造工作站的各个模块； 2.了解智能制造工作的组成及各模块的功能； 3.掌握实训的规范和流程
实训课时	4 课时
实训地点	智能制造实训室

练习题

1. 判断题

（1）智能制造装备是指具有感知、分析、推理、决策、控制功能的制造装备。　　（　　）

（2）智能制造装备中包括工业机器人。　　（　　）

（3）智能机器人拥有视觉的感受器。　　（　　）

2. 简答题

（1）智能制造装备是什么？

（2）智能制造系统是什么？

（3）工业机器人的工作站由哪些部分组成？

任务完成报告

姓名		学习日期	
任务 名称	智能制造装备认知		
学习 自评	**考核内容**		**完成情况**
	1.组成工作站的各个模块的认知		□好　□良好　□一般　□差
	2.工作站各模块的作用及功能		□好　□良好　□一般　□差
	3.智能制造装备的典型设备		□好　□良好　□一般　□差

续表

学习心得	

任务2　工业机器人手动操作

在任务1中我们认识了智能制造装备，为了完成最终项目任务，我们需要手动操作智能制造装备，以便能够执行安装、操作、调试、运行等工作任务。在该工作站中，工业机器人是核心装备，如图1-13所示，我们首先学习工业机器人的手动操作，因此在任务2中，我们整体介绍工业机器人，包括它的发展、主流厂家、典型结构、编程方式、坐标系、手动操纵方式、手动操作工业机器人及手动操作安全注意事项。

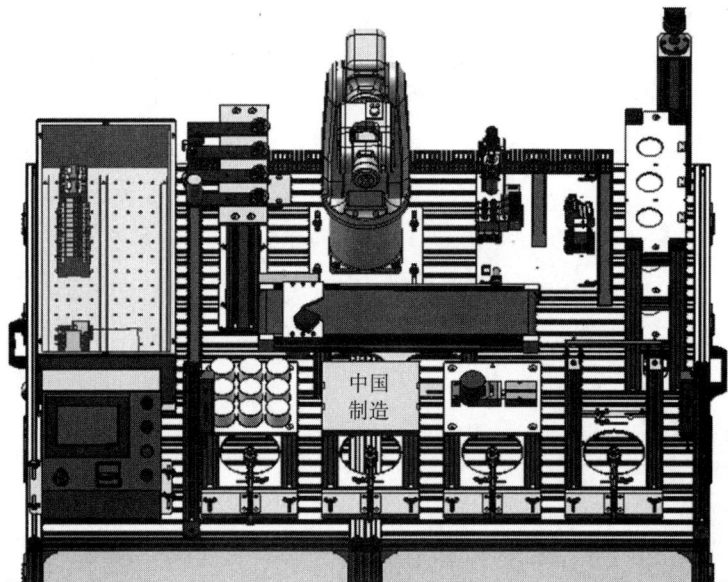

图1-13　工作站中的工业机器人

任务要求：

①手动操作机器人，在30min内完成"目"字轨迹的描绘，如图1-14所示。

②机器人运行速度不超过20%。

③笔尖与纸张保持垂直的姿态。

④描绘的"目"字轨迹连续、完整、清晰、美观。

图1-14　"目"字

知识目标：

①了解工业机器人的发展史；

②了解主流工业机器人厂家；

③熟悉工业机器人典型结构及编程方式；

④掌握仿真软件的基本操作；

⑤掌握工业机器人手动操作的方法。

能力目标：

①能够简单操作仿真软件；

②能够手动操作工业机器人；

③能够自动运行工业机器人。

学习内容：

```
                        ┌─ 手动操作注意事项
                        │
                        ├─ 手动操纵方式
           描绘"目"字轨迹 ┤
                        ├─ 实训2  单关节运动工业机器人
                        │
                        └─ 实训3  手动线性描绘几何图形

                        ┌─ 工业机器人发展史
                        │
                        ├─ 主流机器人厂家介绍
                        │
                        ├─ 工业机器人典型结构
                        │
           工业机器人介绍 ┤── 工业机器人编程方式
                        │
                        ├─ 坐标系的分类
                        │
                        ├─ 实训4  比赛描绘图形
                        │
                        └─ 实训5  "目"字轨迹描绘

           自动运行工业机器人
```

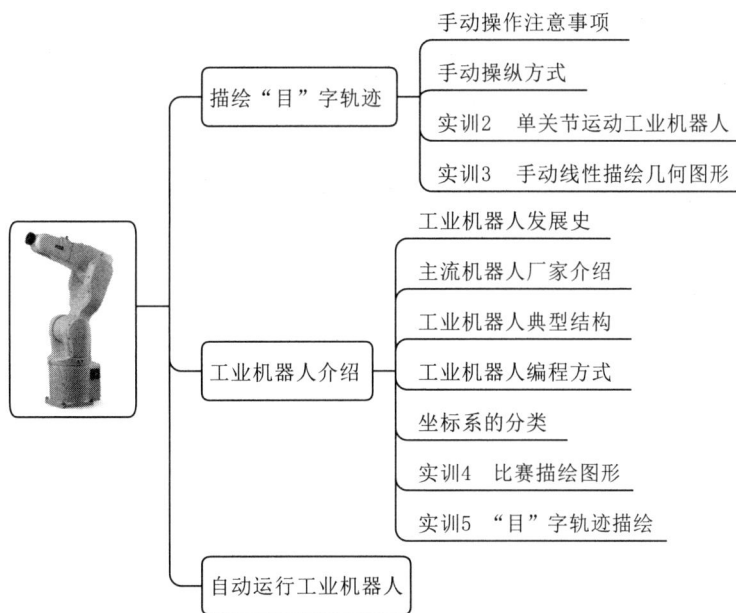

一、描绘"目"字轨迹

"目"字的描绘任务，是在工具坐标系下，由工业机器人夹持着画笔，由人编程工业机器人完成"目"字轨迹的描绘。为完成这个任务，要学习什么是工业机器人、什么是坐标系、有哪些坐标系、如何操作工业机器人、操作注意事项、工业机器人有哪些编程方式等知识点。

提示：本部分可观看视频——"5.工业机器人运行"。

观看完"工业机器人运行"的视频，对工业机器人及其他工作有了部分了解，接下来由指导老师操作机器人完成如图 1-15 所示图形的描绘。

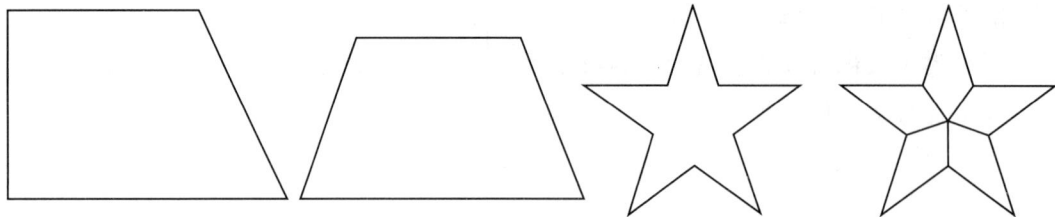

图 1-15　描绘图形

> 提示：老师操作工业机器人完成图形描绘，学生在下面空白处记录老师操作流程和机器人动作流程。

> 提示：老师利用指定程序，展示自动运行工业机器人，学生在下面空白处记录老师操作流程和机器人动作流程。

（一）手动操作注意事项

工业机器人在生产过程中一般来说动作幅度较大且速度极快，所以其动作领域的空间就成为危险场所，很有可能发生意外事故。所以从事工业机器人操作、保养等工作的相关人员，在工业机器人运行过程中一定要注意安全第一，并确保自己以及其他人员的安全。

根据国家颁布的工业机器人安全法规和对应的操作流程，只有经过专门培训的人员才能操作和使用工业机器人。操作人员在使用工业机器人时需要注意以下事项。

1. 关闭总电源

在进行工业机器人的安装、维修和保养时，切记要将总电源关闭。带电作业可能会产生致命性后果。如不慎遭高压电击，可能会导致心搏停止、烧伤或其他严重伤害。总电源开关如图 1-16（a）所示。

2. 紧急停止

紧急停止优先于任何其他工业机器人控制操作，它会断开工业机器人电动机的驱动电源，停止所有运转部件，并切断由工业机器人系统控制且存在潜在危险的功能部件的电源。图 1-16（b）和（c）中字母 A 框选中的就是紧急停止开关。

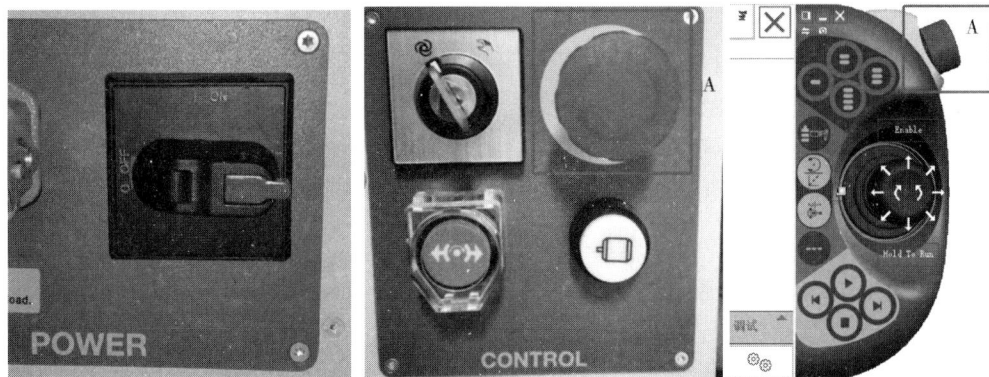

（a）总电源开关　　　　　（b）控制柜的紧急停止开关　　　（c）示教器的紧急停止开关

图 1-16　急停开关

出现下列情况时请立即按下任意紧急停止按钮。

①工业机器人运行中，工作区域内有工作人员。

②工业机器人伤害了工作人员或损伤了机器设备。

3. 安全注意事项

工业机器人速度慢，但是很重且力度很大。运动中的停顿或停止都会产生危险，即使可以预测运动轨迹，但外部信号有可能改变操作，会在没有任何警告的情况下，产生令人料想不到的运动。因此，当进入保护空间时，务必遵循所有的安全条例。

①如果在保护空间内有工作人员，请勿手动操作工业机器人系统。

②当进入保护空间时，请准备好示教器，以便随时控制工业机器人。

③注意旋转运动的工具，例如切削工具和锯，确保在接近工业机器人之前，这些工具已经停止运动。

④注意工件和工业机器人系统的高温表面。工业机器人电动机长期运转后温度很高。

⑤注意夹具并确保夹好工件，如果夹具打开，工件会脱落并导致人员伤害或设备损坏。夹具非常有力，如果不按照正确方法操作，也会导致人员伤害。

⑥注意液压、气压系统以及带电部件。即使断电，这些电路上的残余电量也很危险。

⑦在调试与运行工业机器人时，它可能会执行一些意外的或不规范的运动。并且，所有的运动都会产生很大的力量，从而严重伤害个人或损坏工业机器人工作范围内的任何设备。所以与工业机器人应时刻保持足够的安全距离。

⑧发生火灾时，请确保全体人员安全撤离后再行灭火，应首先处理受伤人员。当电气设备（例如工业机器人或控制器）起火时，应使用二氧化碳灭火器，切勿使用水或泡沫灭火。

⑨严格遵守《6S 安全操作规程》。

4. 示教器的安全

示教器是一种高品质的手持式终端，它配备了一流的高灵敏度电子设备。为避免操作不当引起故障或损害，请在操作时遵循以下说明。

①小心操作。不要摔打、抛掷或重击示教器，这样会致其破损或故障。在不使用该设备时，将它挂到专门放置它的支架上，以便不会意外掉到地上。

②示教器的使用和存储应避免被人踩踏电缆。

③切勿使用锋利的物体（例如螺钉或笔尖）操作触摸屏，这样可能会使触摸屏受损，应用手指或触摸笔（位于带有 USB 端口的示教器的背面）来操作示教器触摸屏。

④定期清洁触摸屏。灰尘和小颗粒可能会挡住屏幕造成故障。

⑤切勿使用溶剂、洗涤剂或擦洗海绵清洁示教器。应使用软布蘸少量水或中性清洁剂清洁。

⑥没有连接 USB 设备时务必盖上 USB 端口的保护盖，如果端口暴露在灰尘中，那么它会中断或发生故障。

> **比赛：** 工业机器人描绘手绘图形。
>
> 在纸上，用直线手工绘制出一些图形，再操作工业机器人描绘出该图形。

5. 6S 管理

6S 现场管理法又称 6S 管理，是企业生产现场管理的基础活动，其实质是对生产现场的环境进行全局性的综合考虑，并实施可行的措施，即对生产现场实施规范化管理，以保证在生产过程中有一个干净、美观、整齐、规范的现场环境，继而保证员工在工作中拥有较好的精神面貌和保证所生产产品的质量水平。以下是 6S 管理的具体内容。

（1）整理（SEIRI）

①定义：将工作场所的任何物品都分为有用的与没用的，除了有必要留下的以外，其他的都清除或放置在规定地方。它往往是 6S 的第一步。

②目的：腾出有效使用空间，防止工作时误用或掩盖需要物件。

③实施步骤：

（a）全面检查自己的工作场所及范围，明确所有物品。

（b）制定分类标准，对物品分类。

（c）将所有物品分为几类 (如)：不再使用的；使用频率很低的；使用频率较低的；经常使用的。将第 1 类物品处理掉，第 2、3 类物品放置在储存处，第 4 类物品留置工作场所。

（d）依据必要品和不要品判定标准，果断清除、抛弃不要品、无用品、废品。将其他物品按照"最经常使用的物品放置于最容易取得的地方原则"分类放置于指定位置。

④注意要领：检查要仔细、全面，包括所有可移动物品；物品的价值是指其"现有的使用价值"，而不是其"原有的购买价值"，清除要坚决、及时。不要因为它们可能以后有用或丢掉可惜，而占用你大量空间。

⑤补注：空间是可以整理出来的，在"6S"推行过程中，有人或许会强调，"我的空间就这么一点大，物料太多，哪有条件整齐摆放？"其实，这种观点是误解，空间有限的原因正是缺乏整理、整顿，急需做"6S"，怎么整理、整顿，怎么克服空间有限的实际困难才是要面对的课题。

（2）整顿（SEITION）

①定义：合理放置必要物品。把留下来的必要用的物品分门别类依规定的位置定点定位放置，并排列整齐，必要时加以标识。这是提高效率的基础。

②目的：工作场所清楚明了、一目了然；创造出整齐的工作环境；消除找寻物品的时间。

③实施步骤：

（a）空间、架柜清理后，需再做一次整体分配和规划。对可供放置物品的场所划分为若干区域；必要时应准备最低空间备用。

（b）将必需品在上述区域摆放整齐，分区、分类、定名、定位、定量存放。

（c）绘制定置图，绘制的原则有：现场中的所有物均应绘制在图上；定置图绘制以简明、扼要、完整为原则，相对位置要准确，区域划分清晰鲜明；生产、办公现场暂时没有，但已定置并决定制作的物品，也应在图上标识出来，准备清理的无用之物不得在图上出现；定置物可用标准信息符号或自定义信息符号进行标注，并均在图上加以说明，但应随着定置关系的变化而进行修改。

（d）必要时还应标识区域及其物品类别。

（e）多用容器纸箱存放，摆放立体直角。在保证安全的基础上，空间利用以立体为主。

④注意要领：首先考虑通道的畅通及合理；尽可能将物品集中放置，减少物品的放置区域；采用各种方式隔离放置区域，合理利用空间；尽可能将物品隐蔽式放置；大量使用"目视管理"，标识要清楚明了，能够让任何人都简单查找。

⑤补注：目视管理即通过视觉导致人的意识变化的一种管理方法，强调使用颜色，以达到使用者"一目了然"的目的。

（3）清扫（SEISO）

①定义：将工作场所及工作用的设备清扫干净，保持工作场所干净、亮丽。彻底清洁工作场所内物品，防止污染源（污迹、废物、噪声）的产生。

②目的：保持干净、明亮的工作环境，保持良好工作情绪；稳定品质；杜绝污染源的产生，以保证员工拥有愉快心情。

③实施步骤：

（a）划分员工清洁责任区域；各部门、各车间将工作环境用平面图划分到各班组（自存备查）。

（b）清扫从地面到墙板到天花板的所有物品。

（c）机器工具彻底清理、润滑。

（d）杜绝污染源，禁止跑、冒、滴、漏。

（e）破损的物品予以修理。

（f）明确污染源，采取措施杜绝或隔离。

④注意要领：责任区域的划分应包括室内和室外，员工负责区域之中及之间无死角；清洁应自上而下，按步骤进行；清洁工具应常备、齐全；清洁工作应日常化、制度化。通过清洁的过程，使员工更熟悉物品及其位置。

（4）规范（SEIKETSU）

①定义：将上述 3S 实施步骤制度化、规范化，并辅以必要的监督、检查、奖励措施。

②目的：通过强制性规定，培养员工正确工作习惯，长期维持并保留以上 3S 成果。

（5）素养（SHITSUKE）

①定义：采取各种方式，使每位员工养成良好的职业习惯，并严格遵守企业规则，培养员工主动、积极、向上的工作态度和状态。

②目的：培养出具有良好职业习惯、遵守规则的企业员工；营造企业氛围，培养员工团队精神。

（6）安全（SAFETY）

①定义：贯彻"安全第一，预防为主"的方针，在生产、工作中，必须确保人身、设备、设施安全，严守国家及公司机密。

②目的：保证企业和企业每一位员工的生命和财产安全，确保无事故发生。

（二）手动操纵方式

手动操纵工业机器人运动共有三种模式：单轴运动、线性运动和重定位运动，下面介绍如何手动操纵工业机器人进行这三种运动。

1. 单轴运动的手动操纵

一般地，ABB 工业机器人是由六个伺服电动机分别驱动工业机器人的六个关节轴（图 1-17），那么每次手动操纵一个关节轴的运动，就称为单轴运动。以下就是手动操纵单轴运动的方法。

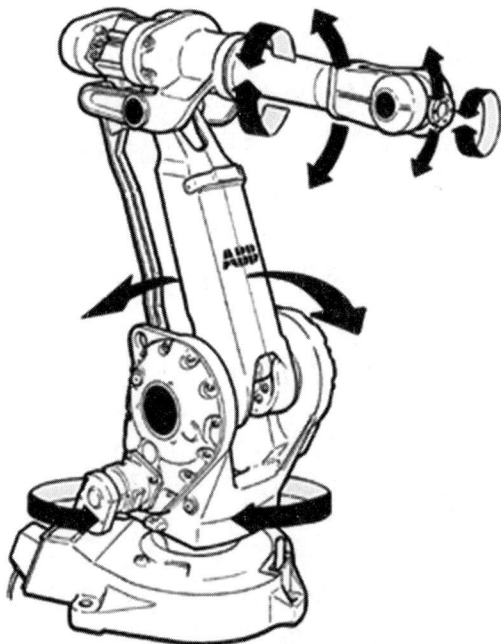

图 1-17　单关节运动

①将控制柜上机器人状态钥匙切换到手动限速状态（小手标志），如图 1-18 所示。

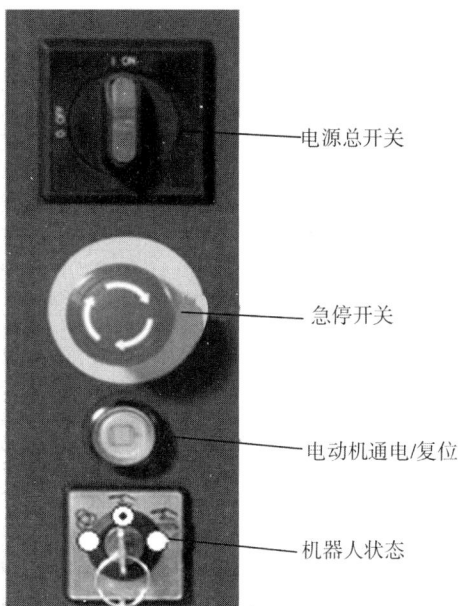

图1-18 机器人状态切换

②在状态栏中，确认工业机器人的状态已经切换为"手动"，如图1-19所示。

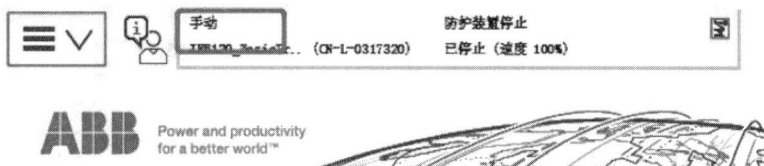

图1-19 手动状态

③单击左上角主菜单按钮，选择"手动操纵"，如图1-20所示。

④单击"动作模式"，如图1-21所示。

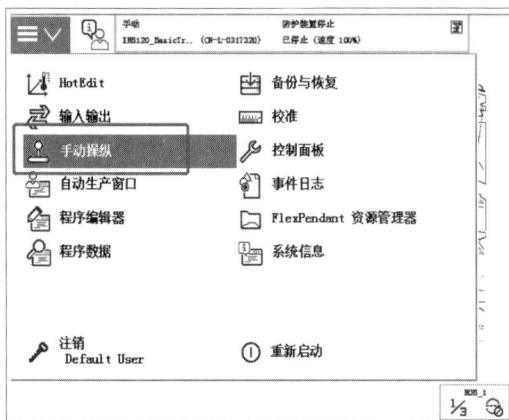

图1-20 手动操纵

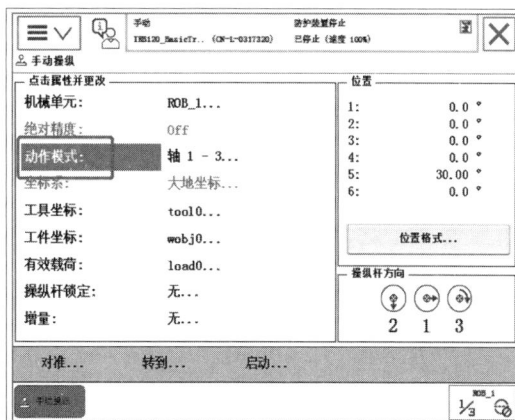

图1-21 动作模式

⑤选中"轴1-3"，然后单击"确定"，则可以操纵轴1-3；若选中"轴4-6"，则可以操纵轴4-6，如图1-22所示。

⑥用左手按下按钮，进入"电机开启"状态，如图1-23所示。

图 1-22 选择"轴 1-3"

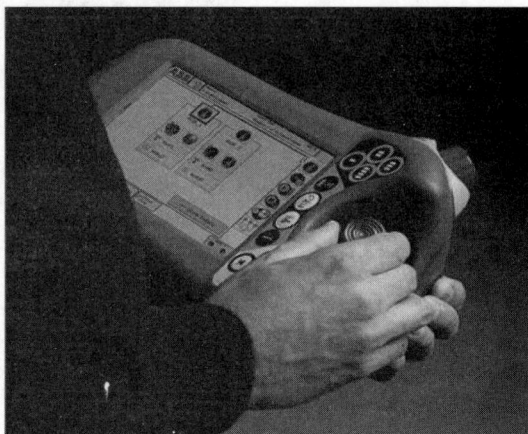

图 1-23 电机开启

⑦在状态栏中，确认"电机开启"状态，显示"轴 1-3"的操纵杆方向，箭头代表为正方向，如图 1-24 所示。

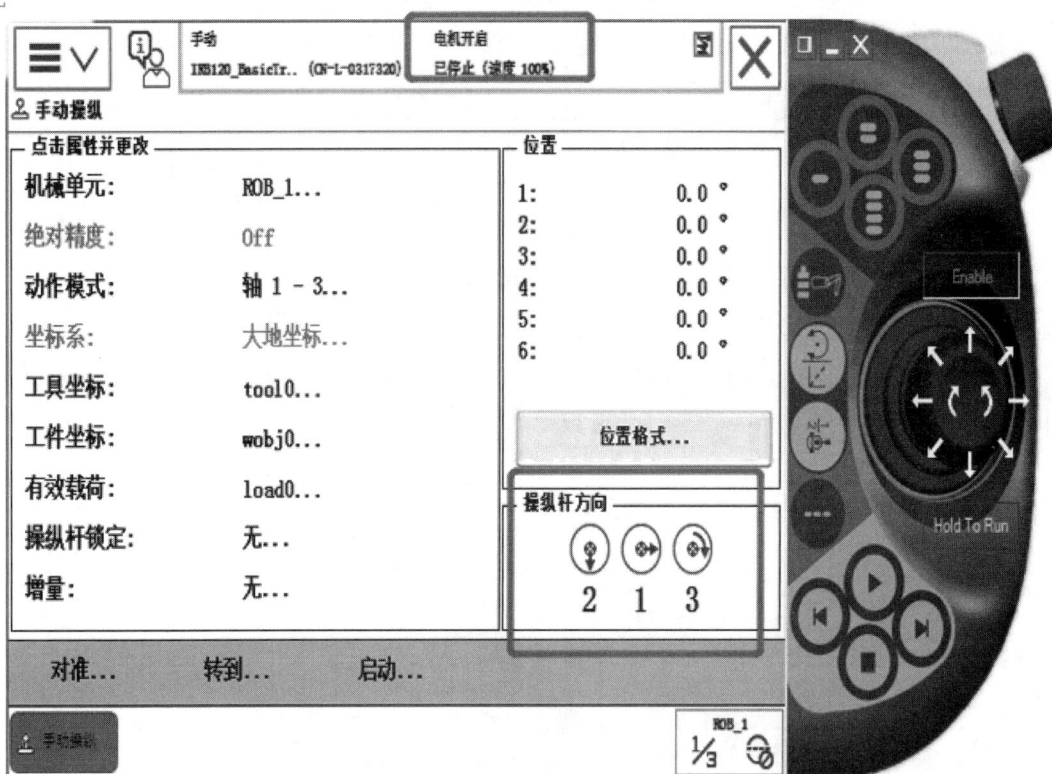

图 1-24 操纵杆方向

操纵杆的使用技巧：

可以将机器人的操纵杆比作汽车的节气门，操纵杆的操纵幅度与机器人的运动速度相关。操纵幅度较小，则机器人运动速度较慢；操纵幅度较大，则机器人运动速度较快。

所以在操作时，尽量以小幅度操纵使机器人慢慢运动来开始手动操纵学习。

操作： 移动操纵杆的时候，观察单个轴的运动及方向，验证是否和示教器上指示的轴相一致。

2. 线性运动的手动操纵

工业机器人的线性运动是指安装在工业机器人第六轴法兰盘上工具的 TCP 在空间中做线性运动。以下就是手动操纵线性运动的方法。

①选择"手动操纵"，如图 1-25 所示。

②单击"动作模式"，如图 1-26 所示。

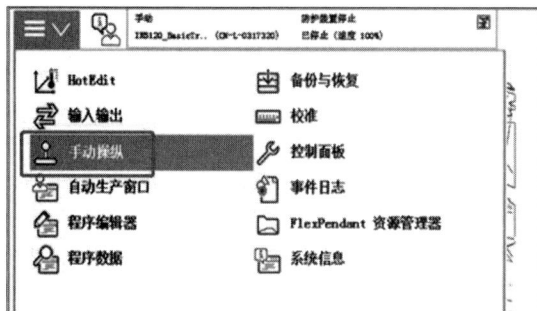

图 1-25　手动操纵

图 1-26　动作模式

③选择"线性"，然后单击"确定"，如图 1-27 所示。

④单击"工具坐标"。机器人的线性运动要在"工具坐标"中指定对应的工具，如图 1-28 所示。

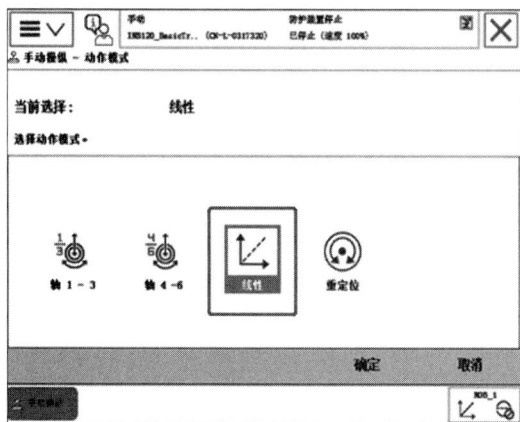

图 1-27　选择"线性"

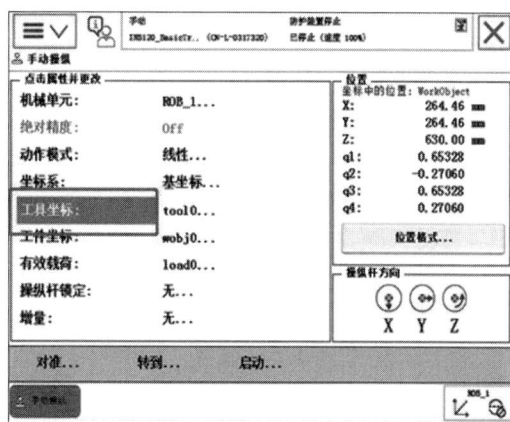

图 1-28　工具坐标

⑤选中对应的工具"tool1"，然后单击"确定"，如图 1-29 所示。

⑥用左手按下使能按钮，进入"电机开启"状态，如图 1-30 所示。

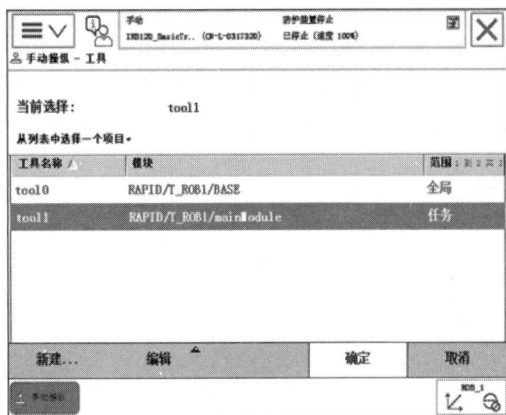

图 1-29 选择 "tool1"

图 1-30 电机开启

⑦在状态中，确认"电机开启"状态，显示轴 X、Y、Z 的操纵杆方向。箭头代表正方向。操作示教器上的操纵杆，工具的 TCP 点在空间中做线性运动，如图 1-31 所示。

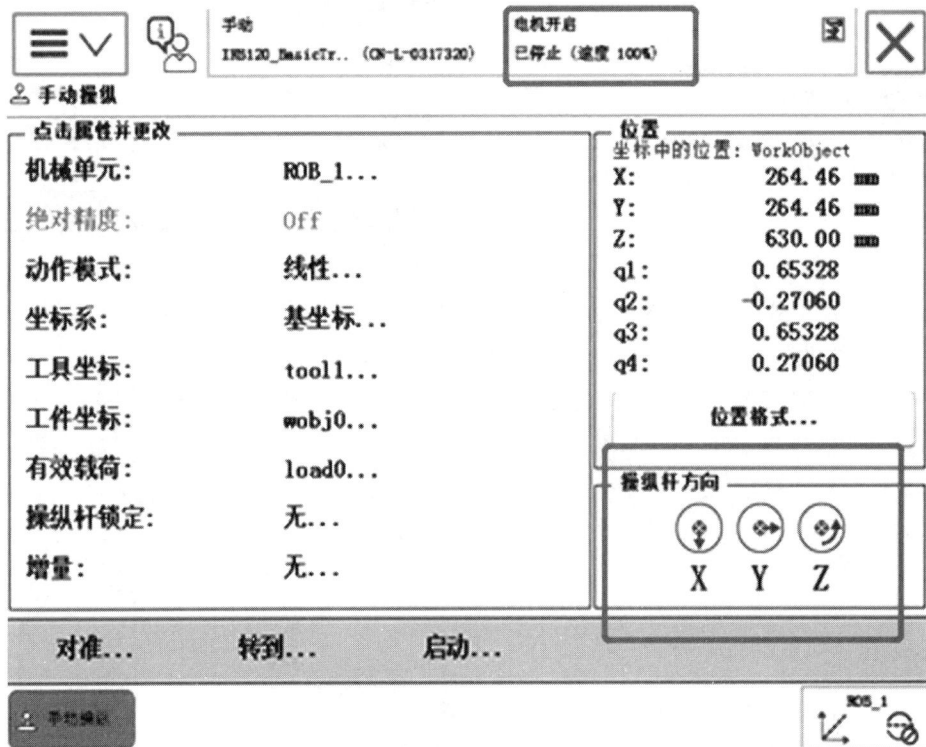

图 1-31 线性操作

⑧增量模式的使用：选中"增量"。

如果对使用操纵杆通过位移幅度来控制机器人运动的速度不熟练，可以使用"增量"模式来控制机器人的运动。

在增量模式下，操纵杆每位移一次，机器人就移动一步。如果操纵杆持续一秒或数秒，机器人就会持续移动（速率为 10 步 /s），如图 1-32 所示。

⑨根据需要选择增量移动的距离，然后单击"确定"，如图 1-33 所示。

图 1-32　增量模式

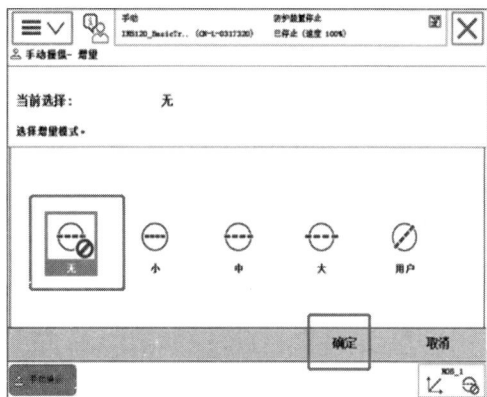

图 1-33　选择增量

增量移动的距离及弧度见表 1-2。

表 1-2　增量移动的距离及弧度

增量	移动距离 /mm	弧度 / rad
小	0.05	0.0005
中	1	0.004
大	5	0.009
用户	自定义	自定义

3. 重定位运动的手动操纵

工业机器人的重定位运动是指机器人第六轴法兰盘上的工具 TCP 点在空间中绕着坐标轴做旋转的运动，也可以理解为机器人绕着工具 TCP 点做姿态调整的运动。以下就是手动操纵重定位运动的方法。

①选择"手动操纵→动作模式→重定位"，然后单击"确定"按钮，如图 1-34 所示。

②单击"坐标系"，如图 1-35 所示。

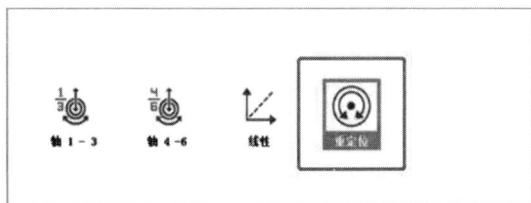

图 1-34　手动重定位

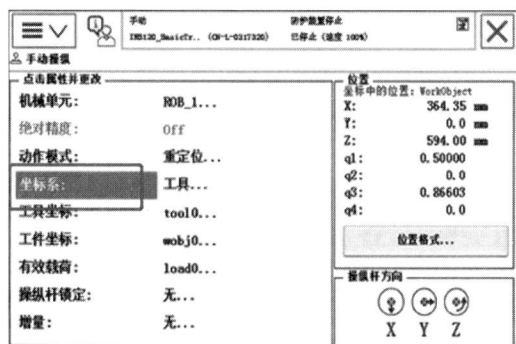

图 1-35　选择坐标系

31

③选择"工具"，然后单击"确定"，如图1-36所示。

④单击"工具坐标"，如图1-37所示。

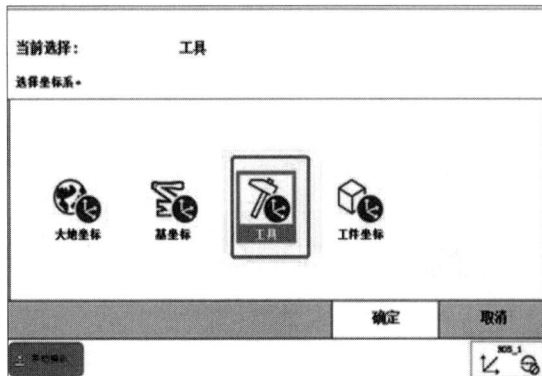

图1-36 选择"工具"

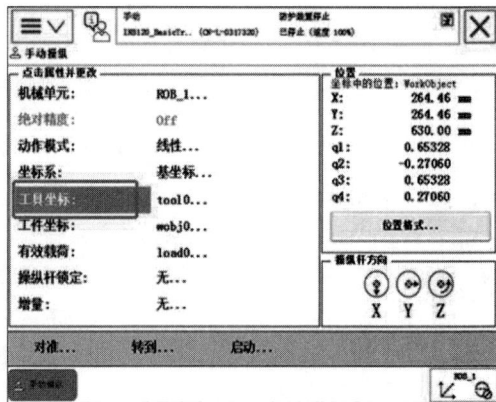

图1-37 选择"工具坐标"

⑤选中对应的工具"tool1"，然后单击"确定"，如图1-38所示。

⑥用左手按下使能按钮，进入"电机开启"状态。在状态中，确认"电机开启"状态。显示轴X、Y、Z的操纵杆方向。箭头代表正方向。操作示教器上的操纵杆，机器人绕着工具TCP点做姿态调整的运动，如图1-39所示。

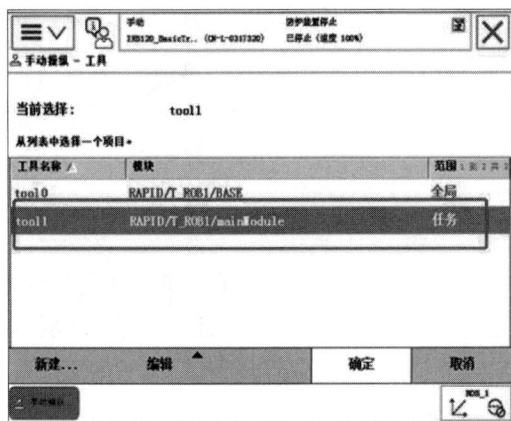

图1-38 选择"tool1"

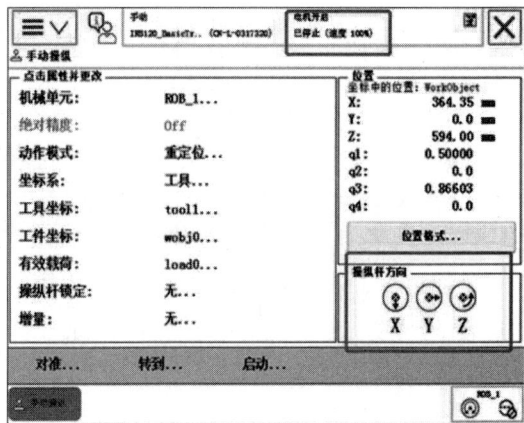

图1-39 操纵杆

4. 手动操纵快捷按钮

手动操纵方式可以通过快捷菜单键切换，手动操纵快捷按钮如图1-40所示。

①单击右下角快捷菜单按钮，如图1-41所示。

②单击"手动操纵"按钮，单击"显示详情"按钮，如图1-42所示。

③图1-43中字母的功能介绍见表1-3。

④单击"增量模式"按钮，选择需要的增量。自定义增量值的方法：选择"用户模块"，然后单击"显示值"就可以进行增量值的自定义了，如图1-44所示。

工业机器人/外轴切换

线性运动/重定位运动切换

关节运动轴1—3轴/4—6轴切换

增量开/关

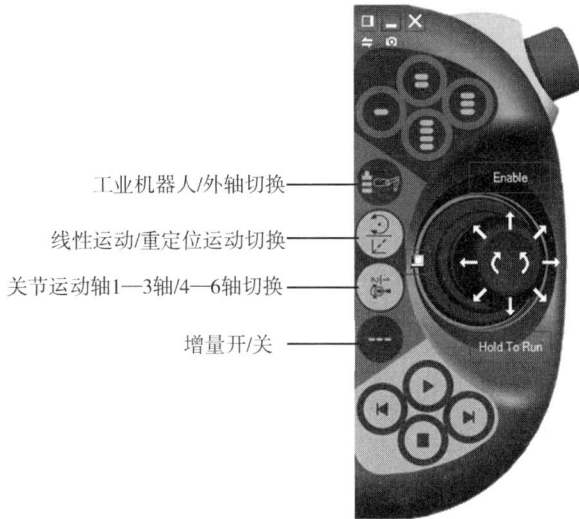

图 1-40　手动操纵快捷键

图 1-41　手动重定位

图 1-42　"显示详情"

表 1-3　图 1-43 中字母的功能介绍

A	选择当前使用的工具数据	B	选择当前使用的工件坐标
C	操纵杆速率	D	增量开 / 关
E	坐标系选择	F	动作模式选择

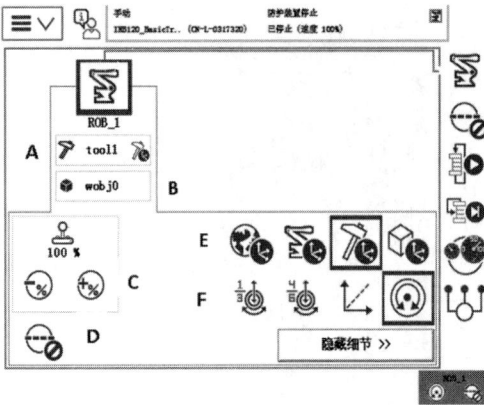

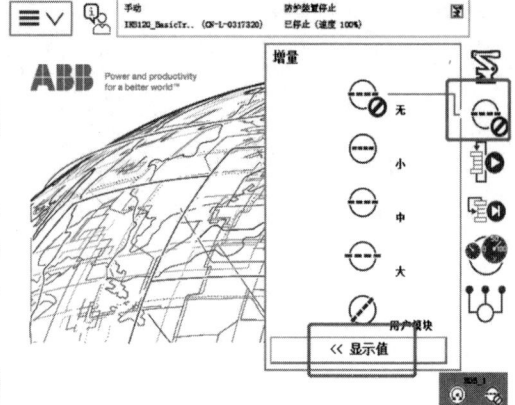

图 1-43　功能介绍　　　　　　　　　图 1-44　增量模式选择

问答：手动操纵工业机器人运动有哪几种方式？

活动

分组：在实训台上找到"中国制造"四个字，手动操纵工业机器人完成"中国制造"四个字的轨迹，用时最短的组获胜。

实训2　单关节运动工业机器人

实训名称	单关节运动工业机器人
实训内容	使用单轴运动的方式来进行手动操作工业机器人，测量机器人各轴的运动范围，在单轴运动的情况下（指导老师将机器人运动方式改为单轴运动），记录各轴运动的方向

续表

实训目标	1.掌握机器人手动操作注意事项； 2.掌握机器人手动操作的方式与方法； 3.掌握机器人快捷菜单的使用方法； 4.能够正确手动操作机器人； 5.在单轴运动情况下，掌握各轴的运动方向； 6.熟悉机器人各轴运动的范围
实训课时	8 课时
实训地点	智能制造实训室

实训3　手动线性描绘几何图形

实训名称	手动线性描绘几何图形
实训内容	使用线性运动的方式来进行手动操作工业机器人，并描绘简单的几何图形 （a）　　　　（b） （c）　　　　（d）

续表

实训目标	1.掌握机器人线性移动机器人注意事项； 2.掌握机器人线性移动机器人的方式与方法； 3.掌握机器人快捷菜单的使用方法； 4.在线性运动情况下，掌握各线性移动机器人的方向； 5.能够准确操作机器人描绘简单的几何图形
实训课时	8 课时
实训地点	智能制造实训室

二、工业机器人介绍

在学习了手动操作工业机器人之后，就需要深入地研究工业机器人，只有对它有更深的学习，才能灵活地运用它，以下将介绍从工业机器人的发展史、生产厂家、典型结构和编程方式。

提示：本部分可观看视频：——"4.工业机器人"。

（一）工业机器人发展史

自工业革命以来，人类的体力劳动已逐渐被各种机械取代，而这种变革为人类社会创造出了巨大的财富，极大地推动了人类社会的进步。在人力成本、原料成本不断上涨的今天，工业机器人作为第三次工业革命的重要切入点，彻底改变了工业生产模式，提升了工业生产的效率。

1920 年，捷克作家卡雷尔·萨佩克发表了科幻剧本《罗萨姆的万能机器人》。萨佩克在剧本中把捷克语"Robota"写成了"Robot"，其意为"不知疲倦地劳动"，引起了广泛关注，被当成了机器人一词的起源。萨佩克把机器人定义为服务于人类的家伙，机器人的名字也由此产生。

1954 年，美国的乔治·德沃尔提出了一个与工业机器人有关的技术方案，并申请了"通用机器人"专利。该专利的要点在于借助伺服技术来控制机器人的各个关节，同时可以利用人手完成对机器人动作的示教，实现机器人动作的记录和再现。

1959 年，德沃尔与美国发明家约瑟夫·英格伯格联手制造出第一台工业机器人 Unimate，如图 1-45 所示，工业机器人的历史才真正拉开了帷幕。

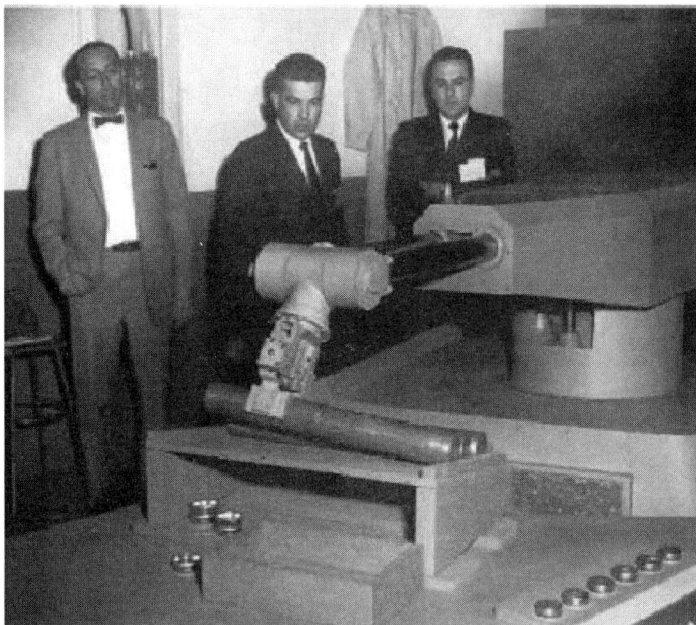

图 1-45 Unimate 机器人

1960 年，美国机器和铸造公司 AMF 生产了柱坐标型 Versatran 机器人。Versatran 机器人可进行点位和轨迹控制，是世界上第一台用于工业生产的机器人，其外观和结构如图 1-46 所示。

（a）Versatran 机器人的外观　　　　　　（b）Versatran 机器人的结构示意图

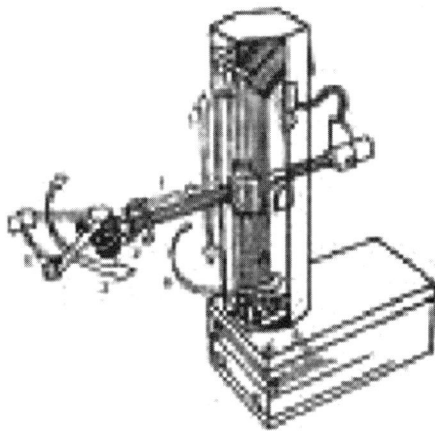

图 1-46 Versatran 机器人

1968 年，美国斯坦福研究所公布他们研发成功的机器人 Shakey，由此拉开了第三代机器人研发的序幕。Shakey 带有视觉传感器，能根据人的指令发现并抓取积木，不过控制它的计算机有一个房间那么大。Shakey 可以称为世界上第一台智能机器人，如图 1-47 所示。

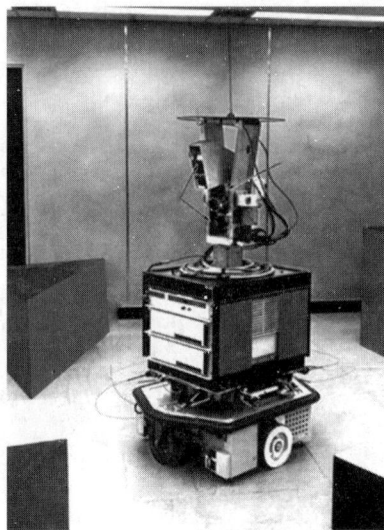

图 1-47 Shakey 移动机器人

1979 年，美国 Unimation 公司推出通用工业机器人 PUMA，如图 1-48 所示，这标志着工业机器人技术已经成熟。这种机器人至今仍在第一线生产中使用，许多机器人技术的研究都以该机器人为模型和对象。

图 1-48 PUMA 机器人

到了 19 世纪 70 年代，工业机器人技术又发生了重大变革。由于当时的日本正面临着严重的劳动力短缺问题，这成为制约其经济发展的一个主要问题。毫无疑问，此时美国诞生并已投入生产的工业机器人给日本带来了福音，1967 年日本川崎重工和丰田公司分别从美国购买了工业机器人 Unimate 和 Verstran 的生产许可，日本从此开始了对机器人的研究和制造。

1979 年，日本山梨大学牧野洋发明了平面关节（selective compliance assembly robot arm，SCARA）型机器人，如图 1-49 所示，该类型机器人在以后的装配作业中得到了广泛应用。1980 年，工业机器人在日本得到了快速发展。如今，无论是机器人的数量还是机器人的密度，日本都位居世界第一，素有"机器人王国"之称。

图 1-49　SCARA 机器人

在工业机器人飞速发展的同时，在非制造业领域对机器人技术应用的研究和开发也非常活跃，人们逐步认识到机器人技术是感知、决策、行动和交互四大技术的结合。随着人们对机器人技术智能化本质认识的加深，机器人技术正源源不断地向人类活动的各个领域渗透。结合这些领域的应用特点，人们开发了各种特种机器人和智能机器，如仿人机器人、仿生机器人、微机器人、医疗机器人、水下机器人、移动机器人、军用机器人、空间机器人、农林机器人等。从外观上看，它们已经远远脱离了最初工业机器人的形状，其智能和功能也大大超出了工业机器人的范围，更加符合应用领域的特殊要求。

（二）主流机器人厂家介绍

1. 国内机器人厂家介绍

目前，国内工业机器人产业刚刚起步，但增长的势头非常强劲，涌现出一批机器人的生产制造商。比如埃夫特、新松、广州数控设备等公司。它们结合市面上主流工业机器人的发展历程，总结出各自的技术特点。

（1）埃夫特智能制造装备股份有限公司

埃夫特公司成立于 2007 年 8 月，是一家专门从事工业机器人与成套系统，非标自动化设备设计和制造的高新技术企业，图 1-50 为埃夫特 6 轴机器人。该公司在意大利设有智能喷涂机器人研发中心和智能机器人应用工程中心。

埃夫特公司目前是国家机器人产业集聚区内的核心企业，是中国机器人产业创新联盟和中国机器人产业联盟的发起人和副主席单位，所研制的国内首台重载 165kg 机器人载入中国企业创新纪录，荣获 2012 年中国国际工业博览会银奖。埃夫特机器人在奇瑞汽车等企业历经五年的苛刻考验和充分验证之后，被广泛推广到汽车及零部件行业、家电行业、卫浴行业、机床行业、机械制造行业、日化行业、食品和药品行业、钢铁行业等。

图 1-50 埃夫特 6 轴机器人

（2）新松机器人自动化股份有限公司

新松公司隶属中国科学院，是一家以机器人独有技术为核心，致力于数字化智能高端装备制造的高科技上市企业。公司的机器人产品线包括工业机器人、洁净（真空）机器人、移动机器人、特种机器人及智能服务机器人五大系列，其中工业机器人产品填补了多项国内空白，创造了中国机器人产业发展史上多项第一；洁净（真空）机器人多次打破国外技术垄断与封锁，大量替代进口；移动机器人产品综合竞争优势在国际上处于领先水平，被美国通用等众多国际知名企业列为重点采购目标；特种机器人在国防重点领域得到批量应用。该公司在高端智能制造装备方面已形成智能物流、自动化成套装备、洁净装备、激光技术装备、轨道交通、节能环保装备、能源装备、特种装备产业群组化发展。

新松公司现已形成集自主核心技术、关键零部件、领先产品及行业系统解决方案于一体的完整产业链，并将产业战略贯穿涵盖产品全生命周期的数字化、智能化制造全过程。这种独特的产业模式将会促成新松公司以无与伦比的竞争优势，再次成为"中国智造"的助推器，产业转型升级的新引擎。如图 1-51 所示为新松 6 轴机器人。

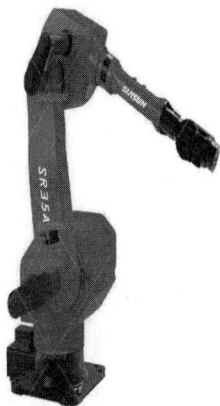

图 1-51 新松 6 轴机器人

（3）广州数控设备有限公司

广州数控设备有限公司位于中国南方数控产业基地，是国内技术领先的专业成套机床数控系统供应商。公司秉承科技创新，以核心技术为动力，以追求卓越品质为目标，以提高用户生产力为先导，主营业务有：数控系统、伺服驱动、伺服电机、工业机器人、精密数控注塑机研发生产、数控机床连锁营销、机床数控化工程、数控高技能人才培训。

广州数控机器人的产品负载覆盖了 3~400kg，自由度包括 3~6 个关节，图 1-52 为广数 6 轴机器人，目前已得到市场认可，其应用领域包括搬运、机床上下料、焊接、码垛、涂胶、打磨抛光等，涉及数控机床、五金机械、电子、家电、建材等行业。

图 1-52　广数 6 轴机器人

2.国外机器人厂家介绍

国际上的工业机器人公司主要分为日系和欧系。日系中主要有发那科、安川；欧系中主要有德国的 KUKA，瑞士的 ABB。

（1）ABB

瑞士的 ABB 公司是工业机器人制造公司之一。1974 年研发了第一台全电控式工业机器人 IRB6，主要应用于工件的取放和物料搬运。1975 年生产出第一台焊接机器人。ABB 工业机器人如图 1-53 所示。

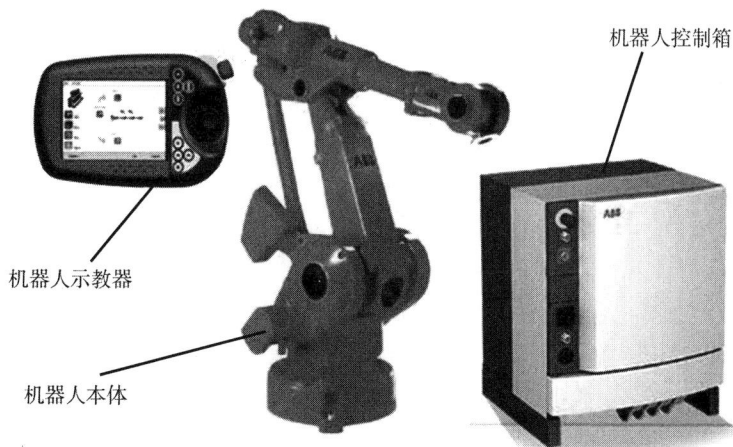

机器人控制箱
机器人示教器
机器人本体

图 1-53　ABB 工业机器人

（2）KUKA（库卡）

德国的 KUKA Roboter Gmbh 公司是世界顶级工业机器人制造商之一。1973 年研制开发了
KUKA 的第一台工业机器人。如图 1-54 所示为 KUKA 机器人。

图 1-54　KUKA 机器人

（3）FANUC（发那科）

FANUC 是世界上最大的机器人制造商之一。FANUC 的前身致力于数控设备和伺服电机
系统的研制和生产。1972 年从日本富士通公司的计算机控制部门独立出来，成立了 FANUC 公
司。如图 1-55 所示为 FANUC 机器人。

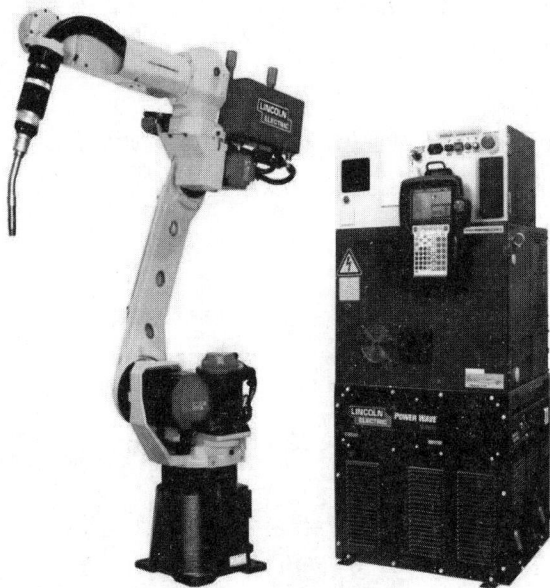

图 1-55　FANUC 机器人

（4）YASKAWA（安川）

安川公司于 1977 年研制出第一台全自动工业机器人，旗下拥有 Motoman 美国、瑞典、德
国以及 Synetics Solutions 美国公司等子公司。如图 1-56 所示为安川机器人。

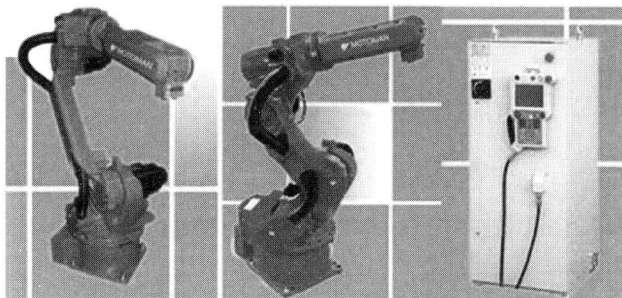

图 1-56　安川机器人

以上国际上的 4 种主流工业机器人优势、特点及应用领域如表 1-4 所示。

表 1-4　国际上主流工业机器人优势、特点及应用领域

ABB	优势及特点	ABB 的核心技术是运动控制系统，这也是机器人最大的难点。掌握了运动控制技术的 ABB 可以轻易实现循径精度、运动速度、周期时间、可程序设计等机器人的性能，大幅度提高生产的质量、效率以及可靠性
	应用领域	ABB 公司制造的工业机器人广泛应用在焊接、装配铸造、密封涂胶、材料处理、包装、喷漆、水切割等领域
KUKA（库卡）	优势及特点	KUKA 码垛机器人的显著特点是速度快，机器人控制器采用和标准机器人完全相同的标准，库卡的优势在于它的二次开发做得好，在人机界面上，库卡做得很简单。库卡在重负载机器人领域做得比较好，在 120kg 以上的机器人中，库卡和 ABB 的市场占有量居多，而在重载的 400kg 和 600kg 的机器人中，库卡的销量是最多的
	应用领域	库卡所生产的机器人广泛应用在仪器、汽车、航天、食品、制药、医学、铸造、塑料等工业，主要用于材料处理、机床装备、包装、堆垛、焊接、表面休整等领域
FANUC（发那科）	优势及特点	发那科将在数控系统的优势用于机器人身上，使得工业机器人精度也很高。此外，发那科工业机器人与其他企业相比独特之处在于：工艺控制更加便捷，同类型机器人底座尺寸更小、拥有独有的手臂设计 发那科在机器人的稳定性上，做得还不是最好，其优势在于轻负载、高精度的应用场合，这也是发那科的小型化机器人畅销的原因
	应用领域	FANUC 公司的主要业务分为两部分：工业机器人和工厂自动化
YASKAWA（安川）	优势及特点	安川是从电机开始做起的，因此它可以把电机的惯量做到最大化，所以安川机器人最大的特点就是负载大，稳定性高，在满负载满速度运行的过程中不会报警，甚至能够过载运行。因此安川在重负载的机器人应用领域，比如汽车行业，市场是相对较大的
	应用领域	其核心的工业机器人有点焊和弧焊机器人，油漆和处理机器人，LCD 玻璃板传输机器人和半导体晶片传输机器人等。近年来安川生产的新型液晶玻璃板搬运机器人受到市场欢迎。此外，安川还是将工业机器人应用于半导体领域最早的厂商之一

（三）工业机器人典型结构

1. 直角坐标工业机器人

直角坐标工业机器人一般做 2~3 个自由度运动，每个运动自由度之间的空间夹角为直角，可实现自动控制，可重复编程，所有的运动均按程序运行。直角坐标工业机器人一般由控制系统、驱动系统、机械系统、操作工具等组成。直角坐标工业机器人因操作工具不同，功能也不同，具有高可靠性、高速度和高精度的特点，可在恶劣的环境下工作，也可长期工作，且便于操作和维修。如图 1-57 所示为直角坐标工业机器人。

图 1-57　直角坐标工业机器人

2. 平面关节型工业机器人

平面关节型工业机器人又称为 SCARA 工业机器人，是圆柱坐标工业机器人的一种形式。SCARA 工业机器人有三个旋转关节，其轴线相互平行，在平面内进行定位和定向；还有一个移动关节，用于完成末端件在垂直于平面上的运动。SCARA 工业机器人精度高，动作范围较大，坐标计算简单，结构轻便，响应速度快，但负载较小。

SCARA 系统在 X、Y 轴方向具有顺从性，而在 Z 轴方向具有良好的刚度，此特性特别适合装配工作，例如将一个圆头针插入一个圆孔，SCARA 系统首先大量用于装配印制电路板和电子零部件；SCARA 的另一个特点是其串接的两杆结构类似人的手臂，可以伸进有限空间内作业然后收回，适合搬动和取放物件，如集成电路板等。

如今 SCARA 工业机器人广泛应用于塑料工业、汽车工业、电子产品工业、药品工业和食品工业等领域。它的主要职能是拾取零件和装配。它的第一个轴和第二个轴具有转动特性，第三个轴和第四个轴可以根据不同的工作需要，制造成相应的多种不同形态，并且一个具有转动，另一个具有线性移动的特性。由于其具有特定的形状，所以其工作范围类似于一个扇形区域。如图 1-58 所示为平面关节型工业机器人。

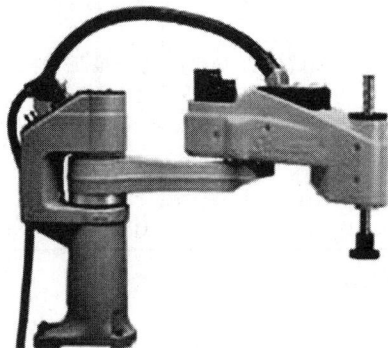

图 1-58　平面关节型工业机器人

3. 并联工业机器人

并联工业机器人又称为 DELA 工业机器人，属于高速、轻载的工业机器人，一般通过示教编程或视觉系统捕捉目标物体，由三个并联的伺服轴确定夹具中心（TCP）的空间位置，实现目标物体的运输、加工等操作。DELTA 工业机器人主要用于食品、药品和电子产品等的加

工和装配。DELTA 工业机器人以质量轻、体积小、运动速度快、定位精确、成本低、效率高等特点，正在被广泛应用。如图 1-59 所示为并联工业机器人。

DELTA 工业机器人是典型的空间三自由度并联机构，整体结构精密、紧凑，驱动部分均布于固定平台上，这些特点使它具有如下特性：

①承载能力强、刚度大、自重负荷比小、动态性能好。

②并行三自由度机械臂结构，重复定位精度高。

③超高速拾取物品，一秒钟多个节拍。

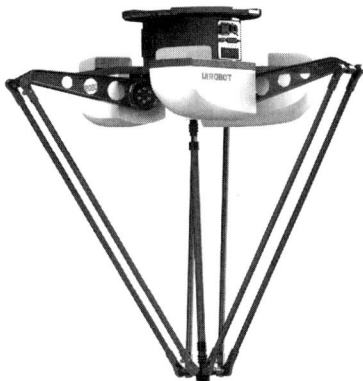

图 1-59　并联工业机器人

4. 串联工业机器人

串联工业机器人拥有 4 个或 4 个以上旋转轴，其中 6 个轴是最普通的形式，类似于人类的手臂，应用于装货、卸货、喷漆、表面处理、测试、测量、弧焊、点焊、包装、装配、切削机床、固定、特种装配操作、锻造、铸造等。如图 1-60 所示为串联工业机器人。

串联工业机器人有很高的自由度，适合于几乎任何轨迹或角度的工作；可以自由编程，完成全自动化的工作，生产率高，错误率可控，能代替人完成有害身体健康的复杂工作，比如汽车外壳点焊、金属部件打磨。

本书就是以串联工业机器人作为对象进行讲解的。

图 1-60　串联工业机器人

5. 协作工业机器人

在传统的工业机器人逐渐取代单调、重复性高、危险性强的工作时，协作工业机人将慢慢渗入各个工业领域，与人共同工作。这将引领一个全新的工业机器人与人协同工作时代的来临，随着工业自动化的发展，我们发现需要协助型的工业机器人配合人来完成工作任务，这样比工业机器人的全自动化工作站具有更好的柔性且成本更低。如图 1-61 所示为协作工业机器人。

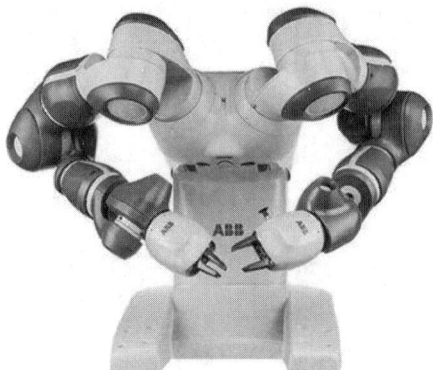

图 1-61　协作工业机器人

活动： 4人一小组，一个人简笔画工业机器人典型结构，其余三个人猜。

（四）工业机器人编程方式

工业机器人的编程方式主要有示教编程、离线编程和自主编程三种。

1. 示教编程

操作人员通过人工手动的方式，利用示教器移动机器人的末端焊枪跟踪焊缝，及时记录焊件焊缝轨迹和焊接工艺参数，机器人再根据记录信息采用逐点示教的方式再现焊接过程。这种逐点记录焊枪姿态再重现的方法需要操作人员来充当外部传感的角色，这种机器人自身缺乏外部信息传感，灵活性较差，而且对于结构复杂的焊件，需要操作人员花费大量的时间进行示教，所以编程效率较低。如图 1-62 所示为示教编程。

图 1-62　示教编程

2. 离线编程

离线编程主要采用部分传感技术，依靠计算机图形学技术，建立机器人工作模型，对编程

结果进行三维图形学动画仿真，以增加检测编程可靠性，最后将生成的代码传递给机器人控制柜，用以控制机器人的运行。与示教编程相比，离线编程可以减少机器人工作时间，结合CAD技术，能达到简化编程的效果。如图 1-63 所示为离线编程。

图 1-63　离线编程

3. 自主编程

自主编程是实现机器人智能化的基础。自主编程技术用于各种外部传感器，比如焊接技术，使机器人能全方位感知真实焊接环境，根据识别焊接工作台信息，来确定工艺参数。

自主编程技术无须繁重的示教，也不需要根据工作台信息对焊接过程中的偏差进行纠正，这不仅提高了机器人的自主性和适应性，也成为未来机器人发展的趋势。如图 1-64 所示为自主编程示意图，图中工业机器人采用了位移传感器和力传感器等外部传感器。

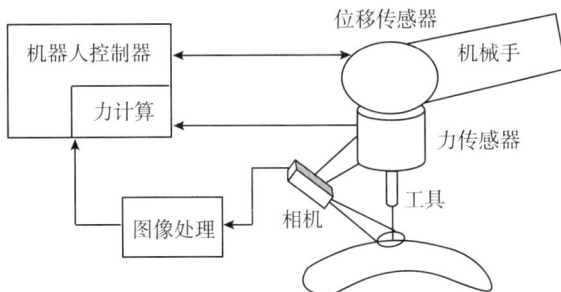

图 1-64　自主编程示意图

（五）坐标系的分类

小组讨论：我们怎么能让一个人知道一个陌生地方的位置或方向？

4个人为一小组，一个人负责组织，一个人负责写，一个人负责上台展示并讲解，一个人人负责点评。

为了说明点的位置、运动的快慢和方向等，必须选取坐标系。在参照系中，为确定空间某一点的位置，按规定方法选取的有次序的一组数据，叫作"坐标"。

机器人的坐标系有一个称为"原点"的固定点，通过轴定义平面或者空间，机器人的目标位置通过坐标系轴的测量来确定。

我们实训室的工业机器人品牌是 ABB，因此我们以 ABB 工业机器人为例，其中固定在地面上的坐标系称为大地坐标系；固定在安装面上的坐标系称为基坐标系。确定机器人的安装位置之后，坐标系之间的对应关系即唯一确定，机器人系统各类坐标系关系如图 1-65 所示。

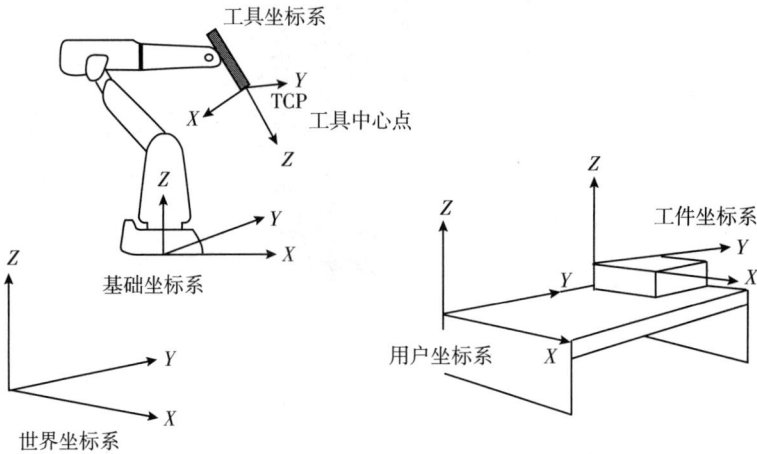

图 1-65　机器人系统各类坐标系关系

对机器人进行轴操作时，坐标系分为以下几种形式。

1.关节坐标系

一般地，ABB 机器人是由六个伺服电机分别驱动机器人的六个关节轴（图 1-66），那么每次手动操作一个关节轴的运动，就称为单轴运动。因此，操作机器人各轴进行单轴运动，称为关节坐标系。

优点：具有人的手臂的一些特征，占据空间最小，工作范围最大，还可以绕过障碍物提取和运送工件。

缺点：运动直观性较差，驱动控制比较复杂。

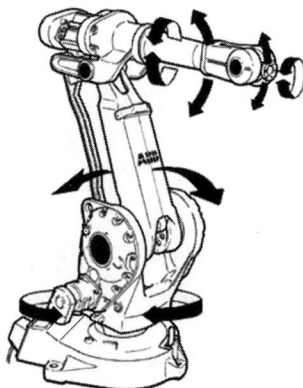

图 1-66　机器人各关节轴

2. 基坐标系

基坐标系是以机器人安装基座为基准、用来描述机器人本体运动的直角坐标系，如图 1-67 所示。

任何机器人都离不开基坐标系，它是机器人 TCP 在三维空间运动空间所必需的基本坐标系（面对机器人前后：X 轴，左右：Y 轴，上下：Z 轴）。

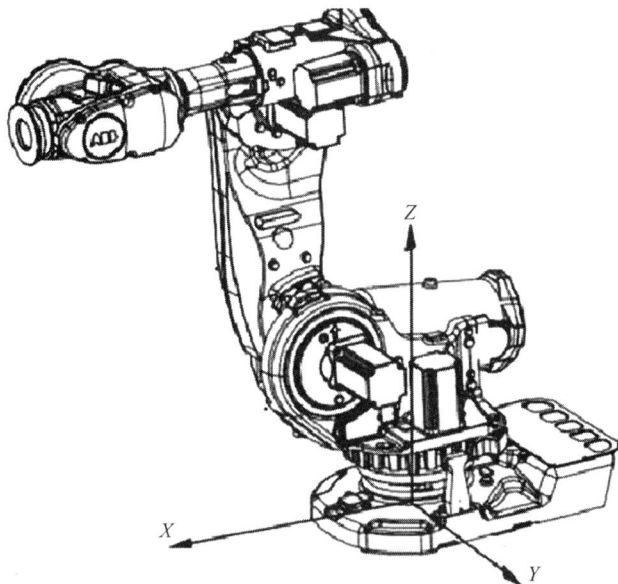

图 1-67　基坐标系

3. 大地坐标系（世界坐标系）

大地坐标系也叫世界坐标系，它是以大地作为参考的直角坐标系。在多个机器人联动的和带有外轴的机器人中会用到，默认情况下，大地坐标与基坐标是一致的，如图 1-68 所示。

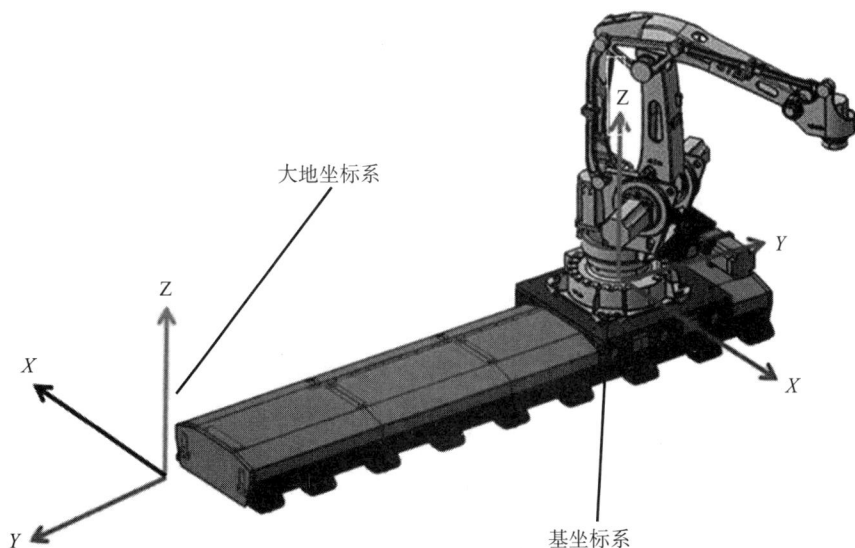

图 1-68　大地坐标系

4. 工具坐标系

工具坐标系是以工具中心点作为零点，机器人的轨迹参照工具中心点，不再是机器人手腕中心点 TOOL0 了，而是新的工具中心点，如图 1-69 所示。

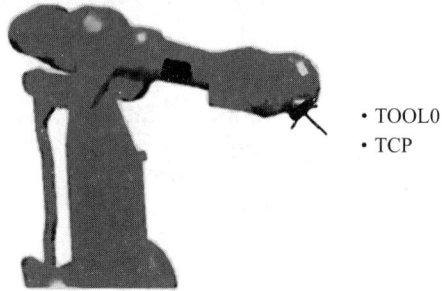

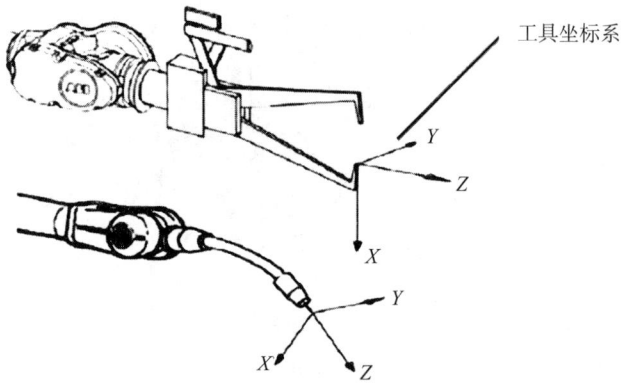

图 1-69　工具坐标系

5. 工件坐标系

工件坐标系是以工件为基准的直角坐标系，它可用来描述 TCP 运动，如图 1-70 所示。

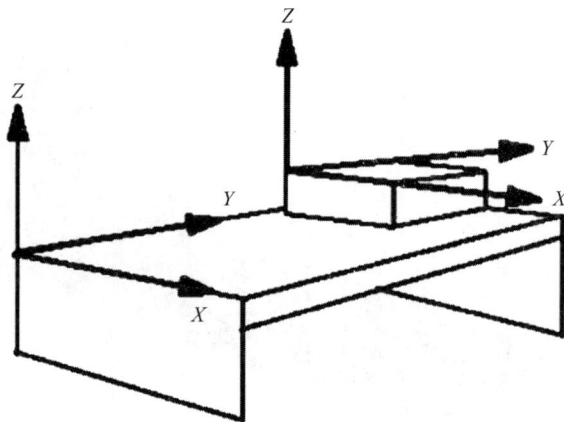

图 1-70　工件坐标系

工具坐标系、工件坐标系、大地坐标系和基坐标系的对比如图 1-71 所示。

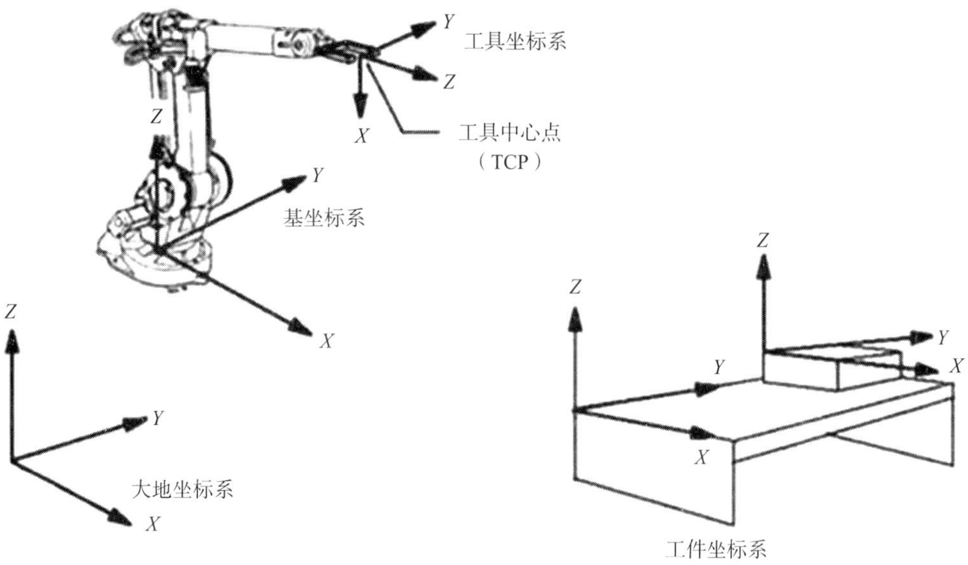

图1-71　工具坐标系、工件坐标系、大地坐标系和基坐标系的对比

思考：各坐标系的概念以及相互之间的关系。

实训4　比赛描绘图形

实训名称	比赛描绘图形
实训内容	使用合理的运动方式来手动操作工业机器人，描绘图形如下图形，指导老师计时，图形完整且用时最短者获胜 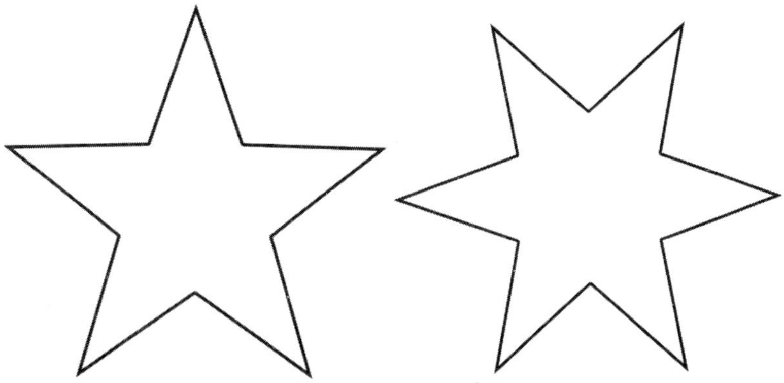 （a）　　　　　　　　　　　　（b）

续表

实训目标	1.掌握机器人手动操作注意事项； 2.掌握机器人手动操作的方式与方法； 3.掌握机器人快捷菜单的使用方法； 4.熟练手动操作机器人； 5.熟悉机器人在各坐标系下运动方向
实训课时	8课时
实训地点	智能制造实训室

实训5　"目"字轨迹描绘

实训名称	"目"字轨迹描绘
实训内容	使用合理的运动方式来手动操作工业机器人，描绘"目"字的轨迹

续表

实训目标	1.掌握机器人手动操作注意事项； 2.掌握机器人手动操作的方式与方法； 3.掌握机器人快捷菜单的使用方法； 4.熟练手动操作机器人； 5.熟悉机器人在各坐标系下运动方向
实训课时	8课时
实训地点	智能制造实训室

三、自动运行工业机器人

根据工业机器人已有的程序，完成自动运行工业机器人。程序运行有两种模式：单周和连续。单周即程序运行完一次之后自动停止运行；连续即程序运行完一次之后自动从头开始运行，即循环运行。在本任务中，我们使用单周模式。

①点击左上角主菜单按钮，选择"程序编辑器"，如图1-72所示。

②点击"文件"，再选择"加载模块"，如图1-73所示。

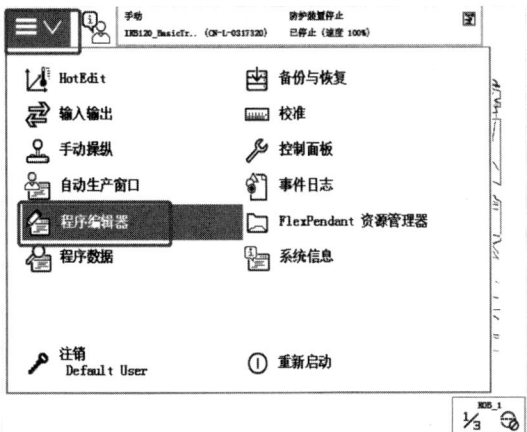

图1-72　程序编辑器

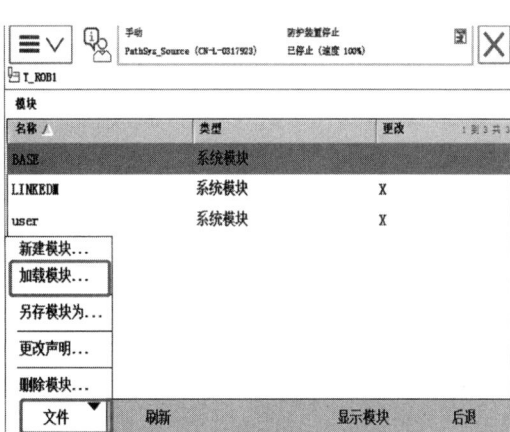

图1-73　加载模块

③选中Module1，点击显示模块，如图1-74所示。

④点击"例行程序"，如图1-75所示。

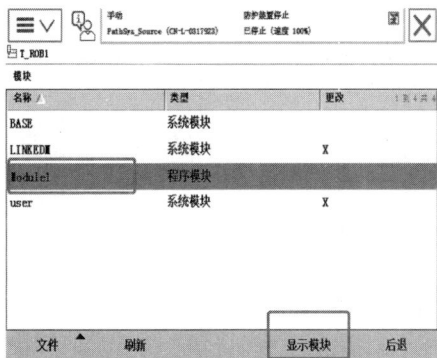

图 1-74　显示模块

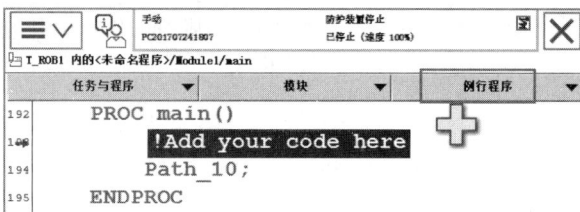

图 1-75　例行程序

⑤选中"main()"，点击"显示例行程序"，如图 1-76 所示。

⑥点击触摸屏右下角的快捷键，选择第三个控件，选择"单周"，然后点击一次快捷键即可关闭此弹出菜单，如图 1-77 所示。

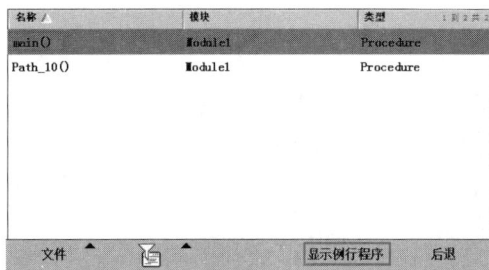

图 1-76　显示例行程序

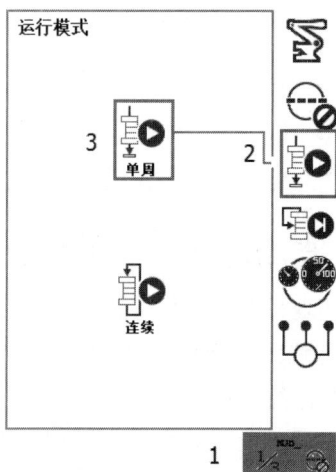

图 1-77　单调运行

⑦点击"调试"，点击"PP 移至 Main"，之后点击"启动"开始，进行程序整体调试，观察机器人运动是否满足要求，如图 1-78 所示。

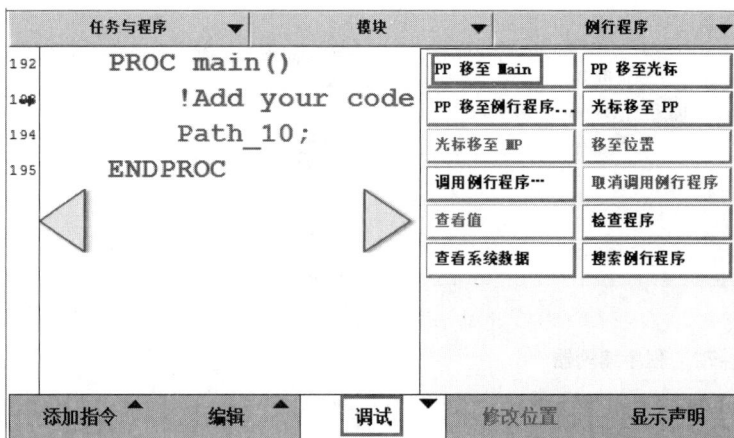

图 1-78　"PP 移至 Main"

⑧在控制柜面板上通过钥匙将机器人切换至左侧的自动模式,如图 1-79 所示。

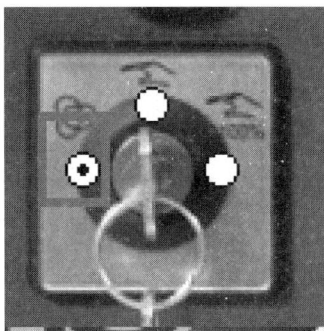

图 1-79 自动模式

⑨示教器屏幕会自动切换至自动生产窗口,点击"PP 移至 Main",从主程序开始运行,如图 1-80 所示。

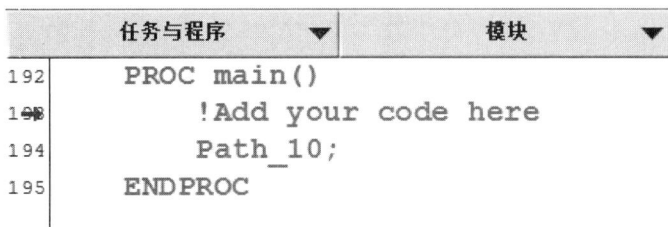

图 1-80 自动运行

⑩单击控制器面板的白色马达上电按钮,如图 1-81 所示。

图 1-81 马达上电

⑪首次自动运行,建议先将程序运行速度降低,运行没问题后再恢复至 100% 速度运行。点击触摸屏右下角快捷键,在弹出窗口中点击第 5 个图标,然后修改运行速度百分比,例如修为 25% 或 5%。之后启动程序,观察机器人运动是否满足要求,如果没有问题即可将速度修改为 100%,再次启动程序,查看最终运行效果,如图 1-82 所示。

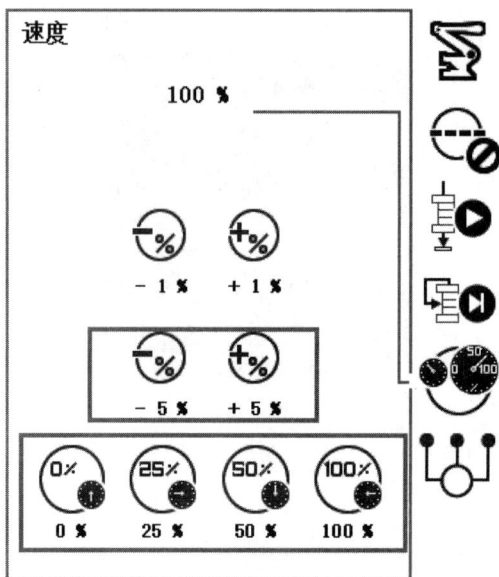

图 1-82 速度调试

小组讨论：手动操纵工业机器人和自动操纵工业机器人有哪些注意事项？
4个人为一小组，将讨论结果与另一小组交换，指出别人合理与不合理的地方。

练习题

1. 判断题

（1）ABB 工业机器人是瑞士的 ABB 公司制造的。　　　　　　　　　（　　）

（2）直角坐标工业机器人不属于工业机器人的典型结构。　　　　　（　　）

（3）串联工业机器人属于工业机器人的典型结构。　　　　　　　　（　　）

（4）工业机器人的编程方式中，有一种是离线编程。　　　　　　　（　　）

（5）我们实训室使用的工业机器人的典型结构是直角坐标工业机器人。（　　）

（6）为了说明质点的位置、运动的快慢和方向等，必须选取坐标系。（　　）

（7）基坐标系是以机器人安装基座为基准、用来描述机器人本体运动的直角坐标系。（　　）

（8）大地坐标系是以大地作为参考的直角坐标系。　　　　　　　　（　　）

（9）单轴运动是每次手动操纵一个关节轴的运动。　　　　　　　　（　　）

（10）手动操纵工业机器人的方式中没有线性运动的手动操纵。　　（　　）

（11）一旦发现机器人有误动作或碰撞要发生，需要按下急停按钮。（　　）

（12）工业机器人自动运行，人需要和机器人保持一定距离。　　　（　　）

2. 填空题

（1）工业机器人的编程方式有 _____、_____、_____。

（2）坐标系的分类有 ＿＿＿＿＿＿＿＿＿、＿＿＿＿＿＿＿＿＿、＿＿＿＿＿＿＿＿＿、

＿＿＿＿＿＿＿＿＿、＿＿＿＿＿＿＿＿＿。

（3）手动操作工业机器人的方式有 ＿＿＿＿＿＿＿＿＿、＿＿＿＿＿＿＿＿＿、

＿＿＿＿＿＿＿＿＿。

3. 简答题

（1）工业机器人有哪些品牌？（至少写出3种）

（2）工业机器人有哪些典型结构？（将所学的都写出来）

（3）我们实训室使用的是什么品牌的工业机器人？它属于哪种典型结构？它有几个轴？

（4）工业机器人的编程方式有哪几种？（将所学的都写出来）

（5）什么是基坐标系？什么是大地坐标系？什么是工件坐标系？

（6）工业机器人手动操纵方式有几种？分别是哪些？

（7）仿真软件新建工作站的步骤是什么？

（8）你认为手动操纵工业机器人和自动操纵机器人需要注意哪些事项？

任务完成报告

姓名		学习日期		
任务名称	工业机器人手动操作			

	考核内容	完成情况
学习自评	1.30 分钟完成"目"字轨迹描绘	□好　□良好　□一般　□差
	2.机器人运行速度不超过 20%	□好　□良好　□一般　□差
	3.笔尖与纸张保持垂直的姿态	□好　□良好　□一般　□差
	4."目"字轨迹连续、完整、清晰、美观	□好　□良好　□一般　□差
学习心得		

项目 2　工业机器人绘图应用

在本工作站中，工业机器人是主要且关键的智能制造装备，通过项目 1 的学习，我们认识了智能制造装备，并且掌握了如何手动操作工业机器人运动，但为了完成最终项目，不能仅靠手动操作工业机器人，还需要使工业机器人自动运行并且按照我们规划的轨迹运行，因此，需要学习工业机器人示教编程，以便让工业机器人能够按照规划的轨迹自动运行。

工业机器人轨迹在实际生产中的应用包括工业机器人焊接、涂胶、激光切割、雕刻等。因此在项目 2 中，我们仍以工业机器人为核心装备（完成最终任务的核心装备），本项目的任务是采用现场示教编程的方式完成"制造"两个字体轨迹的程序创建及调试，由于"制造"字体较为复杂，学习的知识较多，因此在完成"制造"字体绘图之前，先完成一个简单图形的绘图——小车的图形，在具备相应知识和能力后，再完成"制造"字体的绘图。在完成"制造"字体轨迹的编程及调试任务后，为了延长工业机器人使用寿命，还需要掌握维护维修工业机器人的方法。

该项目包括简单图形绘图、文字图形绘图以及机器人维护维修。

在本工作站中，所用的设备及工作站如图 2-1 所示，图中 A 为工业机器人，B 为"中国制造"画板，字体如图 2-2 所示。

项目要求：

①在平面上完成"中国制造"中"制造"的描绘。

②编辑工业机器人自动运行的程序，"制造"两个字体是自动运行完成描绘的。

③字体描绘位置要精确，工业机器人姿态要合理，笔尖与纸张保持垂直的姿态，自动运行速度设置为 20%，描绘时间不超过 300 秒。

④工业机器人运行轨迹合理、平滑、精确、完整、清晰、美观。

⑤自动运行过程中无障碍，且没有不必要的停顿。

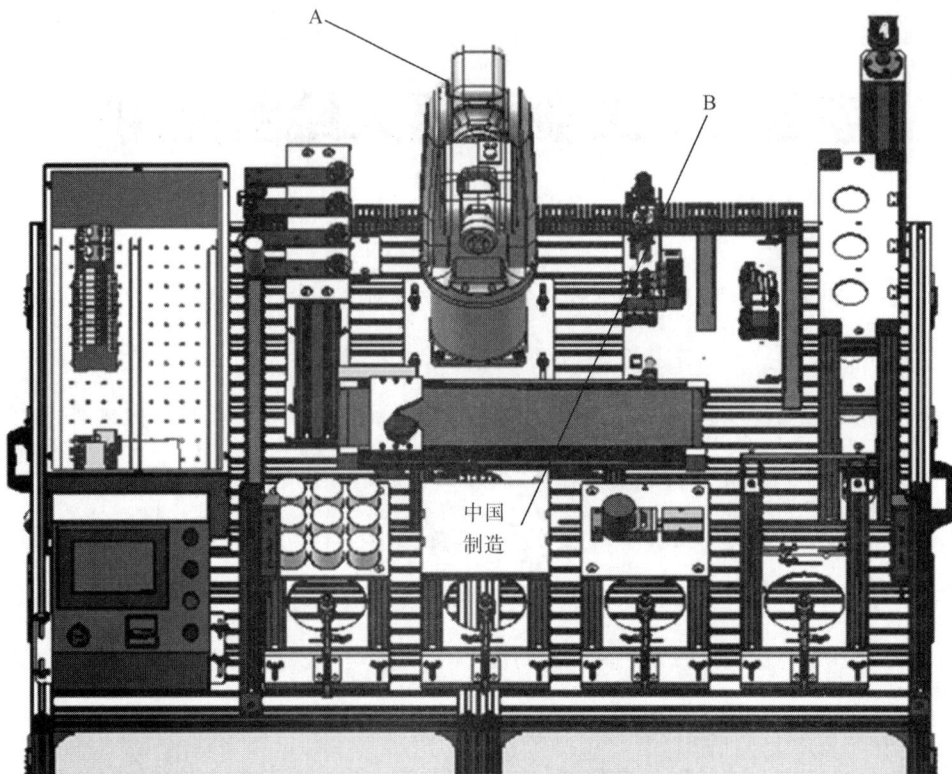

A—工业机器人；B—"中国制造"画板

图2-1 工作站中描绘"制造"字体

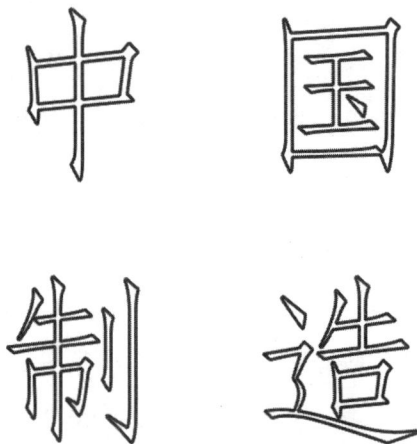

图2-2 "中国制造"画板

根据本项目内容分为3个任务：

任务1 简单图形的绘图编程

①任务及场景。介绍快换，工业中的场景，以及相应指令和程序。在本任务中学习小车图形的绘图，该图形由三角形、矩形、圆弧和圆组成，由此分为2个部分来完成绘图：

三角形绘图编程和曲线绘图编程。

②三角形绘图编程。介绍 MoveJ 和 MoveL 指令，程序的创建及修改的流程、方法，轨迹规划、姿态调整的方法。

③曲线绘图编程。介绍 MoveC 指令、程序修改的流程及方法。

任务2　文字图形示教编程

①应用场景。介绍 TCP 的概念以及在实际中的应用。本任务的最终任务是完成"制造"字体的绘制。

②"制造"绘图编程。介绍 TCP 标定方法及流程。

任务3　工业机器人维护维修

①完成工业机器人的日常保养与维护。包括常用工具、仪表的使用，工业机器人机械和电气部分的维护保养。

②完成工业机器人常见故障的维修。包括电池的更换、机械零点校对、转数计数器的更新等常见故障的维修。

任务1 简单图形的绘图编程

"制造"两个字体轮廓的绘图编程是项目2的最终任务,但若从"制造"两个字开始学习,是很难完成的,因此先从简单的入手,学习基本的指令、示教编程的流程和方法等,再完成"制造"的绘图编程。

因此,任务1中要完成如图2-3所示图形的绘图编程,它由一些直线、圆弧及圆组成。

任务要求:

①编辑工业机器人自动运行的程序,机器人自动描绘图形。

②图形描绘要精确、完整、清晰、美观,工业机器人姿态要合理,自动运行描绘时间不超过180秒,自动运行速度设置为20%。

③工业机器人运行轨迹合理,笔尖与纸张保持垂直的姿态,运行无障碍,且没有不必要的停顿。

图2-3 任务1的最终任务

通过观察图2-3可知,图形是由直线、圆弧和圆构成的,因此我们将任务1分为两个部分来完成:三角形的绘图编程和曲线的绘图编程。在三角形的绘图编程中,通过绘制三角形、矩形的形状,来学习直线的轨迹;在曲线的绘图编程中,通过绘制圆弧及圆的形状,来学习曲线的轨迹,学习并完成这两类形状的描绘,就能完成如图2-3所示的绘图编程。

知识目标:

①掌握程序创建的流程及方法;

②掌握基本运动指令的用法;

③掌握程序修改的方法;

④掌握轨迹规划、姿态调整的方法;

⑤掌握示教编程的流程及方法。

能力目标：

①能够使用基本运动指令创建程序；

②能够根据实际工作情况对程序参数进行修改；

③能够对工业机器人的运动轨迹规划、姿态做调整；

④能够熟练对工业机器人示教编程。

学习内容：

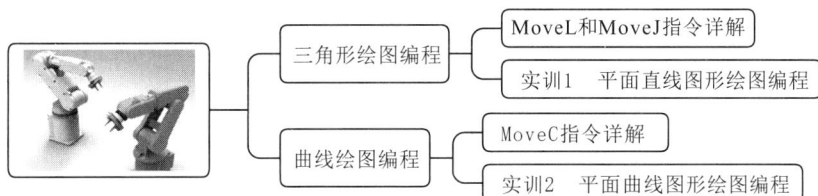

一、三角形绘图编程

（一）任务及场景

我们需要手动操作工业机器人，利用示教器移动机器人末端的画笔描绘如图 2-4 所示的"小车"的形状，并且记录工业机器人的运动轨迹，根据记录的位置点逐点示教轨迹，最终工业机器人沿着示教好的轨迹自动运行。

"小车"的图形由三角形、边框、圆、矩形组成，其中三角形和矩形是直线组成的图形，边框和圆是包含曲线组成的部分。

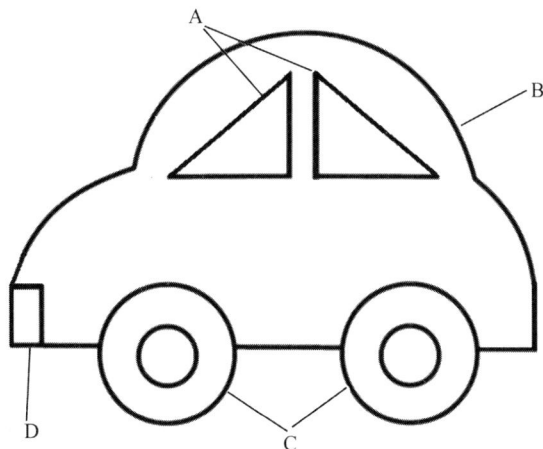

A—三角形；B—边框；C—圆；D—矩形

图 2-4   "小车"图形

描绘"小车"图形，可从 A~D 的顺序描绘，通过"三角形绘图编程"，可以完成三角形和矩形的绘图即 A 和 D 的绘图，边框及圆的描绘需要学完"曲线绘图编程"。在本小节中，我们以其中一个三角形绘图为例来学习，剩下一个三角形和矩形的绘图由学生完成。

除了完成小车图形中三角形的绘图编程，我们可以手绘一些图形，如图 2-5 所示，然后进行示教编程画出其图形。

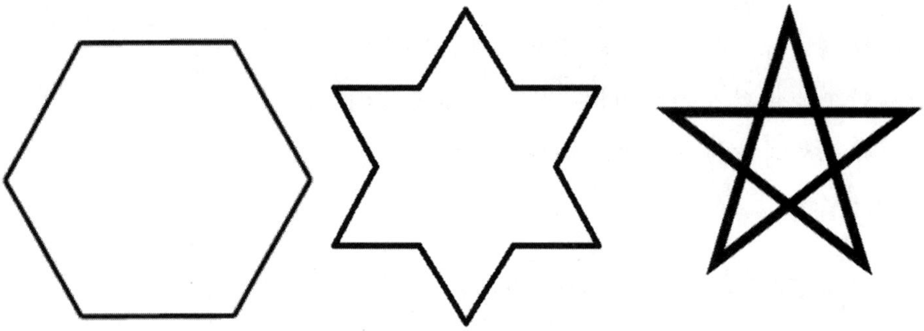

图2-5　图形

1. 快换装置

要让工业机器人示教编程画出其图形，需要将工业机器人的工具更换为画笔，此时需要用到快换装置。下面简要介绍工具安装位置、工具的种类、快换装置以及如何快换装置连接。

（1）工业机器人法兰位置

工业机器人工具一般装配在机器人六轴法兰处，法兰的位置如图2-6所示。

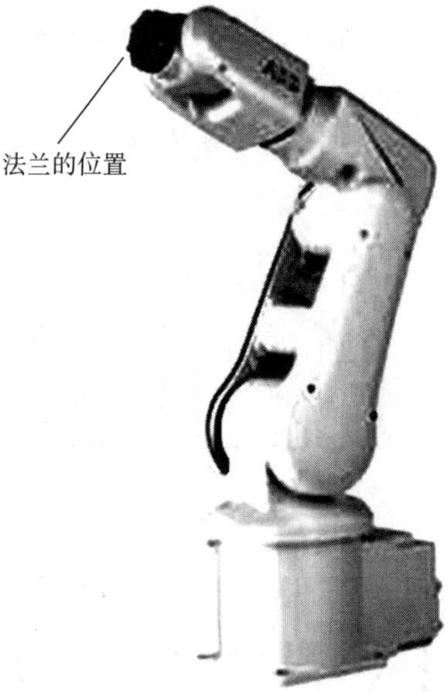

图2-6　法兰的位置

（2）工具种类

有些工作场所需要一台工业机器人完成不同工作任务，比如绘图——绘图的工具为画笔；搬运——搬运的工具为夹爪或吸盘；激光切割——激光切割的工具为激光切割头；焊接——焊接的工具为焊枪（后面介绍工业机器人在焊接、切割方面的应用），这时候就需要工业机器人安装不同的工具来完成不同的工作任务。

在本工作站中，机器人的工具有画笔、夹爪、吸盘、打磨工具等，如图2-7所示。除了本工作站中的工具之外，在工业生产中还有激光切割头、焊枪等工具，如图2-8所示。

画笔

夹爪

吸盘

打磨工具

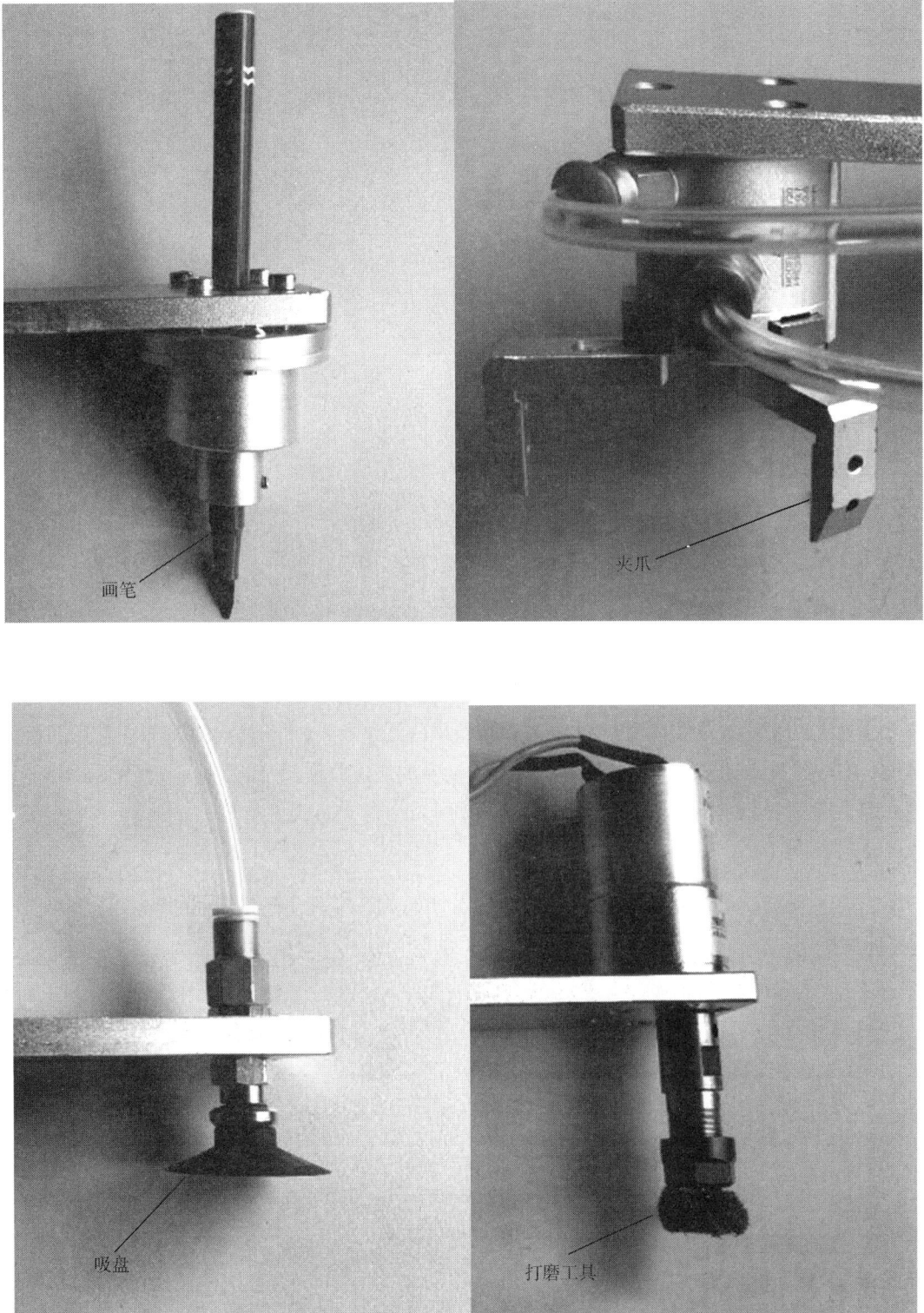

图 2-7　工作站中的工具

激光切割头　　　　　　　　　　　焊枪

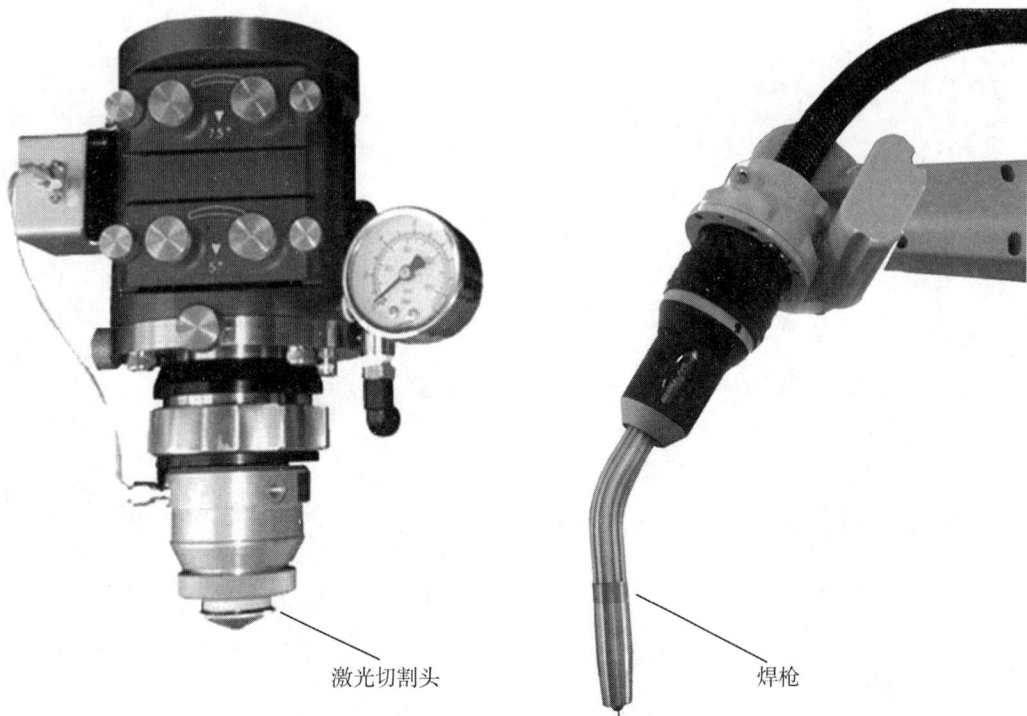

图 2-8　激光切割头和焊枪

（3）快换装置

这些工具是如何安装到工业机器人本体上的呢？

工业机器人安装工具是通过快换装置进行连接的，如图 2-9 所示为本工作站中使用的快换装置，它包含两个部分，一个是工业机器人末端带的快换公头，如图 2-9（a）所示；另一个是工具上带一个快换母头，如图 2-9（b）所示。

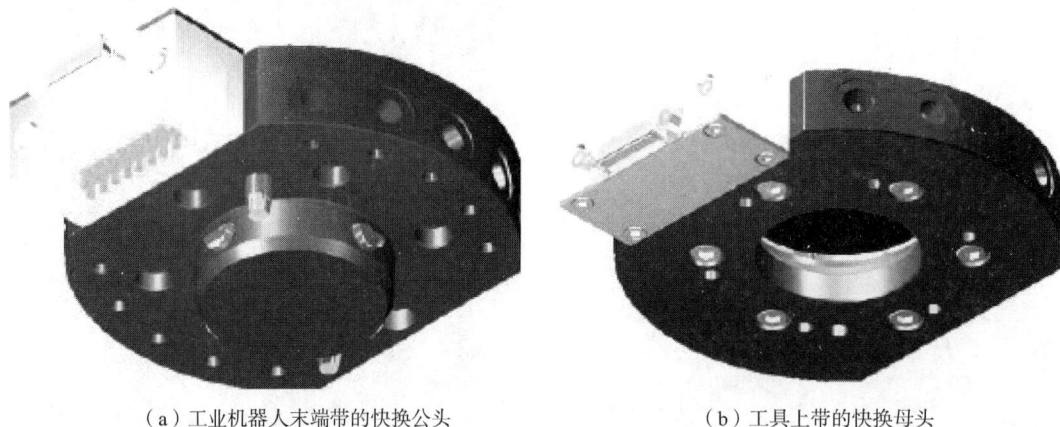

（a）工业机器人末端带的快换公头　　　　　　（b）工具上带的快换母头

图 2-9　快换装置

（4）快换装置连接

工业机器人的本体、快换公头、快换母头、工具是按如图 2-10 所示进行连接的，在工作站中快换区域如图 2-11 所示。

图 2-10　快换装置连接示意图

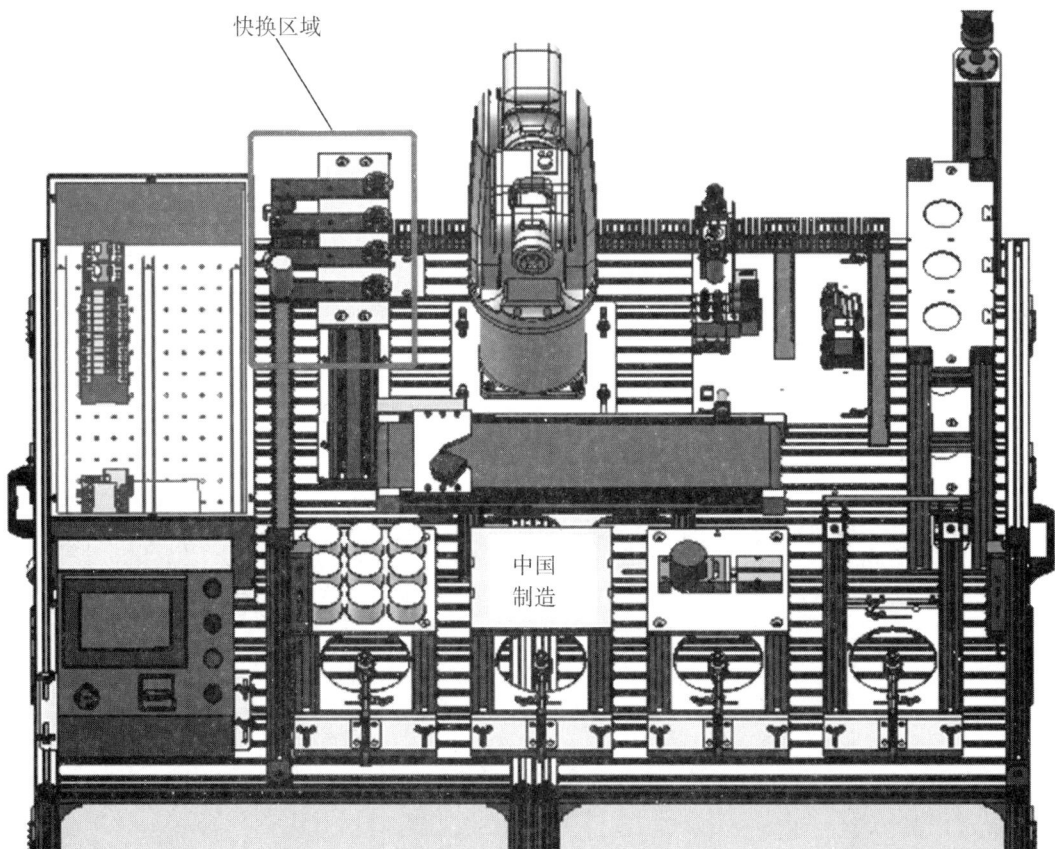

图 2-11　快换区域

工业机器人的法兰与快换公头是按如图 2-12 所示连接的。

（a）快换公头　　　　　　　　　　　（b）法兰与快换公头连接

图 2-12　工业机器人法兰与快换公头连接

工具与快换母头是按如图 2-13 所示进行连接的。

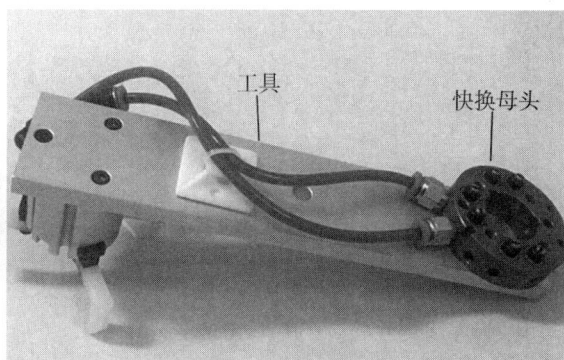

（a）快换母头　　　　　　　　　　　（b）工具与快换母头连接

图 2-13　工具快换装置

在工作站中，快换公头和快换母头连接前后状态如图 2-14（a）、（b）所示，连接完整后如图 2-14（c）所示。

（a）连接前状态　　　　　　　　　　（b）连接完成

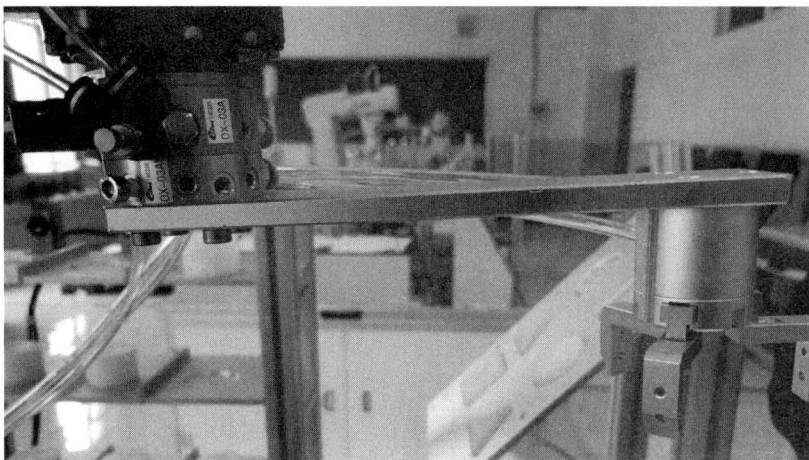

（c）连接完成后

图 2-14　快换装置连接

2. 工业中的应用

工业机器人安装了不同工具后，就可以在不同领域完成不同工作任务。

由于我们的任务是小车的绘图编程，而绘图编程属于工业机器人轨迹的应用，在实际生产中，轨迹还用在焊接、喷涂、切割、雕刻等领域。

（1）焊接

焊接机器人主要包括机器人和焊接设备两部分。机器人由机器人本体和控制柜（硬件及软件）组成。以弧焊及点焊为例，焊接装备由焊接电源（包括其控制系统）、送丝机（弧焊）、焊枪等部分组成。智能机器人还应有传感系统，如激光或摄像传感器及其控制装置等。如图 2-15 所示为机器人在焊接领域的应用。

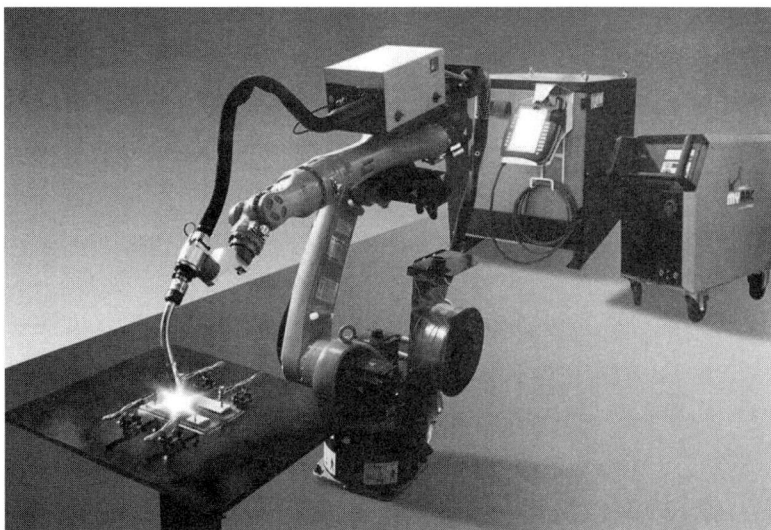

图 2-15　工业机器人焊接应用

在工业机器人的末轴法兰装接焊钳或焊枪，使之能进行焊接。焊接工业机器人自 20 世纪 60 年代用于生产以来，技术已日益成熟，主要有以下优点：

①稳定和提高焊接质量，能将焊接质量以数值的形式反映出来；

②提高劳动生产率；

③降低工人劳动强度，避免在有害环境下工作；

④降低了对工人操作技术的要求；

⑤缩短了产品改型换代的准备周期，减少了相应的设备投资。

因此，焊接工业机器人在各行各业已得到了广泛的应用。

提示：本部分可观看视频——"工业机器人焊接"。

（2）激光切割

工业机器人激光切割是一种通过工业机器人实现的多方向、多角度的柔性切割方法。工业机器人激光切割系统一般由机器人手臂、材料定位器、机器人控制器和机械手末端工具组成。机器人通过操控工具或工件来完成任务。

工业机器人激光切割改善了传统的切割工艺，提高了激光切割的性能和效率，提高了产品质量，减少了消耗，如图 2-16 所示为工业机器人在激光切割领域的应用。

图 2-16　工业机器人激光切割应用

在汽车制造领域，小汽车顶窗等空间曲线的激光切割技术已经获得广泛应用。在航空航天领域，激光切割技术主要用于特种航空材料的切割，如钛合金、铝合金、不锈钢、复合材料、塑料、陶瓷及石英等。用激光切割加工的航空航天零件有发动机火焰筒、飞机框架、机翼长桁、尾翼壁板、直升机主旋翼等。

激光切割技术在非金属领域也有广泛应用。激光切割所需功率相对较低，一般情况下，1kW 以下的连续二氧化碳激光器就足以用来切割薄工件。不仅可以切割硬度高、脆性大的材料，如碳化硅、陶瓷、石英等；还能切割加工柔性材料，如布料、纸张、塑料等。

提示：本部分可观看视频——"工业机器人三维激光切割"。

（3）喷涂

喷涂机器人又叫喷漆机器人，是可进行自动喷漆或喷涂其他涂料的工业机器人，1969 年由挪威 Trallfa 公司（后并入 ABB 集团）发明。喷漆机器人主要由机器人本体、计算机和相应的控制系统组成，液压驱动的喷漆机器人还包括液压油源，如油泵、油箱和电机等。多采用 5 或 6 自由度关节式结构，手臂有较大的运动空间，并可做复杂的轨迹运动，其腕部一般有 2~3 个自由度，可灵活运动。较先进的喷漆机器人采用柔性手腕，既可朝各个方向弯曲，又可转动，其动作类似人的手腕，能方便地通过较小的孔伸入工件内部，喷涂其内表面。喷漆机器人一般采用液压驱动，具有动作速度快、防爆性能好等特点，可通过手把手示教或点位示数来实现示教。喷漆机器人广泛用于汽车、仪表、电器、搪瓷等工艺生产部门，如图 2-17 所示为工业机器人在喷涂领域的应用。

图 2-17　工业机器人在喷涂领域的应用

喷涂机器人主要有以下优点：

①柔性大，工作范围广；

②提高喷涂质量和材料使用率；

③易于操作和维护，可离线编程，大大缩短现场调试时间；

④设备利用率高，可达 90%~95%。

提示：本部分可观看视频 ——"喷涂工业机器人"。

提示：这部分可以由学生在纸上画出一些图形，由老师操作工业机器人示教演示画出其图形，学生记录老师操作流程。

3. 指令及程序

三角形是由 3 条直线组成的，在三角形绘图编程中，轨迹从 A 点经 B 点到 C 点结束，如图 2-18 所示。

从 A 点到 B 点为一条直线，因此可以看出工业机器人从 A 到 B 的轨迹是规定好的，且不能再更改，那么工业机器人在运行这条确定的轨迹时采用的是什么运动方式呢？答案是线性运动指令（MoveL 指令）。

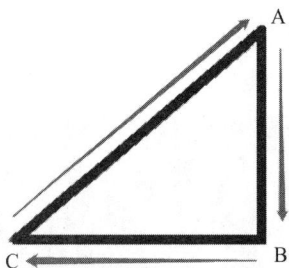

图 2-18　三角形绘图轨迹

MoveL 指令又叫线性运动指令，线性运动是机器人的工具中心点从起点到终点之间的路径始终保持为直线，一般如焊接、涂胶等应用对路径要求高的场合使用此指令。

线性运动示意图如图 2-19 所示。

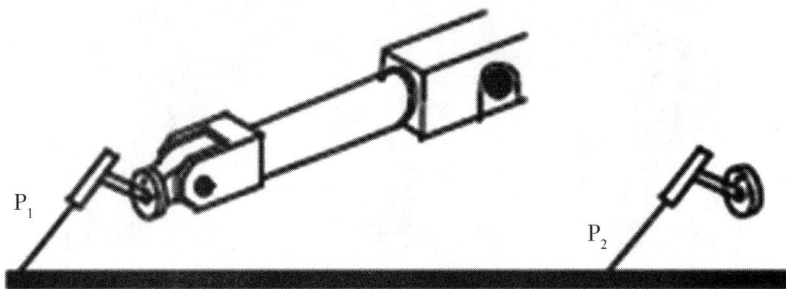

图 2-19　线性运动示意图

在示教器中我们添加 MoveL 指令，画出的直线如图 2-19 所示，程序语句如图 2-20 所示。

$$MoveL\ P_2,\ v100,\ fine,\ tool1;$$

图 2-20　直线的程序

参数说明：

工业机器人当前位置处在 P_1 点，以线性运动方式从 P_1 点运动至目标位置 P_2 点。

① MoveL 是 ABB 工业机器人的线性运动指令，插入形式为上述固定格式。

②P$_2$是终点位置点名称，该点是记录P$_2$点位置的位置型变量，2代表该点的名称。

③v100是运行速度为100mm/s，运行速度取值为5~7000 mm/s。

④fine是转弯区数据，若使用fine，则表示转弯区数据为0，且机器人在P$_2$点会稍作停顿，才会去下一个点，如图2-21所示。

⑤tool1表示使用的工具数据是tool1。

转弯区数据除了fine，还有z0~z200，表示转弯区数据为0~200 mm。例如使用z50，表示机器人在离P$_2$点还差50 mm或以50 mm为半径的圆的范围，机器人就默认到达P$_2$点，如图2-22所示。

图2-21　转弯区数据为fine

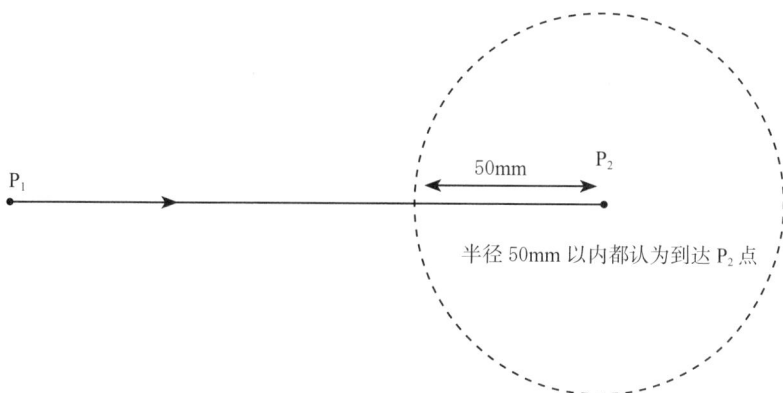

图2-22　转弯区数据为z50

提示：线性运动是保持机器人末端以直线的运动方式完成两点之间的运动，所以直线运动时对机器人六个轴动作要求较高，导致直线运动要比点到点的运动要慢一些。这种直线的运动插补方式多适用于狭窄空间的运动、带着快换工具垂直上下取件放件、弧焊行业等精准的点位示教。

活动：在三角形绘图编程过程中，可将转弯区数据由fine更改为z50，z100，z200，并观察轨迹变化。写出它们之间的变化并总结fine和z50的区别。

当绘制过渡位置的时候，如图2-23所示，从A点过渡到E点，需要先将绘图笔抬起来即抬到D点的位置，然后将绘图笔落到E点的位置，从E点开始绘制三角形。绘图笔从A点到D点和从D点到E点的这两条轨迹都是没有规定的，路径不一定是直线，可以是曲线，也可以是直线和曲线的结合，只要求工业机器人能从A点抬起来到D点再落到E点。当对轨迹精度要求不高的时候，采用的是什么运动方式呢？答案是关节运动指令（MoveJ 指令）。

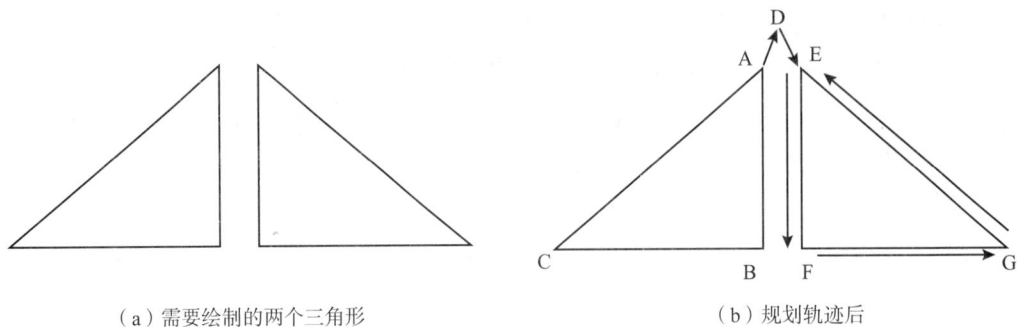

（a）需要绘制的两个三角形　　　　　　　　　（b）规划轨迹后

图 2-23　画两个三角形的轨迹

MoveJ 指令又叫关节运动指令，关节运动指令是在对路径精度要求不高的情况下，机器人的工具中心点从一个位置移动到另一个位置，两个位置之间的路径不一定是直线，如图 2-24 所示。

关节运动指令适合机器人做大范围运动时使用，不容易在运动过程中出现关节轴进入机械死点的问题。

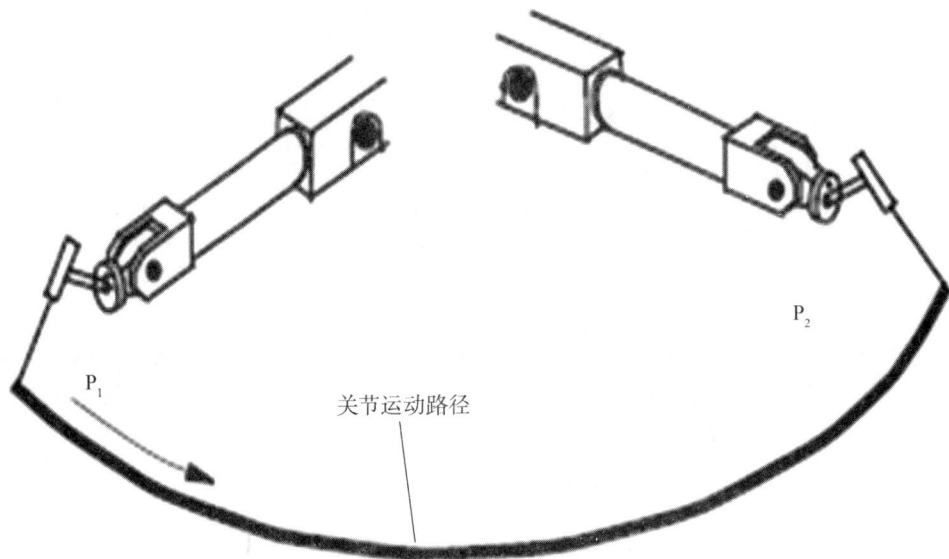

图 2-24　关节运动示意图

在示教器中我们添加 MoveJ 指令，画出的关节运动路径如图 2-24 所示，程序语句如图 2-25 所示。

$$MoveJ\ P_2,\ v100,\ fine,\ too11;$$

图 2-25　关节的程序

参数说明：

工业机器人当前位置处在 P_1 点，以关节运动方式从 P_1 点运动至目标位置 P_2 点。其余参数说明同 MoveL 指令。

练一练：观察图2-26，工业机器人从P₁点，以200mm/s的速度到达P₂点，再以100mm/s的速度到达P₃点，最后以500mm的速度到达P₄点，写出这段程序。

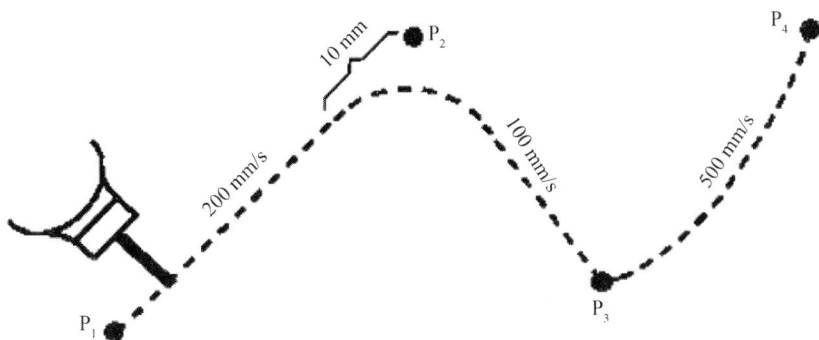

图2-26　P₁点—P₂点—P₃点—P₄点

由于指令都是放在程序中的，因此我们需要认识程序的模块及架构，才能正确添加所学的指令。

ABB工业机器人用的编程语言叫作RAPID。MoveL指令和MoveJ指令都属于RAPID编程语言，它包含一连串控制机器人的指令，执行这些指令可以实现对机器人的控制操作，RAPID程序界面如图2-27所示。

图2-27　程序界面

RAPID程序的架构包括以下五点：

① RAPID程序由程序模块与系统模块组成。

② 根据不同的用途创建多个程序模块，在RAPID程序中，默认的程序模块名称叫作"Module"，如用于主控制的程序模块、用于计算的程序模块、用于存放数据的程序模块，这是为了方便归类管理不同用途的程序与数据。

③一个程序模块包含程序数据、例行程序、中断程序和功能四种对象，但不一定每一个模块都有这四种对象存在。

④在 RAPID 程序中，主程序称为"main"，子程序称为"例行程序"。主程序是程序开始运行的地方，在主程序中可以调用某个或某些子程序，这些子程序结束后依然回到主程序。子程序是一个大型程序中的某部分代码，由一个或多个指令组成。它负责完成某项特定任务，而且相较于其他指令，具备相对的独立性。

⑤在 RAPID 程序中，只有一个主程序，可存放在于任意一个程序模块中。

RAPID 程序的架构如图 2-28 所示。

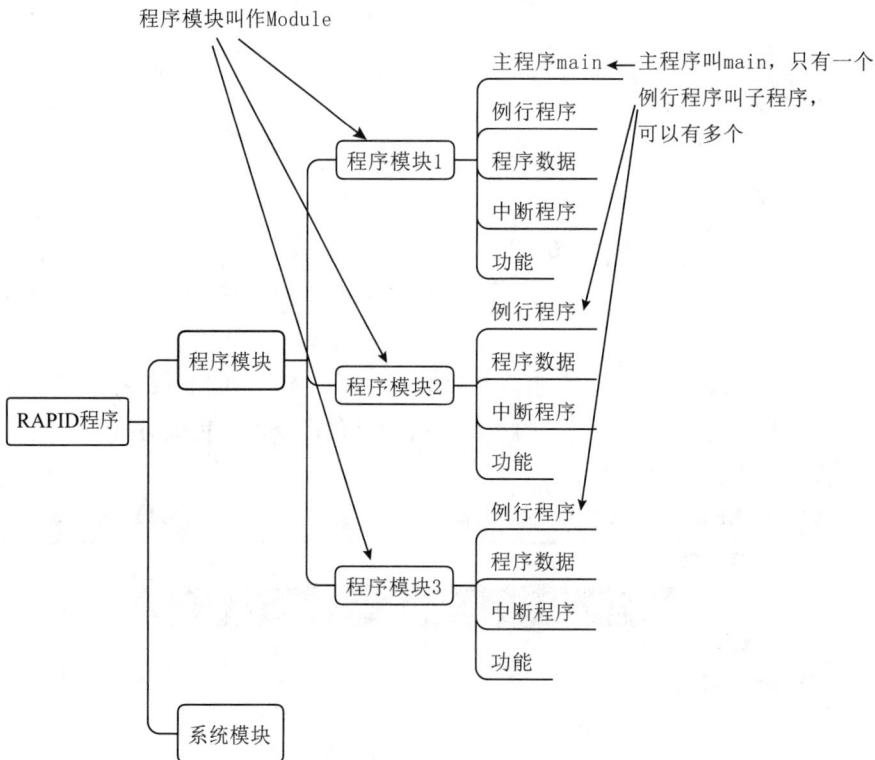

图 2-28　RAPID 程序的架构

如表 2-1 所示为主程序与子程序的区别。

表 2-1　主程序与子程序的区别

不同之处	主程序	子程序
使用不同	主程序可以作为独立的加工程序使用	子程序不可以作为独立的加工程序使用，只能通过调用来实现加工中的局部动作
调用不同	主程序不可以被任何其他程序调用	子程序可以被任何主程序或其他子程序调用
结束不同	主程序执行结束，整个软件结束运行	子程序执行结束，自动返回到调用的主程序中

由于主程序是所有程序开始运行的地方，结合我们的工作站，我们把小车的绘图编程都放在子程序中进行，主程序则直接调用小车的子程序。

在熟悉 MoveL、MoveJ 指令和程序构架后，我们就可以操作工业机器人画出三角形的图形，以下为三角形绘图编程步骤。

（二）三角形绘图编程

三角形绘图编程，需要以下七步才能完成：修改工具坐标、新建程序、轨迹规划、姿态调整、位置点记录（添加指令）、调试、试运行及自动运行。

1. 修改工具坐标

在项目 1 中我们已经知道，为了说明点的位置、运动的快慢和方向等，必须选取坐标系，因此我们需要先修改手动操纵中的工具坐标，如果不修改，在操作工业机器人的时候，新增加的点仍采用原来的工具坐标记录，只有把工具坐标修改为我们想要的工具坐标，新增加的点才是我们想要的工具坐标记录。

> **小组讨论**：什么是坐标系？我们学过的坐标系有哪些?它们之间有哪些差异？
>
> 4个人为一小组，一个人负责组织，一个人负责写，一个人负责上台展示并讲解，一个人负责点评。

无论何种品牌的工业机器人，事先都定义了一个工具坐标，也就是默认工具坐标（叫 tool0），无一例外，ABB 工业机器人也将这个坐标系 X、Y 平面绑定在机器人第六轴的法兰盘平面上，即坐标原点与法兰盘中心重合。显然，此时 ABB 工业机器人的默认工具（tool0）的工具中心点位于工业机器人安装法兰的中心，tool0 位置如图 2-29 所示。

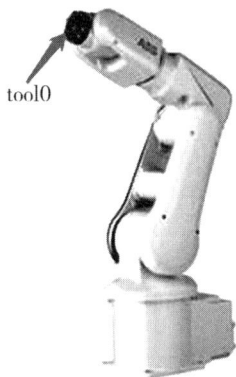

图 2-29　tool0 位置

很显然我们若使用 tool0 的工具坐标是很难绘制图形的，因此在本工作站中，我们事先设置好了一个工具坐标：tool1（设置工具坐标 tool1 的方法在任务 2 TCP 的标定中讲解），这里我们使用 tool1 绘制小车图形。

①点击左上角主菜单，选择"手动操纵"按钮，如图 2-30 所示。

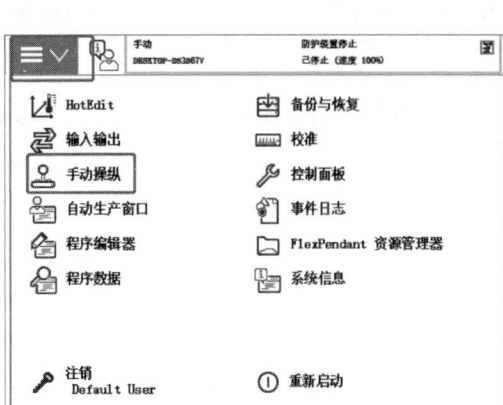

图 2-30 "手动操纵"

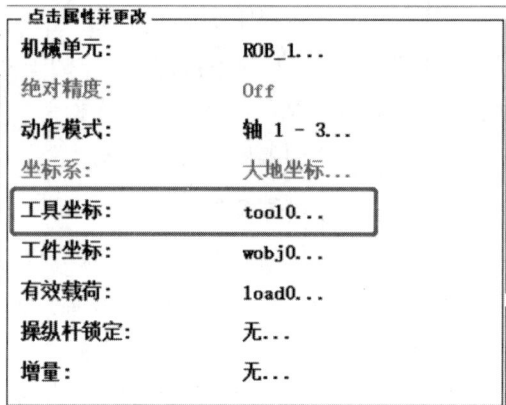

图 2-31 "工具坐标"

②点击"工具坐标"选项，如图 2-31 所示。选择"tool1"选项，点击"确定"按钮，如图 2-32 所示。

工具名称 △	模块	范围 1 到 2 共
tool0	RAPID/T_ROB1/BASE	全局
tool1	RAPID/T_ROB1/Module1	任务

新建...	编辑 ▲	确定	取消

图 2-32 工具坐标"tool1"

2. 新建程序

①单击左上角主菜单按钮，选择"程序编辑器"按钮，如图 2-33 所示。在弹出的窗口中，单击"取消"按钮，如图 2-34 所示。

图 2-33 "程序编辑器"

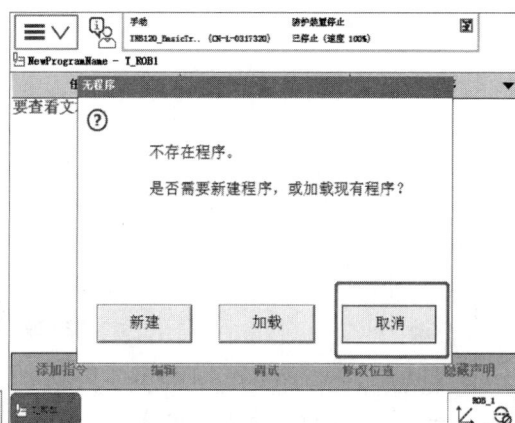

图 2-34 单击"取消"

②点击左下角"文件"菜单选项，选择"新建模块"，如图 2-35 所示。

③设定模块名称（这里使用默认名称 Module1），点击"确定"按钮，如图 2-36 所示，我们将三角形绘图编程的程序放在"Module1"的程序模块中。

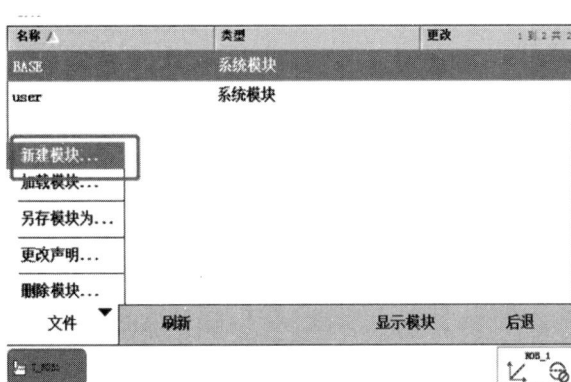

图 2-35　"新建模块"

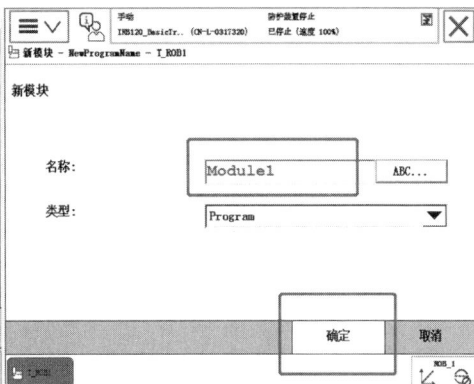

图 2-36　模块命名

④选中"Module1"，点击"显示模块"按钮，如图 2-37 所示。在新打开的窗口中，点击"例行程序"按钮，如图 2-38 所示。

图 2-37　"显示模块"

图 2-38　显示"例行程序"

⑤点击左下角"文件"菜单选项，选择"新建例行程序"，如图 2-39 所示。

图 2-39　"新建例行程序"

⑥设定例行程序名称（这里使用的是默认名称 Routine1，我们修改名称为 Mapping），点击"ABC"按钮，修改为"Mapping"，点击"确定"按钮，如图 2-40 所示。将三角形的例行程序（也叫子程序）的名称改为"Mapping"，方便我们查找或调用（"Mapping"存放于"Module1"中）。

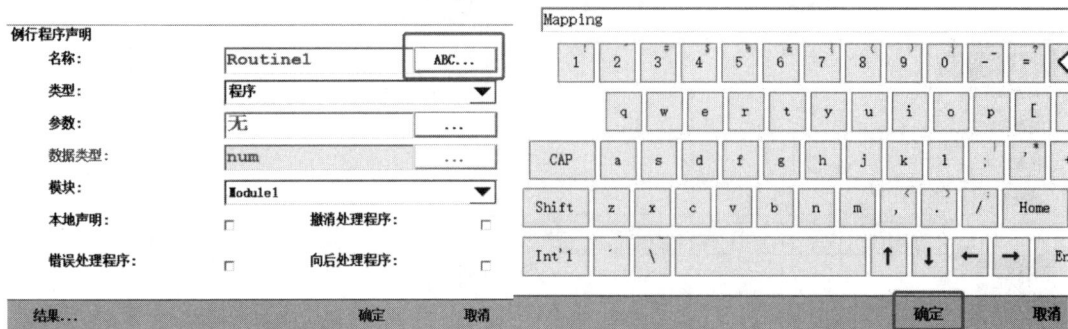

（a）"ABC"　　　　　　　　　　　　（b）修改名称为"Mapping"

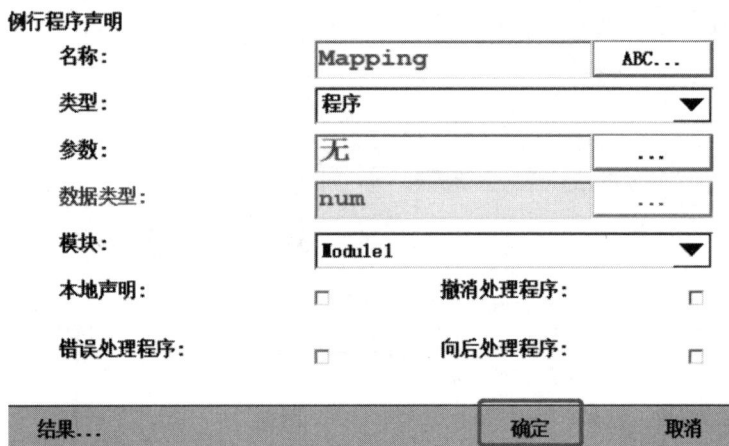

（c）点击"确定"

图 2-40　例行程序命名

⑦选中"Mapping"，点击"显示例行程序"按钮，如图 2-41 所示。新建的程序界面如图 2-42 所示。

图 2-41　显示新创建的例行程序

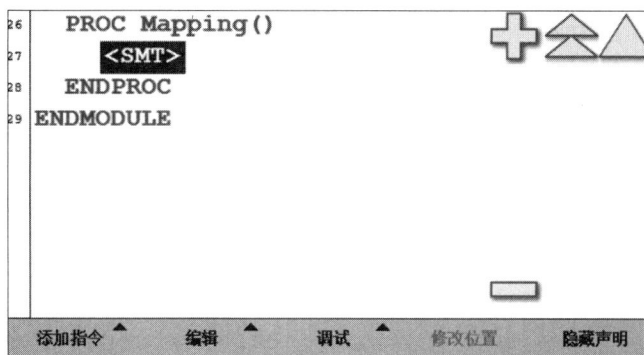

图 2-42　新建的程序界面

3.轨迹规划

在搬运、焊接、喷涂等工作中，都需要确定一些点位，如将要接近物料的位置、接近物料的位置、到达物料的位置等。现场的实际情况也不会毫无障碍，在编程时要设置点位以规避障碍。这些点位在编程前需要先规划好，即轨迹规划。程序规划不仅能加深对项目的认识，也能缩短程序的编制时间，提高工作效率。

为了清晰展示轨迹规划的路径，我们只显示了三角形图形，运动路径是从原点依次到三角形的 A 点、B 点、C 点，然后回到 A 点再从平面离开，因此三角形图形绘图编程的轨迹规划如图 2-43 所示。

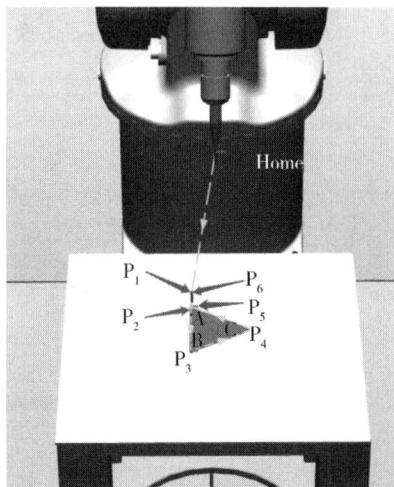

Home 点　原点；P_1　接近点；P_2　A 点开始点；P_3　B 点；P_4　C 点；
P_5　结束点；P_6　离开点

图 2-43　三角形图形绘图编程的轨迹规划示意

接近点：工业机器人应用中，接近（离开）工作点的速度、位姿通常有特殊要求，需要添加的辅助点。

过渡点：工业机器人末端执行器在运行过程中可能遇到障碍，需要设置一些点位规避障碍，即过渡点。

在示教位置点时，以示教准确、方便为原则，不必按照 A 点到 B 点再到 C 点的顺序示教。

通常先示教关键点，如平面图形绘画的 P_2 点，P_2 点的正上方可作为接近点或离开点。接近点与离开点的位置可重复，也可不同。

4. 姿态调整

为了描述空间物体的状态，只确定工具在空间中的位置是不够的，如果该工具有足够多的自由度，那么其在空间的同一点也会呈现出多种状态，特别是在弧焊、喷涂、装配以及打磨等领域，对工业机器人的姿态规划尤为严格。在平面图形绘画中，对姿态的要求是：画笔尖端和工作平面保持垂直的姿态，如图 2-44（a）和图 2-44（b）所示的姿态都是不正确的，只有图 2-44（c）所示的姿态是正确的。

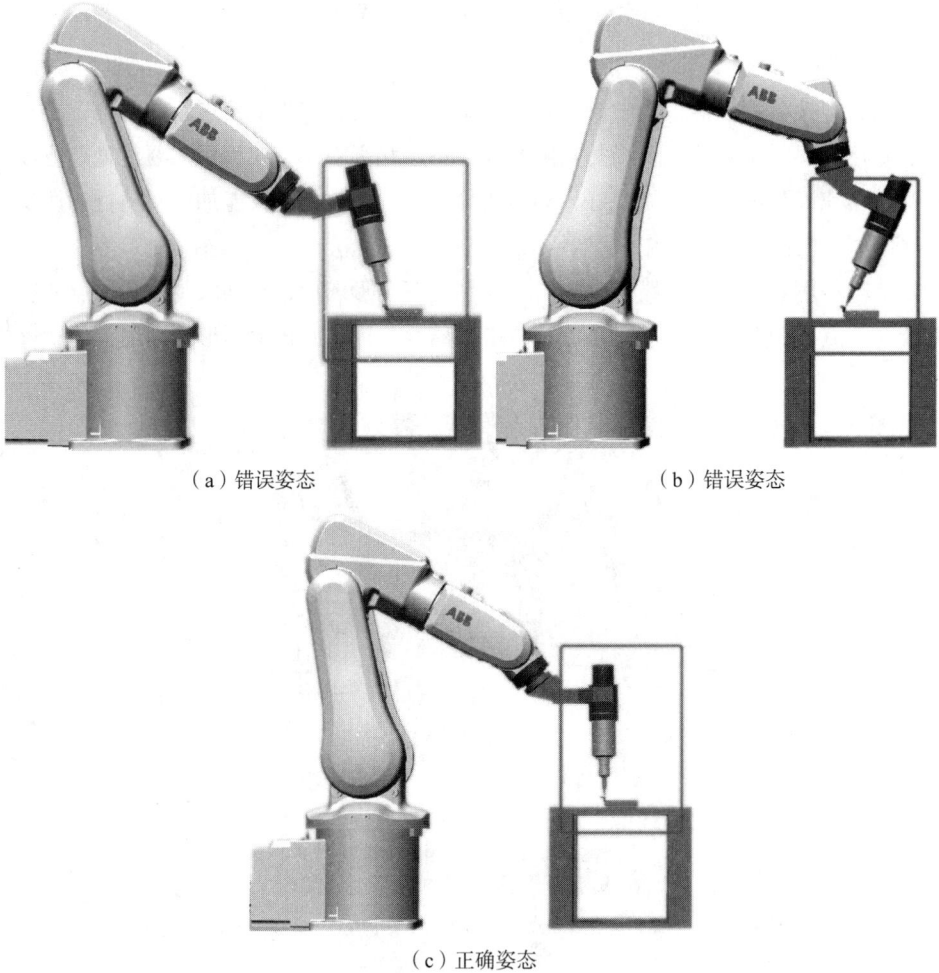

（a）错误姿态　　　　　　　　　　　（b）错误姿态

（c）正确姿态

图 2-44　工业机器人姿态

5. 位置点记录（添加指令）

新建好程序并且修改好坐标以后，需要操作工业机器人运动，并且记录工业机器人运动的轨迹，而轨迹是由运动指令控制的，因此用前面所学的 MoveL 和 MoveJ 两个基本运动指令来绘制三角形。

根据轨迹规划的路径，共有 6 个点。第一步先添加原点的指令。

工业机器人在原点位置（我们称为"Home"点），如图 2-45（a）所示为原点位置。机器人工作原点位置是指机器人准备运行时所处的安全位置。原点可以设置为机器人运行范围中的任意一点，但必须保证机器人与夹具和工件没有干涉。机器人在这一点时会远离工件和周边的机器，当机器人在 Home 点时，会同时发出信号给其他远端控制设备（如 PLC），向外输出原点信号，根据此信号，PLC 可以判断机器人是否在工作原点。

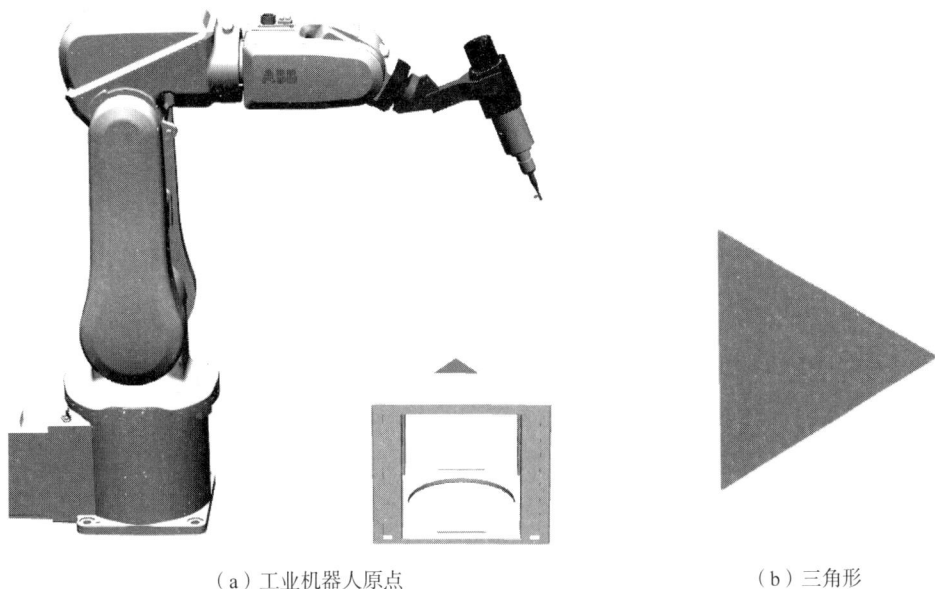

（a）工业机器人原点　　　　　　　　　　　　　　　（b）三角形

图 2-45　工业机器人原点及其画的三角形

①记录工业机器人原点，一般情况下，我们选用 6 个轴都是零点的位置作为工业机器人的原点，如图 2-45（a）所示。工业机器人从原点开始工作或工作结束回到原点，采用的都是 MoveJ 指令，且转弯区数据为 fine。

在新建好的程序 "Mapping" 中添加一条 MoveJ 指令。在程序编辑窗口中，选中要插入指令的程序位置，显示为蓝色，选中 "<SMT>"；点击 "添加指令" 按钮，打开指令列表；点击此按钮可切换到其他分类的指令列表，如图 2-46 所示。选择 "MoveJ" 按钮，添加完成的指令如图 2-47 所示。

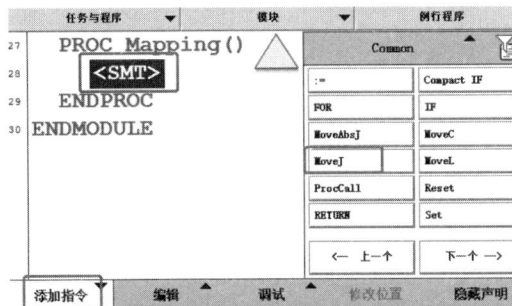

图 2-46　"添加指令"

```
PROC Mapping()
    MoveJ *, v1000, fine, tool0;
ENDPROC
```

图 2-47　指令

②修改点名称。双击 "*"，更改原点名称为 "Home" 点，如图 2-48 所示。在新打开的窗口中，选择 "*" 的内容，单击 "新建" 按钮，设置名称为 "Home"，如图 2-49 所示。

```
PROC Mapping()
  MoveJ *, v1000, fine, tool0;
ENDPROC
```

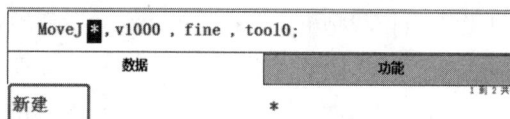

图 2-48 修改点名称　　　　　　图 2-49 新建名称

点击右侧的"..."按钮，将其修改为"Home"，点击"确定"按钮，完成名称修改，如图 2-50 所示，这部分我们只是修改点的名称，其余部分不做任何更改，采用默认值。

图 2-50　Home 点

③修改速度。选中速度，此处默认为"v1000"，单击"v100"选项，将速度改为"v100"，如图 2-51 所示。

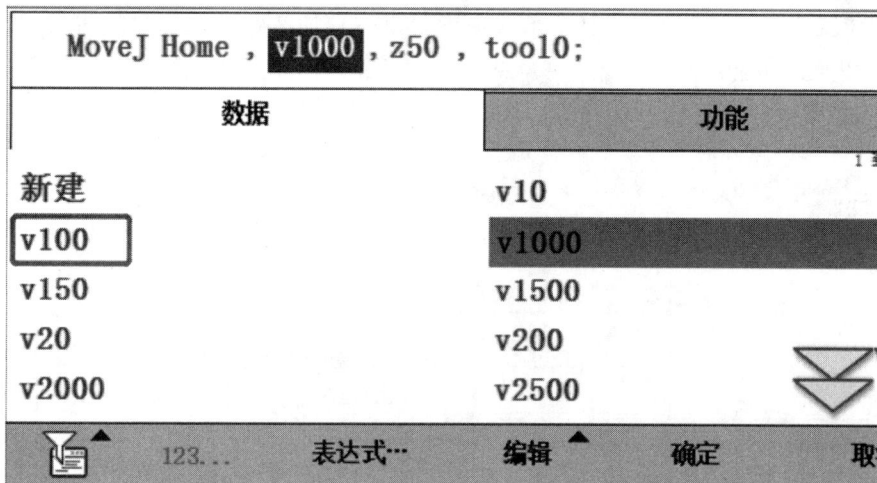

图 2-51　修改速度

④修改转弯区数据。选中转弯区数据，此处默认为"fine"，如果不是"fine"，则如图 2-52 所示，单击"fine"选项即可完成更改。

MoveJ Home , v100 , z50 , tool0;

数据	功能
	1 到 10 共
新建	fine
z0	z1
z10	z100
z15	z150
z20	z200

| 123... | 表达式… | 编辑 | 确定 | 取消 |

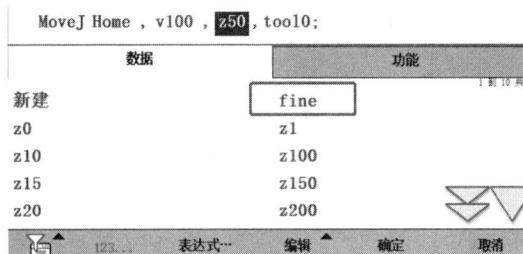

图 2-52　设置转弯区数据

⑤修改工具坐标。此处默认使用的工具坐标是"tool0"，我们需要更改为"tool1"，选择"tool1"选项，单击"确定"按钮，如图 2-53 所示。

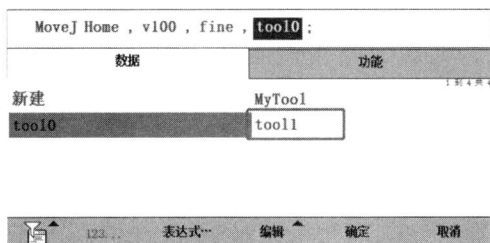

MoveJ Home , v100 , fine , tool0;

数据	功能
	1 到 4 共
新建	MyTool
tool0	tool1

| 123... | 表达式… | 编辑 | 确定 | 取消 |

图 2-53　修改工具坐标

⑥点击"修改位置"按钮，如图 2-54 所示，在新弹出的窗口中，选择"修改"按钮，则原点位置记录完毕，如图 2-55 所示。

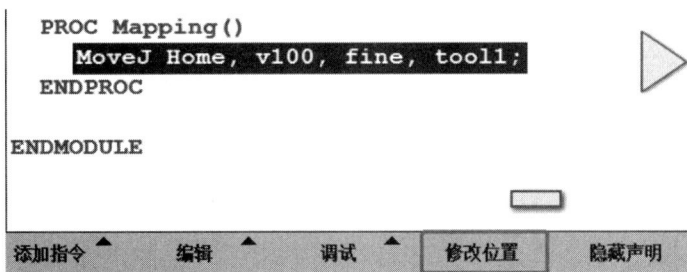

```
PROC Mapping()
    MoveJ Home, v100, fine, tool1;
ENDPROC

ENDMODULE
```

| 添加指令 | 编辑 | 调试 | 修改位置 | 隐藏声明 |

图 2-54　"修改位置"

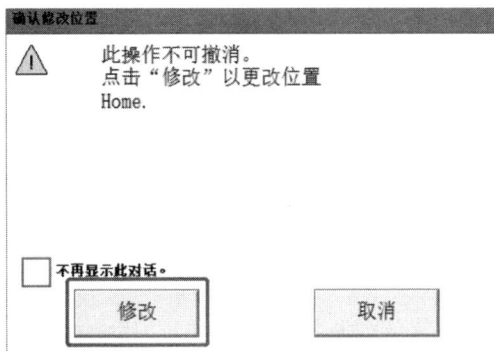

确认修改位置

⚠ 此操作不可撤消。
点击"修改"以更改位置
Home.

☐ 不再显示此对话。

| 修改 | 取消 |

图 2-55　位置修改完成

⑦工业机器人从原点运动到 P_1 点，如图 2-56 所示。

一般情况下，采用的是 MoveJ 指令，且转弯区数据设置为 fine，以下是添加 P_1 点路径的指令，同样使用的是 MoveJ 指令。

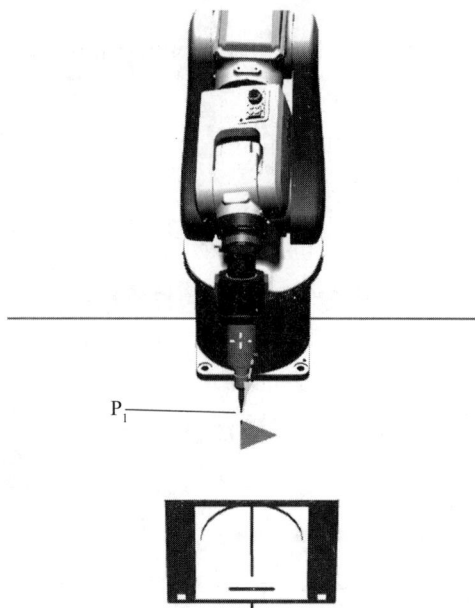

图 2-56 原点—P_1 点

选中原点位置的程序，显示为蓝色；点击"添加指令"按钮，打开指令列表；点击此按钮可切换到其他分类的指令列表，如图 2-57（a）所示。选择"MoveJ"按钮，在新弹出的窗口中，选择"下方"按钮，则表示 P_1 点在原点的后面，如图 2-57（b）所示，添加完成的指令如图 2-57（c）所示。

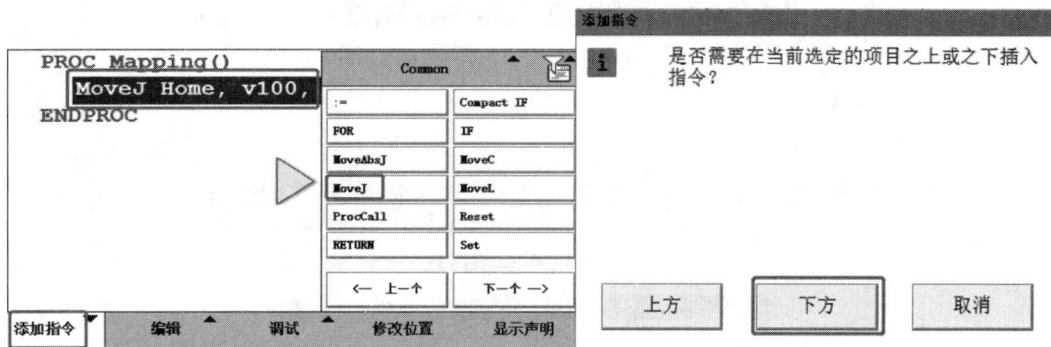

（a）"添加指令"选择"MoveJ"

（b）选择"下方"按钮

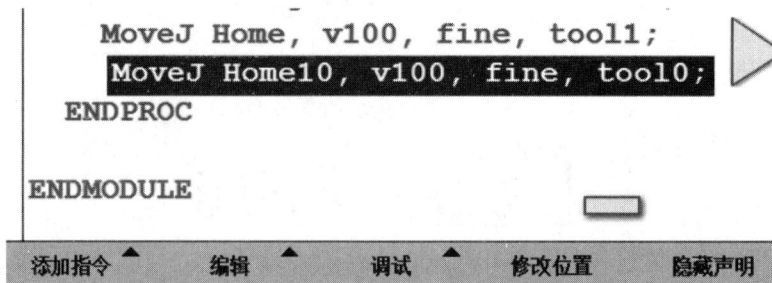

（c）添加完成的指令

图 2-57 添加 P_1 接近点

选择新增的程序指令，双击"Home10"，更改该点名称为"P₁"点，速度为"100mm/s"，转弯区数据为"fine"，工具坐标为"tool1"。修改完成如图 2-58 所示。

```
MoveJ Home, v100, fine, tool1;
MoveJ P1, v100, fine, tool1;
ENDPROC
```

图 2-58　P₁ 点指令

选中指令语句，点击"修改位置"按钮，才能保存该点，如图 2-59 所示。

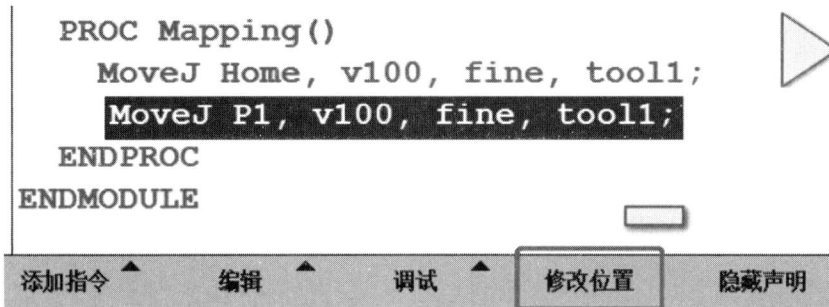

```
PROC Mapping()
    MoveJ Home, v100, fine, tool1;
    MoveJ P1, v100, fine, tool1;
ENDPROC
ENDMODULE
```

| 添加指令 ▲ | 编辑 ▲ | 调试 ▲ | 修改位置 | 隐藏声明 |

图 2-59　"修改位置"

至此我们完成了设置原点、P₁ 点这两个点的指令，然而从 P₁ 点运动到 P₂ 点（A 点），P₂ 点运动到 P₃ 点（B 点），P₃ 点运动到 P₄ 点（C 点），P₄ 点运动到 P₅ 点，P₅ 点运动到 P₆ 点，全都是直线的路径，直线的路径则需要使用 MoveL 线性运动指令。

⑧将工业机器人移动到 P₂ 点，记录 P₂ 点位置，如图 2-60 所示。

选中要插入指令的程序位置，在该指令下方添加。点击"添加指令"打开指令列表；点击此按钮可切换到其他分类的指令列表，如图 2-61 所示，选择"MoveL"选项，添加完成的指令如图 2-62 所示。

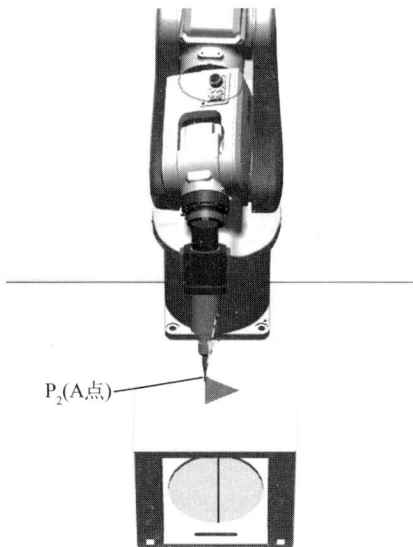

图 2-60　P₁ 点—P₂ 点

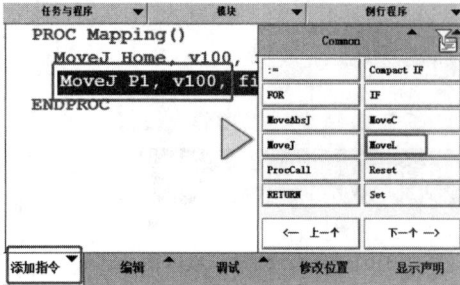

图 2-61 P₁ 点后面添加 P₂ 点指令

图 2-62 未修改的 P₂ 点指令

添加完成 MoveL 指令后，将 P₁₁ 修改为 P₂，修改方法与修改原点的方法相同，P₂ 点修改完成以后，如图 2-63 所示。

```
MoveJ Home, v100, fine, tool1;
MoveJ P1, v100, fine, tool1;
MoveL P2, v100, fine, tool1;
ENDPROC
```

图 2-63 P₂ 点指令

⑨将工业机器人移动到 P₃ 点（B点），记录 P₃ 点位置，如图 2-64 所示。

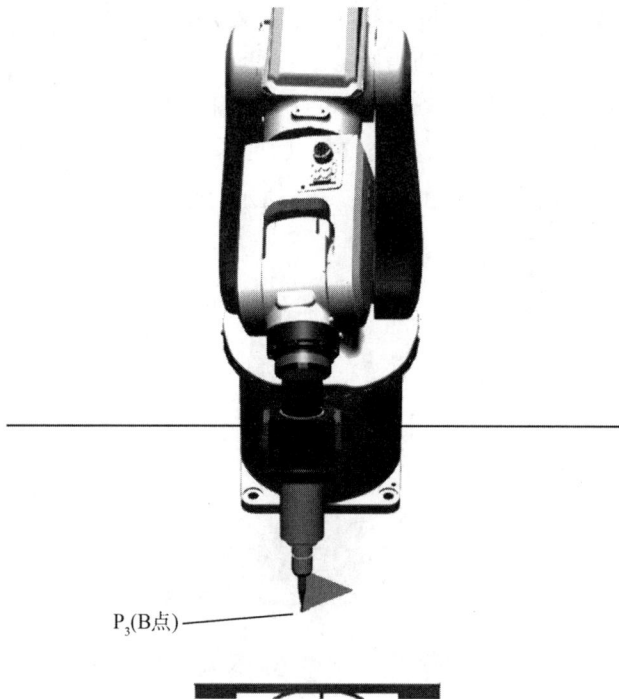

P₃(B点)

图 2-64 P₂ 点—P₃ 点

选中要插入指令的程序位置，在该指令下方添加。点击"添加指令"打开指令列表；点击此按钮可切换到其他分类的指令列表，如图 2-65 所示，选择"MoveL"选项，添加并修改完成后的 P₃ 点指令如图 2-66 所示。

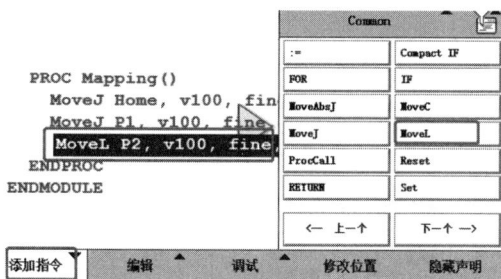

图 2-65　P_2 点后面添加 P_3 点指令

```
MoveJ Home, v100, fine, tool1;
MoveJ P1, v100, fine, tool1;
MoveL P2, v100, fine, tool1;
MoveL P3, v100, fine, tool1;
ENDPROC
```

图 2-66　P_3 点（B 点）指令

⑩将工业机器人移动到 P_4 点（C 点），记录 P_4 点位置，如图 2-67 所示。

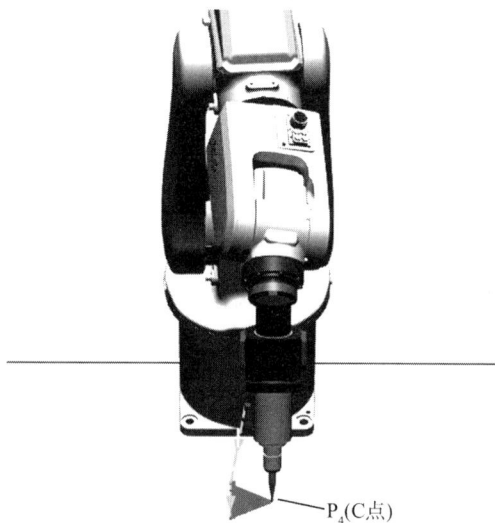

图 2-67　P_3 点—P_4 点

添加并修改 P_4 点指令的方法同添加原点的方法，P_4 点指令添加并修改完成如图 2-68 所示。

```
PROC Mapping()
    MoveJ Home, v100, fine, tool1;
    MoveJ P1, v100, fine, tool1;
    MoveL P2, v100, fine, tool1;
    MoveL P3, v100, fine, tool1;
    MoveL P4, v100, fine, tool1;
ENDPROC
```

图 2-68　P_4 点（C 点）指令

⑪将工业机器人移动到 P_5 点，记录 P_5 点位置，如图 2-69 所示。P_5 点指令添加并修改完成如图 2-70 所示。

⑫将工业机器人移动到 P_6 点（离开点），记录 P_6 点位置，如图 2-71 所示。P_6 点指令添加并修改完成如图 2-72 所示。

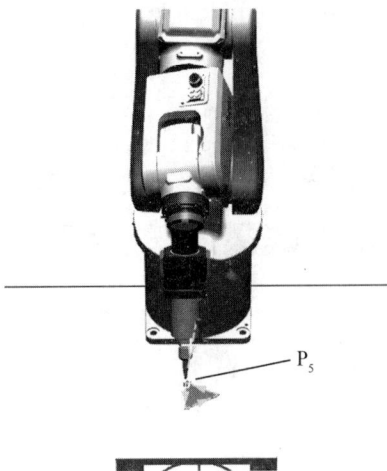

图 2-69 P$_5$点位置

```
PROC Mapping()
  MoveJ Home, v100, fine, tool1;
  MoveJ P1, v100, fine, tool1;
  MoveL P2, v100, fine, tool1;
  MoveL P3, v100, fine, tool1;
  MoveL P4, v100, fine, tool1;
  MoveL P5, v100, fine, tool1;
ENDPROC
```

图 2-70 P$_5$点指令

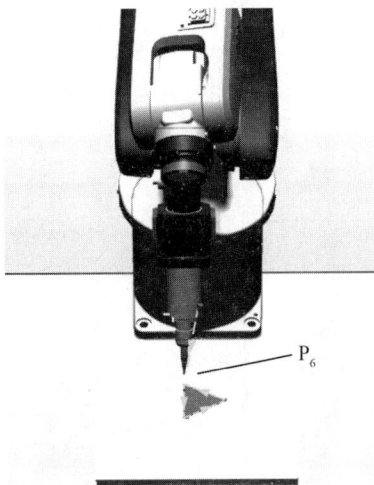

图 2-71 P$_6$点位置

```
PROC Mapping()
  MoveJ Home, v100, fine, tool1;
  MoveJ P1, v100, fine, tool1;
  MoveL P2, v100, fine, tool1;
  MoveL P3, v100, fine, tool1;
  MoveL P4, v100, fine, tool1;
  MoveL P5, v100, fine, tool1;
  MoveL P6, v100, fine, tool1;
ENDPROC
```

图 2-72 P$_6$点指令

6. 调试

位置点记录完成以后，并不意味着可以让工业机器人画出三角形的图形，因为程序的正确性不仅仅表现在正常功能的完成上，更重要的是对意外情况的正确处理。必须检查程序，也就是进行调试。调试有以下两个目的：

①检查程序的位置点是否正确。

②检查程序的逻辑控制是否有不完善的地方。

调试可分为单步调试和整体调试。单步调试可以一步一步跟踪程序执行的流程，观察工业机器人执行结果，能找到程序不正确或不完善的地方。

整体调试可以完整观察工业机器人运行路径，找到点与点之间连接是否有停顿，路径是否还能优化，具有提升其运行节拍的好处。

节拍是指连续完成相同的两个产品（或两批产品）之间的间隔时间。换句话说，它是指完成一个产品所需的平均时间。节拍通常用于定义一个流程中某一具体工序或环节的单位产出时间。在流程设计中，如果预先给定了一个流程每天（或其他单位时间段）必须的产出，首先需

要考虑的是流程的节拍。在机械加工生产线的设计中，节拍是一个很重要的因素。生产节拍的平衡很重要。

（1）单步调试

①点击"调试"按钮，选择"检查程序"。对程序的语法进行检查，如图2-73所示。在新弹出的窗口中，单击"确定"按钮，程序检查完成，如图2-74所示。如果有错，系统会提示出错的具体位置与建议操作。

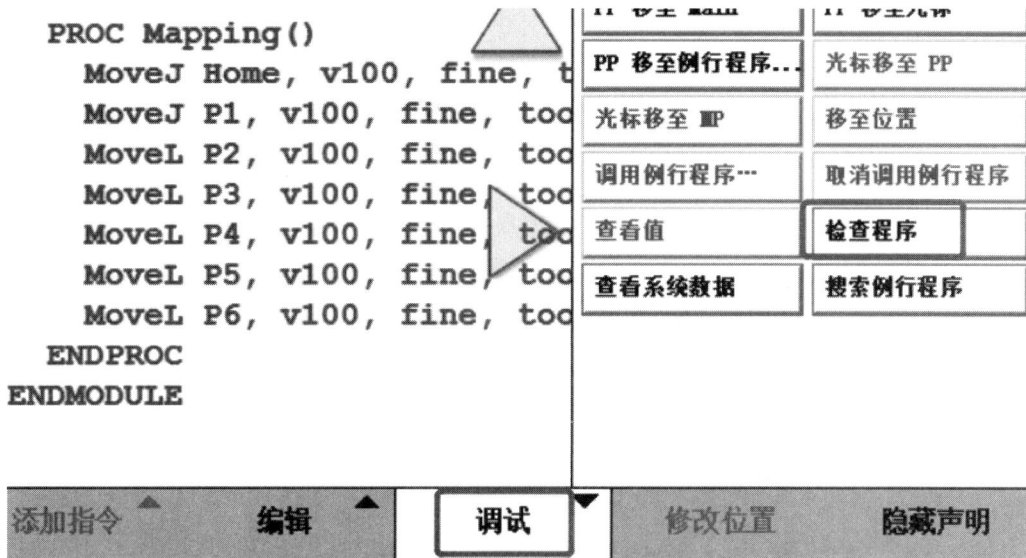

```
PROC Mapping()
    MoveJ Home, v100, fine, t
    MoveJ P1, v100, fine, too
    MoveL P2, v100, fine, too
    MoveL P3, v100, fine, too
    MoveL P4, v100, fine, too
    MoveL P5, v100, fine, too
    MoveL P6, v100, fine, too
ENDPROC
ENDMODULE
```

PP 移至例行程序…　　光标移至 PP
光标移至 MP　　移至位置
调用例行程序…　　取消调用例行程序
查看值　　检查程序
查看系统数据　　搜索例行程序

添加指令　　编辑　　调试　　修改位置　　隐藏声明

图2-73　检查程序

检查程序

ℹ　未出现任何错误

确定

图2-74　检查程序结果

②点击"调试"按钮，选择"PP移至例行程序"，如图2-75所示。在新打开的窗口中，选中"Mapping()"例行程序，然后单击"确定"按钮，如图2-76所示。

```
PROC Mapping()
    MoveJ Home, v100, fine, too
    MoveJ P1, v100, fine, too
    MoveL P2, v100, fine, too
    MoveL P3, v100, fine, too
    MoveL P4, v100, fine, too
    MoveL P5, v100, fine, too
    MoveL P6, v100, fine, too
ENDPROC
ENDMODULE
```

PP 移至 Main	PP 移至光标
PP 移至例行程序...	光标移至 PP
光标移至 MP	移至位置
调用例行程序…	取消调用例行程序
查看值	检查程序
查看系统数据	搜索例行程序

| 添加指令 ▲ | 编辑 ▲ | 调试 ▼ | 修改位置 | 隐藏声明 |

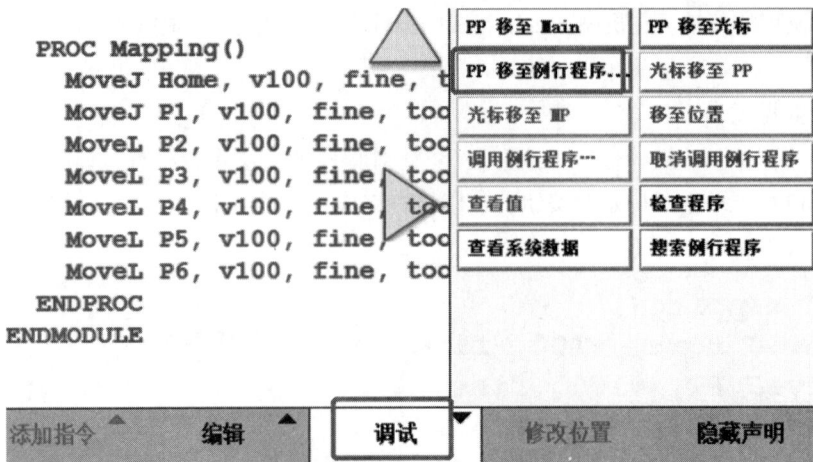

图 2-75　PP 移至例行程序

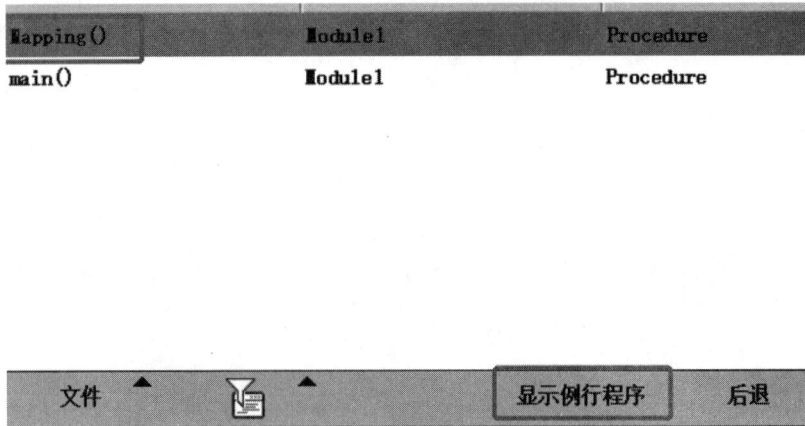

| Mapping() | Module1 | Procedure |
| main() | Module1 | Procedure |

| 文件 ▲ | 🖹 ▲ | 显示例行程序 | 后退 |

图 2-76　选择例行程序

　　PP 是程序指针（左侧小箭头）的简称，程序指针是工业机器人运行过程中，对将要执行的指令的指示。所以图中的指令将是被执行的指令，如图 2-77 所示。

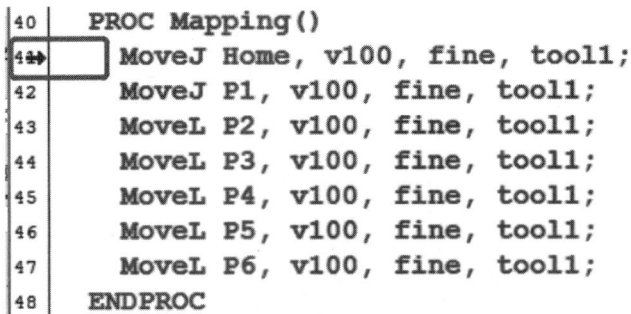

```
40    PROC Mapping()
41⇒     MoveJ Home, v100, fine, tool1;
42      MoveJ P1, v100, fine, tool1;
43      MoveL P2, v100, fine, tool1;
44      MoveL P3, v100, fine, tool1;
45      MoveL P4, v100, fine, tool1;
46      MoveL P5, v100, fine, tool1;
47      MoveL P6, v100, fine, tool1;
48    ENDPROC
```

图 2-77　程序指针

　　通过程序指针（PP）可以找到程序即将要运行哪一步，而工业机器人则处于程序指针（PP）的上一行，即正在运行的程序。

　　③左手按下使能键，进入"电机开启"状态。按一下"单步向前"按键，并小心观察机器人的移动，如图 2-78 所示。

在按下"程序停止"键后，才可松开使能键。

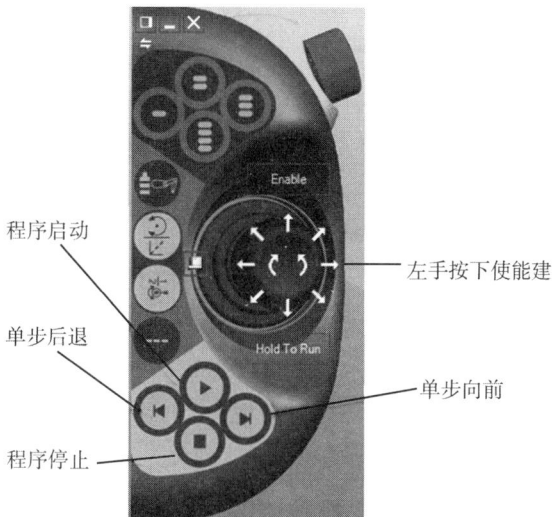

图 2-78　调试

机器人从原点到 A 点，再到 B 点，最后到 C 点进行运动。如果要只调试其中一步，该如何做呢？

前面说过，PP 是程序指针（左侧小箭头）的简称，程序指针永远指向将要执行的指令。因此，可以将程序指针（PP）手动移动到想要执行的指令上，工业机器人就可以单步运行其中一步。

比如调试 P_2 点，选中 P_2 点的指令后，选择"PP 移至光标"选项，可以将程序指针移至想要执行的指令并执行，方便程序的调试，如图 2-79 所示。

此功能只能将 PP 在同一个例行程序中跳转。

如要将 PP 移至其他例行程序，可使用"PP 移至例行程序"功能。

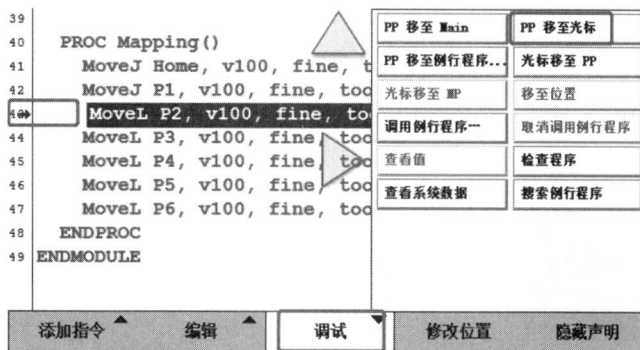

图 2-79　"PP 移至光标"

（2）整体调试

完成程序的单步调试之后，再进行整体调试，整体调试完成以后再试运行工业机器人。整体调试的实质是自动运行工业机器人，程序运行有两种模式：单周和连续，单周即程序运行完一次之后自动停止；连续即程序运行完一次之后自动从头开始运行，即循环运行。应根据当前工作站实际工艺需要选择运行模式，在本任务中，运行完一次程序之后即完成了当前工件的轨迹处理，需要停止运行，等待更换工件或者其他运动轨迹，所以在本任务中可以使用单周模式。

①将工业机器人调至自动运行模式。在控制柜面板上通过钥匙将机器人切换至左侧的自动模式，单击控制器面板上面的白色马达上电按钮，如图2-80所示。

图2-80　自动模式

②点击触摸屏右下角的快捷键，选择第三个控件，选择"单周"，然后点击一次右下角的快捷键即可关闭此弹出菜单，如图2-81所示。

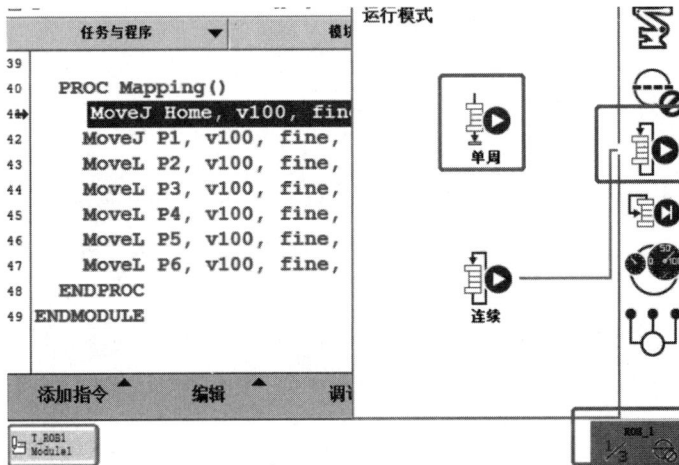

图2-81　单周运行模式

③点击"调试"按钮，选择"PP移至例行程序"，如图2-82所示。之后点击启动开始，进行程序整体调试，观察机器人单周运动是否满足要求。

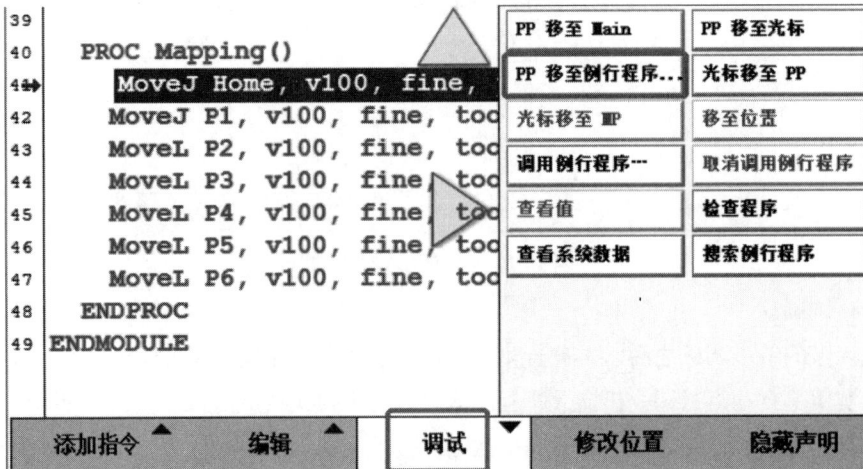

图2-82　整体调试

7. 试运行及自动运行

试运行的目的是确保工业机器人运行的稳定性，对工业机器人的点位进行调整、增补和对工业机器人的各项功能进行验证等，所以在完全自动运行工业机器人之前都需要对工业机器人试运行。

工业机器人试运行的时候，默认执行"main"程序，例行程序想要被执行，必须被"main"程序调用，因此我们编辑的"Mapping"例行程序必须被"main"程序调用，调用"Mapping"例行程序的方法如下。

①选择"main"程序，点击"显示例行程序"按钮，如图2-83所示。

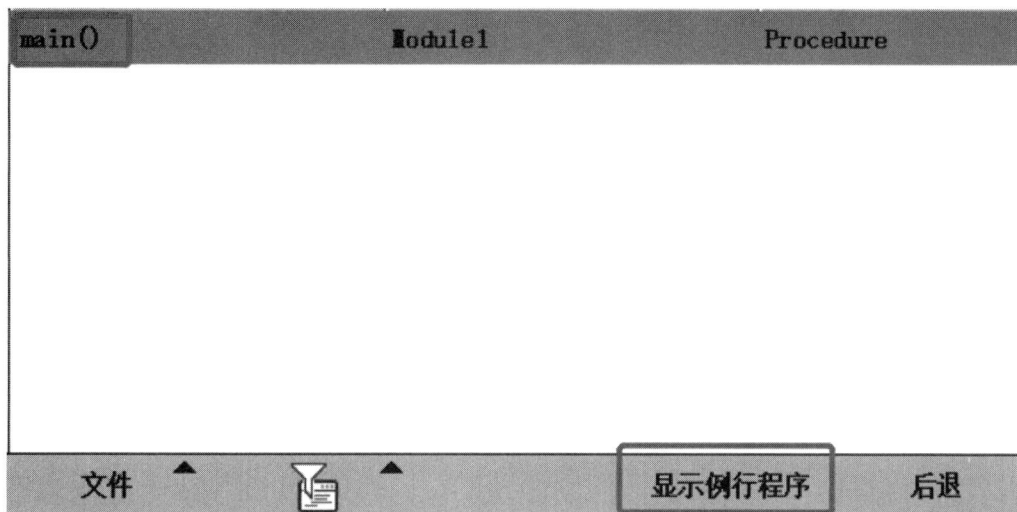

图2-83　"显示例行程序"

②选中"！ Add your code here"，点击"添加指令"按钮，选择"ProcCall"，如图2-84所示。在新弹出的窗口中，选择"Mapping"，点击"确定"按钮，如图2-85所示。

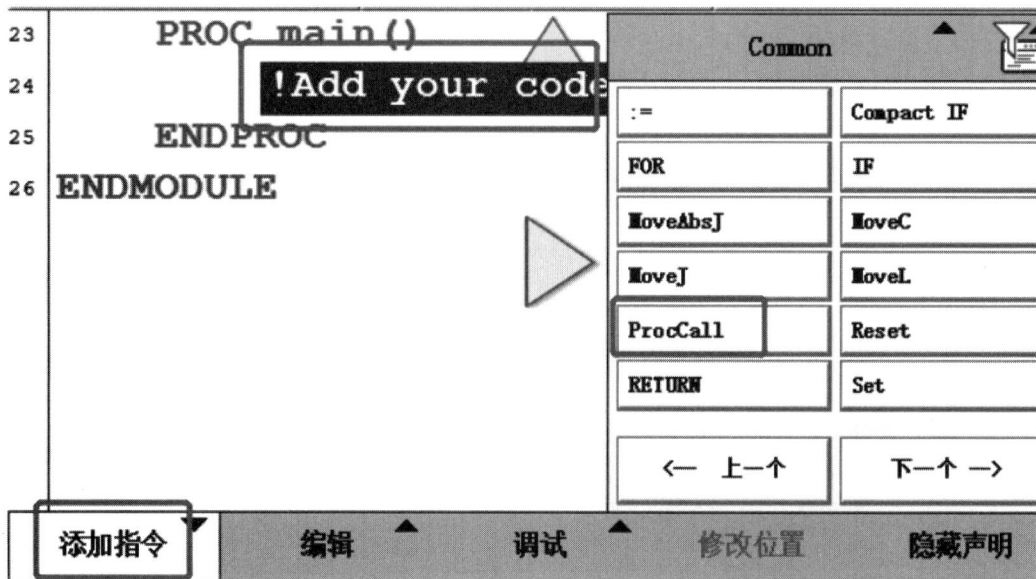

图2-84　添加"ProcCall"指令

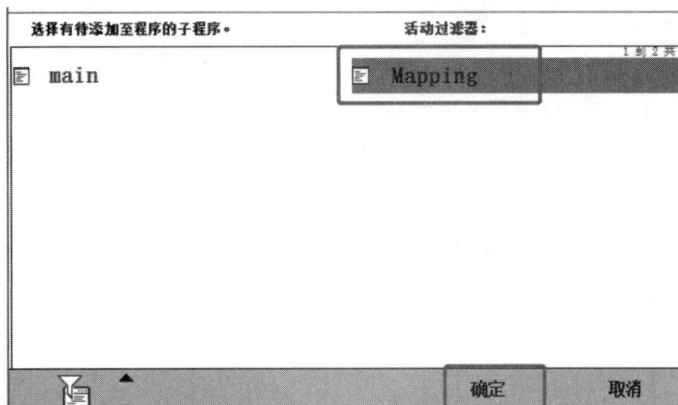

图 2-85　选择 "Mapping"

③添加 "Mapping" 程序后如图 2-86 所示。在试运行工业机器人的时候，"main" 程序就会自动调用 "Mapping" 程序。

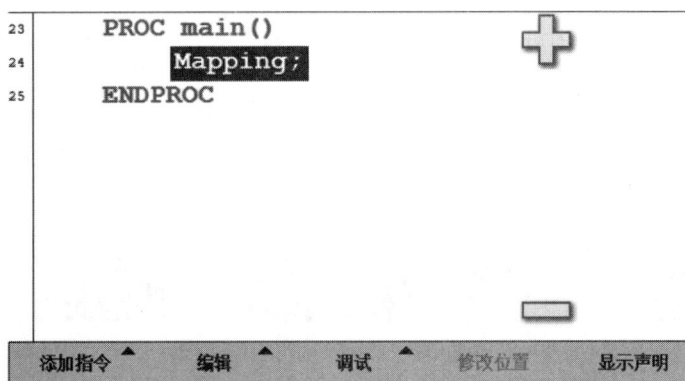

图 2-86　显示已经选择的 "Mapping"

④首次试运行，建议先将程序运行速度降低，没问题后再恢复至 100% 速度运行。点击触摸屏右下角快捷键，在弹出的窗口中点击第 5 个图标，然后修改运行速度，例如修改为 "25%"，如图 2-87 所示。

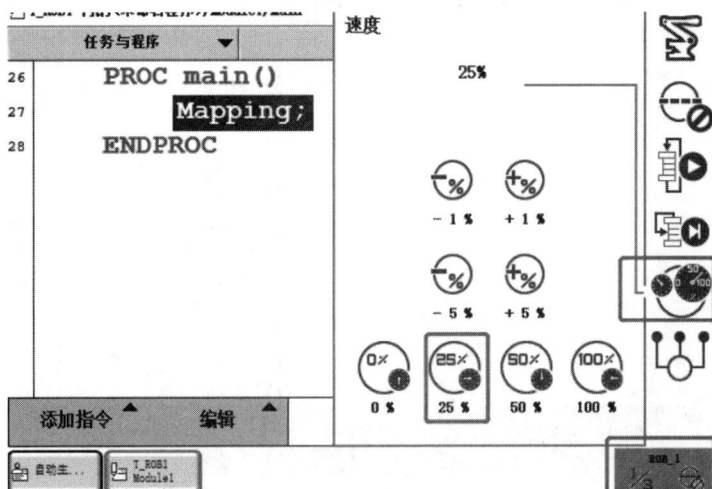

图 2-87　调速度

⑤首次试运行完成后，可将程序改为连续运行模式。点击触摸屏右下角的快捷键，选择第三个控件，即"连续"选项，再点击一次右下角的快捷键即可关闭此弹出菜单，如图 2-88 所示。

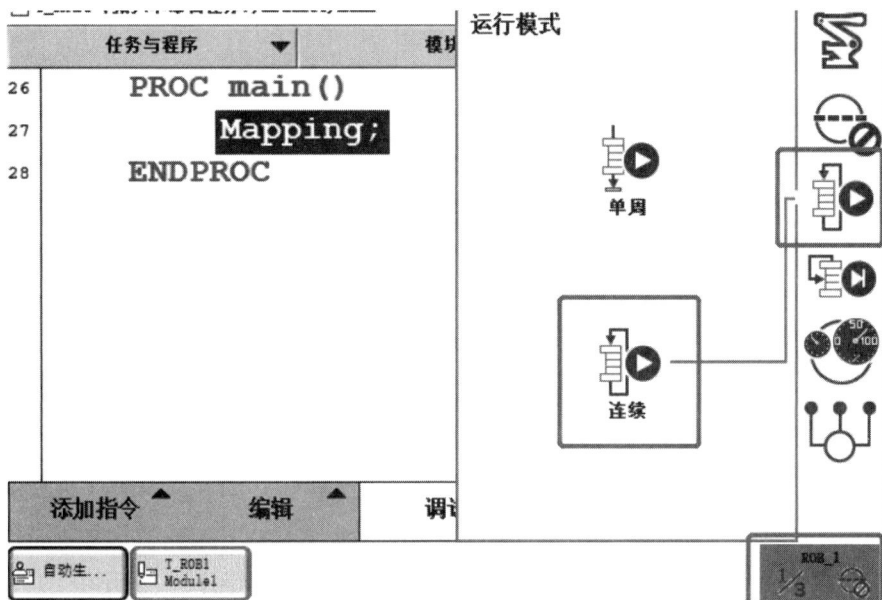

图 2-88　连续运行模式

⑥当工业机器人运动完全满足要求后，可完全自动运行工业机器人，此时可将速度修改为"100%"，再次启动查看最终运行效果。

小组讨论：手动操作工业机器人和自动运行工业机器人分别有哪些注意事项？

4个人为一小组，将讨论结果与另一小组讨论结果交换，指出别人合理与不合理的地方。

小组讨论：1.在程序中，比较使用较多的过渡点和较少的过渡点的区别是什么？

2.在程序中，比较使用较大的转弯区数据和较小的转弯区数据的区别是什么？

比赛：工业机器人描绘手绘图形。

在纸上，用直线手工绘制出一些图形，再操作工业机器人示教编程描绘出图形。

分组比赛：工业机器人完成轨迹

比赛内容：图形打印在纸上，放于斜面上，操作工业机器人完成轨迹的示教编程。

工业机器人的速度都设置为20mm/s，老师计时，评出速度最快的小组。

（三）参数修改

程序编写完成后通常会根据实际工作要求对工业机器人的运动参数做修改，例如对速度、转弯区数据等做修改；复制、删除指令等。

前面讲过，提高企业的生产节拍，对企业的经济效益尤为重要，因此我们参数修改的目的是提高生产节拍，从而提高经济效益。

提高节拍的方法包括提高运行速度、更改运动指令、优化转弯区数据、减少不必要的点等。

下面以例行程序"Mapping"为例讲解如何提高生产节拍，如图 2-89 所示。

```
PROC Mapping()
    MoveJ Home, v100, fine, tool1;
    MoveJ P1, v100, fine, tool1;
    MoveL P2, v100, fine, tool1;
    MoveL P3, v100, fine, tool1;
    MoveL P4, v100, fine, tool1;
    MoveL P5, v100, fine, tool1;
    MoveL P6, v100, fine, tool1;
ENDPROC
```

图 2-89 "Mapping"程序

1. 更改运动指令

由于工业机器人完成三角形绘图后，不需要轨迹的精确，因此离开点 P_6 点的运动指令可由"MoveL"改为"MoveJ"，减少工业机器人在 P_5 点的停顿时间。

步骤：选中第 7 条指令："MoveL P6, v100, fine, tool1"，点击"编辑"按钮，选择"更改为 MoveL"选项，如图 2-90（a）所示，更改结果如图 2-90（b）所示。

```
PROC Mapping()
   MoveJ Home, v100, fine, t
   MoveJ P1, v100, fine, too
   MoveL P2, v100, fine, too
   MoveL P3, v100, fine, too
   MoveL P4, v100, fine, too
   MoveL P5, v100, fine, too
   MoveL P6, v100, fine, to
ENDPROC
ENDMODULE
```

复制	至底部
粘贴	在上面粘贴
更改选择内容…	删除
ABC…	镜像…
更改为 MoveJ	备注行
撤消	重做
编辑	选择一项

添加指令 ▲	编辑 ▼	调试 ▲	修改位置	隐藏声明

（a）更改指令

```
PROC Mapping()
   MoveJ Home, v100, fine, tool1;
   MoveJ P1, v100, fine, tool1;
   MoveL P2, v100, fine, tool1;
   MoveL P3, v100, fine, tool1;
   MoveL P4, v100, fine, tool1;
   MoveL P5, v100, fine, tool1;
   MoveJ P6, v100, fine, tool1;
ENDPROC
```

（b）修改后的程序

图 2-90　修改运动指令

2. 更改速度

运行速度越快，画三角形的时间越短，因此将所有指令中的速度由"v100"改为"v1000"。

步骤：选择指令中的"v100"，双击后打开，选择"v1000"，点击"确定"按钮，如图 2-91 所示，速度修改后的程序，如图 2-92 所示。

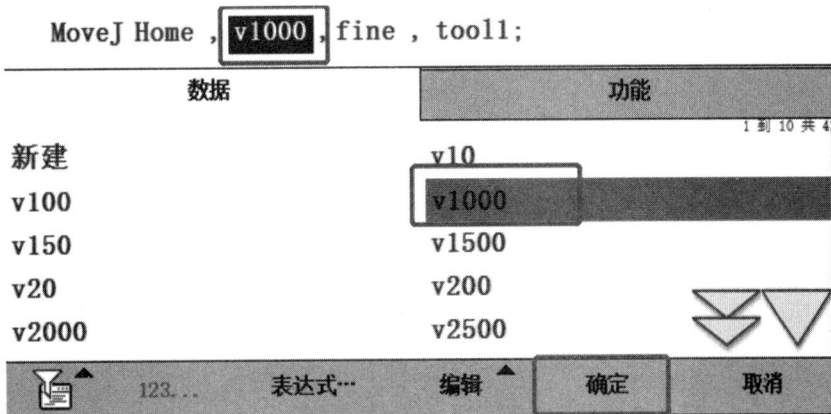

```
MoveJ Home , v1000 , fine , tool1;
```

数据	功能
	1 到 10 共 4
新建	v10
v100	v1000
v150	v1500
v20	v200
v2000	v2500

▲ 123…	表达式…	编辑 ▲	确定	取消

图 2-91　修改速度参数

```
PROC Mapping()
    MoveJ Home, v1000, fine, tool1;
    MoveJ P1, v1000, fine, tool1;
    MoveL P2, v1000, fine, tool1;
    MoveL P3, v1000, fine, tool1;
    MoveL P4, v1000, fine, tool1;
    MoveL P5, v1000, fine, tool1;
    MoveJ P6, v1000, fine, tool1;
ENDPROC
```

图 2-92　修改速度参数后的程序

除了用上述修改运行指令、速度的方式提升节拍，还可以使用修改转弯区数据的方式实现，但我们这个任务是为了画出三角形，必须使用"fine"数据，不能使用"z"数据，因此这部分的转弯区数据不做修改，但是如果需要修改转弯区数据，其方法和修改速度的方法相同。除此之外，修改名称和工具坐标的方法也和修改速度的方法相同。

> 提示：本部分转弯区数据fine可由学生更改为Z50、Z100，学生观察其中的区别，并自己总结。

3. 修改名称和工具坐标

工业机器人运行完3个点的轨迹，但没有回到"Home"点位置，因此在第7条指令后添加一条"Home"点指令。即将第1条指令："MoveJ Home, v1000, fine, tool1"复制到第7条指令的后面。

步骤：选择第1条指令，点击"编辑"按钮，选择"复制"，如图2-93（a）所示。复制完成以后，选择第7条指令语句，点击"编辑"按钮，选择"粘贴"选项，如图2-93（b）所示，修改以后的程序如图2-93（c）所示。

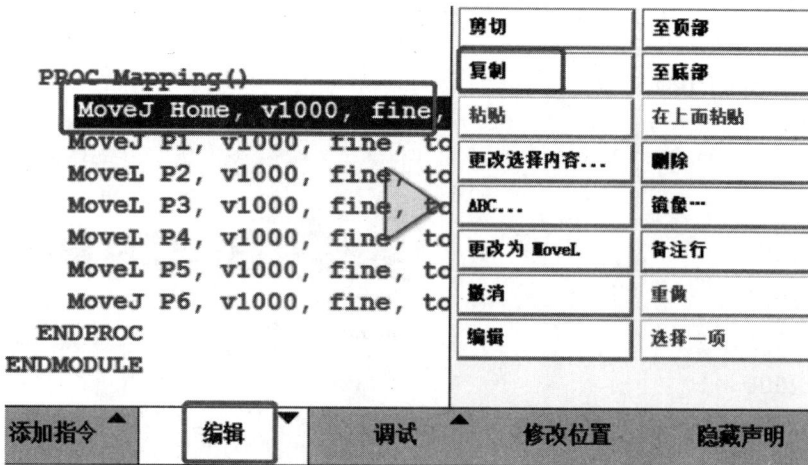

（a）复制指令

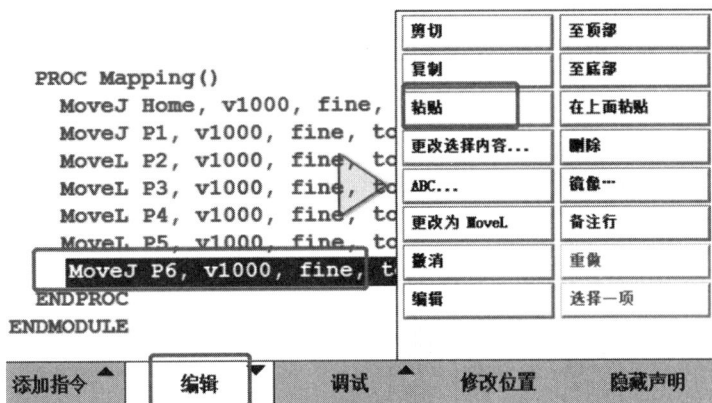

（b）粘贴指令

```
PROC Mapping()
   MoveJ Home, v1000, fine, tool1;
   MoveJ P1, v1000, fine, tool1;
   MoveL P2, v1000, fine, tool1;
   MoveL P3, v1000, fine, tool1;
   MoveL P4, v1000, fine, tool1;
   MoveL P5, v1000, fine, tool1;
   MoveJ P6, v1000, fine, tool1;
   MoveJ Home, v1000, fine, tool1;
ENDPROC
```

（c）修改后的程序

图2-93 复制粘贴后的程序

参数修改完成以后，先进行调试、试运行，观察节拍是否提升。

实训1 平面直线图形绘图编程

实训名称	平面直线图形绘图编程
实训内容	完成工业机器人对以下平面直线图形的绘图编程（也可以由学生自己创造平面直线图形） （a）　　　　（b）　　　　（c） （d）　　　　（e）　　　　（f）

续表

实训目标	1.掌握基本指令 MoveL、MoveJ 的创建方法； 2.掌握基本指令 MoveL、MoveJ 的使用方法； 3.掌握机器人示教编程的方法及流程； 4.能够正确调试机器人的轨迹并适当修改参数； 5.能够自动运行机器人
实训课时	8 课时
实训地点	智能制造实训室

二、曲线绘图编程

（一）任务

在"小车"的图形中，绘制完成直线组成的图形：三角形和矩形，但"小车"的图形仅靠直线指令是不能完成绘制的，因此在"曲线绘图编程"任务中绘制剩下的包含曲线的图形：边框和圆，如图在 2-94 所示中 B 和 C 的部分。

图 2-94 "小车"图形

A—三角形；B—边框；C—圆；D—矩形

提示：本部分可观看视频——"2.工业机器人激光打孔、切割"。

视频中，工业机器人使用了圆弧运动指令（MoveC），完成打孔、切割等任务。

活动：如图2-95所示，工业机器人从P₁点经过P₂点到达P₃点。若使用MoveL和MoveJ
指令，能画出这个图形吗？操作工业机器人试一试。

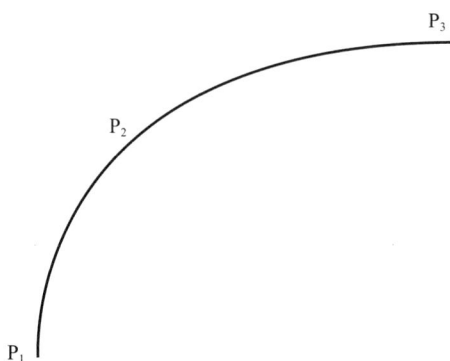

图 2-95　P₁ 点—P₃ 点

很明显，MoveL 和 MoveJ 指令都不能画出图中从 P₁ 点经 P₂ 点到达 P₃ 点的圆弧轨迹，因此我们需要给机器人增加新的运动方式，才能画出圆弧或者圆，即圆弧运动指令（MoveC）。

完成曲线轨迹的绘图需要掌握 MoveC 运动指令的相关知识，以下先介绍"MoveC"运动指令，再绘制曲线图形。

MoveC 指令又叫圆弧运动指令，圆弧运动指令是在机器人可到达的空间范围内定义三个位置点，如图 2-96 所示，第一个点是圆弧的起点（图中为 P₁ 点），第二个点用于确定圆弧的曲率（图中为 P₂ 点），第三个点是圆弧的终点（图中为 P₃ 点）。

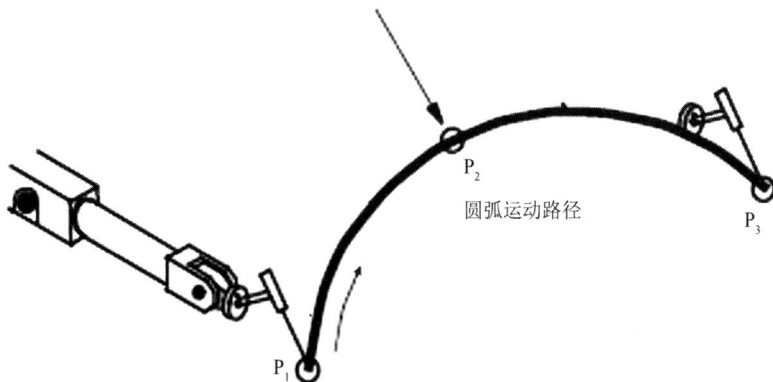

圆弧运动路径

图 2-96　P₁ 点—P₂ 点—P₃ 点圆弧运动路径

使用 MoveC 指令，一般由两条指令语句组成，第 1 条指令语句记录 P_1 点的位置，且一般使用 MoveL 指令；第 2 条指令语句记录 P_2 点和 P_3 点的位置，一般使用 MoveC 指令，完整程序如图 2-97 所示。

```
MoveL p1, v100, fine, tool1;
MoveC p2, p3, v100, fine, tool1;
```

图 2-97　P1 点—P2 点—P3 点圆弧运动的程序

参数说明：

以圆弧运动方式从 P_1 点开始，经过 P_2 点，移动至目标位置 P_3 点。

① MoveC 是 ABB 工业机器人的圆弧运动指令，插入形式为上述固定格式。

② P_1 点是工业机器人当前的位置（起始位置）。

③ P_2 点是过渡点位置，工业机器人需要到达 P_3 点，需要先经过 P_2 点（过渡位置），P_2 点的作用是确定圆弧的曲率。

④ P_3 点是工业机器人需要达到的目标位置（终点位置）。

⑤第一条指令语句："MoveL p1，v100，fine，tool1"只说明到达 P_1 点之前的运动方式是：通过直线运动方式到达 P_1 点。

⑥第二条指令语句："MoveC p2，p3，v100，fine，tool1"说明工业机器人是从 P_1 点开始，经过 P_2 点到达 P_3 点，且工业机器人通过圆弧运动的方式运动。

除"小车"形状的曲线描绘，还可以选择增加一些图形的描绘，如图 2-98 所示图标的绘制。

图 2-98　图标的绘制

任务： 如果没有 P_2 点，只有 P_1 点和 P_3 点能否画出圆？操作机器人试一试。在空白区域写出 P_2 点的作用。

比赛： 工业机器人描绘手绘图形。

在纸上，用直线、曲线等不规则线条手工绘制一些图形，再操作工业机器人描绘出该图形。

（二）曲线绘图编程

曲线绘图编程的步骤和三角形绘图编程的步骤是一致的，也需要 7 步才能完成：修改工具坐标、新建程序、轨迹规划、姿态调整、位置点记录（添加指令）、调试、试运行及自动运行。

在画如图 2-99 所示的"小车"图形的 B 和 C 部分时，有很多类似的曲线轨迹，因此我们以一个圆为例，剩下的部分由学生独立完成。

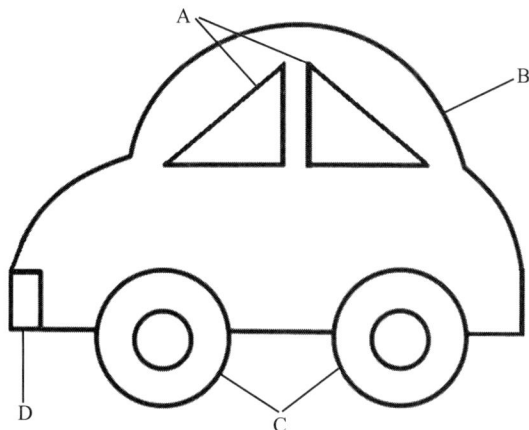

图 2-99　"小车"图形

1. 轨迹规划

在依次完成修改工具坐标和新建程序（新程序可命名为"circle"）后，进行轨迹规划，曲线的轨迹规划如图 2-100 所示。

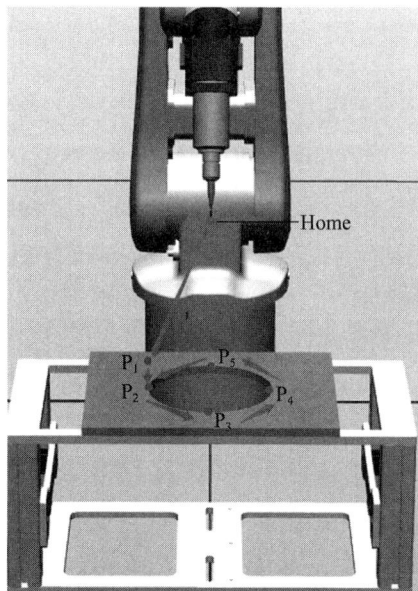

图 2-100　绘制圆的轨迹规划

绘制一个圆的轨迹从"Home"点开始，P_1 点作为绘制圆的接近点和离开点，P_2 点作为圆的起始点和终点，过渡点为 P_3 点、P_4 点、P_5 点。

2. 姿态调整

姿态调整为图 2-101 所示姿态。

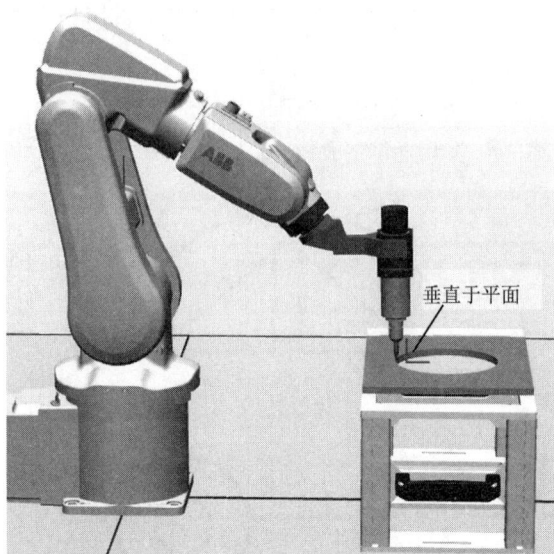

垂直于平面

图 2-101 机器人笔尖与纸张平面保持垂直

3. 完整程序

（1）"Home"点— P_1 点的程序

由于"Home"点和 P_1 点都是确定的点，机器人必须准确到达该点，因此程序中转弯区数据都使用"fine"，程序如图 2-102 所示。

> **提示：** 机器人移动到相应点位后，记得点击"修改位置"记录当前的位置。

```
PROC circle()
    MoveJ Home, v100, fine, tool1;
    MoveJ P1, v100, fine, tool1;
ENDPROC
```

图 2-102 "Home"点—P_1 点的程序

（2）接近点 P_1 点—起始点 P_2 点的程序

接近点 P_1 点位于起始点 P_2 点的正上方，所以使用"MoveL"指令运动到 P_2 点即可，程序如图 2-103 所示。

```
PROC circle()
    MoveJ Home, v100, fine, tool1;
    MoveJ P1, v100, fine, tool1;
    MoveL P2, v100, fine, tool1;
ENDPROC
```

图 2-103 接近点 P_1 点—起始点 P_2 点的程序

（3）P$_2$点—P$_3$点—P$_4$点的程序

该路径是半圆弧，P$_2$点作为该半圆弧的起始点，P$_3$点作为过渡点（确定圆弧曲率的点），P$_4$点作为结束点，程序如图 2-104 所示。

```
PROC circle()
  MoveJ Home, v100, fine, tool1;
  MoveJ P1, v100, fine, tool1;
  MoveL P2, v100, fine, tool1;
  MoveC P3, P4, v100, fine, tool1;
ENDPROC
```

图 2-104　P$_2$点—P$_3$点—P$_4$点的程序

（4）P$_4$点—P$_5$点—P$_2$点的程序

该路径也是半圆弧，P$_4$点作为该半圆弧的起始点，P$_5$点作为过渡点（确定圆弧曲率的点），P$_2$点作为结束点，程序如图 2-105 所示。

```
PROC circle()
  MoveJ Home, v100, fine, tool1;
  MoveJ P1, v100, fine, tool1;
  MoveL P2, v100, fine, tool1;
  MoveC P3, P4, v100, fine, tool1;
  MoveC P5, P2, v100, fine, tool1;
ENDPROC
```

图 2-105　P$_4$点—P$_5$点—P$_2$点的程序

> 思考：1.P$_4$点是否是上一个圆弧的终点，同时也是下一个圆弧的起始点？
>
> 　　　2.画一个完整的圆，最少需要几个点，几条指令语句？

（5）回"Home"点

机器人完成一个周期工作以后，要回到原点，因此最后一步就是添加回原点的指令。机器人由 P$_2$点回到离开点 P$_1$点，由于 P$_1$点是在 P$_2$点的正上方，因此可以使用"MoveL"指令。机器人由 P$_1$点回到"Home"点，轨迹要求不严格的情况下可使用"MoveJ"指令，可避免关节死点，程序如图 2-106 所示。

```
PROC circle()
  MoveJ Home, v100, fine, tool1;
  MoveJ P1, v100, fine, tool1;
  MoveL P2, v100, fine, tool1;
  MoveC P3, P4, v100, fine, tool1;
  MoveC P5, P2, v100, fine, tool1;
  MoveL P1, v100, fine, tool1;
  MoveJ Home, v100, fine, tool1;
ENDPROC
```

图 2-106　回"Home"点的程序

接下来进行调试、试运行及自动运行，检查该圆的程序是否正确及合理，确认无误以后就可以完成"小车"剩余的曲线图形绘制，该部分由学生独立完成，在此不做介绍。

实训2　平面曲线图形绘图编程

实训名称	平面曲线图形绘图编程
实训内容	完成工业机器人平面曲线图形的绘图编程（也可以由学生自己创造平面曲线图形） （a）　　　　　　　　　　（b）
实训目标	1. 掌握基本指令 MoveC 的创建方法； 2. 掌握基本指令 MoveC 的使用方法； 3. 掌握机器人示教编程的方法及流程； 4. 能够正确调试机器人的轨迹并适当修改参数； 5. 能够自动运行机器人
实训课时	8 课时
实训地点	智能制造实训室

练习题

1.判断题

（1）工业机器人在空间中进行运动只有一种方式。　　　　　　　　　（　　）

（2）关节运动指令是 MoveC。　　　　　　　　　　　　　　　　　（　　）

（3）使用关节运动指令 MoveC 之前，必须使用 MoveJ 指令。　　　　（　　）

（4）关节运动指令两个位置之间的路径必须是直线。　　　　　　　　（　　）

（5）线性运动指令两个位置之间的路径必须是直线。　　　　　　　　（　　）

（6）焊接、涂胶等应用对路径要求高的场合可使用线性运动指令。　　（　　）

（7）在程序语句"MoveL p1，v200，z10，tool1\Wobj:=wobj1"中，v200 是指速度为 200mm/s。　　　　　　　　　　　　　　　　　　　　　　　　　　　（　　）

（8）在程序语句"MoveJ p3，v500，fine，tool1\Wobj:=wobj1"中，使用的基本运动指令是"MoveC"。　　　　　　　　　　　　　　　　　　　　　　　　（　　）

（9）在程序语句"MoveC p1，v100，fine，tool1\Wobj:=wobj1"中，使用的基本运动指令是"MoveAbsJ"。　　　　　　　　　　　　　　　　　　　　　　（　　）

（10）圆弧运动指令（MoveC）中需要定义三个位置点。　　　　　　（　　）

（11）"MoveAbsJ"常用于机器人六个轴回到机械零点（0度）的位置。　（　　）

（12）绘制一个圆弧轨迹，使用的是 MoveC 指令，且第1条指令语句一般使用 MoveJ 指令。　　　　　　　　　　　　　　　　　　　　　　　　　　　（　　）

（13）在仿真工作站中，"工具"不属于仿真工作站的一部分。　　　　（　　）

（14）工作站的布局流程有三个步骤。　　　　　　　　　　　　　　　（　　）

（15）在现场示教编程步骤中，第一步是新建程序。　　　　　　　　　（　　）

（16）在编辑完程序以后，不需要对程序进行调试，就可以自动运行工业机器人。 　　　　　　　　　　　　　　　　　　　　　　　　　　　　　　（　　）

（17）如果有一条路径，对精度要求非常高，则最好使用 MoveL 运动指令。　（　　）

（18）"z50"表示的是转弯区数据，但是"fine"表示的不是转弯区数据。　（　　）

（19）在"MoveL-P_{10}，v10，z10，tool1\Wobj:=wobj1"语句中，"z10"表示机器人在离 P_{10} 点 10mm 的时候，机器人就默认达到了 P_{10} 点。　　　　　　　　　（　　）

（20）只有当工业机器人在自动模式的情况下，才能修改或编辑程序。　（　　）

2.填空题

（1）工业机器人在空间中进行运动的方式有：＿＿＿＿＿＿＿＿、＿＿＿＿＿＿＿＿、 ＿＿＿＿＿＿＿＿、＿＿＿＿＿＿＿＿。

（2）在程序语句"MoveL-P_1，v200，z10，tool1\Wobj:=wobj1"中，MoveL 是 ＿＿＿＿＿＿＿, P_1 是 ＿＿＿＿＿＿, v200 是 ＿＿＿＿＿＿, z10 是 ＿＿＿＿＿＿, wobj1 是 ＿＿＿＿＿＿。

（3）请看下面程序语句，完成填空：

MoveL-P_{10}，v200，fine，tool1\Wobj:=wobj1；

MoveC-P_{20}，P_{30}，v200，z10，tool1\Wobj:=wobj1

MoveL 是 _____, MoveC 是 _____, v200 是 _____, fine 是 _____, z10 是 _____, wobj1 是 _____, P~10~ 是 _____, P~20~ 是 _____, P~30~ 是 _____, 因此这段程序是圆弧运动的程序段。

（4）直线运动指令为 _____, 关节运动指令为 _____, 圆弧运动指令为 _____, 绝对位置运动指令为 _____。

（5）仿真工作站由 6 个部分组成，分别是 _____、_____、_____、_____、_____、_____。

（6）仿真工作站布局的流程 _____、_____、_____。

（7）现场示教编程的步骤是 _____、_____、_____、_____、_____。

（8）程序编辑的步骤是 _____、_____、_____、_____。

3. 简答题

（1）工业机器人在空间中进行运动的方式（四种）是什么请简单画出这种运动方式的简笔画。（根据自己的理解，画出来即可）

（2）根据要求，写出程序。

要求：工业机器人向 P~1~ 点直线运动，速度为 100 mm/s，转弯区数据是 fine，工件坐标数据是 wobj1。

（3）根据要求，写出程序。

要求：工业机器人向 P~3~ 点关节运动速度为 20 mm/s，转弯区数据是 z10，工件坐标数据是 wobj1。

（4）根据要求，写出程序。

要求：工业机器人由 P~2~ 点经过 P~3~ 点向 P~4~ 点圆弧运动，速度为 100 mm/s，转弯区数据是 z10，工件坐标数据是 wobj1。

（5）根据要求，写出程序。

要求：工业机器人由 P_1 点经过 P_3 点向 P_4 点做圆弧运动，速度为 200 mm/s，转弯区数据是 z20，工件坐标数据是 wobj1，当工业机器人到达 P_4 点后，回到零点，回零点的速度为 1000 mm/s，转弯区数据是 fine，工件坐标数据是 wobj1。

（6）在现场示教编程中，轨迹规划至少需要几个点，分别是哪几个？

（7）在轨迹规划中，当工业机器人在运行过程中可能遇到障碍时，则需要设置一些点位以规避障碍，这些点称为过渡点。

过渡点是否越多越好？过渡点能否增加工业机器人轨迹的精度？并说明原因。（该题为发散题，根据自己的实际操作写出来，合理即可）

提示：可操作机器人，对比较多运动指令程序和较少运动指令程序的区别。

（8）是否转弯区数据越大越好？在什么情况下用较大的转弯区数据，在什么情况下用较小的转弯区数据？（根据实际操作，写出自己的认识）

提示：可操作机器人，对比较大的转弯区数据和较小的转弯区数据的区别。

任务完成报告

姓名		学习日期	
任务 名称	简单图形的绘图编程		

	考核内容	完成情况
学习 自评	1.编辑"小车"自动运行的程序	□好 □良好 □一般 □差
	2.机器人能自动运行描绘"小车"	□好 □良好 □一般 □差
	3."小车"轨迹精确、完整、清晰	□好 □良好 □一般 □差
	4.自动运行时间低于180秒	□好 □良好 □一般 □差
	5.自动运行速度设置为20%	□好 □良好 □一般 □差
	6.笔尖与纸张保持垂直的姿态	□好 □良好 □一般 □差
	7.自动运行的轨迹合理,"小车"图形美观	□好 □良好 □一般 □差
	8.运行流畅、无障碍、没有不必要的停顿	□好 □良好 □一般 □差
学习 心得		

任务 2　文字图形示教编程

　　"制造"两个字体轮廓的绘图编程是项目 2 的最终任务，如图 2-107 所示。在任务 1 中，我们学会了简单图形的绘图编程，能够操作机器人进行文字图形的示教编程，但是如果更换了长短不同的画笔，且长度没有做任何标记，是否还能使用原来的程序进行文字图形的示教编程呢？答案是否定的。

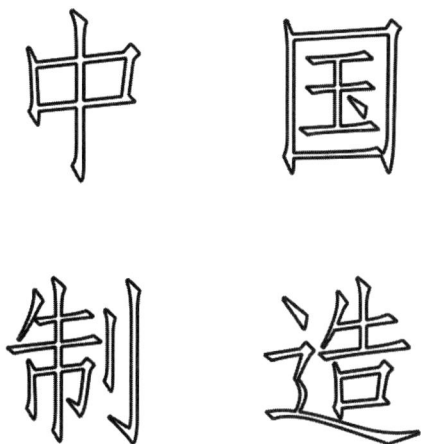

图 2-107　"中国制造"

　　在实际生产过程中，也有类似的情况：比如在平面图形示教编程中，我们换了大小、长度等不同的画笔或者调整了画笔的方向，那么之前示教的轨迹就不能再使用了；比如在激光切割轨迹中，更换了形状、大小不同的激光切割喷嘴或者调整了激光切割喷嘴的方向，那么之前示教的轨迹也不能再使用。

　　解决以上问题，就是任务 2 需要学习的内容。

　　任务要求：

　　①在平面上完成"中国制造"的"制造"的描绘任务，如图 2-108 所示。

图 2-108　"制造"描绘

　　②编辑工业机器人自动运行的程序，在自动运行模式下"制造"两个字体的描绘。

　　③字体描绘位置要精确，工业机器人姿态要合理，笔尖与纸张保持垂直的姿态，自动运行

速度设置为 20%，描绘时间不超过 300 秒。

④工业机器人运行轨迹合理、平滑，运行无障碍，且没有不必要的停顿。

知识目标：

①掌握 TCP 的概念；

②掌握 TCP 的标定方法。

能力目标：

①能够操作工业机器人标定 TCP；

②能够熟练操作工业机器人。

学习内容：

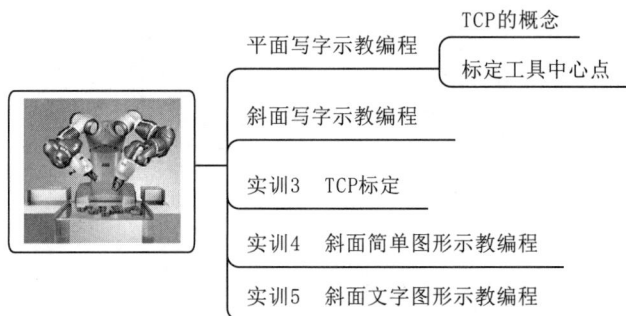

一、平面写字示教编程

按照项目 2 任务 1 的方法，先在平面上示教编程"制造"二字。

图 2-109　"制造"描绘

> **比赛：**完成图 2-109 中"制造"字的示教编程任务（根据学生完成情况，老师可适度增加字的复杂程度）。
>
> 分组比赛，工业机器人的速度统一设置成 20mm/s，老师计时，以最短时间完成"中"示教编程的小组获胜。

随后老师更换画笔（选择一只大小或者形状不一样的画笔），或者调整画笔的长短。

在该工作站中，更换工业机器人的画笔时，可通过快换的方式自动更换，也可以通过手动的方式更换。

> **提示：**工业机器人快换画笔的操作，由老师进行，学生回顾老师操作流程和机器人动作流程。

在更换完画笔后，将工业机器人的速度调至 5mm/s，再自动运行工业机器人，随时准备按下急停按钮，这时会发现，工业机器人的轨迹和我们示教好的轨迹不一样，这是为什么呢？为什么更换了画笔或调整了画笔方向后，之前示教好的程序不能使用了呢？

（一）TCP 的概念

> **活动1：**我们吃饭的时候有三种方式：①用筷子吃饭；②用勺子吃饭；③用手直接抓饭。写出筷子、勺子、手指相对于手掌中心的位置关系。
>
> **活动2：**当我们写字的时候有三种方式：①用毛笔写字；②用铅笔写字；③用蘸了颜料的手指头写字。写出毛笔、铅笔、手指头相对于手掌中心的位置关系。分发卡片，分别写出自己的理解，然后小组讨论，展示讨论结果。

工业机器人当作手臂和手，TCP 当作筷子，想要吃饭，必须控制筷子的走向，所以必须知道筷子（工具）相对于手掌（法兰）中心的位置关系，法兰的位置如图 2-110 所示。

同理，工业机器人当作手臂和手，TCP 当作笔，想要写字，必须控制笔的走向，所以必须知道笔（工具）相对于手掌（法兰）中心的位置关系。

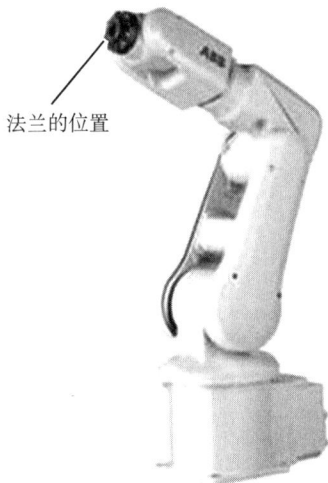

法兰的位置

图 2-110　法兰的位置

为完成各种作业任务，需要在工业机器人末端安装各种不同工具，比如搬运板材的机器人使用吸盘式的夹具作为工具，而用于弧焊的机器人则使用弧焊枪作为工具，如图 2-111 所示。

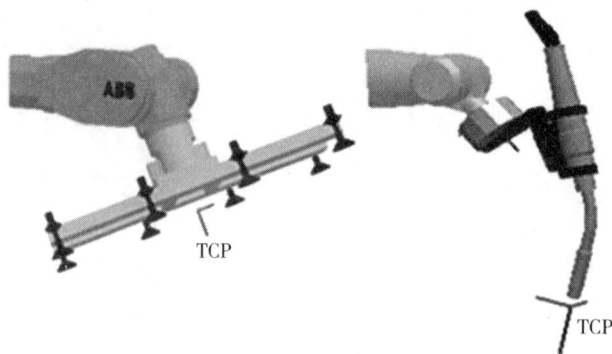

图 2-111　TCP

由于工具的形状、大小各不相同，在更换或者调整工具之后，工业机器人的实际工作点相对于工业机器人末端的位置会发生变化。这就产生了一个问题：如何选择一个点来代表整个工具呢？因此产生了 TCP，TCP 是指工具中心点（Tool Center Point）。

无论何种品牌的工业机器人，事先都定义了一个工具坐标系，且无一例外地将这个坐标系 XY 平面绑定在机器人第六轴的法兰盘平面上，坐标原点与法兰盘中心重合。显然，这时 ABB 工业机器人的默认工具（tool0）的工具中心点位于工业机器人安装法兰的中心，图 2-112 中的 A 点就是原始的 TCP 点。

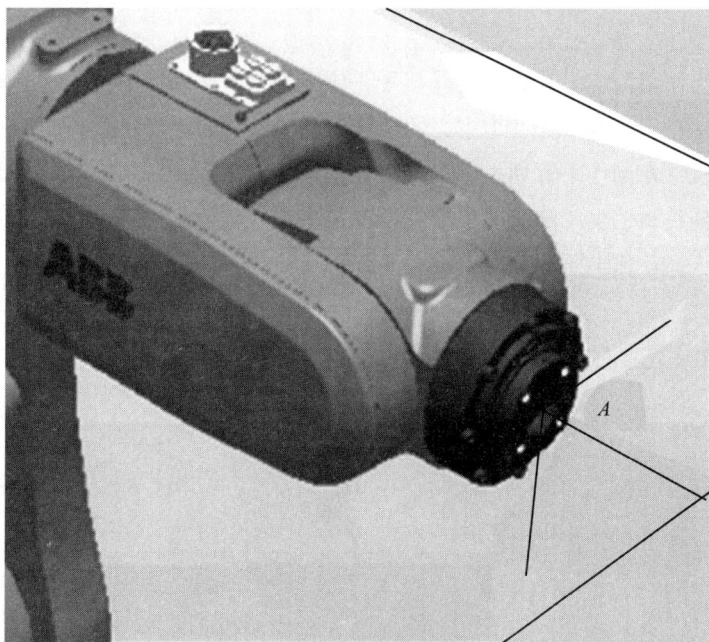

图 2-112　原始 TCP

工业机器人在此坐标系内进行编程，当工具更换或调整后，只需重新标定工具坐标系的位置，即可使机器人重新投入使用。

当以手动或者编程的方式让工业机器人接近空间的某一点时，其本质是让工具中心点去接近该点。因此，可以说工业机器人的轨迹运动，就是工具中心点（TCP）的运动。基坐标系、工具坐标系和 TCP 的位置如图 2-113 所示。

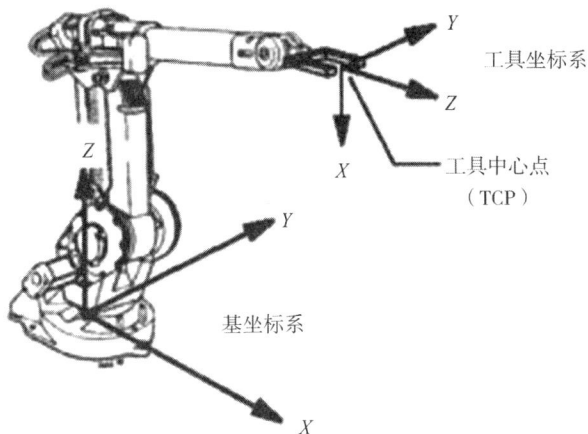

图 2-113　基坐标系、工具坐标系和 TCP 的位置

（二）标定工具中心点

TCP 标定的方法有"四点法""TCP 和 Z""TCP 和 Z，X""数字输入法"等，通常"四点法"和"数字输入法"使用较多，因此下面介绍用"四点法"和"数字输入法"来标定 TCP 的步骤。

1. 四点法

使用"四点法"设定工具中心点（TCP）的方法如下：

首先在机器人工作范围内找一个非常精确的固定点作为参考点。

然后在工具上确定一个参考点（最好是工具的中心位置）。

通过之前学习的手动操纵机器人的方法，移动工具上的参考点，以最少四种不同的机器人姿态尽可能与固定点刚好碰上，标定点的姿态选取应尽量差异大一些，这样才容易标定出较为准确的 TCP。

在标定过程中，为了便于后续标定工具坐标系方向，一般将最后一个 TCP 标定点调整至工具末端完全竖直的姿态，所以在此任务中将第 4 个标定点设置如图 2-114（a）中"点 4"所示。

以下介绍用"四点法"标定 TCP 的步骤，如图 2-114（b）所示，在尖端"A"点完成标定。

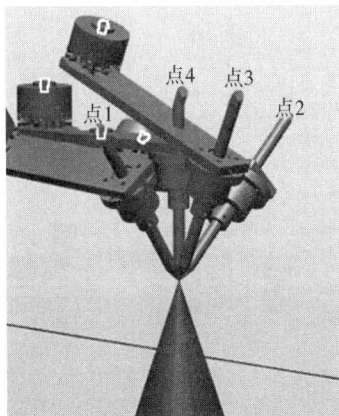

（a）"四点法"标定 TCP

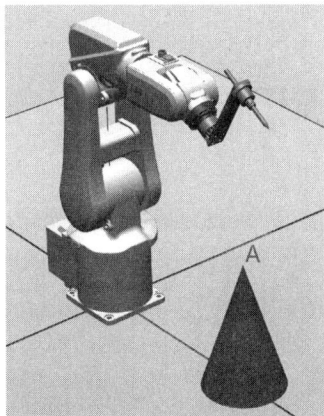

（b）在尖端"A"点完成标定

图 2-114　标定 TCP

①单击左上角主菜单按钮,选择"手动操纵",如图 2-115 所示。

②选择"工具坐标",如图 2-116 所示。

图 2-115 "手动操纵"

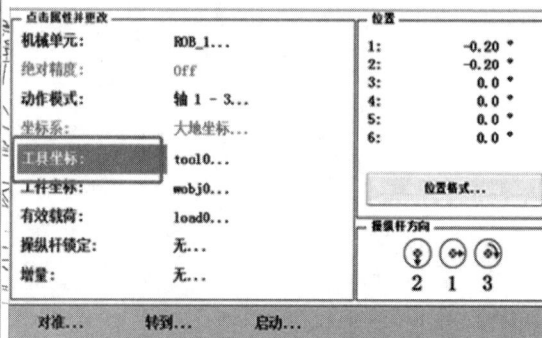

图 2-116 "工具坐标"

③点击"新建",如图 2-117 所示。

④对工具数据属性进行设定后,点击"确定",如图 2-118 所示。

图 2-117 新建工具

图 2-118 设定工具

⑤选中"tool1"后,点击"编辑"菜单中的"定义"选项,如图 2-119 所示。

⑥选择"TCP(默认方向)"设定 TCP,如图 2-120 所示。

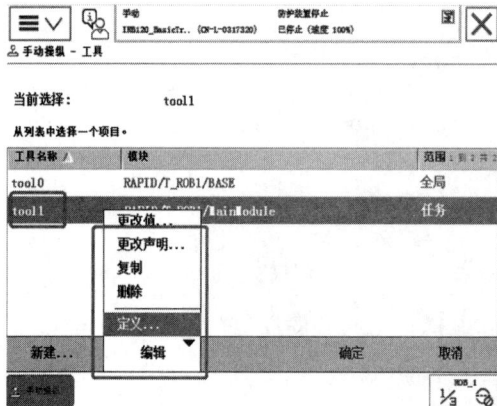

图 2-119 编辑工具

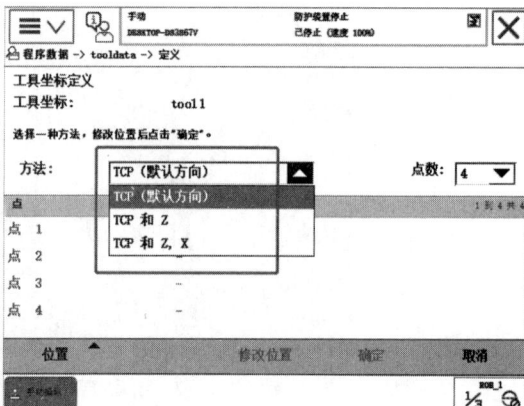

图 2-120 设定 TCP

⑦选择合适的手动操纵模式，按下使能键，使用摇杆使工具参考点靠上固定点，作为第一个点，标定点的四个姿态选取应尽量差异大一些，这样才容易标定出较为准确的TCP，如图2-121所示。

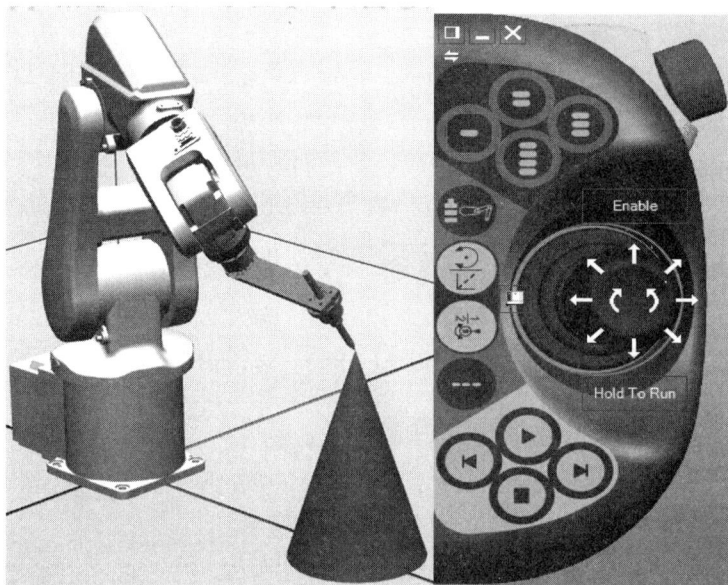

图2-121　点1姿态

⑧选中"点1"，点击"修改位置"，将点1位置记录下来，如图2-122所示。

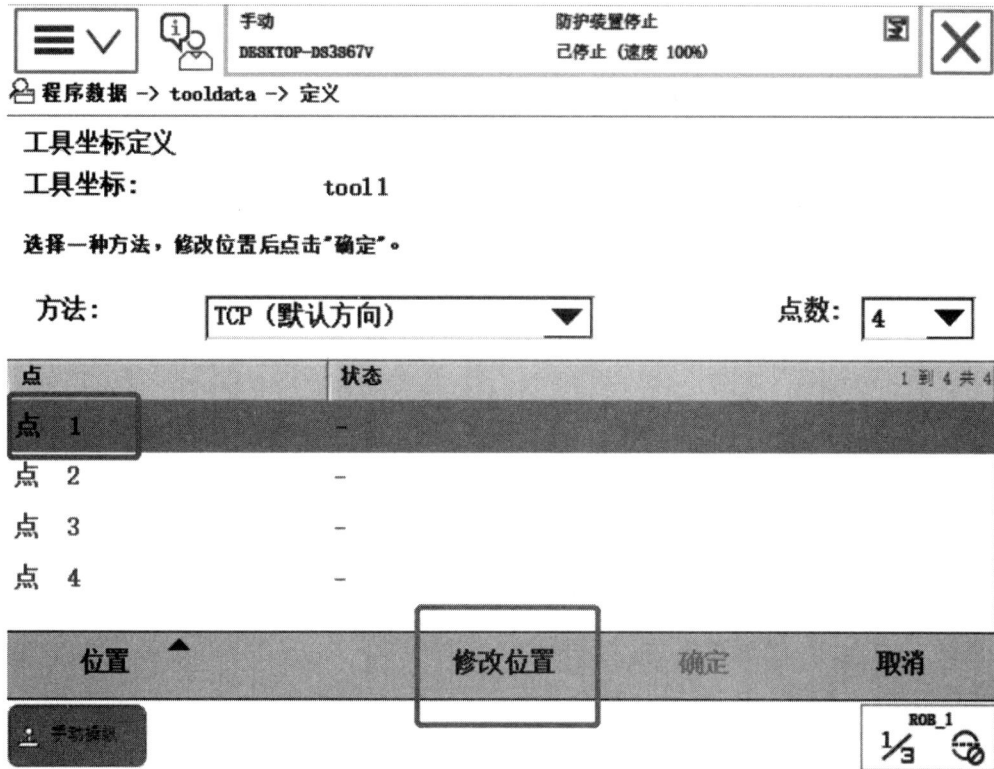

图2-122　记录点1

⑨工具参考点以此姿态靠上固定点，如图 2-123 所示。

⑩选中"点 2"，点击"修改位置"，将点 2 位置记录下来，如图 2-124 所示。

图 2-123　点 2 姿态

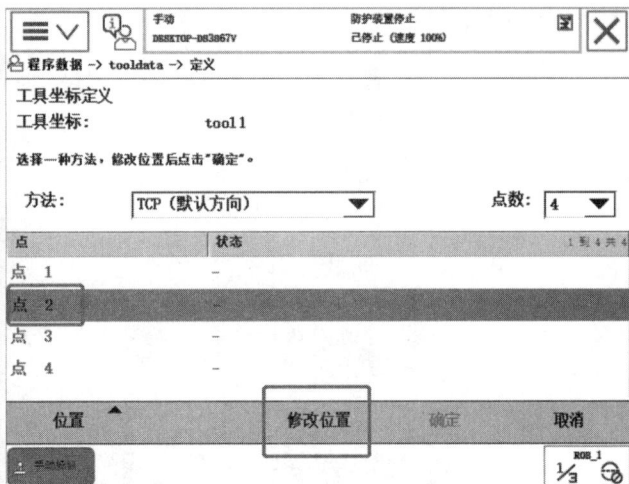

图 2-124　记录点 2

⑪工具参考点以此姿态靠上固定点，如图 2-125 所示。

⑫选中"点 3"，点击"修改位置"，将点 3 位置记录下来，如图 2-126 所示。

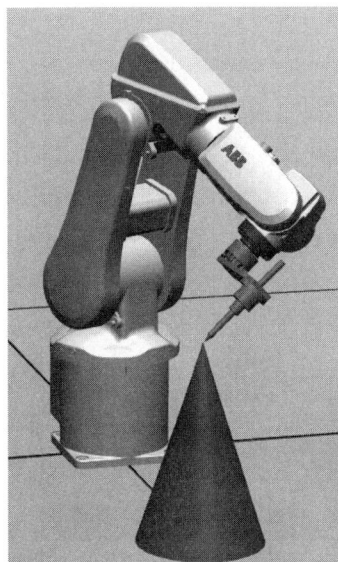

图 2-125　点 3 姿态

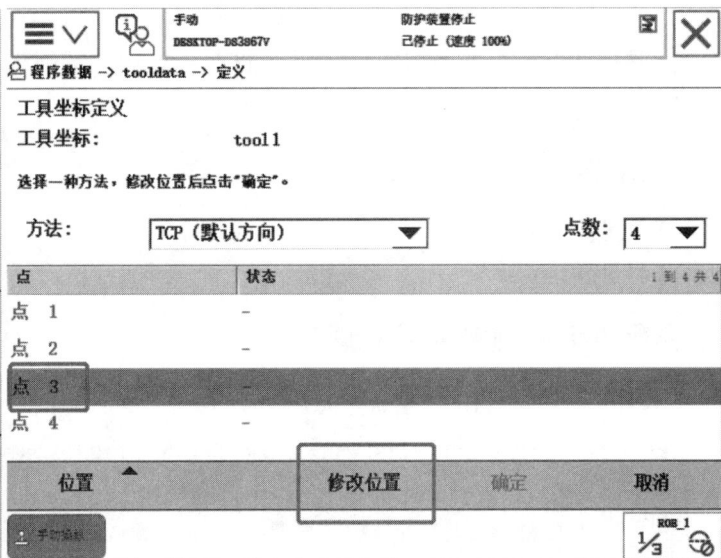

图 2-126　记录点 3

⑬在标定过程中，为了便于后续标定工具坐标系方向，一般将最后一个 TCP 标定点调整至工具末端完全竖直的姿态，所以第 4 个标定点姿态如图 2-127 所示。

⑭选中"点 4"，点击"修改位置"，将点 4 位置记录下来，如图 2-128 所示。

⑮单击"确定"，完成设定，如图 2-129 所示。

⑯选中"tool1"，打开"编辑"菜单栏，选择"更改值"，如图 2-130 所示。

⑰单击箭头向下翻页，此页显示的内容就是 TCP 定义时生成的数据，如图 2-131 所示。

图 2-127　点 4 姿态

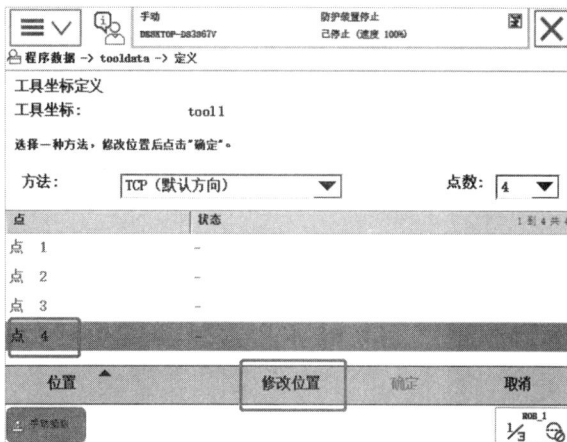

图 2-128　记录点 4

图 2-129　设定完毕

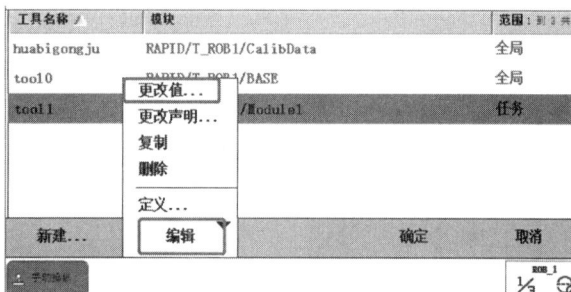

图 2-130　更改值

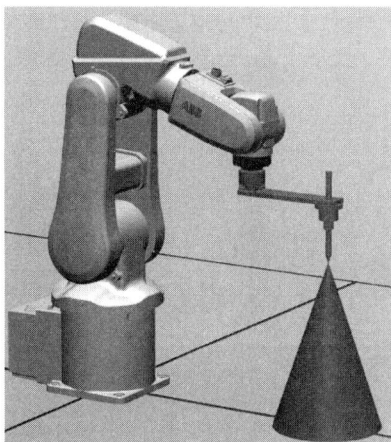

图 2-131　TCP 定义时生成的数据

⑱在此页面中，根据实际情况设定工具的质量 mass（单位：kg）和重心位置数据（此重心是基于 tool0 的偏移值，单位：mm），然后单击"确定"，如图 2-132 所示。

图 2-132　质量和重心位置数据

⑲也可以修改刚设置的 TCP 位置数据，如图 2-133 所示为 TCP 的位置数据。

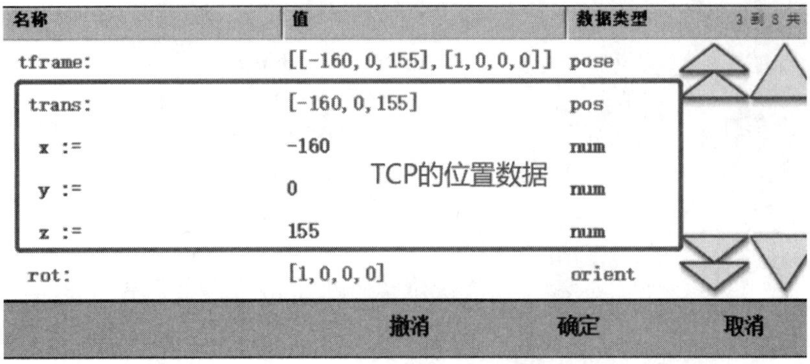

名称	值	数据类型	3 到 8 共
tframe:	[[-160, 0, 155], [1, 0, 0, 0]]	pose	
trans:	[-160, 0, 155]	pos	
x :=	-160	num	
y :=	0	num	
z :=	155	num	
rot:	[1, 0, 0, 0]	orient	

撤消　　确定　　取消

图 2-133　TCP 的位置数据

⑳点击 TCP 位置数据中心数字并修改，修改完成后，点击"确定"，如图 2-134 所示。

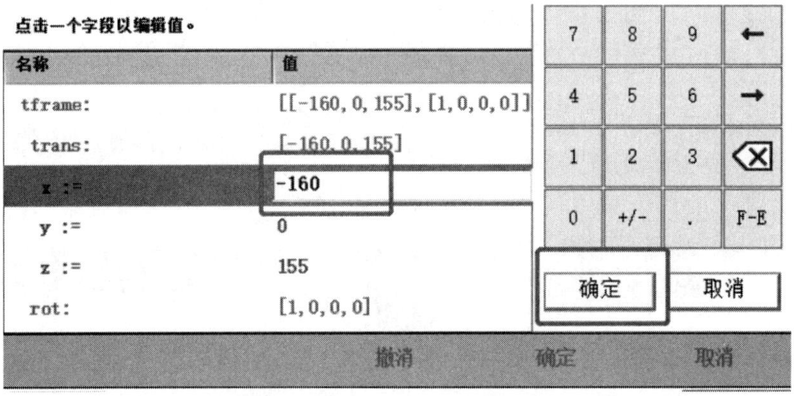

图 2-134　修改 TCP 的位置数据

2. 数字输入法

除了用"四点法"标定 TCP 之外，还可以使用"数字输入法"直接标定 TCP。"数字输入法"，顾名思义，就是在 TCP 的位置数据区直接输入"X、Y 和 Z"轴的数据，从而达到标定 TCP 的目的，此方法标定 TCP 是最准确的，但不便之处是需要知道工具的长、宽、高的数据，该数据可以通过测量得出。

①在 TCP 的位置数据区，直接输入 TCP 点的位置数据，如图 2-135 所示。

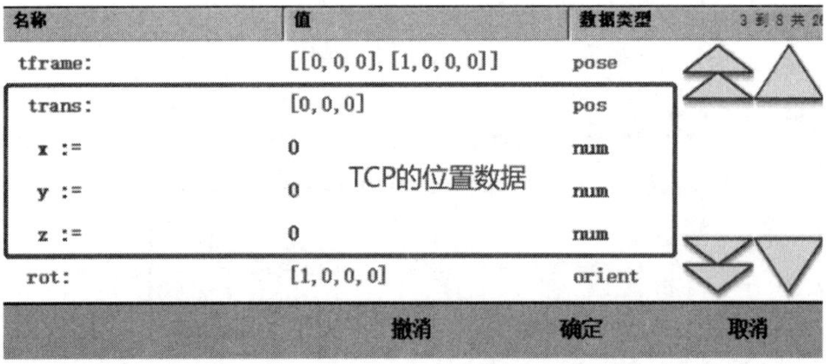

名称	值	数据类型	3 到 8 共 20
tframe:	[[0, 0, 0], [1, 0, 0, 0]]	pose	
trans:	[0, 0, 0]	pos	
x :=	0	num	
y :=	0	num	
z :=	0	num	
rot:	[1, 0, 0, 0]	orient	

撤消　　确定　　取消

图 2-135　直接输入 TCP 的位置数据

②在使用"四点法""数字输入法"标定 TCP 的过程中，TCP 标定点的数量都是可以自定

义的，点击"点数"框中的下拉键，可以从 3~9 中进行选择，标定点数越多，越容易标定出较为准确的 TCP，如图 2-136 所示。

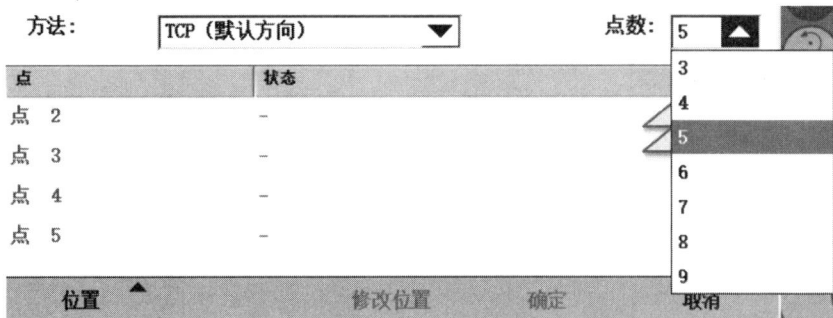

图 2-136　点数设置

3. 其他标定 TCP 的方法

①除了使用"四点法"标定 TCP，还可以选择"TCP 和 Z"时，如图 2-137 所示，即在 Z 轴正方向延长线上选择一个点，作为 Z 轴延长线的点，其目的也是更加准确地标定 TCP。

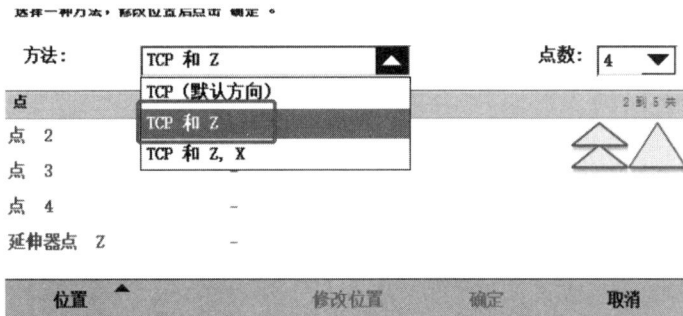

图 2-137　TCP 和 Z 方法

②如图 2-138 所示为工业机器人的姿态，在 Z 轴正方向上的一小段距离。

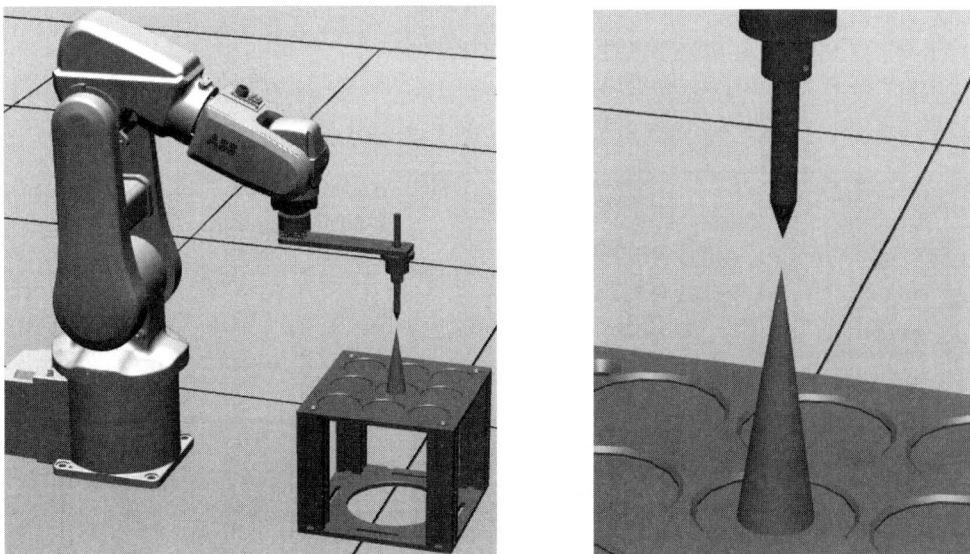

图 2-138　Z 轴延伸

③同样的原理，如果选择"TCP 和 Z，X"方法，则需要分别在 Z 轴和 X 轴正方向延长线上选择一个点，作为 Z 轴和 X 轴延长线的点，如图 2-139 所示。

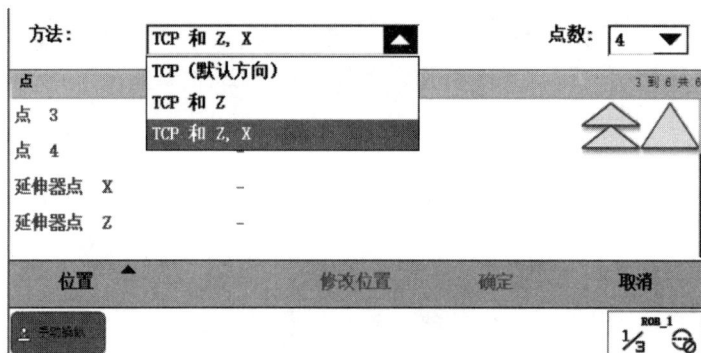

图 2-139　TCP 和 Z，X 方法

④工业机器人的姿态，在 X 轴正方向上的一小段距离如图 2-140 所示，在 Z 轴正方向的一小段距离如图 2-140 所示。

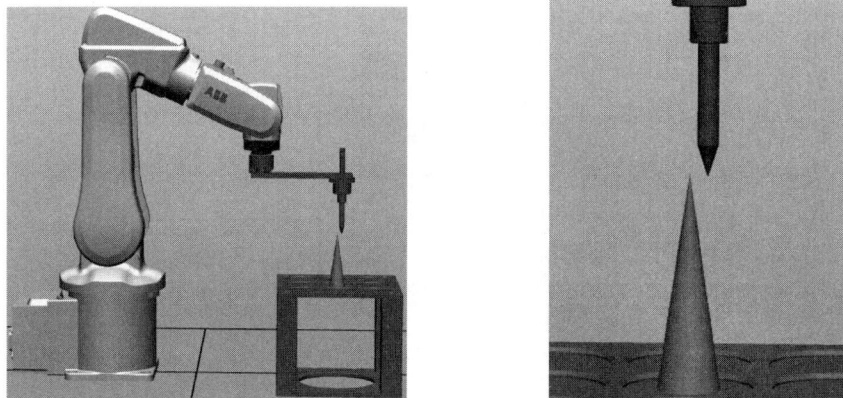

图 2-140　X 轴延伸

⑤选择"手动操纵"，如图 2-141 所示。

⑥点击"工具坐标"，如图 2-142 所示，选择"tool1"，如图 2-143 所示。

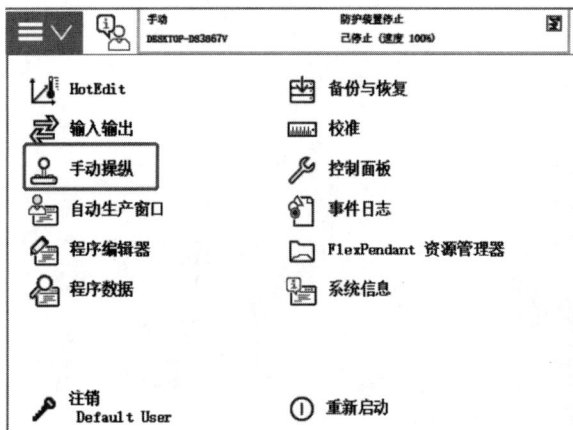

图 2-141　手动操纵

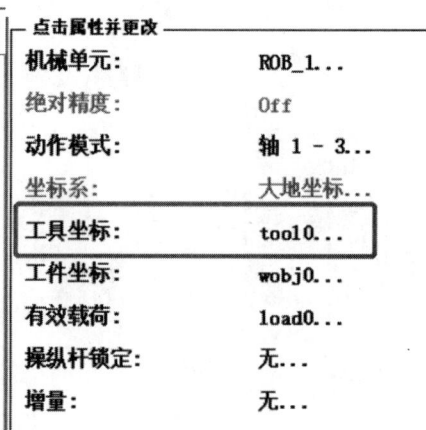

图 2-142　工具坐标

⑦使用摇杆将工具参考点靠上固定点，然后在重定位模式下手动操纵机器人，如果 TCP 设定精确的话，可以看到工具参考点与固定点始终保持接触，而机器人会根据重定位操作改变姿态，如图 2-144 所示。

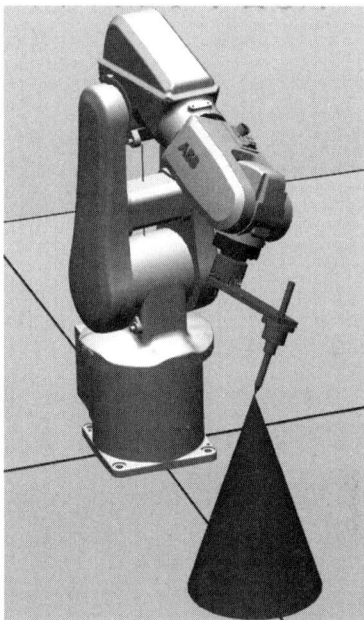

工具名称 ▲	模块
huabigongju	RAPID/T_ROB1/CalibData
tool0	RAPID/T_ROB1/BASE
tool1	RAPID/T_ROB1/Module1

新建...　　　编辑　▲　　　　　　确定

图 2-143　选择 tool1　　　　　　图 2-144　重定位移动机器人

比赛：使用"数字输入法"标定TCP。

TCP点设定在画笔的尖端，尖端在默认too10的X轴负方向偏移了160mm，在Y轴的方向没有偏移，在Z轴的正方向偏移了155mm，画笔的质量为1kg，重心在默too10的X轴负方向偏移50mm，在Y轴的方向没有偏移，在z轴的正方向偏移了50mm。

任务：结合TCP标定的方法，在斜面上完成"中"字的示教编程任务。

二、斜面写字示教编程

重新更换完画笔以后标定 TCP，原来编辑好的程序又可以使用，只是在示教编程流程中，又增加一步 TCP 的标定，其他流程不变，如图 2-145 所示。

掌握 TCP 的标定方法，在斜面上写字示教编程也变得容易，且斜面示教编程的方法及流程和平面示教编程的方法及流程是一致的，也是图 2-145 所示的流程。

```
┌──────────┐
│ 标定TCP  │
└────┬─────┘
     │
┌────▼─────┐
│ 修改工具坐标 │
└────┬─────┘
     │
┌────▼─────┐
│ 新建程序  │
└────┬─────┘
     │
┌────▼─────┐
│ 轨迹规划  │
└────┬─────┘
     │
┌────▼─────┐
│ 姿态调整  │
└────┬─────┘
     │
┌────▼─────┐
│ 位置点记录 │
└────┬─────┘
     │
┌────▼─────┐
│  调试    │
└────┬─────┘
     │
┌────▼─────────┐
│ 试运行及自动运行 │
└──────────────┘
```

图 2-145　示教编程的流程

　　学会了平面上描绘"制造"的轨迹任务，在斜面上也会描绘"制造"的轨迹，因为斜面示教编程与平面示教编程的内容是一致的，因此本部分不做详细叙述，学生可独立完成斜面上"制造"的示教编程任务。

实训3　TCP标定

实训名称	工业机器人 TCP 的标定
实训内容	找一个尖端，使用"四点法"标定 TCP 的位置，命名为 mytool1； 使用"数字输入法"标定 TCP 的位置，命名为 mytool2 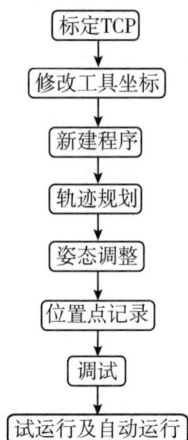
实训目标	1.掌握 TCP 的标定方法； 2.熟练操作工业机器人，调节其姿态
实训课时	4 课时
实训地点	智能制造实训室

实训4　斜面简单图形示教编程

实训名称	斜面简单图形的示教编程
实训内容	在斜面上简单图形的示教编程（也可以自己创立新的图形）
实训目标	1.掌握在斜面上示教编程的方法及流程； 2.能够在斜面上示教编程； 3.能够正确调试机器人的轨迹并适当修改参数； 4.能够自动运行机器人
实训课时	4 课时
实训地点	智能制造实训室

实训5　斜面文字图形示教编程

实训名称	斜面文字图形的示教编程
实训内容	在斜面上文字图形的示教编程（也可以自己查阅字典，完成文字图形的示教编程） 汽车
实训目标	1.掌握在斜面上示教编程的方法及流程； 2.能够在斜面上示教编程； 3.能够正确调试机器人的轨迹并适当修改参数； 4.能够自动运行机器人
实训课时	8课时
实训地点	智能制造实训室

分组比赛：我轨迹编程比赛。

比赛内容：互相为对方小组选择一个字（该字可以查询字典)，操作工业机器人，以最短时间创建写字程序。

工业机器人的速度都设置为20mm/s，老师计时，评出速度最快的小组。

练习题

1. 判断题

（1）我们使用"四点法"对工业机器人进行 TCP 的标定。　　　　　（　　）

（2）TCP 一定是工业机器人的末端或尖端。　　　　　　　　　　（　　）

（3）TCP 一定是固定的位置，且不能再更改。　　　　　　　　　（　　）

（4）TCP 的标定，只能使用"四点法"。　　　　　　　　　　　　（　　）

（5）标定 TCP 对工业机器人的姿态没有任何要求。　　　　　　　（　　）

（6）在标定 TCP 时，只能使用 4 个点，不能再增加 TCP 标定点的数量。　（　　）

（7）在标定 TCP 时，需要设定工具的质量 mass（单位：kg）和重心位置数据。

　　　　　　　　　　　　　　　　　　　　　　　　　　　　　（　　）

（8）在自动模式的情况下，也能标定 TCP。　　　　　　　　　　（　　）

（9）在标定 TCP 的时候，如果选择"TCP 和 Z"方法，其中 Z 是在 Z 轴正方向延长线上选择一个点，作为 Z 轴延长线的点。　　　　　　　　　　　　　（　　）

（10）在标定 TCP 的时候，如果选择"TCP 和 Z，X"方法，其中 Z 是在 Z 轴正方向延长线上选择一个点，作为 Z 轴延长线的点，而 X 轴不需要选择点。　　（　　）

（11）现场示教编程，共有 6 个步骤。　　　　　　　　　　　　（　　）

2. 填空题

（1）TCP 的定义是：＿＿＿＿＿＿＿＿＿＿＿＿＿＿＿＿＿＿＿＿。

（2）在程序语句"MoveL p10，v100，z100，tool1\Wobj:=wobj1"中，MoveL 是＿＿＿＿＿＿＿＿＿，p10 是＿＿＿＿＿＿＿＿，v100 是＿＿＿＿＿＿＿＿＿，z100 是＿＿＿＿＿＿＿＿，wobj1 是＿＿＿＿＿＿＿＿＿。

（3）请看下面程序语句，完成填空：

MoveL p20，v100，fine，tool1\Wobj:=wobj1；

MoveC p30，p40，v100，z50，tool1\Wobj:=wobj1

MoveL 是＿＿＿＿＿＿＿＿，MoveC 是＿＿＿＿＿＿＿＿，v100 是＿＿＿＿＿＿＿＿，fine 是＿＿＿＿＿＿＿＿，z50 是＿＿＿＿＿＿＿＿，wobj1 是＿＿＿＿＿＿＿＿，p20 是＿＿＿＿＿＿＿＿，p30 是＿＿＿＿＿＿＿＿，p40 是＿＿＿＿＿＿＿＿，因此这段程序是圆弧运动的程序段。

（4）现场示教编程的步骤为＿＿＿＿＿＿＿＿、＿＿＿＿＿＿＿＿、＿＿＿＿＿＿＿＿、＿＿＿＿＿＿＿＿、＿＿＿＿＿＿＿＿、＿＿＿＿＿＿＿＿。

3. 简答题

（1）如何提高标定 TCP 的准确性？

（2）根据要求，写出程序。

要求：工业机器人向 P_1 点做直线运动，速度为 100 mm/s，转弯区数据是 fine，工件坐标数据是 wobj1。

（3）根据要求，写出程序。

要求：工业机器人向 P_3 点做关节运动，速度为 10 mm/s，转弯区数据是 z10，工件坐标数据是 wobj1。

（4）根据要求，写出程序。

要求：工业机器人由 P_1 点经过 P_3 点向 P_4 点做圆弧运动，速度为 200 mm/s，转弯区数据是 z20，工件坐标数据是 wobj1，当工业机器人到达 P_4 点后，回到零点，回零点的速度为 1000 mm/s，转弯区数据是 fine，工件坐标数据是 wobj1。

（5）TCP 又叫什么？为什么要设置 TCP 或设置 TCP 的好处有哪些？（自己组织语言描述，合理即可）

（6）仿真工作站的组成部分是什么？

任务完成报告

姓名		学习日期	
任务名称	文字图形示教编程		

	考核内容	**完成情况**
学习自评	1.在平面上完成"制造"的描绘	□好 □良好 □一般 □差
	2.编辑"制造"轨迹的自动运行程序	□好 □良好 □一般 □差
	3.字体描绘位置精确、美观、合理	□好 □良好 □一般 □差
	4.笔尖与纸张保持垂直的姿态	□好 □良好 □一般 □差
	5.自动运行速度设置为20%	□好 □良好 □一般 □差
	6.自动运行时间不超过300秒	□好 □良好 □一般 □差
	7.轨迹合理、平滑,运行无障碍,且没有不必要的停顿	□好 □良好 □一般 □差
学习心得		

任务3 工业机器人维护维修

随着工业机器人技术的发展，以工业机器人为核心的自动化生产线应用越来越广泛。但与此同时，工业机器人出现故障的事情也时有发生。为了避免故障带来潜在损失和损害，必须对工业机器人进行维护保养，并且在发生故障时能迅速、准确地做出故障诊断和维修，这也是目前生产制造中不可或缺的一个环节，受到越来越多的关注。

针对以上问题，本任务介绍了工业机器人的维护保养，分析了工作站常见故障和解决方案。

本任务要完成工业机器人的日常保养与维护，并对工业机器人常见故障进行排除。

任务要求：

①完成工业机器人日常保养。包括机器人本体、控制柜的维护保养、程序的备份。

②完成工业机器人常见故障的排除。包括电池的更换、机械零点校对、转数计数器的更新等。

知识目标：

①了解工业机器人维护维修的安全注意事项；

②掌握常用维护维修工具的使用；

③理解工业机器人日常维护操作；

④理解并掌握工业机器人常见的维护操作步骤。

能力目标：

①能够熟练操作使用常用的维护维修工具；

②能够根据工业机器人维护要求进行正确的维护操作作业。

学习内容：

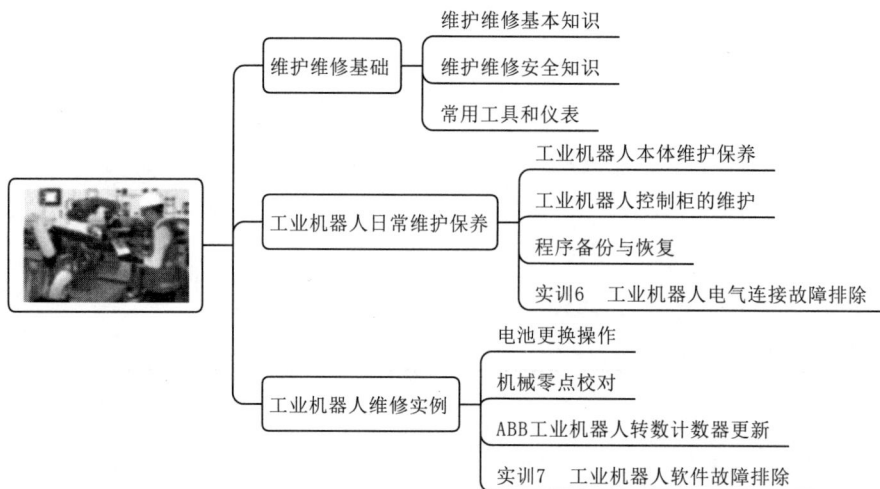

课前想一想：

①工业设备在维护维修前必须要了解的内容是什么？

②为什么要对工业设备进行维护维修？

一、维护维修基础

设备维修是对装备或设备进行维护和修理的简称。这里所说的维护是指为保持装备或设备完好工作状态所做的一切工作，包括清洗擦拭、润滑涂油、检查调校，以及补充能源、燃料等消耗品；修理是指恢复装备或设备完好工作状态所做的一切工作，包括检查、判断故障、排除故障、排除故障后的测试，以及全面翻修等。由此可见，维修是为了保持和恢复装备或设备完好工作状态而进行的一系列活动。

（一）维护维修基本知识

1. 维护维修的目的

维护维修的目的是以最小的经济代价，使设备经常处于完好和生产准备状态，保持、恢复和提高设备的可靠性，保障使用安全和环境保护的要求，确保生产任务的完成。其主要含义如下：

①保障设备的完好状态，提高设备可用性，设备的完好状态是其可用性的主要标志；

②保持、恢复和提高设备可靠性，维护维修的基本任务是保持和恢复设备设计时赋予的固有可靠性；

③保障设备使用过程中的安全性和环境保护的要求；

④力求以最低的消耗取得最佳的维护维修效果。

2. 维护维修的重要性

①在激烈的市场竞争中，维护维修成为现代企业增强生产力和竞争力的有力手段，其地位日益提高。做好维护维修不仅可以延长零部件的使用寿命，提高效能，节约资源、能源和资金，甚至有很多报废的机电设备通过高新技术进行维修改造，可以再生、再利用。

②工业机器人系统对可靠性的要求日益提高，多样化、现代化、自动化和综合化的程度不断提高，维护维修已成为工业机器人系统在使用过程中必不可少的工作。

③维护维修已从缺乏系统理论的简单操作技艺，发展成一门建立在现代科学技术基础上的新兴学科，即从技艺走向科学。维护维修从分散的、定性的、经验的阶段进入系统的、定量的、科学的阶段。现代维护维修理论已经应运而生，维修技术也在不断发展。

3. 维护维修工作的分类

维修工作从不同角度可以有不同的分类方法，最常用的是按照维护维修的目的与时机，分为预防性维护维修、修复性维护维修、改进性维护维修和现场抢修四种。

①预防性维护维修是指通过对装备的检查、检测，发现故障征兆以防止故障发生，使装备保持规定状态所进行的各种维护维修工作。预防性维护维修包括擦拭、润滑、调整、检查、更换和定时拆修或翻修等。这些工作是在故障发生前预先对设备进行的，目的是消除故障隐患。预防性维护维修主要用于故障后果会危及生产安全、影响生产任务完成或导致较大经济损失的情况。预防性维护维修的内容和时机是事先加以规定并按照预定计划进行的，因而也可称为计划维护维修，也就是我们常说的维护保养工作。

②修复性维护维修是指设备发生故障后，使其恢复到规定状态所进行的维修工作，也称排除故障维修或修理。修复性维修包括故障定位、故障隔离、分解、更换、再装、调校、检验、记录、修复损坏件等。修复性维修因其内容和时机带有随机性，不能在事前做出确切安排，因而也可称为非计划维护维修。

③改进性维护维修是在维护维修过程中对设备进行局部的技术改进，以提高其性能的工作。在维护维修过程中，常常发现有些事故或故障的发生和设计有关。为了消除隐患，往往需要采取一些措施对设备的原有技术状态，包括物理状态和技术参数进行改进。例如，对易损坏的部位予以加强，或改变其应力条件，改变管线、线路的固定位置和固定方法，换用性能更好的材料等。这些工作既可以是预防性的，也可以是修复性的。同时由于其改动不大，不需要重新设计，不属于设备改装，与设备改装不同，因而可以划为单独的一类维修工作，只有在维修过程中进行的并且与维修的目的一致的设备改进工作才属于改进性维修。

④现场抢修是指生产现场设备遭受损伤或发生故障后，在评估损伤的基础上，采用快速诊断与应急修复技术，对设备进行现场修理，使之全部或部分恢复必要功能或实施自救的工作。这种抢修虽然属于修复性的，但是修理的速度、环境、条件、时机、要求和所采取的技术措施与一般修复性维修不同，也是单独的一类维修工作。

（二）维护维修安全知识

在维护维修过程中，最重要的是保证人身和设备安全。

1.进行维护、维修作业时的安全注意事项

①作业人员需穿戴工作服、安全帽、安全鞋等。

②闭合电源时，请确认机器人的动作范围内没有作业人员，在进行维修工作时，划出安全区域，避免无关人员进行，起到警示的作用如图 2-146 所示。

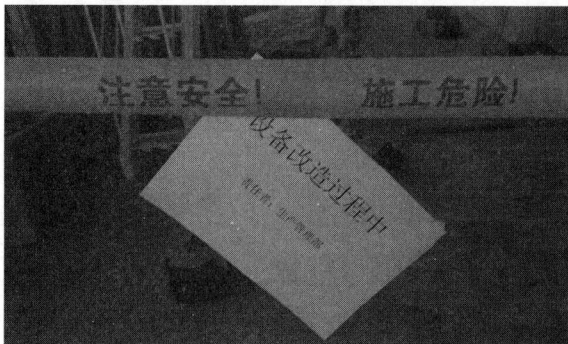

图 2-146　维修现场拉起警戒线

③必须切断电源后，方可进入机器人的动作范围内进行作业。

④检修、维修保养等作业必须在通电情况下进行时，应两人一组进行作业，一人保持可立即按下紧急停止按钮的姿势，另一人则在机器人的动作范围内，保持警惕并迅速完成作业。此外，应确认作业路径后再开始作业。

⑤手腕部位及机械臂上的负荷必须控制在允许搬运重量以内。如果不遵守允许搬运重量的规定，会导致异常动作发生或机械构件提前损坏。

  2. 工业机器人的突发情况及对策

机器人配有各种自我诊断功能，即使发生异常也能安全停止。即便如此，因机器人造成的事故仍然时有发生。

"突发情况"使作业人员来不及实施"紧急停止""逃离"等行为，就极有可能导致重大事故的发生。"突发情况"一般有以下几种。

①低速动作突然变成高速动作。

②其他作业人员执行了操作。

③周围设备等发生异常和程序错误，启动了不同的程序。

④误操作。

⑤机器人搬运的工件掉落、散开。

⑥工件处于夹持、连锁待命的停止状态下，突然失去控制。

⑦相邻和背后的机器人执行了动作。

⑧未确认机器人的动作范围内是否有人，就执行了自动运转。

⑨自动运转状态下，操作人员进入机器人的动作范围内，作业期间机器人突然启动。

工业机器人突发情况的对策如下。

①不适用机器人时，应采取"按下紧急停止按钮""切断电源"等措施，使机器人无法动作。

②机器人动作期间，请配置可立即按下紧急停止按钮的监视人（第三者），监视安全情况。

③机器人运动期间，应以可立即按下紧急停止按钮的姿势进行作业。

④严禁供应规格以外的电力、压缩空气、焊接冷却水，这些均会影响机器人的动作性能，引起异常动作、故障或损坏等情况。

⑤作业人员在作业过程中，也应随时保持逃生意识。必须确保在紧急情况下，可以立即逃生。

⑥时刻注意机器人的动作，不得背向机器人进行作业。

⑦发现有异常状况时，应立即按下紧急停止按钮。必须贯彻执行此规定。

⑧应根据设置场所及作业内容，编写机器人启动方法、操作方法、发生异常时的解决方法等相关作业内容和核对清单，并按照该作业规定进行作业。仅凭作业人员的记忆和操作知识进行操作，会因遗忘和错误等原因导致事故发生。

⑨示教时，应先确认程序号码和步骤号码，再进行作业。错误地编辑程序和步骤，会导致事故发生。

⑩示教完成后应以低速状态手动检查机器人的动作。如果立即在自动模式下，以100%的速度运行，会因程序错误等因素导致事故发生，示教器中会显示当前速度。

⑪示教完成后，应进行清扫工作，并确认有无遗忘工具等物件。

工业机器人在生产过程中一般动作幅度较大并且速度极快，所以其动作领域的空间就成为危险场所，很有可能发生意外事故。所以工业机器人的安全管理者以及从事安装、操作、维护维修工作的相关人员，在工业机器人运行过程中一定要保持安全第一，并确保自己以及其他相关人员的安全。

根据国家颁布的工业机器人安全法规和对应的维护维修流程，只有经过专门培训的人员才能维护和维修工业机器人。操作人员维护工业机器人时需要注意表2-2所示的事项（部分并非全部安全事项，以实际的现场环境为主，不局限于以下所列安全事项）。

表2-2 维护维修注意事项

序号	图片	说明
①	 进入施工现场 必须戴安全帽	进入施工现场必须佩戴安全帽
②	 设备维护中 请勿上电！	仅当工业机器人系统正确维护完毕后才可投入作业
③	 No Leaning! 禁止倚靠设备！	禁止倚靠任何设备
④	 当心夹手 Warning hands pinching	当心夹手

序号	图片	说明
⑤		远离强电区域
⑥		请远离启动设备
⑦		确认设备内部无人后再启动

知识活动：

以3～5人为1小组，逐个出示表2-3中的安全图片，回答与之对应的安全含义。

然后每小组派出1名代表，由教师出示安全图示，各组抢答。

（三）常用工具和仪表

工业机器人系统在维护维修时会用到不同的工具对系统中不同的零部件进行维护与维修，如表2-3所示为常用的维护维修机械工具和仪表。

表 2-3　机器人维护维修常用机械工具

名称	外观图	说明
螺丝刀套装		进行螺丝固定，分为"一"字和"十"字
限力扳手	机械式　　电子式	又称扭矩扳手、扭力扳手，分为机械式和电子式
活动扳手		活动扳手简称活扳手，其开口宽度可在一定范围内调节，是用来紧固和起松不同规格的螺母和螺栓的一种工具
内六角扳手		它通过扭矩对螺丝施加作用力
套筒		套筒是套筒扳手的简称。套筒扳手有多个带六角孔或十二角孔的套筒并配有手柄、接杆等多种附件，特别适用于拧转地位十分狭小或凹陷很深处的螺栓或螺母

续表

名称	外观图	说明
轴承安装工具		适用于装轴承的内外圈
拉卸工具		装卸在轴上的滚动轴承、皮带轮联轴器等零件时，常用拉卸工具。拉卸工具常分为螺杆式及液压式两类，螺杆式拉卸工具又分为两爪式、三爪式和铰链式
弹性锤子	橡胶锤　铜锤	可分为橡胶锤和铜锤
百分表		百分表用于测量零件相互之间的平行度、轴线与导轨之间的平行度、导轨的直线度、工作台台面平面度以及主轴的端面圆跳动、径向圆跳动和轴向窜动
水平仪		水平仪用来测量导轨在垂直面内的直线度，工作台面的平面度以及两件之间的垂直度、平行度等。水平仪按照工作原理可以分为水准式水平仪和电子水平仪

工业机器人系统电气部分维护维修常用的工具有万用表、转速表、电烙铁等，如表2-4所示。

表 2-4　机器人维护维修常用电气工具

名称	外观图	说明
万用表		包含机械式和数字式两种，可用来测量电压、电流、电阻和电路通断等
转速表		转速表常用于测量伺服电动机的转速，是检查伺服调速系统的重要依据之一，常用的转速表有离心式转速表和数字式转速表等
电烙铁		电子制作和电器维修的必备工具，主要用途是焊接元件及导线
裸端子压线钳		将端子与线压接在一起
剥线钳		剥除电线头部的表面绝缘层用

名称	外观图	说明
斜口钳		斜口钳主要用于剪切导线、元器件多余的引线，还常用来代替一般剪刀剪切绝缘套管、尼龙扎线卡等

知识活动：

以3～5人为1小组，讨论表2-2和表2-3中的工具，然后每小组派出1名代表，由教师出示相应的工具，学生抢答说明此工具的用途和使用方法，并进行简单演示。

二、工业机器人日常维护保养

（一）工业机器人本体维护保养

1. 普通维护

（1）清洗机械手

定期清洗机械手底座和手臂。可使用高压清洗设备，但应避免直接向机械手喷射。如果机械手有油脂膜等保护，按要求去除。应避免使用丙酮等强溶剂，避免使用塑料保护，为防止产生静电，必须使用浸湿或潮湿的抹布擦拭非导电表面，如喷涂设备、软管等。请勿使用干布。

（2）中空手腕的清洗维护。根据实际情况，中空手腕视需要经常清洗，以避免灰尘和颗粒物堆积，用不起毛的布料进行清洁，手腕清洗后，可在手腕表面添加少量凡士林或类似物质，以后清洗时将更加方便。

（3）定期检查

检查是否漏油；检查齿轮游隙是否过大；检查控制柜、吹扫单元、工艺柜和机械手间的电缆是否受损。

（4）固定螺栓的检查

将机械手固定于基础上的紧固螺栓和固定夹必须保持清洁，不可接触水、酸碱溶液等腐蚀性液体，这样可避免紧固件被腐蚀；如果镀锌层或涂料等防腐蚀保护层受损，需清洁相关零件并涂以防腐蚀涂料。

2. 轴制动测试

在操作过程中，每个轴电机制动器都有正常磨损。为确定制动器是否正常工作，此时必须进行测试。

应按照以下方法检查每个轴马达的制动器。

①运行机械手轴至相应位置，该位置机械手臂总重及所有负载量达到最大值（最大静态负载）。

②马达断电。

③检查所有轴是否维持在原位。

如马达断电时机械手没有改变位置，则制动力矩足够。也可手动移动机械手，检查是否还需要进一步保护措施。当移动机器人紧急停止时，制动器会帮助停止，因此可能会产生磨损。所以，在机器使用寿命期间需要反复测试，以检验机器是否维持原来的能力。

3．系统润滑加油

①轴副齿轮和齿轮润滑加油确保机器人及相关系统关闭并处于锁定状态，每个油嘴中挤入少许（1克）润滑脂，逐个润滑副齿轮滑脂嘴和各齿轮滑脂嘴，不要注入太多润滑脂，以免损坏密封。

②中空手腕润滑加油。中空手腕10个润滑点，每个注脂嘴只需几滴（1g）润滑剂，不要注入过量润滑剂，避免损坏腕部密封和内部套筒。

4．检查各齿轮箱内油位

各轴加油孔的位置不同，需要针对行动检查，有的需要旋转后处于垂直状态再开盖进行检查。

5．维护周期（时间间隔可根据环境条件、机器人运行时数和温度而适当调整）

①普通维护频率：1次/天。

②轴制动测试：1次/天。

③润滑3轴副齿轮和齿轮：1次/1000H。

④润滑中空手腕：1次/500H。

⑤各齿轮箱内的润滑油：第一次1年更换，以后每5年更换一次。

（二）工业机器人控制柜的维护

1．维护内容

（1）检查控制器散热情况

严禁在控制器上覆盖塑料或其他材料；控制器后面和侧面留出足够间隔（120mm）；严禁将控制器在靠近热源；严禁在控制器顶部放置杂物，避免控制器过脏；避免一台或多台冷却风扇不工作；避免风扇进口或出口堵塞；避免空气滤布过脏；控制器内不执行作业时，其前门必须保持关闭。

（2）清洁示教器

应从实际需要出发按适当的频度清洁示教器；尽管面板漆膜能耐受大部分溶剂的腐蚀，但仍应避免接触丙酮等强溶剂；示教器不用时应拆下并放置在干净场所。

（3）清洗控制器内部

应根据环境条件按适当频率清洁控制器内部，如每年一次；须特别注意冷却风扇和进风口/出风口清洁。清洁时使用除尘刷，并用吸尘器吸去刷下的灰尘。请勿用吸尘器直接清洁各部件，否则会导致静电放电，进而损坏部件。清洁控制器内部前，一定要切断电源！

（4）清洗或更换滤布

清洗滤布需在加有清洁剂的 30~40℃水中，清洗滤布 3~4 次。不得拧干滤布，可放置在平坦表面晾干。还可以用洁净的压缩空气将滤布吹干净。

（5）定期更换电池

测量系统电池为一次性电池（非充电电池），电池更换时，消息日志会出现一条信息，该信息出现后电池电量可维持约 1800 小时。（建议在上述信息出现时更换电池）电池仅在控制柜"断电"的情况下工作。电池的使用寿命约 7000 小时。

如果控制柜除控制机器人外还控制 CBS 单元，或在使用 8 轴机器人的情况下，电池的使用寿命为上述时间的一半（使用 2 个 SMU 单元）。

（6）检查冷却器

冷却回路采用免维护密闭系统设计，需按要求定期检查和清洁外部空气回路的各个部件；环境湿度较大时，需检查排水口是否定期排水。

2. 维护频率（时间间隔可根据环境条件、机器人运行时数和温度而适当调整）

①一般维护：1 次 / 天。

②清洗 / 更换滤布：1 次 /500H。

③测量系统电池的更换：2 次 /7000H。

④计算机风扇单元的更换、伺服风扇单元的更换：1 次 /50000H。

⑤检查冷却器；1 次 / 月。

（三）程序备份与恢复

定期对 ABB 工业机器人的数据进行备份，是保证 ABB 工业机器人正常工作的良好习惯。

ABB 工业机器人数据备份的对象是所有正在系统内存运行的 RAPID 程序和系统参数。在工业机器人系统参数出现错误或重新安装系统以后，可以通过备份快速地把工业机器人恢复到备份时的状态。

1. 对 ABB 工业机器人的数据进行备份的步骤

①单击示教器左上角主菜单按钮，选择"备份与恢复"命令，如图 2-147 所示。

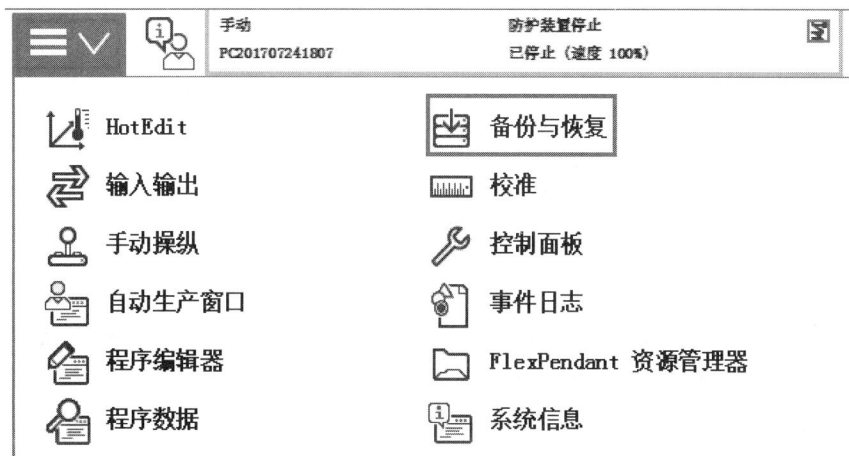

图 2-147　"备份与恢复"

②选择"备份当前系统"命令，如图 2-148 所示。

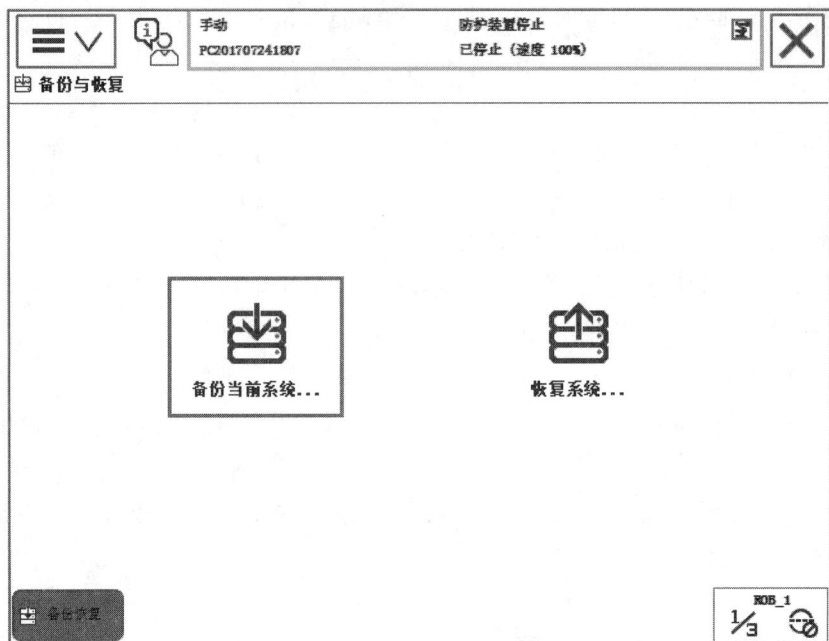

图 2-148　"备份当前系统"

③单击"ABC..."按钮，设定存放备份数据目录名称；单击"..."按钮，选择备份存放的位置（可存放在工业机器人硬盘或 USB 存储设备）；单击"备份"进行备份的操作，如图 2-149 所示。

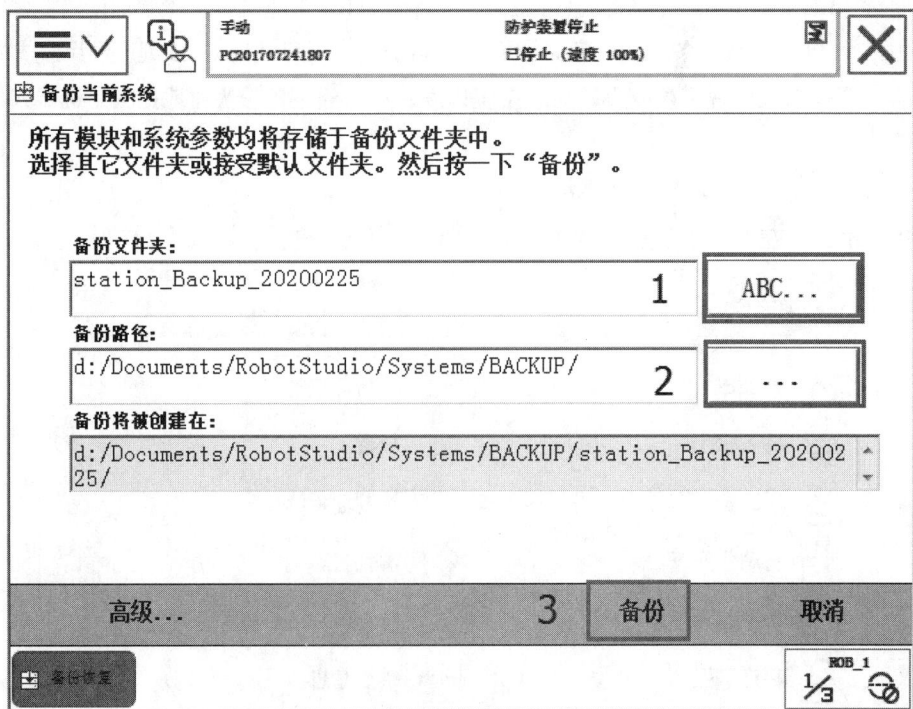

图 2-149　路径选择

④等待备份创建完成。

2. 对 ABB 工业机器人系统进行恢复的步骤

①单击"..."按钮，选择备份存放的目录，然后单击"恢复"按钮，如图 2-150 所示。

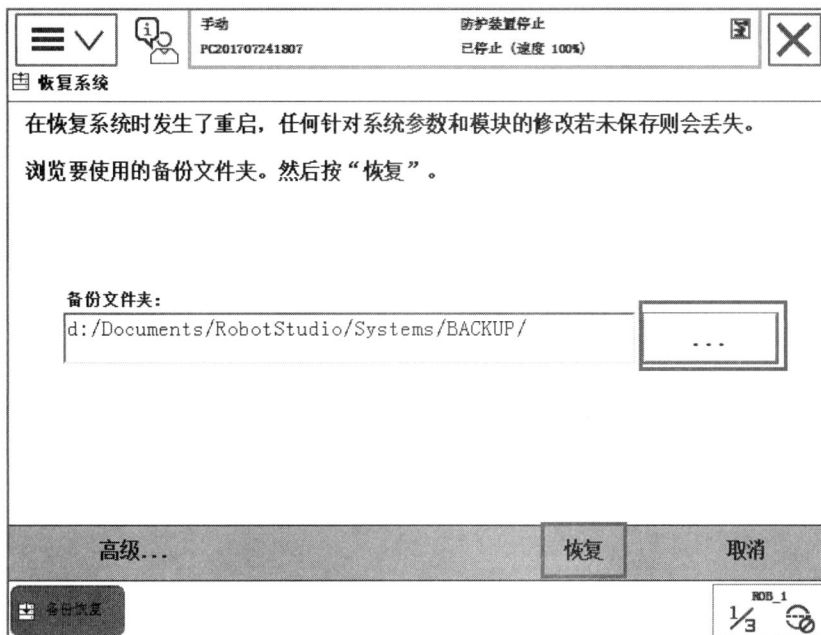

图 2-150 备份恢复

②在弹出的窗口中单击"是"按钮，如图 2-151 所示。

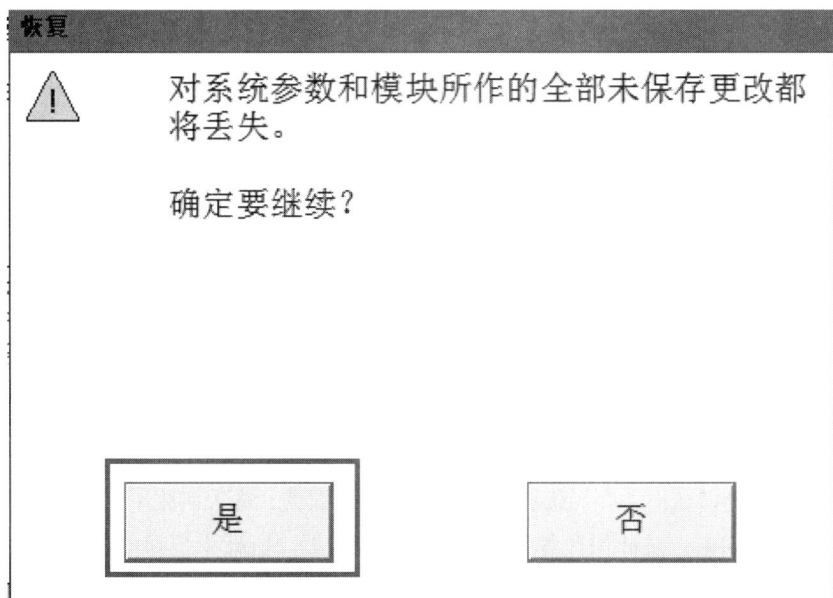

图 2-151 确认恢复

进行恢复时，要注意：备份的数据具有唯一性，不能将 A 工业机器人的备份恢复到 B 工业机器人中，否则会造成系统故障。

实训6　工业机器人电气连接故障排除

实训名称	工业机器人电气连接故障排除
实训内容	使用相应的电缆将工业机器人、控制柜、示教器及电源之间进行电气连接
实训目标	1.能够操作完成机器人本体、控制柜和示教器之间的电气连接； 2.能够诊断并排除工业机器人电气连接故障
实训课时	4课时
实训地点	智能制造实训室

三、工业机器人维修实例

（一）电池更换操作

维护周期：没有明确的周期，一般为一年或3000工作小时。

维护对象：电池。

特点分析：在机器人本体中和控制柜中都安装有蓄电池，本体中的电池是在机器人断电的情况下向编码器供电，从而保存当前机器人各轴的位置数据；而控制柜中的电池是在机器人断电的情况下向主板供电，从而保存程序、系统变量等数据。机器人更换电池的步骤基本相同，下面以埃夫特 ER3A-C60 机器人为例进行介绍。

机器人使用锂电池作为编码器数据备份用电池，电池电量下降超过一定限度，则无法正常保存数据。应选择避免高温、高湿，不会结露且通风良好的场所保管电池。建议在常温 $(20 \pm 15℃)$ 条件下，温度变化较小，相对湿度在 70% 以下的场所进行保管。

电池安装在底座后端，具体位置如图 2-152 中矩形框所示。

图 2-152　机器人编码器电池安装位置

维护前提：在实训平台正常工作 11 个月后，机器人厂家提醒我们需要更换电池，防止电池没电引起的零点丢失。

更换电池所需工具：如表 2-5 所示。

表 2-5　更换电池所需工具

工具名称	型号
内六角扳手	SATA 世达，3mm
尼龙扎带	规格为 4mm × 300mm
斜口钳	SATA 世达，6″

具体步骤：

①接通机器人控制装置一次侧电源，使控制装置的主电源打开，按下紧急停止按钮，锁定机器人。

②卸下外壳安装板的 4 个安装螺栓，如图 2-153 所示。

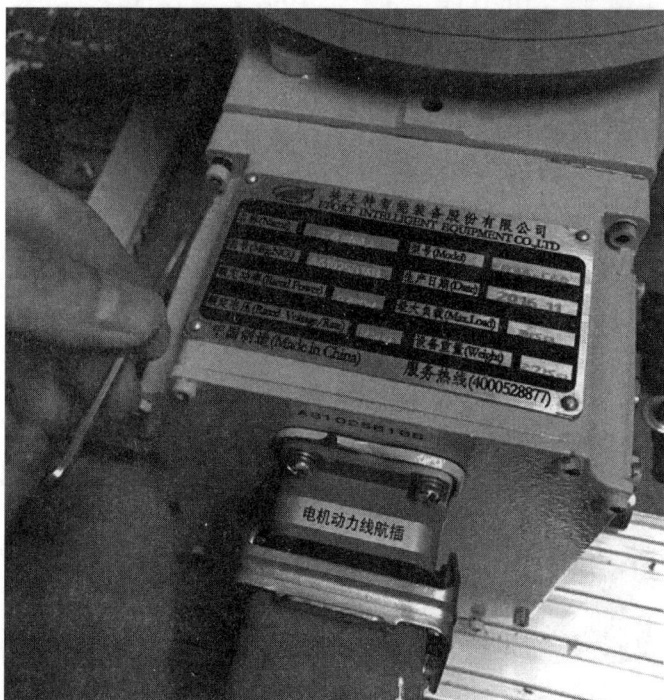

图 2-153　拆卸电池组安装板的安装螺栓

　　③电池在机器人中的安装情况如图 2-154 所示，为了方便更换电池，需要用斜口钳剪断固定用的扎带。

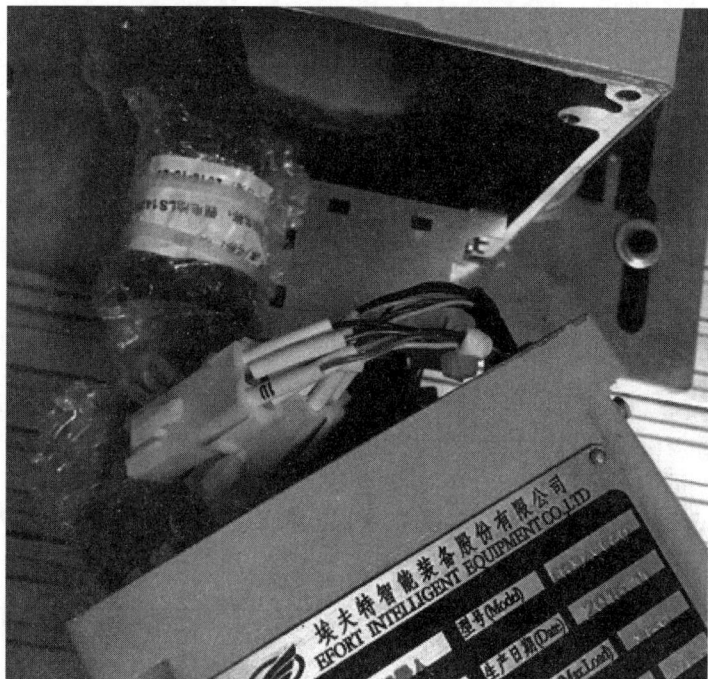

图 2-154　电池在机器人中的安装固定情况

　　④电池是装在电池包中通过连接器与各轴编码器相连的，可以看到连接器的两端有表示各个轴号和正负极的线号标识，如图 2-155 所示就是表示连接至 3 轴编码器的电池正极和负极。

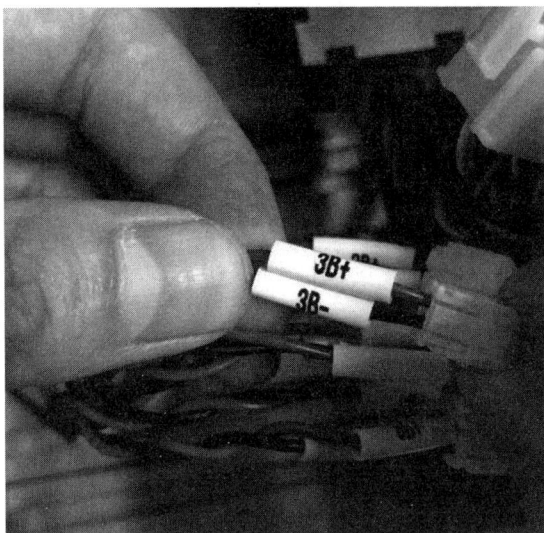

图 2-155　连接器上的线号标识

⑤卸下连接器，将新的电池连接器按照线号进行连接，然后将电池组用扎带固定至原来位置，最后将安装板用 4 个安装螺栓重新固定，操作完成。

总结反思：

（a）要注意更换电池的周期，在电池电量完全耗尽之前更换电池，防止电池没电导致数据丢失；

（b）一定要在机器人上电的情况下更换电池，否则数据会丢失。

（二）机械零点校对

维护周期：没有明确的周期，一般为一年或 3000 工作小时。

维护对象：机器人的机械零点。

特点分析：机器人的当前位置是通过各轴伺服电机的脉冲编码器中脉冲计数值来确定的。所以机器人的机械信息与位置信息是时刻保持同步的，而机器人本体的零点位置是机器人出厂时厂家调校好的，在此位置时有固定的脉冲计数值与之对应，当机器人机械信息与脉冲计数值对应关系混乱的时候，进行零点校对后机器人可恢复正常，不影响程序等的使用。

遇到下列情况时，很可能需要进行零点校正：

①机器人的机械部分因为撞击导致脉冲计数不能指示轴的位置；

②更换电机或减速机后；

③更换线缆、电机的编码器插头后；

④其他非机械性因素（如电池没电）等。

所以说零点校对的实质是将机器人各轴的位置信息与连接在各轴电机上的绝对值脉冲编码器中脉冲计数值进行对应的操作。有的机器人厂家如 FANUC，在每台机器人调校好出厂时，将零点位置的脉冲计数值记录成文件随机器人一起发给客户，这样零点校对变得简单，只需将机器人移动到零点位置，然后输入对应的脉冲数值即可。如图 2-156 所示为 FANUC 机器人出厂文件，红框内为机器人本体各轴零点位置的脉冲数值。

图 2-156　FANUC 机器人带有零点位置脉冲值的出厂文件

但是很多机器人并不会向客户提供类似的数值或文件，所以只能用机械式的零点校对进行操作。没有零标孔的机器人会有其他标识或方法来进行零点校对，比如 FANUC M-10iA 机器人是在各轴处对合标记位置或直接输入零点位置脉冲值进行零点校对；KUKA KR5 R1400 机器人则使用 EMD 或其他辅助工具来标定机械零点。

在埃夫特 ER3A-C60 机器人中，J_1~J_5 轴是有具体零点位置的，而 J6 轴由于理论上是可以无限旋转的，所以没有具体的零点位置，对其标定零点实际是人为设置零点位置。

维护前提：该实训平台正常工作 1 年后，对 ER3A-C60 机器人进行机械零点校对。

机械零点校对所需工具：如表 2-6 所示。

表 2-6　零点校对所需工具

工具名称	所需规格及要求
内六角扳手	SATA 世达，2.5mm
内六角扳手	SATA 世达，5mm
圆柱销（选配）	长度在 150mm 左右

具体步骤：

①将机器人移动到 J_1 到 J_5 轴零标孔近似对齐的姿态上，正常情况下各轴的坐标值应为 $0°$ ；J_6 轴在理论上是无限旋转的，需要根据实际情况人为设置零点位置；为了进行 J_3 轴零点标定，用2.5mm的内六角扳手拆下大臂外壳保护罩，具体如图2-157所示。

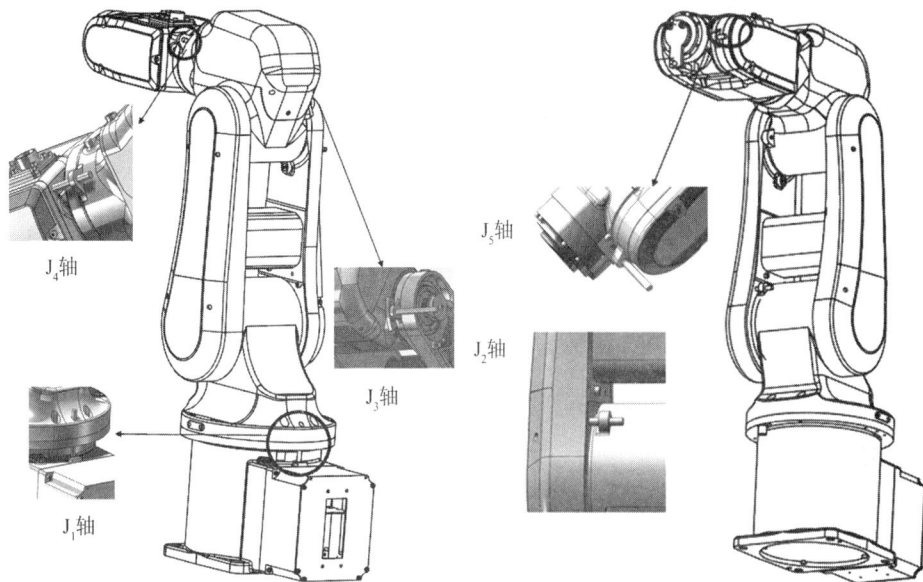

图2-157　机器人零点标定示意图

②用示教器单轴运动每个轴，将规格为150㎜的圆柱销或5mm的内六角扳手插入机器人一轴到六轴的零标孔中，若销子无法插入销孔内，将机器人慢速运动直至销子插入零标孔内，如图2-158所示。

图2-158　J_1 轴（左）和 J_4 轴的零点位置对准

③在机器人示教器中界面上点击"系统信息"→"用户权限"，选择"出厂设置"登录，密码默认为999999，如图2-159所示。

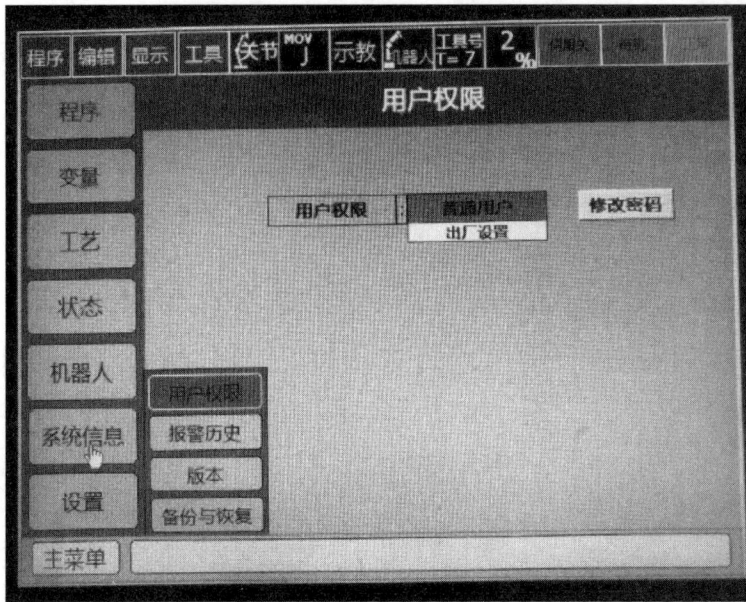

图 2-159　选择"用户权限"

④成功登录后在主菜单中单击"系统信息"→"零位标定",进入界面,右上方表示各轴零位标定状态,绿色表示该轴零点已标定,红色表示该轴零点丢失或未标定,如图 2-160所示。

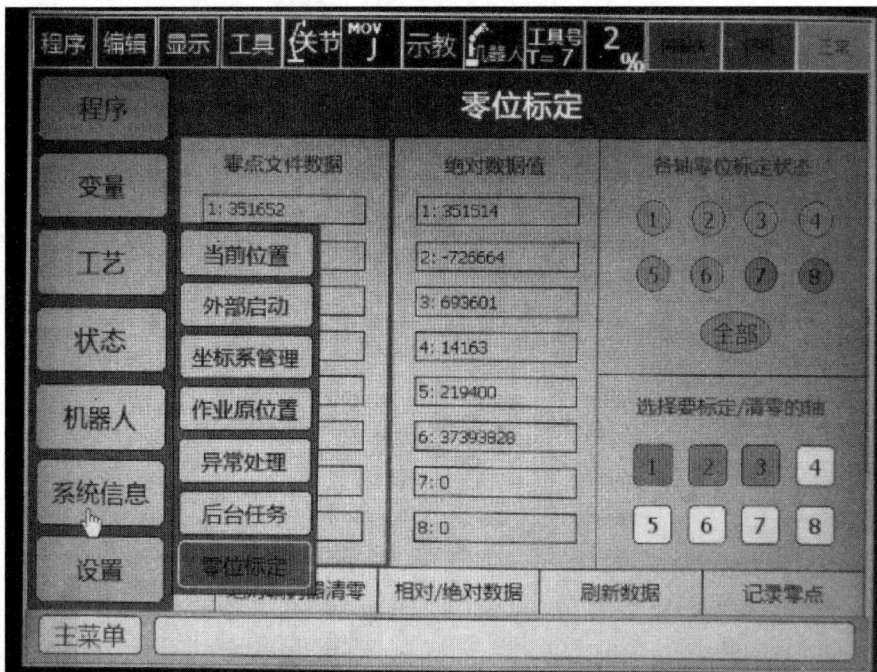

图 2-160　标定界面

⑤在图 2-160 所示界面的右下方区域选择要标定或者要清零的轴,选中的轴变为绿色,选中后先长按"绝对编码器清零"至右下方区域绿色标识变为白色;然后再次选中要标定的轴后长按"记录零点"至右下方区域绿色标识变为白色,零点标定完毕,如图 2-161 所示。

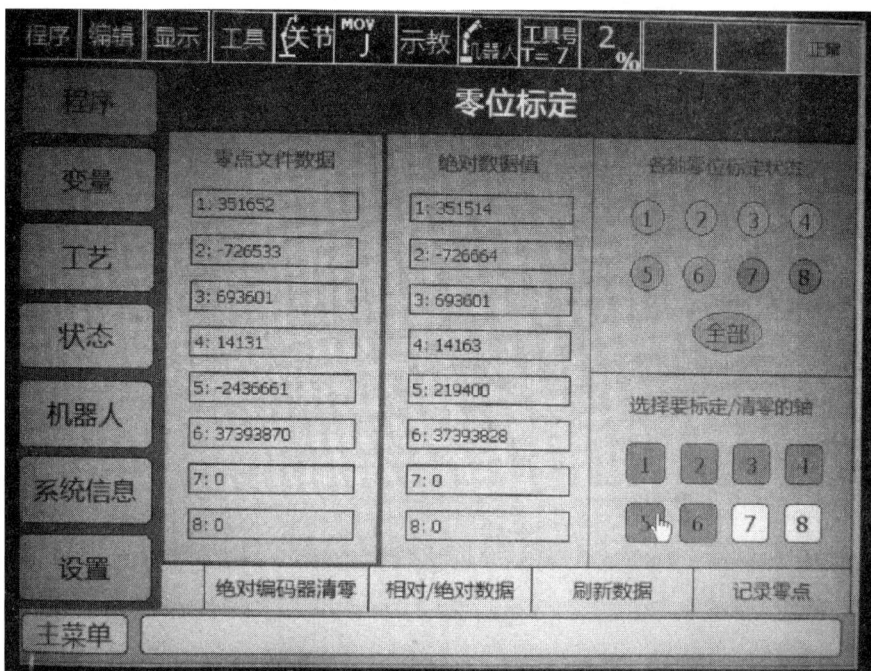

图 2-161　选中要执行操作的轴

⑥最后在伺服上电的情况下按"上档"键＋"9"键，检查机器人是否回零；调出运动程序手动运行，检查是否需要修改点的位置。

总结反思：

（a）在校对零点位置时，要低速运动机器人，保证位置准确；

（b）零点校正完成后要进行检查，并确保之前的程序点位正确。

（三）ABB 工业机器人转数计数器更新

ABB 工业机器人六个关节轴都有一个机械原点位置，在以下情况下，需要对机械原点的位置进行转数计数器的更新操作。

①更换伺服电动机转数计数器电池后；

②当转数计数器发生故障，复位后；

③转数计数器与 SMB 测量板之间断开以后；

④断电后，工业机器人关节轴发生了位移；

⑤当系统报警提示"10036 转数计数器未更新"时。

以 ABB IRB 120 工业机器人转数计数器更新的操作为例进行介绍。

手动操作使工业机器人各关节轴运动到机械原点刻度位置，建议先操作 4、5、6 轴，再操作 1、2、3 轴，这样可以避免在 1、2、3 轴回到机械原点后，4、5、6 轴位置过高，不方便查看与操作。

注意：各个型号的工业机器人机械原点刻度位置有所不同，要参照说明书进行标定。

①在"手动操纵"菜单中，动作模式选择"轴 4—6"将关节轴 4 运动到机械原点的刻度位置，如图 2-162 所示。

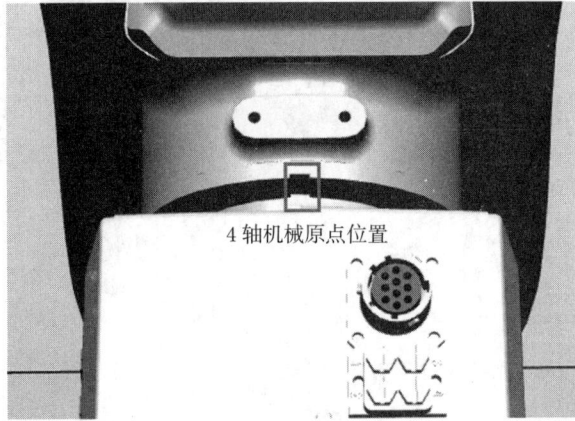

图 2-162　4 轴机械原点位置

②将关节轴 5 运动到机械原点的刻度位置，如图 2-163 所示。

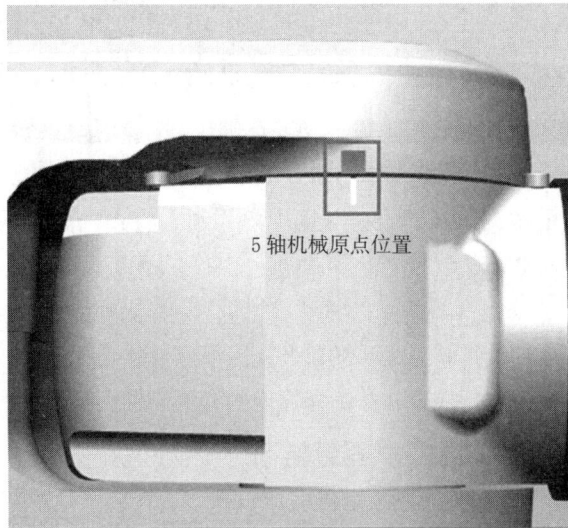

图 2-163　5 轴机械原点位置

③将关节轴 6 运动到机械原点的刻度位置，如图 2-164 所示。

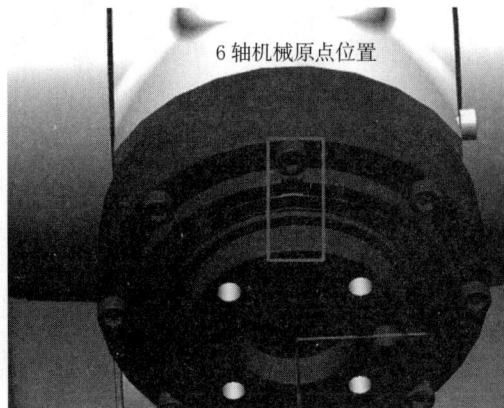

图 2-164　6 轴机械原点位置

④在"手动操纵"菜单中，动作模式选择"轴 1—3"，将关节轴 1 运动到机械原点的刻度

位置，如图 2-165 所示。

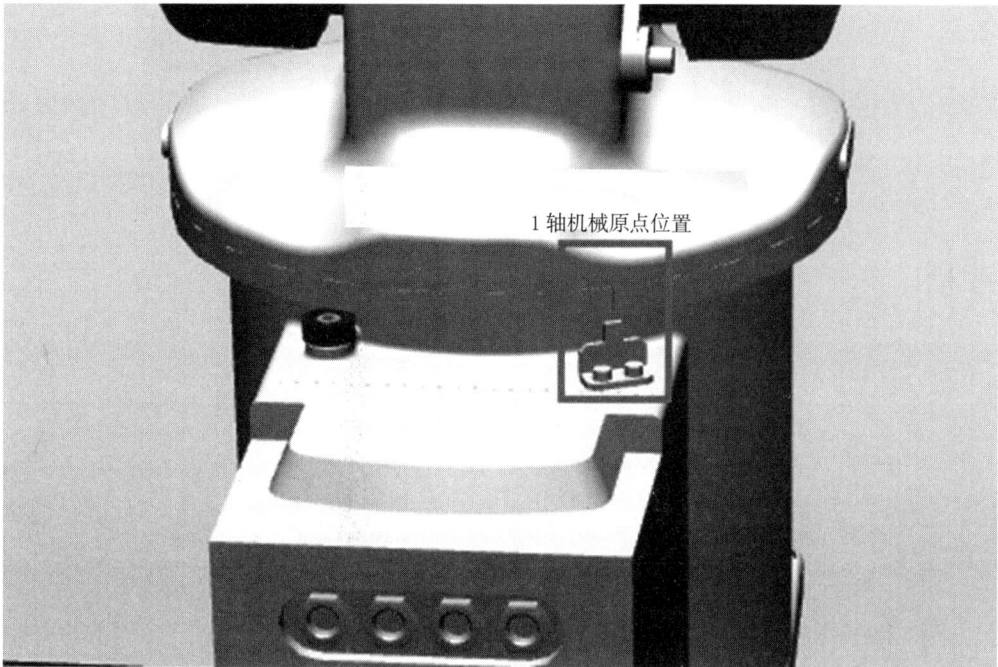

图 2-165　1 轴机械原点位置

⑤将关节轴 2 运动到机械原点的刻度位置，如图 2-166 所示。

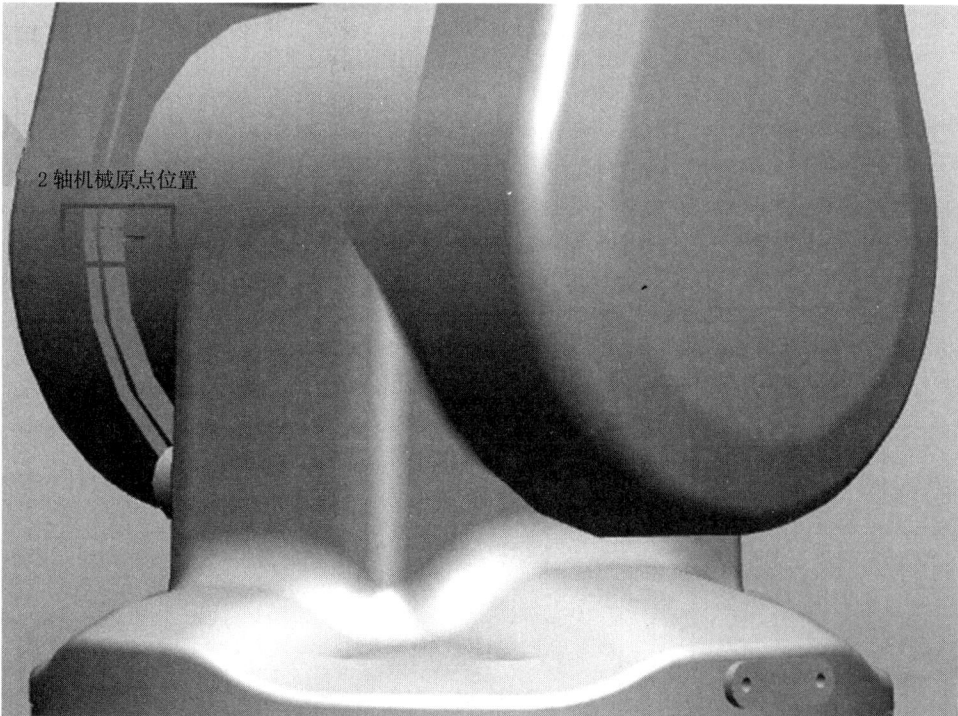

图 2-166　2 轴机械原点位置

⑥将关节轴 3 运动到机械原点的刻度位置，如图 2-167 所示。

图 2-167　3 轴机械原点位置

⑦单击示教器左上角的主菜单，选择"校准"命令，如图 2-168 所示。

图 2-168　校准

⑧单击"校准　参数"，选择"编辑电机校准偏移"命令，如图 2-169 所示（"校准　参数"不用每次都特意查看，首次更新转数计数器时或者本体维修后核对一下，一般后面直接更新转数计数器）。如果参数一致则直接从步骤⑬开始操作。

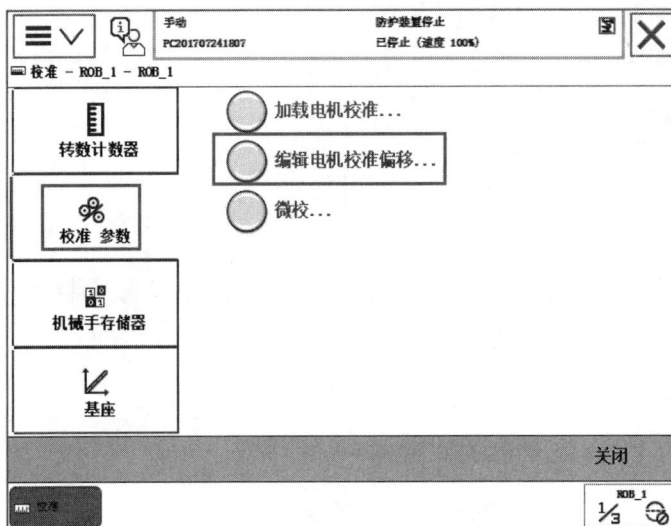

图 2-169　校准　参数

⑨将工业机器人本体上的电动机校准偏移记录下来，如图 2-170 所示。

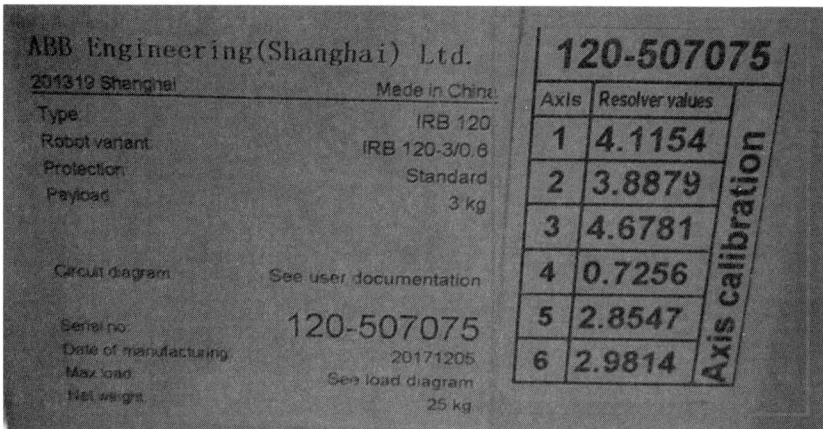

图 2-170　工业机器人各轴偏移参数

⑩在弹出的窗口中单击"是"按钮，如图 2-171 所示。

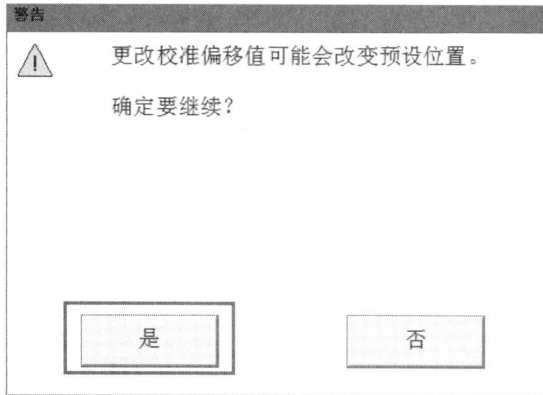

图 2-171　选择"是"

⑪完成以后单击"确定"按钮，如图 2-172 所示。

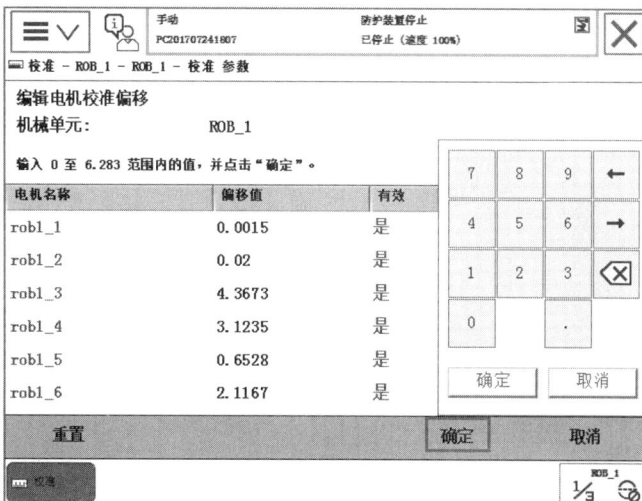

图 2-172　电机参数更改

⑫弹出的窗口中提示"是否现在重新启动控制器",单击"是"按钮,如图2-173所示。

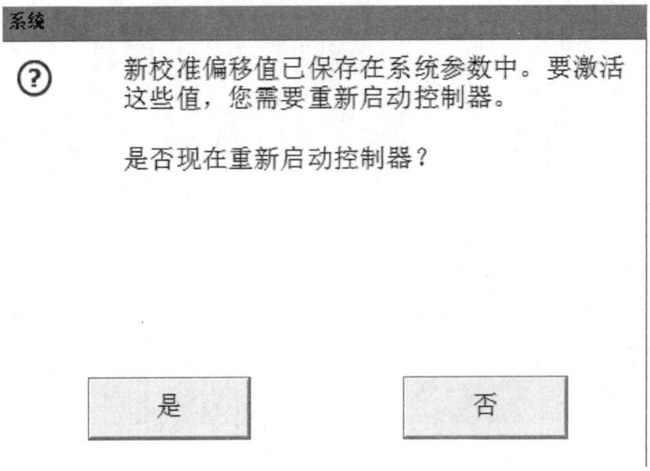

图2-173 重启

⑬单击"转数计数器"中的"更新转数计数器"命令,如图2-174所示。

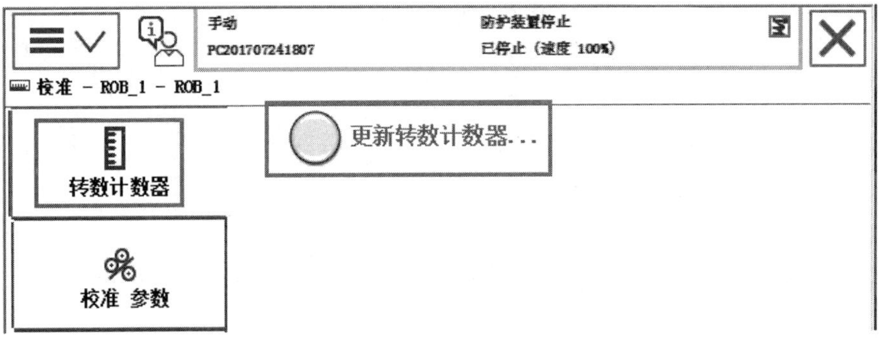

图2-174 更新转数计数器

⑭在弹出的窗口中单击"是",如图2-175所示。

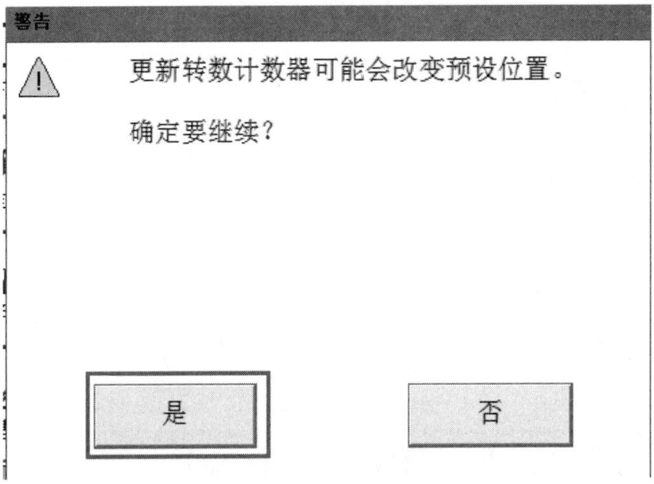

图2-175 选择"是"

⑮单击"ROB_1"命令,如图2-176所示。

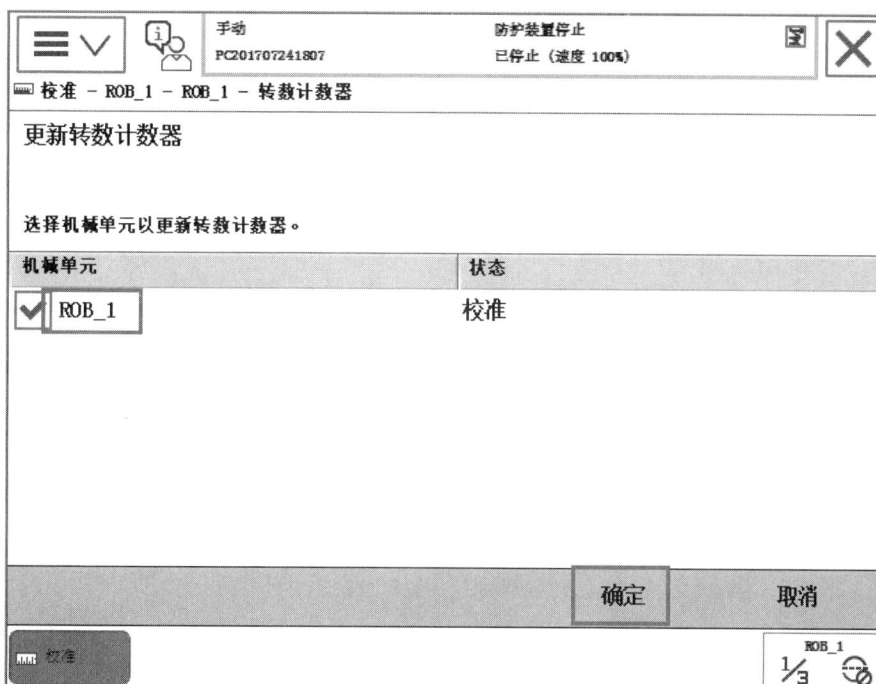

图 2-176　机械单元 ROB_1

⑯单击"全选"命令，将所有的轴全部选中，然后单击"更新"命令，如图 2-177 所示。

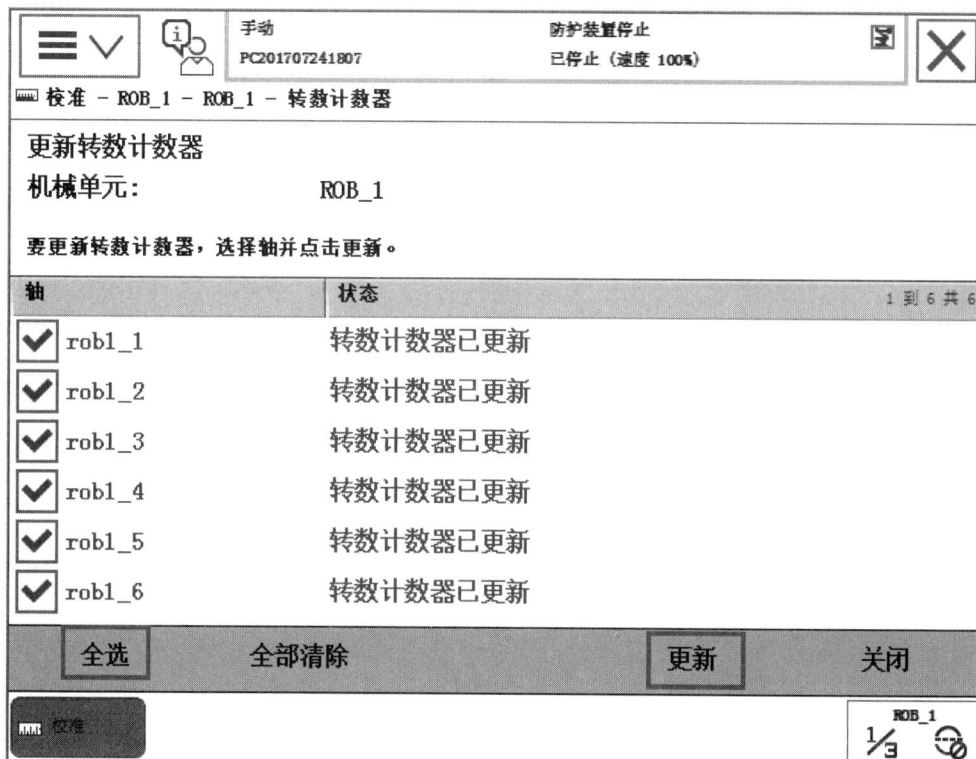

图 2-177　更新转数计数器

⑰在弹出的窗口中单击"更新"，如图 2-178 所示。

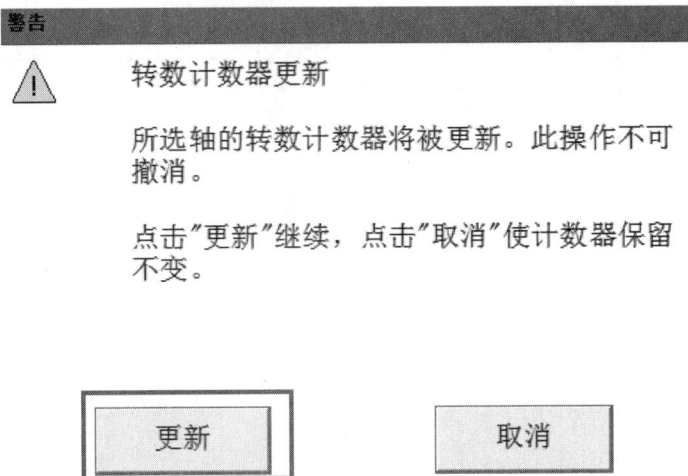

> ⚠ **警告**
>
> 转数计数器更新
>
> 所选轴的转数计数器将被更新。此操作不可撤消。
>
> 点击"更新"继续，点击"取消"使计数器保留不变。

更新		取消

图 2-178　选择"更新"

⑱等待更新完成。

实训7　工业机器人软件故障排除

实训名称	工业机器人软件故障排除
实训内容	实现程序的备份与恢复、转数计数器的更新，根据示教器故障信息排除故障
实训目标	1. 能够对 ABB 工业机器人的程序进行备份和恢复； 2. 能够对 ABB 工业机器人转数计数器进行更新； 3. 会查看工业机器人报警代码及其信息并排除故障
实训课时	8 课时
实训地点	智能制造实训室

练习题

1. 填空题

（1）对工作站进行维护、维修作业时的安全注意事项有 _____ 。

（2）以下图形分别表示 _____ 、 _____ 、 _____ 。

（3）按照维修的目的与时机，分为 _____ 、 _____ 、 _____ 和现场抢修四种维修工作。

（4）工业机器人日常维护主要包括 _____ 、 _____ 两个部分。

（5）一定要在 _____ 的情况下更换电池，否则数据会丢失。

2. 简答题

在什么情况下需要对工业机器人进行机械零点校对？

任务完成报告

姓名		学习日期	
任务名称	工业机器人维护维修		
学习自评	考核内容		完成情况
	1. 能够熟练使用常见的维护维修工具		□好　□良好　□一般　□差
	2. 能够完成机器人本体和控制柜的维护保养		□好　□良好　□一般　□差
	3. 能够完成程序的备份和恢复		□好　□良好　□一般　□差
	4. 能够按照规范流程排除机器人常见故障		□好　□良好　□一般　□差

续表

学习心得	

项目 3 工业机器人搬运应用编程

在项目 2 中我们学习了智能制造装备系统中的核心装备工业机器人的姿态的调整、轨迹指令、程序编写。在学习过程中我们知道，工业机器人需要安装特定的工具才能执行相应的任务，同时工业机器人需要与智能制造装备系统中的其他设备协调配合才能完成相应的生产任务。

本项目，我们以智能制造系统中的工业机器人为核心装备，检测仓库中的物料状态，控制夹爪工具的开合，控制输送带的启停，实现物料搬运任务。本项目所用的智能制造装备实训台中的设备如图 3-1 所示。

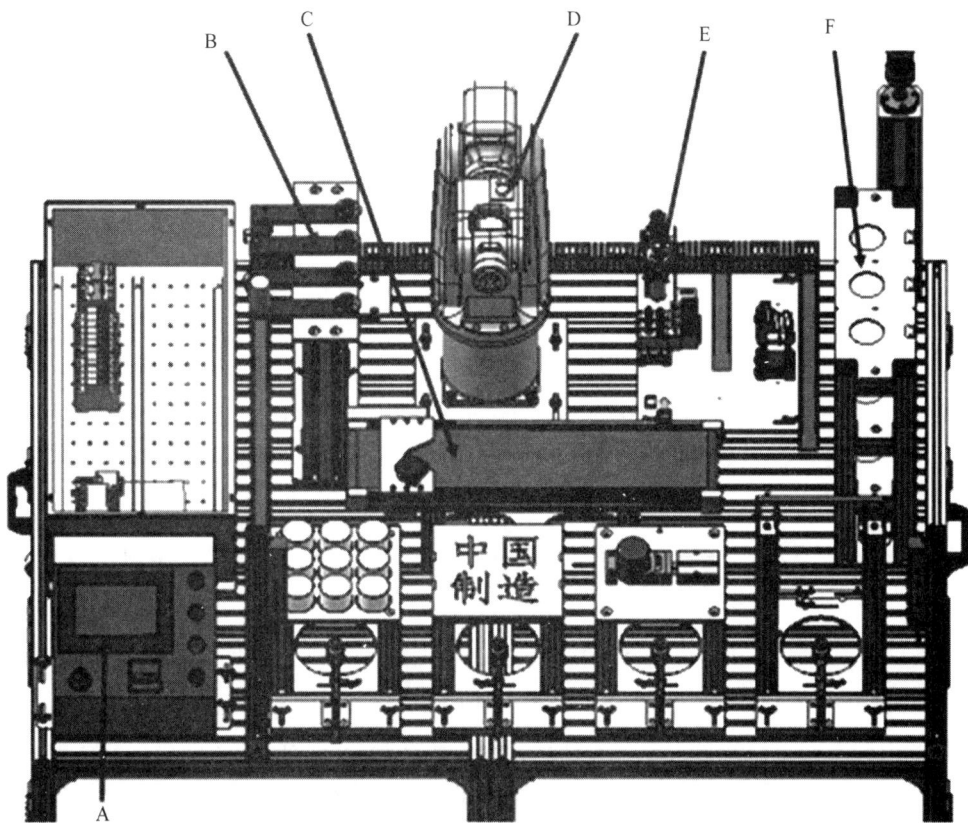

图 3-1 智能制造装备实训工作台

A—PLC 控制系统；B—夹爪工具；C—输送带；D—工业机器人；E—减压阀；F—料库

要实现的任务具体描述如下（工业机器人搬运工作站如图 3-2 所示）。

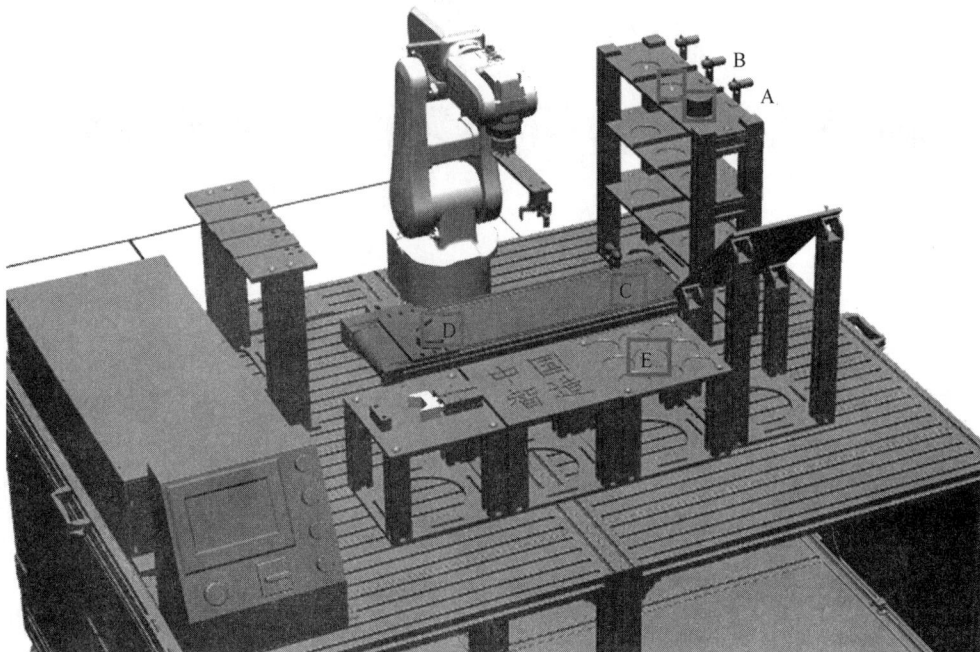
图 3-2 工业机器人搬运工作站

①检测料库物料情况。工业机器人检测 A 处料库物料情况，如果有料，则工业机器人动作执行程序。

②物料出库。工业机器人从初始位置出发，将 A 处的料块搬运到输送带 C 端。

③输送带控制。控制输送带启动，当物料到达输送带末端 D 处时，关闭输送带。

④物料入库。当料库 B 处的传感器检测到没有料块时，工业机器人将 D 处的料块搬运到仓库的 B 处，当 B 处的传感器检测到有料块时，工业机器人将 D 处的料块搬运到平面料库的 E 处，最后工业机器人返回初始位置。

⑤在运行过程中，发生故障要及时排除，保证正常运行，实现最终功能要求。

据此，本项目分为 3 个任务，逐步实现上述要求，各任务及主要内容如下。

任务 1：料块搬运编程

本任务要求学生了解智能制造场景中搬运工作站的组成，实现工业机器人对料块的搬运。

①智能制造搬运任务介绍。认识智能制造中的搬运任务，了解构成智能制造搬运系统的各组成部分，搬运工作站的组成。简单介绍搬运工作站的组成及其各部分的作用。

②搬运程序创建。包括夹爪控制硬件组成、控制原理、控制指令介绍；搬运轨迹规划；搬运程序创建的流程及注意事项，程序参数修改及轨迹优化的方法，自动运行前的准备工作等。

任务 2：料块出入库搬运编程

本任务要求学生完成工业机器人对料块有无的判断，控制外围设备运行，实现料块的出入库搬运作业。

①料块出库搬运编程。包括工具参数设置的方法及流程，条件判断指令 IF、时间等待指令 WaitTime 的用法，程序调用指令 ProcCall 的应用，轨迹的优化等内容。

②料块入库搬运编程。包括传送带的控制，WaitDI、While 指令的讲解，初始化程序创建，主程序的创建方法及流程等内容。

任务3：搬运工作站维护维修

本任务要求学生完成搬运工作站的维护保养，对搬运工作站的简单故障进行排除。

①搬运工作站维护保养。

②搬运工作站简单硬件、软件及通信故障的排除流程及方法。

任务 1 料块搬运编程

本任务最终要完成的项目为最终项目的一部分，工业机器人从初始位置出发，将 D 处的料块搬运到 E 处，回到初始位置，如图 3-3 所示。

任务要求：

①料块抓取位置要精确，工业机器人姿态要合理，搬运时间不超过 20 秒；

②完善轨迹，避免在工业机器人运行时出现中间过渡点的停顿。

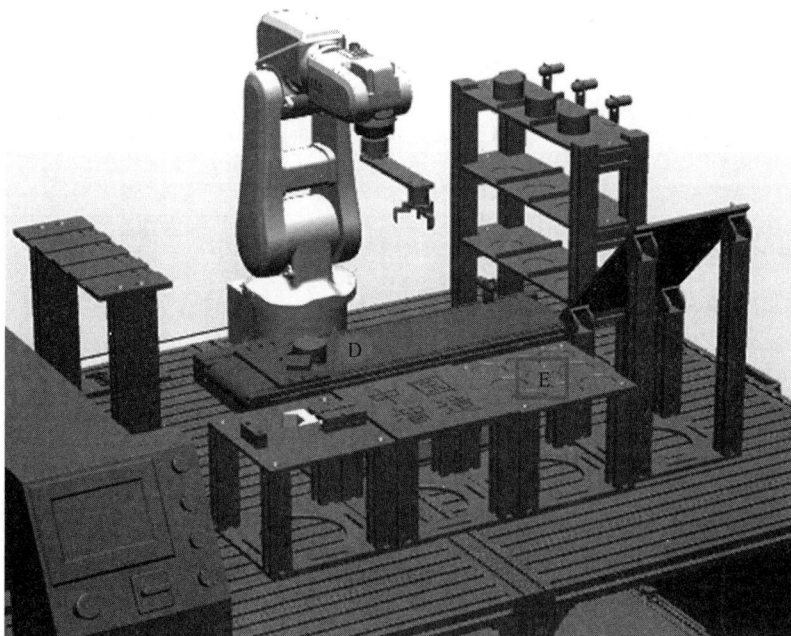

图 3-3 料块搬运

知识目标：

①了解夹爪控制的控制器件及控制原理；

②掌握搬运编程示教的流程及方法；

③掌握 I/O 控制指令 Set 、Reset，时间等待指令 WaitTime 的用法；

④掌握程序编辑的方法。

能力目标：

①能够说出搬运工作站的组成；

②能够对搬运工作站进行轨迹规划；

③能够完成搬运程序的编写；

④能够手动检查、自动运行工业机器人程序。

学习内容：

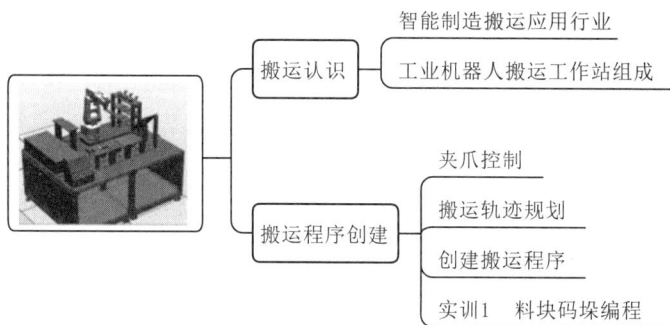

智能制造搬运应用行业
搬运认识
工业机器人搬运工作站组成

夹爪控制
搬运程序创建
搬运轨迹规划
创建搬运程序
实训1 料块码垛编程

一、搬运认识

思考： 根据自己的理解说出搬运在自动化生产线上的应用。

在智能制造中，搬运是在智能控制系统中，通过智能检测，由智能装备按照工作要求自动完成物料的转运。

（一）智能制造搬运应用行业

智能制造搬运主要在智能包装、智能仓储等行业。

1.智能包装

智能包装，是指在包装中加入更多机械、电气、电子和化学性能的新技术成分，使其既具有通用包装的基本功能，又具有一些特殊性能，以满足商品的特殊要求和特殊环境条件。

酒类自动化生产线包装系统如图 3-4 所示，主要包括控制系统、输送系统、检测传感系统、包装执行系统、安全系统等，其中实现自动包装关键的执行设备是工业机器人。

图 3-4 酒类自动化生产线包装系统

2. 智能仓储

智能仓储系统主要由自动化存储系统、自动化输送系统、自动化作业系统、自动化计算机系统组成。

（1）自动化存储系统

自动化存储系统一般采用几层、十几层甚至几十层高的货架，用自动化物料搬运设备进行货物的入库和出库作业，主要包括货架及存取设备。堆垛机负责将把仓库中的货物从取货台取出，按指令送到指定出货口；同时，将外部的货物从进货口取出，送到指定的入货地点。自动化存储系统的关键设备如图 3-5 所示。

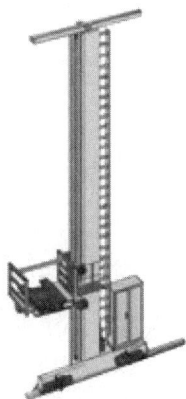

（a）货架　　　　　（b）单立柱堆垛机　　　　（c）双立柱堆垛机

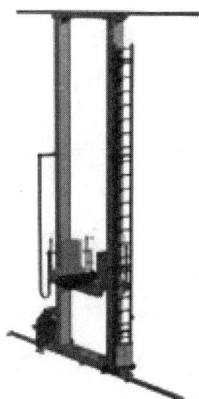

图 3-5　自动化存储系统

（2）自动化输送系统

自动化输送系统用于输送货物，主要设备包括：滚筒式输送机、链条式输送机、AGV（自动引导车）。

①滚筒式输送机分为无动力式和动力式。

（a）无动力式呈一定坡度，使货物靠自身重力从高端移动到低端；

（b）动力式由一系列排列整齐的具有一定间隔的辊子组成，驱动装置将动力传给滚筒，使其旋转，通过滚筒表面与输送物品表面间的摩擦力输送物品。

滚筒式输送机如图 3-6 所示。

图 3-6　滚筒式输送机

②链条输送机。链条输送机以链条作为牵引和承载体输送物料，链条输送机的输送能力大，主要输送托盘、大型周转箱等。输送链条结构形式多样，并且有多种附件，易于实现积放输送，可用作装配生产线或作为物料的储存输送。链条输送机如图3-7所示。

图3-7 链条式输送机

③自动导引搬运车 (Automatic Guided Vehicle，AGV)，它是装备有电磁或光学等自动导引装置，能够沿规定的导引路径行驶，具有安全保护以及各种移载功能的运输小车，是自动化物流系统中的关键设备之一。AGV 如图3-8所示。

根据方式的不同，导引可分为以下两种：

（a）固定路径导引，包括电磁导引、磁条导引；

（b）自由路径导引，包括激光导引、惯性导引等。

图3-8 AGV

（3）自动化作业系统

在自动化作业系统中，工业机器人可实现柔性搬运，自动化系统中大量使用工业机器人完成自动装箱、码垛、拆垛的工作。码垛机器人能将不同外形尺寸的包装货物整齐、自动地码（或拆）在托盘上，码垛机器人如图3-9所示。

图 3-9　码垛机器人

（4）自动化计算机系统

自动化计算机系统可完成物料的取放、输送，实现对仓库物流的实时监测与优化调配，合理调度设备，使设备利用率达到最大化。自动化计算机系统如图 3-10 所示。

图 3-10　自动化计算机系统

在本任务中重点说明可实现柔性搬运的工业机器人作业系统。

（二）工业机器人搬运工作站组成

工业机器人是智能制造搬运系统中实现智能制造系统柔性化的核心设备，对于典型的搬运工作站，只有最基本的工业机器人系统是不够的。搬运工作站不仅要求工业机器人能够满足工艺要求，还要保证安全、快速以及易于操作和便于生产。典型搬运工作站还要有外围控制单元、输送系统、传感系统、气动系统和安全系统等，搬运工作站系统构成如图 3-11 所示。

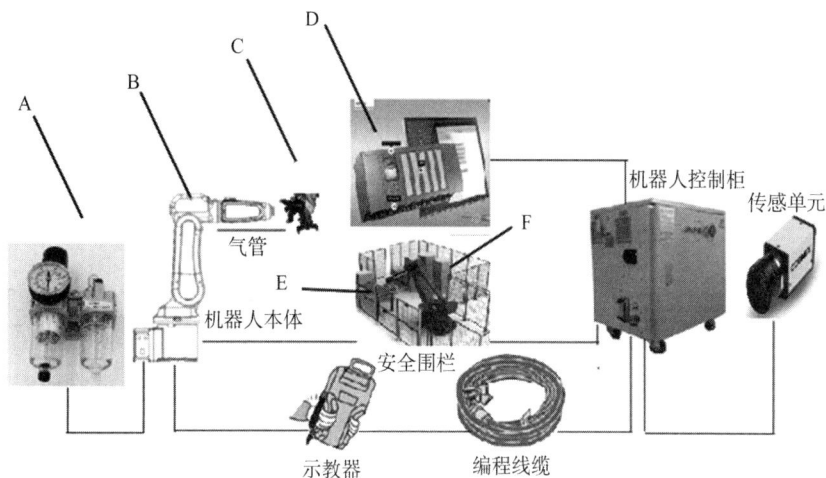

图 3-11 搬运工作站系统构成

A—压缩空气；B—工业机器人；C—夹爪工具；D—PLC 控制系统；E—输送系统；F—料库

活动：根据搬运工作站的组成，在实训工作台上找到对应的实物,并说明其作用。

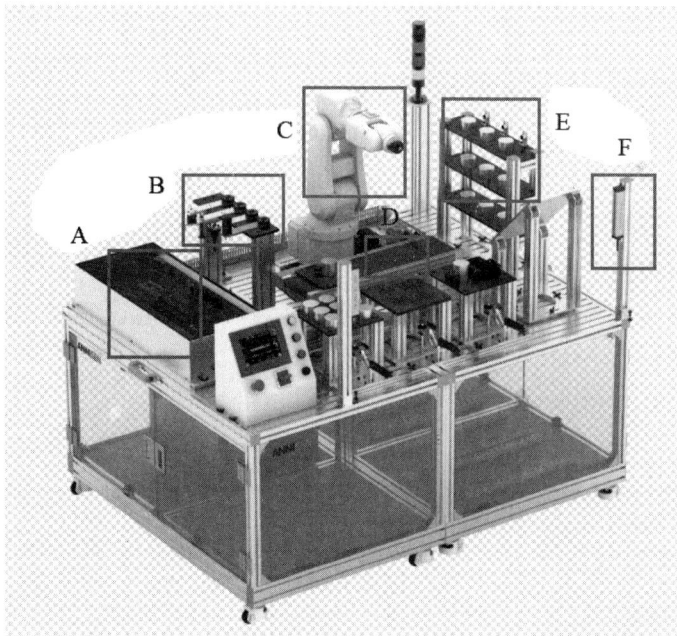

二、搬运程序创建

工业机器人在搬运物体时，根据不同的物体形状及结构会设计不同的抓取工具，例如吸盘工具、夹爪工具等。在本任务中要想完成料块的搬运任务，需要用到夹爪工具。那么夹爪工具的打开和闭合是如何实现的呢?

（一）夹爪控制

夹爪工具用于对料块的夹紧搬运。本任务中所用的夹爪工具如图 3-12 所示。

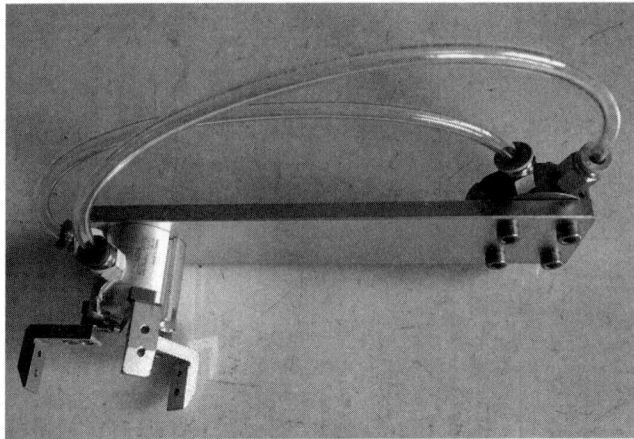

图 3-12　夹爪工具

本工作站中夹爪的打开和闭合是由工业机器人通过 I/O 控制指令实现的。下面我们对夹爪控制的硬件、原理及控制指令作简单介绍。

1. 夹爪控制的硬件部分

夹爪控制的硬件部分包括电气控制部分的 ABB 标准 I/O 板，以及夹爪气动控制部分的二联件、电磁阀。

（1）电气控制部分—— ABB 常用标准 I/O 板

I/O 是 Input/Output 的缩写，即输入 / 输出端口，工业机器人可通过 I/O 与外部设备进行交互，分为数字量输入信号和数字量输出信号。

数字量输入：各种开关信号反馈，如按钮开关，接近开关等；传感器信号反馈，如光电传感器；还有触摸屏上的开关信号反馈。

数字量输出：控制各种继电器线圈，如接触器，继电器，电磁阀；控制各种指示类信号，如指示灯，蜂鸣器。

ABB 常用的 I/O 板如表 3-1 所示。

表 3-1　ABB 常用 I/O 板

型号	说明
DSQC 651	8 个数字量输入，8 个数字量输出，2 个模拟量输出
DSQC 652	16 个数字量输入，16 个数字量输出
DSQC 653	8 个数字量输入，8 个数字量输出，带继电器

本工作站中采用的 I/O 板的型号为 DSQC652，主要用于 16 个数字量输入信号和 16 个数字量输出信号的处理。

① DSQC652 模块接口。DSQC652 模块接口如图 3-13 所示。

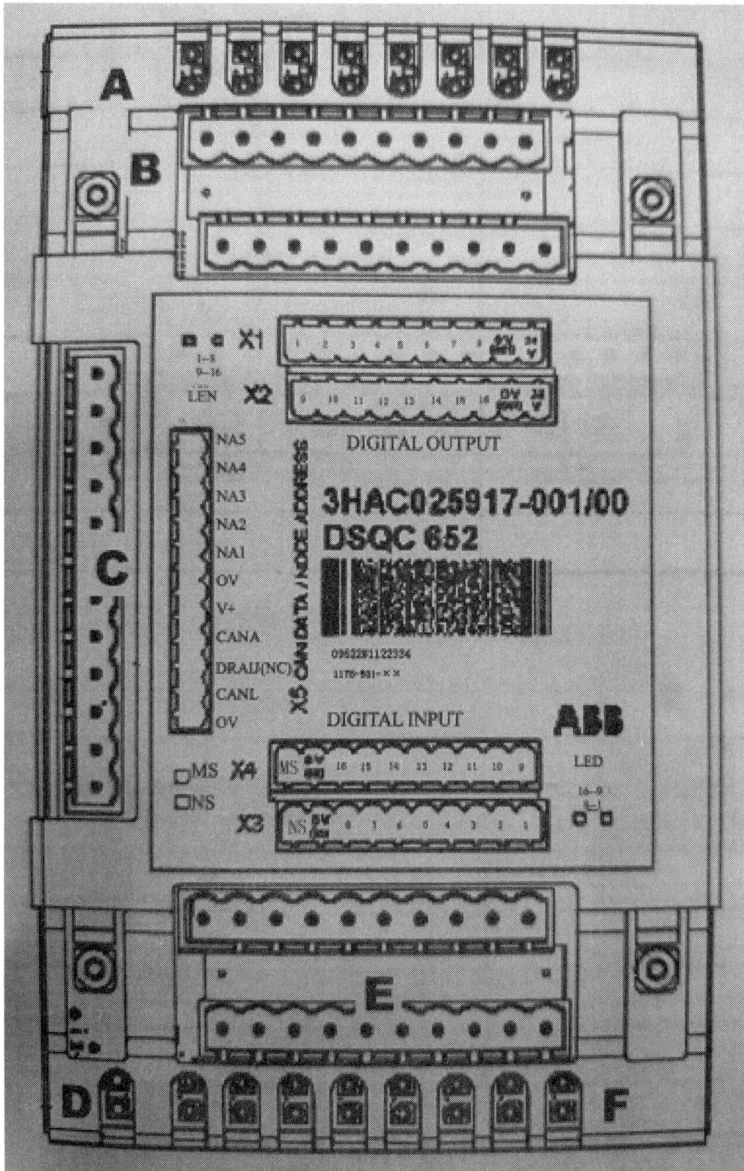

图 3-13　DSQC652 I/O 板

A—数字输出信号指示灯；B—X1、X2 数字输出接口；C—X5 DeviceNet 接口；D—模块状态指示灯；
E—X3X4 数字输入接口；F—数字输入信号指示灯

②模块接口连接说明。X1 端子见表 3-2。

表 3-2　X1 端子表

X1 端子标号	使用定义	地址分配
1	OUTPUTCH1	0
2	OUTPUTCH2	1
3	OUTPUTCH3	2

X1端子标号	使用定义	地址分配
4	OUTPUTCH4	3
5	OUTPUTCH5	4
6	OUTPUTCH6	5
7	OUTPUTCH7	6
8	OUTPUTCH8	7
9	0V	
10	24V	

（2）气动控制部分

①二联件。工业机器人想要在现场完成相应的工作任务，气源压力应为0.4~0.5MPa。二联件主要功能包括油水分离和气压数值显示与调节。由于工业现场大型的空气压机属于远距离供气，气源往往比较潮湿，所以当油水分离器中的积液过多时，要及时清理，避免气路倒吸积液，造成连接气路的其他元器件损坏。二联件实物与机械连接原理如图3-14所示。

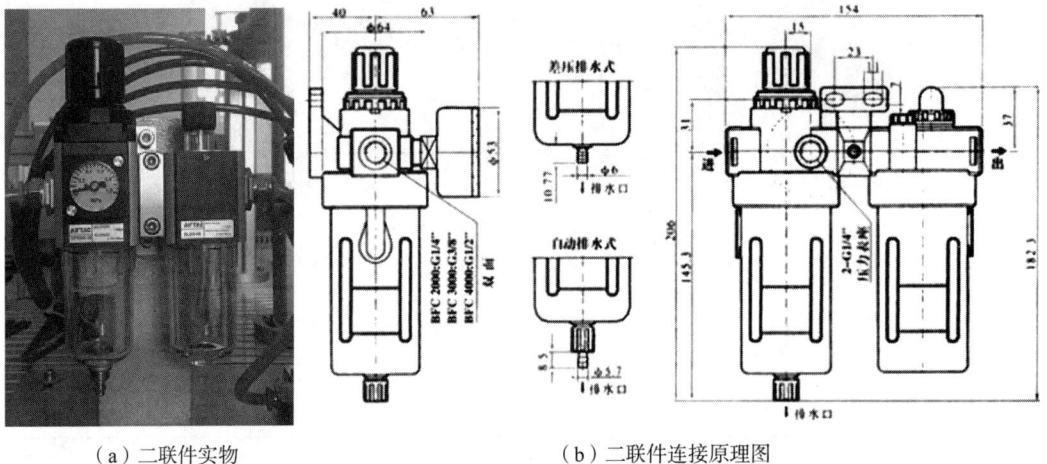

（a）二联件实物　　　　　　　　　　　　（b）二联件连接原理图

图3-14　二联件实物与连接原理

②电磁阀。电磁阀内部根据电磁原理，通过判断是否得电进行信号有无的输出。在本搬运工作站中，电磁阀通过工业机器人输出控制工具的拆卸与安装，控制夹爪的夹紧与松开，电磁阀连接如图3-15所示。

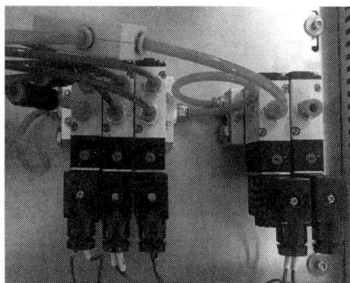

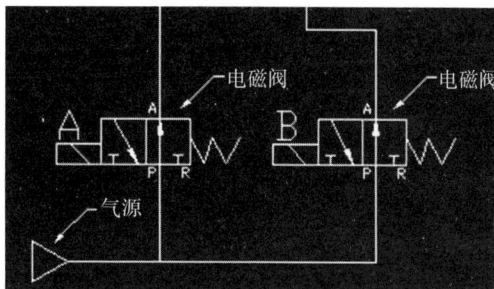

（a）电磁阀外观　　　　　　　　（b）电磁阀连接原理图

图 3-15　电磁阀

2. 夹爪控制原理

本工作站中控制夹爪的信号为工业机器人的输出信号 DO3（地址为 X1 端子的地址 2），控制过程如表 3-3 所示。气缸控制原理如图 3-16 所示。

表 3-3　夹爪控制过程

信号名称及状态		电磁阀 Y1	气路	夹爪状态
DO3	0	得电	导通	闭合
	1	失电	断开	打开

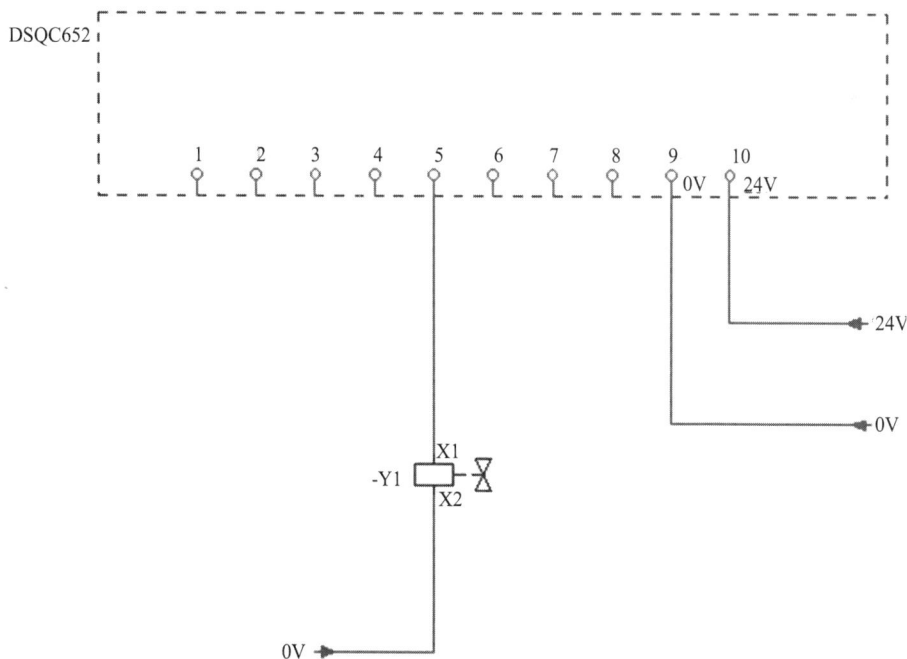

（a）夹爪控制电气原理图

图 3-16

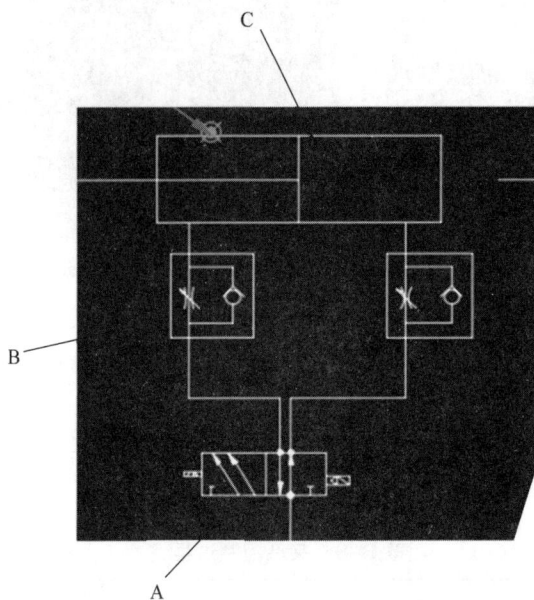

（b）气缸控制气动原理图

A—电磁阀；B—节流阀；C—气缸。

图 3-16　夹爪控制原理

3. I/O 控制指令

工业机器人可以在程序中对输入 / 输出信号进行读取与赋值，以满足程序控制的需要，ABB 工业机器人常用输入 / 输出信号的处理指令如表 3-4 所示。

表 3-4　输入 / 输出信号的处理指令

指令	说明
InvertDO	将一个数字输出信号的值置反
PulesDO	数字输出信号进行脉冲输出
Reset	将数字输出信号置为 0
Set	将数字输出信号置为 1
SetAO	设定模拟信号输出的值
SetDO	设定数字信号输出的值
SetGO	设定组输出信号的值

实现夹爪工具的闭合和打开需要用到 I/O 控制指令 Set 数字信号置位指令和 Reset 数字信号复位指令。

（1）夹爪闭合

实现夹爪的打开需要用到 "Set" 指令。

Set 是数字信号置位指令，用于将数字输出（Digital Output）置位为 "1"。在实际的应用中，一般信号设置为 "1" 时，才会执行相应的动作及任务（根据实际情况而定）。

指令解析如表 3-5 所示。

表 3-5 Set 指令参数

参数	含义
DO1	数字输出信号

实现夹爪闭合的步骤如下:

①新建名称为"Gripper_close"的程序。

②选择"添加指令"→"Common"→"Set"命令,如图 3-17 所示。

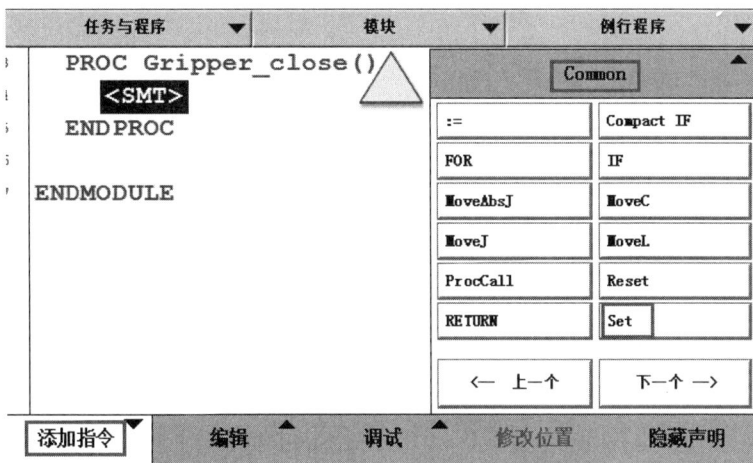

图 3-17 "Set"指令添加

③选择夹爪控制信号"DO3",然后单击"确定"按钮,如图 3-18 所示。添加完成后的程序如图 3-19 所示。

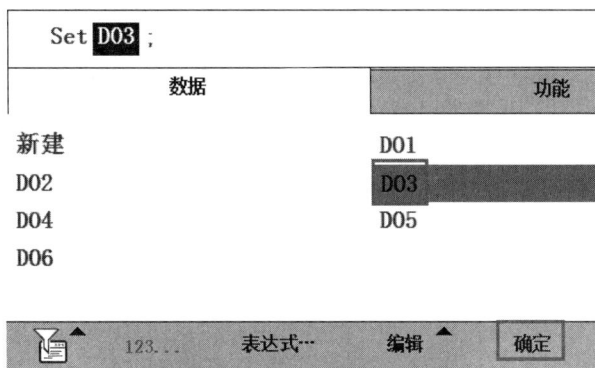

图 3-18 添加信号

```
PROC Gripper_close()
    Set DO3;
ENDPROC
```

图 3-19 夹爪打开控制程序

④调试程序。将程序指针移动到程序"Gripper_close"中的"Set DO3"行,单击示教器上的"单步运行",观察夹爪工具的动作。

（2）夹爪打开

实现夹爪的打开需要用到"Reset"指令。

Reset 是数字信号复位指令，用于将数字输出（Digital Output）置位为"0"，一般用于停止正在运行的设备（根据实际情况设定）。Reset 指令参数如表 3-6 所示。

表 3-6　Reset 指令参数

参数	含义
DO1	数字输出信号

实现夹爪打开的步骤如下：

①新建名称为"Gripper_open"的程序。

②选择"添加指令"→"Common"→"Reset"命令，如图 3-20 所示。

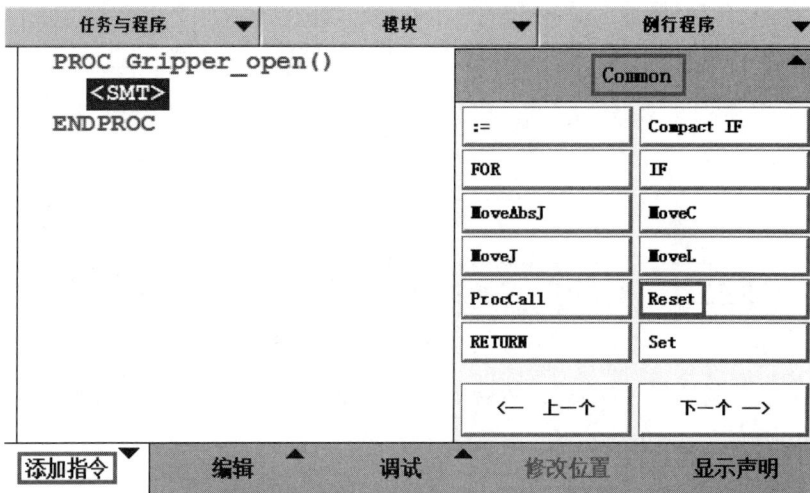

图 3-20　添加 Reset 指令

③选择信号"DO3"，然后单击"确定"按钮，如图 3-21 所示。添加完成的程序如图 3-22 所示。

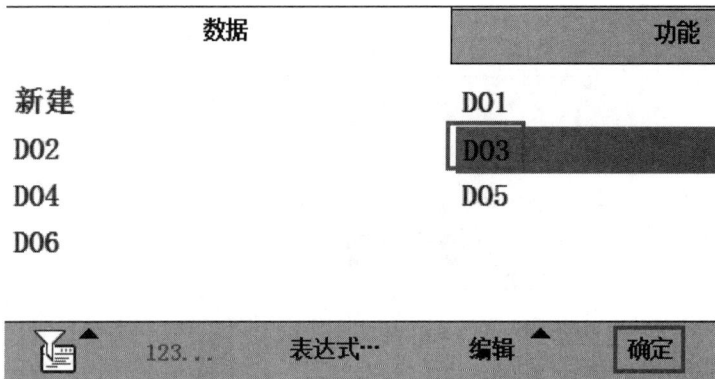

图 3-21　复位信号"DO3"

```
PROC Gripper_open()
Reset DO3;
ENDPROC
```

图 3-22　添加完成的程序

④调试程序。将程序指针移动到程序"Gripper_open"中的"Reset DO3"行，单击示教器上的"单步运行"，观察夹爪工具的动作。

> 提示：如果在Set、Reset 指令前有运动指令MoveJ、MoveL、MoveC、MoveAbsj的转变区数据，必须使用fine才可以准确到达目标点，控制I/O信号状态的变化。

（3）时间等待指令 WaitTime

在工业实际应用中，夹爪夹紧到位或者打开到位是由检测传感器检测的，然后将反馈信号传送给工业机器人，工业机器人在收到反馈信号后才执行后面的动作。在本工作台的夹爪工具中没有设置夹爪夹紧到位或者打开到位信号，为了使夹爪充分夹紧或打开，需要设置一定的等待时间。

ABB 工业机器人常用的等待指令如表 3-7 所示。

表 3-7　ABB 工业机器人常用的等待指令

指令	说明
WaitTime	等待一段指定的时间，程序再往下执行
WaitUntil	等待一个条件满足后，程序继续往下执行
WaitDI	等待一个输入信号状态为设定值
WaitDO	等待一个输出信号状态为设定值

在本项目中我们所用的等待指令为时间等待指令"WaitTime"。

WaitTime 是时间等待指令，用于程序在等待一段指定时间后，再继续往下执行。程序执行等待的最短时间（以秒计）为 0s，最长时间不受限制，分辨率为 0.001s。

练一练:

写出以下程序:

用IO信号编程,实现气缸夹紧和缩回控制。

控制要求:

(1) 工业机器人实现对气缸的夹紧和缩回控制;

(2) 控制气缸夹紧,5s后气缸缩回(控制信号为DO5,当DO5输出为"1"时气缸夹紧,当DO5输出为"O"时气缸缩回)。

4. 强制信号输出

除了用编程方法实现对夹爪的控制外,还可以通过强制信号输出的方式实现。

强制信号输出的操作步骤如下:

①选择左上角的"主菜单",单击"输入输出",如图3-23所示。

图3-23　"输入输出"

②单击"视图",选择"数字输出",如图3-24所示。

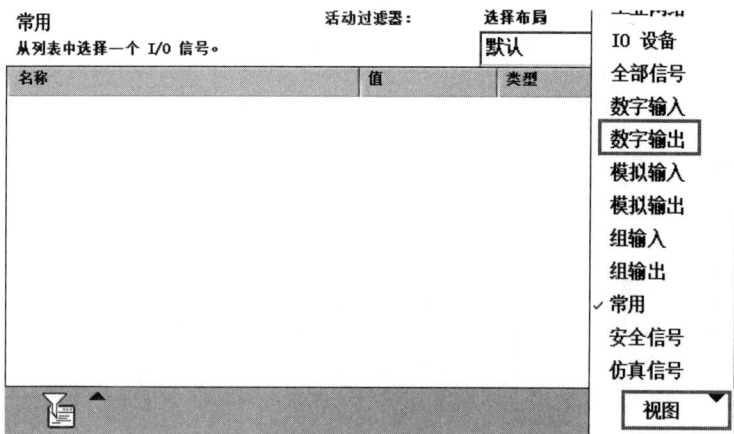

图3-24　选择"数字输出"

③选择"DO3"信号,单击下方的"1",将"DO3"强制为"1",则夹爪闭合,如图3-25所示。

DO1	0	DO	d652
DO2	0	DO	d652
DO3	0	DO	d652
DO4	0	DO	d652
DO5	0	DO	d652
DO6	0	DO	d652

	0	1	仿真	视图

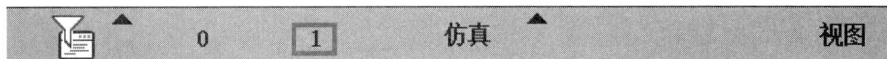

图 3-25　将信号强制为"1"

④单击"0"可将信号"DO3"强制为"0"，这时夹爪打开，如图 3-26 所示。

	0	1	仿真

图 3-26　将信号强制为"0"

练一练:

用I/O信号强制，实现气缸控制(控制信号为DO5，当DO5输出为"1"时气缸夹紧，当DO5输出为"o"时气缸缩回)。

（二）搬运轨迹规划

在基本的搬运工作中，需要确定一些点位，如抓取料块的位置、放置料块的位置等。现场的生产情况也不会毫无障碍，在编程时要设置点位以规避障碍。这些点位在编程前需要事先规划好，即轨迹规划。

活动: 我们是怎样用手从瓶子上方将水杯从A点拿到B点的。试分析拿放水杯的轨迹。

A　　　　　B

程序的轨迹规划不仅能加深对项目的认识，也能缩短程序的编制时间，提高工作效率。

进行作业的任务如图 3-27（a）所示，将料块由 D 点搬运到 E 点，搬运点位规划如图 3-27（b）所示。

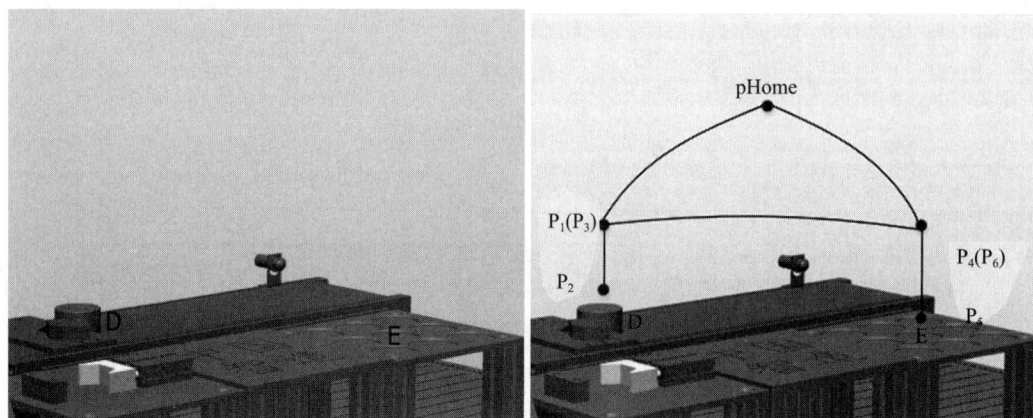

（a）搬运点位规划前　　　　　　　　　　（b）搬运点位规划示意图

图 3-27　搬运工作站点位规划

pHome—工作原点；P1—接近取料点（不带料）；P2—取料点；P3—退出取料点（带料）；
P4—接近放料点（带料）；P5—放料点；P6—退出放料点（不带料）

根据轨迹路径规划，工业机器人运动路线如图 3-28 所示。

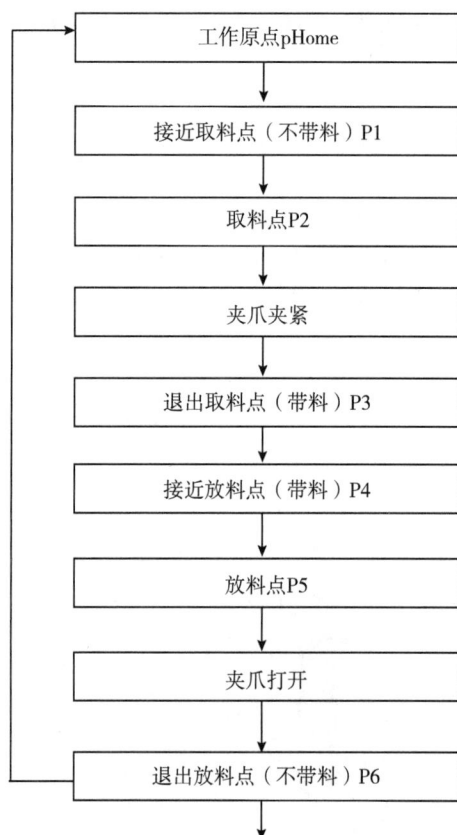

图 3-28　轨迹规划点位流程

提示：取料点P_2：工业机器人末端执行器抓取物料的点；

放料点P_5：工业机器人末端执行器放置物料的点；

接近点P_1、P_4(退出点):工业机器人应用中，接近（离开）工作点的速度、位姿通常有特殊要求，需要添加这些点；

过渡点：工业机器人末端执行器在搬运过程中可能遇到障碍，需要设置一些点位规避障碍，即过渡点。

在示教位置点时，以示教准确、方便为原则，不必按照 pHome 到 P_6 的顺序示教。通常先示教关键点，如取料点 P_2。示教完取料点 P_2 后，将机器人以直线轨迹移动合适的距离，记录为接近点 P_1（或退出点 P_3）。因此，抓料部分的示教位置顺序为 pHome → P_2 → P_1。

提示：物料有不同的大小、形状和取放姿态，因此要设置接近点P_1与退出点P_3。接近点与退出点的位置通常相同，可重复使用。如有特殊要求，要单独设置。

这种示教顺序既能保证取料点的准确，也能减小取料点周边过渡点的示教难度。值得注意的是，尽管在示教顺序上进行了相应的调整，但程序的运行顺序依然是按照搬运的工艺流程来抓取，顺序为 pHome → P_1 → P_2 → P_3 → P_4。

通过项目 2 的学习我们知道，MoveL 指令是工业机器人的 TCP 点从起点到终点之间的路径始终为直线，在抓取料块过程中 P_1 → P_2 以及抓料完成后的 P_2 → P_3，为了保证轨迹的准确性，避免夹爪与料块发生碰撞，在抓取过程中，要使用 MoveL 指令。同理，在 P_4 → P_5 的放置过程中，以及 P_5 → P_6 放置完成后退出时，为了保证轨迹的准确性，也要使用 MoveL 指令。其余的过程中点对轨迹的精度要求不高，为了提高运行效率，编程时使用 MoveJ 指令。

思考：P_1→P_2以及抓料完成后的P_2→P_3，在编程过程中采用MoveJ指令会有什么现象？

（三）创建搬运程序

在了解了夹爪控制方式和轨迹规划以后，下面来学习创建料块搬运程序的流程。

①电路上电。闭合断路器，闭合操作盒上的开关，上电指示灯点亮，如图 3-29 所示。

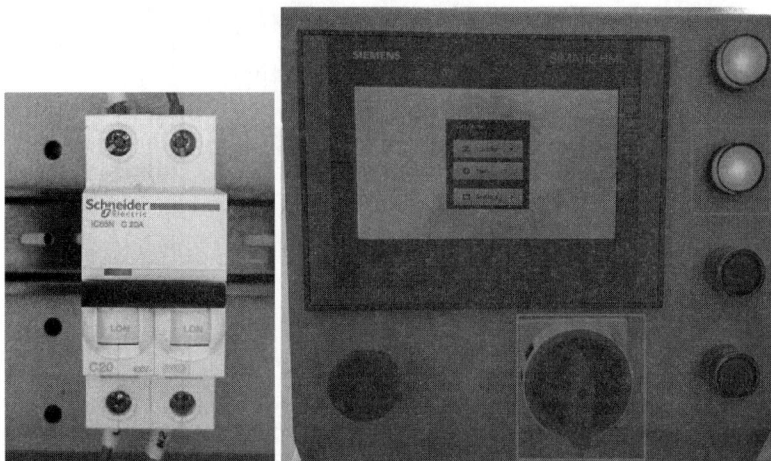

图 3-29　开关及指示灯

②气泵的气压正常，大于 0.5MPa，气路导通，如图 3-30 所示。

图 3-30　气压指示

③新建名称为"Place_Platform"的程序并打开，如图 3-31 所示。

```
PROC Place_Platform()
    <SMT>
ENDPROC
```

图 3-31　新建程序

④将工业机器人移动到合适的位置，作为工作原点（安全 Home 点），如图 3-32 所示。

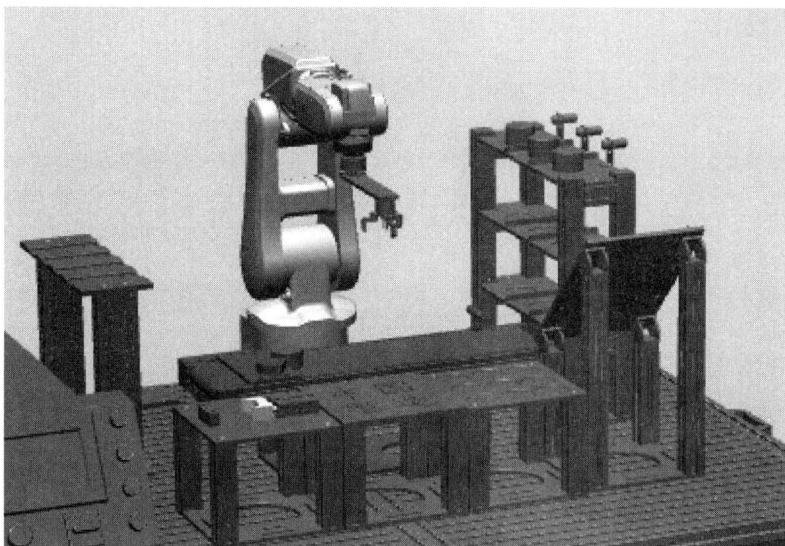

图 3-32　安全点

⑤记录该点位，程序数据如图 3-33 所示。

```
PROC Place_Platform()
    MoveJ pHome, v100, fine, Gripper_tool;
ENDPROC
```

图 3-33　添加初始点程序

⑥将工业机器人手动移动到抓取点位，调整好工具的姿态，尽量使夹爪的中心与料块的中心在一条竖直线上，记录该点为 P$_2$，如图 3-34 所示，运动形式采用 MoveL，修改运动参数如图 3-35 所示，放置时的速度要降低，并且转弯区数据必须设为"fine"。

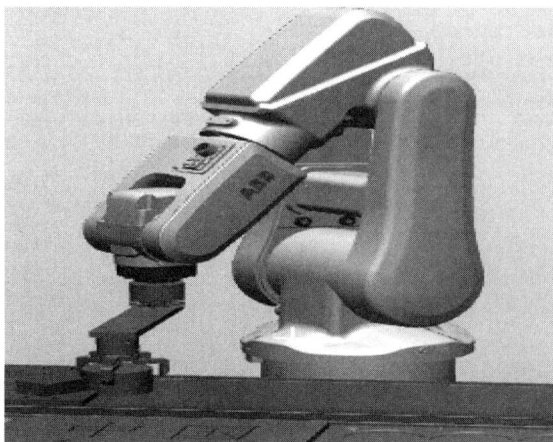

图 3-34　抓取点工业机器人状态

```
MoveJ pHome, v100, fine, Gripper_tool;
MoveL P2, v20, fine, Gripper_tool;
```

图 3-35　添加抓取点程序

⑦示教抓取接近点（P$_1$）。沿着 Z 轴的方向将工业机器人移动到如图 3-36 所示的位置。

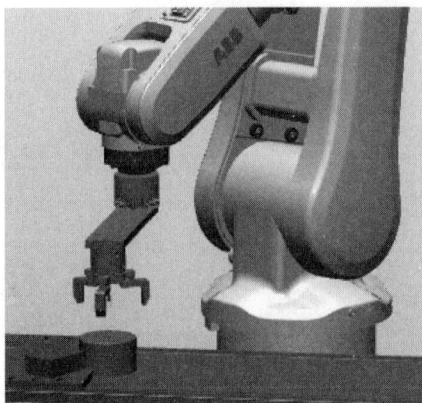

图 3-36　抓取接近点位置 P_1

⑧将程序的光标选中 pHome 点所在的程序行（记录的程序自动添加到光标行的下一行）。添加关节运动指令"MoveJ"，修改该点的名称为"P_1"，运动参数修改如图 3-37 所示，点击"修改位置"命令。

```
MoveJ pHome, v100, fine, Gripper_tool;
MoveJ P1, v100, z0, Gripper_tool;
MoveL P2, v20, fine, Gripper_tool;
```

图 3-37　添加的运动程序

⑨控制夹爪闭合。运行机器人到记录的 P_2 点的位置，然后调用"Gripper_close"程序来控制工业机器人夹爪闭合以夹紧料块，调用程序需要用到"ProcCall"指令，将光标移动到 P_2 点所在的行，选择"添加指令"→"Common"→"ProcCall"，如图 3-38 所示。

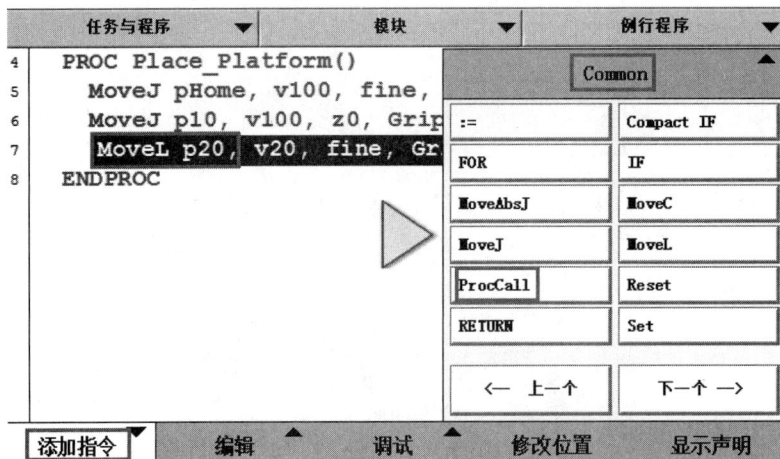

图 3-38　"ProcCall"指令

⑩在程序列表中，选择"Gripper_close"，如图 3-39 所示。

图 3-39　程序选择

添加完成的程序如图 3-40 所示。用程序控制夹爪闭合，或者采用强制信号的形式使夹爪闭合。

```
PROC Place_Platform()
  MoveJ pHome, v100, fine, Gripper_tool;
  MoveJ p10, v100, z0, Gripper_tool;
  MoveL p20, v20, fine, Gripper_tool;
  Gripper_close;
ENDPROC
```

图 3-40 添加夹爪闭合信号

夹爪闭合如图 3-41 所示。

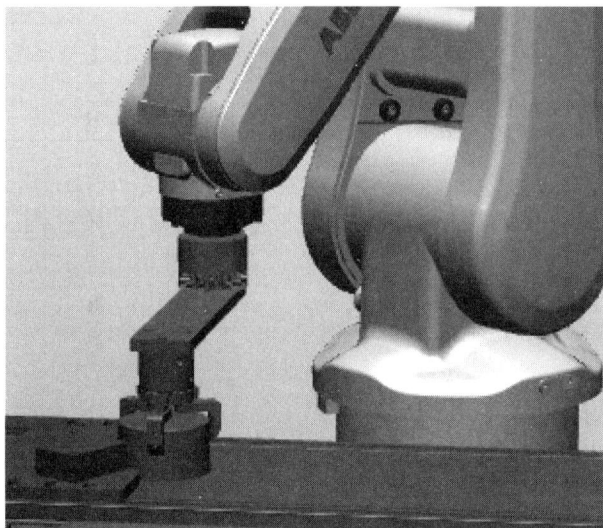

图 3-41 夹爪闭合状态

⑪添加等待时间。设置等待时间为 0.5s，选择"添加指令"→"下一个"，单击"Wait-Time"指令，如图 3-42 所示。

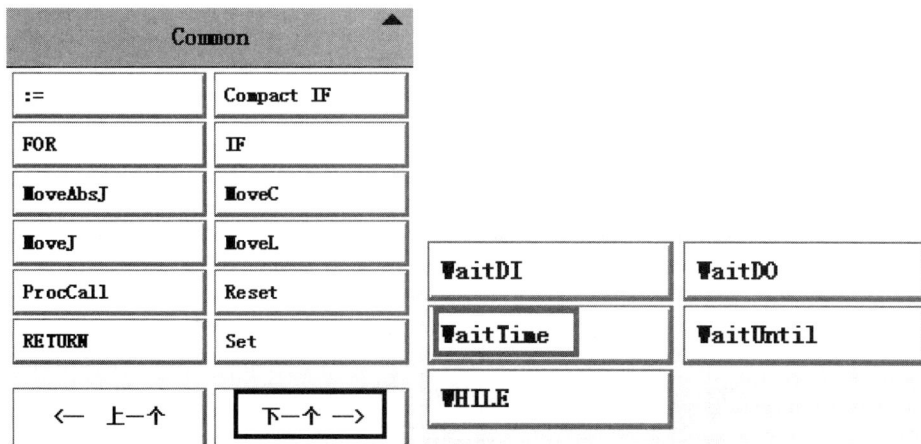

（a）下一个   （b）WaitTime 指令

图 3-42 选择"WaitTime"指令

⑫单击"123...",如图3-43所示。

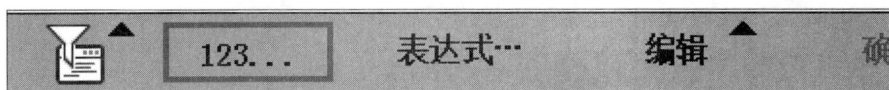

图3-43　选择设置时间

⑬设置等待时间为"0.5"s,如图3-44所示。

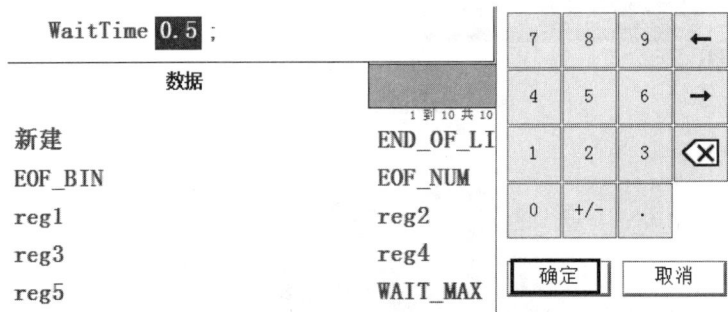

图3-44　设定时间

⑭单击"确定"按钮,如图3-45所示。添加完成后的时间等待程序如图3-46所示。

图3-45　单击"确定"按钮

```
MoveL p20, v20, fine, Gripper_tool;
Gripper_close;
WaitTime 0.5;
```

图3-46　添加等待指令

本任务中的搬运接近点和搬运离开点可采用同一个点。

⑮添加搬运离开点（P_3）。该点可采用P_1点的位置,工业机器人位置如图3-47所示,已经携带料块。添加离开点后的程序如图3-48所示。

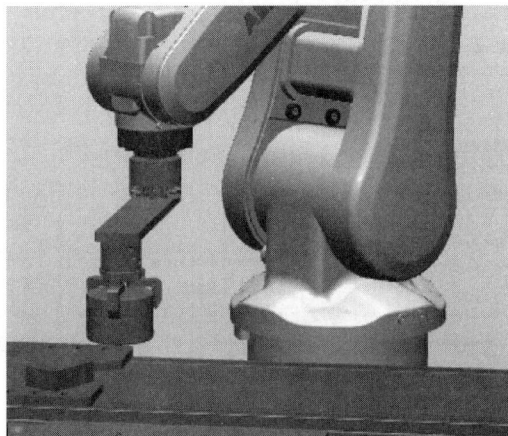

图3-47　抓取离开点工业机器人状态

```
MoveJ pHome, v100, fine, Gripper_tool;
MoveJ P1, v100, fine, Gripper_tool;
MoveL P2, v20, fine, Gripper_tool;
Set DO3;
WaitTime 0.5;
MoveL P1, v20, fine, Gripper_tool;
```

图 3-48　添加离开点

⑯示教放置点（P_5 点）。将工业机器人移动到放置点，调节好工业机器人的姿态，如图 3-49 所示。添加放置点后的程序如图 3-50 所示。运动形式采用 MoveL，放置时速度要降低，为保证准确放置，转弯区数据必须设定为 fine。

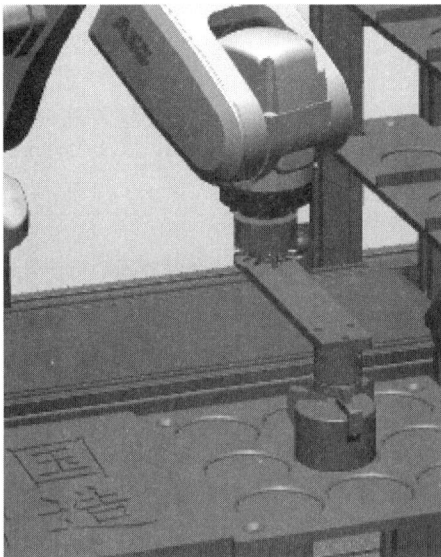

图 3-49　放置点工业机器人状态

```
MoveJ pHome, v100, fine, Gripper_tool;
MoveJ P1, v100, z0, Gripper_tool;
MoveL P2, v20, fine, Gripper_tool;
Set DO3;
WaitTime 0.5;
MoveL P1, v20, fine, Gripper_tool;
MoveL P5, v20, fine, Gripper_tool;
```

图 3-50　添加放置点

⑰添加放置接近点（P_4）。沿着 Z 轴方向移动工业机器人到如图 3-51 所示的位置，记录该位置点，添加放置接近点后的程序如图 3-52 所示。

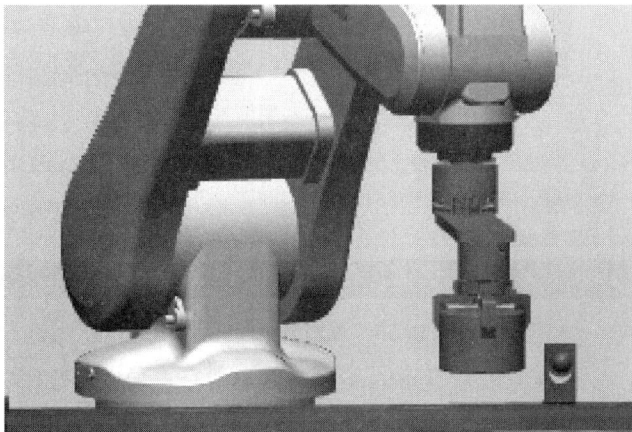

图 3-51　放置接近点位置

```
MoveJ pHome, v100, fine, Gripper_tool;
MoveJ P1, v100, z0, Gripper_tool;
MoveL P2, v20, fine, Gripper_tool;
Set DO3;
WaitTime 0.5;
MoveL P1, v20, fine, Gripper_tool;
MoveJ P4, v100, z0, Gripper_tool;
MoveL P5, v20, fine, Gripper_tool;
```

图 3-52　添加放置接近点

⑱添加复位夹爪信号，并设置等待时间。将工业机器人移动到已经记录好的 P_5 点的位置处（可采用单条执行程序的方式）。调用夹爪打开程序"Gripper_open"，添加的指令如图 3-53 所示。

```
MoveJ p4, v100, z0, Gripper_tool;
MoveL p5, v20, fine, Gripper_tool;
Gripper_open;
WaitTime 0.5;
```

图 3-53　添加复位信号及时间等待信号

⑲添加放置完成后的离开点（P_6）。此点的位置可与放置接近点 P_4 相同，但是要保证在 P_4 点时，夹爪的位置高度高于料块，避免工业机器人在线性离开时与料块发生发生碰撞，如图 3-54 所示。添加离开点后的程序如图 3-55 所示，运动方式选择 MoveL，离开放置点到达离开接近点的位置时速度要降低。

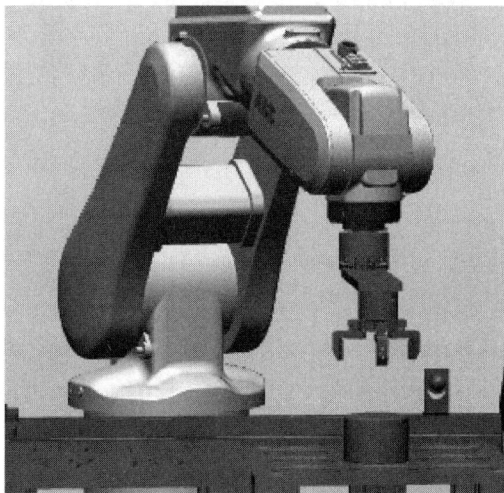

图 3-54　放置完成后离开状态

```
MoveL p5, v20, fine, Gripper_tool;
Gripper_open;
WaitTime 0.5;
MoveL p4, v20, fine, Gripper_tool;
```

图 3-55　添加放置离开点

⑳添加安全点。安全点可以采用 pHome 点。最后一个点转弯区数据必须设定为 fine，添加安全点后的程序如图 3-56 所示。

```
MoveJ pHome, v100, fine, Gripper_tool;
MoveJ P1, v100, z0, Gripper_tool;
MoveL P2, v20, fine, Gripper_tool;
Set DO3;
WaitTime 0.5;
MoveL P1, v20, fine, Gripper_tool;
MoveJ P4, v100, z0, Gripper_tool;
MoveL P5, v20, fine, Gripper_tool;
Reset DO3;
WaitTime 0.5;
MoveL P4, v20, fine, Gripper_tool;
MoveJ pHome, v100, fine, Gripper_tool;
```

图 3-56　添加安全点

搬运程序创建完成后如下所示。

PROC Place_Platform()

MoveJ pHome, v100, fine, Gripper_tool;　　　　安全点

MoveJ p1, v100, z0, Gripper_tool;　　　　取料接近点

MoveL p2, v20, fine, Gripper_tool;　　　　取料点

Gripper_close;　　　　夹爪闭合程序

WaitTime 0.5;　　　　等待 0.5 秒

MoveL p1, v20, fine, Gripper_tool;　　　　退出取料点

MoveJ p4, v100, z0, Gripper_tool;　　　　接近放料点

MoveL p5, v20, fine, Gripper_tool;　　　　放料点

Gripper_open;　　　　夹爪打开程序

WaitTime 0.5;　　　　等待 0.5 秒

MoveL p4, v20, fine, Gripper_tool;　　　　放料退出点

MoveJ pHome, v20, fine, Gripper_tool;　　　　安全点

ENDPROC

在程序创建完成后要对程序进行检查和优化，分为手动检查和自动检查两种方式。

（1）手动检查

在项目 2 中我们已经学习了手动检查程序的方法及流程，在搬运工作站中增加了 I/O 信号的检查，搬运程序手动程序检查关键步骤如图 3-57 所示。

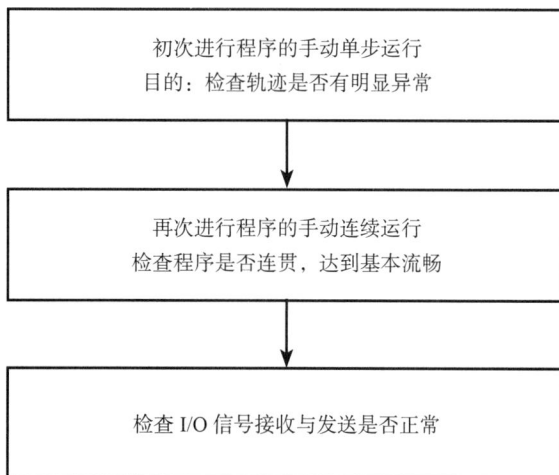

初次进行程序的手动单步运行
目的：检查轨迹是否有明显异常

再次进行程序的手动连续运行
检查程序是否连贯，达到基本流畅

检查 I/O 信号接收与发送是否正常

图 3-57　手动检查程序流程

①将程序指针移动到程序的第一行,如图 3-58 所示。

```
18    PROC Place_Platform()
19 ➡   MoveJ pHome, v100, fine, Gripper_tool;
20    MoveJ P1, v100, z0, Gripper_tool;
21    MoveL P2, v20, fine, Gripper_tool;
```

图 3-58　移动程序指针

②按下伺服使能键,按下示教器上的单步前进键,依次往下执行程序。在执行过程中注意观察工业机器人的姿态以及运行效果,如图 3-59 所示。

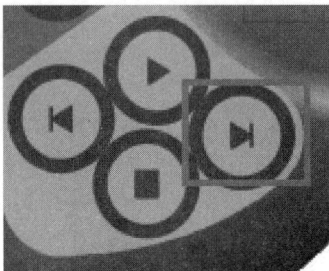

图 3-59　单步前进按键

在手动单步运行过程中,发现轨迹错误后要根据实际情况进行修改,包括位置、速度、转弯区半径等参数。

手动单步运行完成后,再手动自动运行程序。

③将料块放回初始位置,调节程序指针到程序的第一行,按下示教器上的启动键,观察程序的运行,如图 3-60 所示。

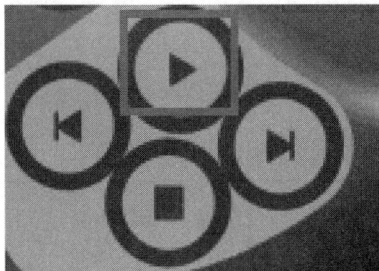

图 3-60　程序启动

至此,手动单步和手动自动运行程序完成。

(2)自动检查

自动运行检查一方面是检查轨迹的完整性和流畅性,另一方面是查验信号能否正确接收与发送。工业机器人本身的精准性与快速动作能够满足生产要求和生产节拍,但未经过优化的轨迹通常会出现停顿、不美观等现象,所以后期可以根据项目需要,通过修改优化轨迹等方式使整体轨迹流畅平滑。

①自动运行时在主程序中添加"Place_Platform"的程序。

②将控制柜的钥匙开关打到自动模式。

③单击控制器面板上的白色马达上电按钮,如图 3-61 所示。

④按下启动按钮，自动运行程序，如图 3-62 所示。

图 3-61 白色马达

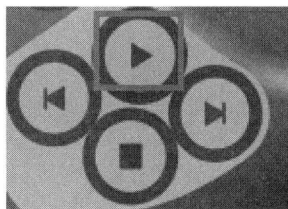

图 3-62 启动按钮

提示：根据项目要求，启动机器人使其自动运行。在低速下完成一个工作循环之后，将速度逐渐加快直至最终达到全速。

节拍是检验生产线标准的一项重要标志。除了与技术工艺有关外，节拍还和轨迹的流畅度有关。

实训1 料块码垛编程

实训名称	料块码垛编程
实训内容	完成工业机器人料块的码垛。手动安装夹爪工具到工业机器人6轴的法兰盘，编程完成工业机器人分别将 A、B、C 处的料块码垛到 A₁、B₁、C₁ 处，时间在 30 秒以内（首先完成搬运轨迹规划，然后创建搬运程序，实现料块码垛）
实训目标	1.掌握搬运点位的轨迹规划； 2.掌握搬运程序的创建流程及方法； 3.能够准确示教搬运点位； 4.能够调试程序，实现控制功能

续表

实训课时	6 课时
实训地点	智能制造实训室

练习题

1. 填空题

（1）智能仓储的组成部分包括 _____、_____、_____、_____。

（2）轨迹规划的关键点位包括 _____、_____、_____、_____。

（3）自动化输送系统用于输送货物，主要的设备包括 _____、_____、_____。

2. 简答题

（1）工业机器人搬运工作站主要包括哪几部分？

（2）手动检查搬运程序流程是什么？

任务完成报告

姓名		学习日期	
任务名称	料块搬运编程		

	考核内容	完成情况
学习自评	1.能够说出工业机器人搬运工作站构成	□好　□良好　□一般　□差
	2.能够熟练使用 I/O 控制指令	□好　□良好　□一般　□差
	3.能够规划搬运轨迹	□好　□良好　□一般　□差
	4.能够优化搬运轨迹和运动参数	□好　□良好　□一般　□差

学习心得	

任务 2 料块出入库搬运编程

本任务要将工业机器人根据现场条件的判断控制外围设备完成料块出入库作业。

任务要求：

①仓库进行料块检测，检测到 A 处有料块时，工业机器人从初始位置出发，将 A 处的料块搬运到 C 处。

②控制输送带启动，将料块输送到传送带的 D 处，关闭输送带。

③当料库 B 处的传感器检测到没有料块时，工业机器人将 D 处的料块搬运到仓库的 B 处，当 B 处的传感器检测到有料块时，工业机器人将 D 处的料块搬运到平面料库的 E 处，最后工业机器人返回初始位置。

④料块抓取位置要精确，工业机器人姿态要合理，搬运时间少于 60 秒，同时避免在工业机器人运行时出现中间过渡点的停顿。

搬运工作站如图 3-63 所示。

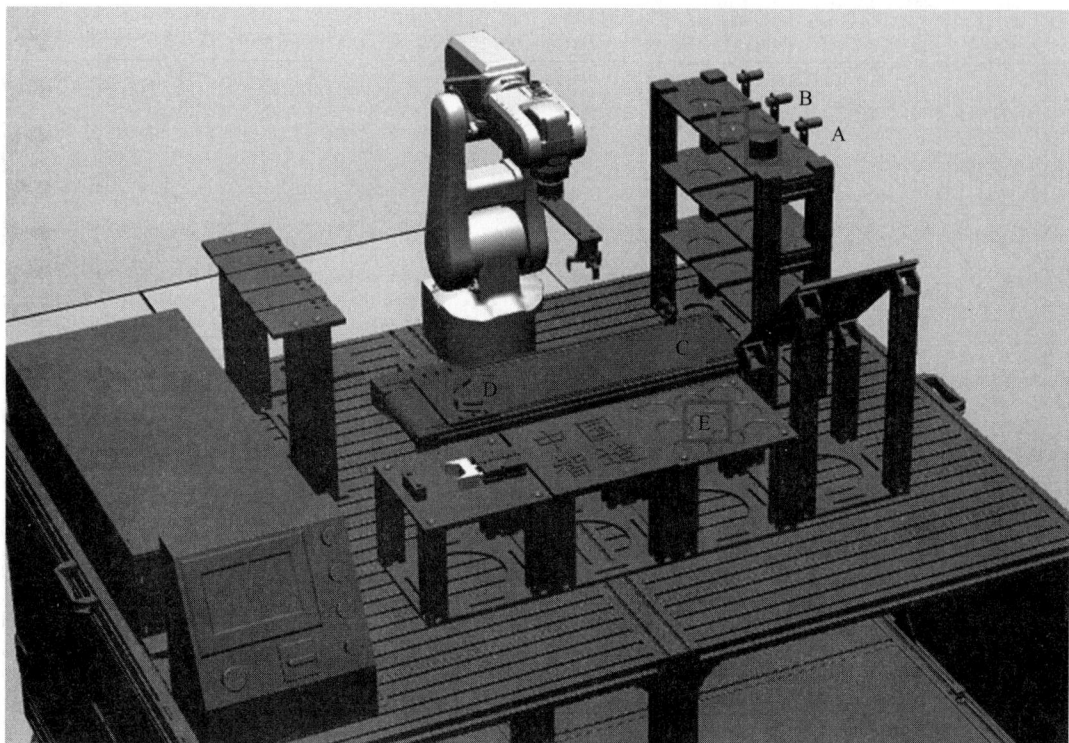

图 3-63 搬运工作站

知识目标：

①掌握条件判断指令 IF、WHILE 的用法；

②掌握等待指令 WaitDI 的用法；

③掌握物料出库轨迹规划及程序调试优化的方法。

能力目标：

①能够运用条件判断指令做出判断，控制机器人运行；

②能够规划物料出库轨迹；

③能够完成物料出入库程序的调试，实现其功能。

学习内容：

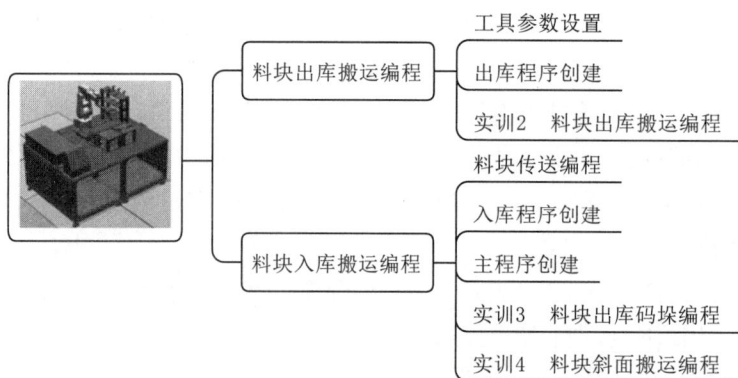

一、料块出库搬运编程

（一）工具参数设置

> 思考：标定工具的TCP有什么好处？项目2中标定TCP的方法是什么？下图所示的夹
> 爪工具的TCP如何标定？
>
>

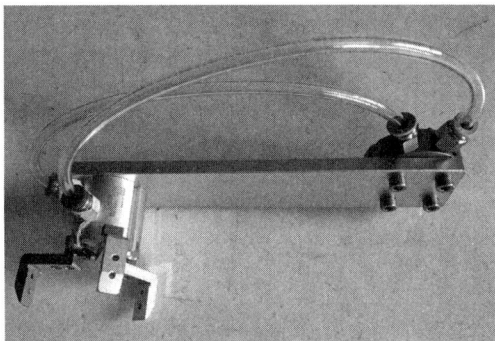

为了更加方便地调节工业机器人抓取物料时的姿态，使工业机器人抓取物料更加精确，我们需要设定工具的 TCP，使工业机器人能够绕着工具的 TCP 移动和旋转。

在项目 2 中我们学习了工具数据的创建，采用的是 4 点法或 6 点法标定工具的 TCP，设置工具的重量、重心位置等数据。

有些工具采用 4 点法或 6 点法无法准确地标定，这时就要采用其他方式进行设置，其中一种是数字输入的方式。在三维设计软件中设计完工具模型后，可以在软件中测量出工具的 TCP 位置、计算出工具的重量和重心位置，将这些数据直接输入工具数据设置界面即可。

本任务中使用夹爪的 TCP 的数据为（-160，0，81.3），工具的重量为 0.5kg，重心数据为（-80，0，20）。

设置工具数据操作步骤如下：

①单击"左上角"的菜单键，选择"手动操纵"，如图 3-64 所示，然后单击"工具坐标"，如图 3-64 所示。

图 3-64　"手动操纵"

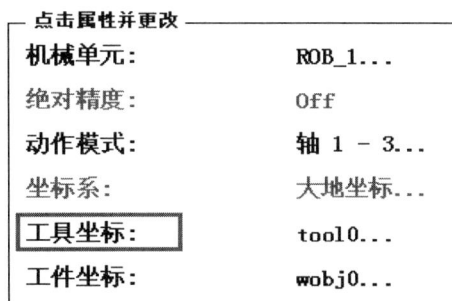

图 3-65　"工具坐标"

②单击"新建"，如图 3-66 所示。

图 3-66　新建工具

③将工具命名为"Gripping_tool"，然后单击"初始值"，如图 3-67 所示。

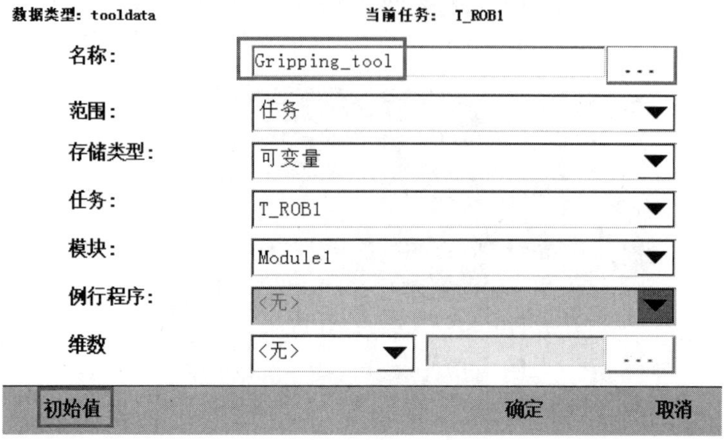

图 3-67　设定工具初始值

④输入工具的 TCP 数值，在"trans"下面的"x""y""z"中分别输入测量的数据，如图 3-68 所示。

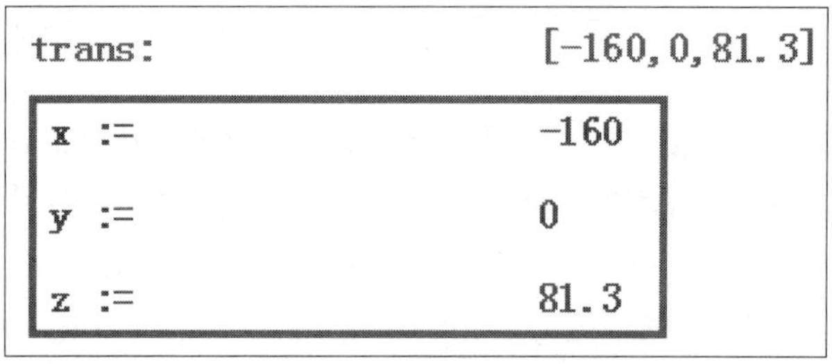

图 3-68　输入工具的 TCP 数值

⑤设置工具重量，在"mass"中输入"0.5"，重心数据设置为"-80，0，20"，如图 3-69 所示。

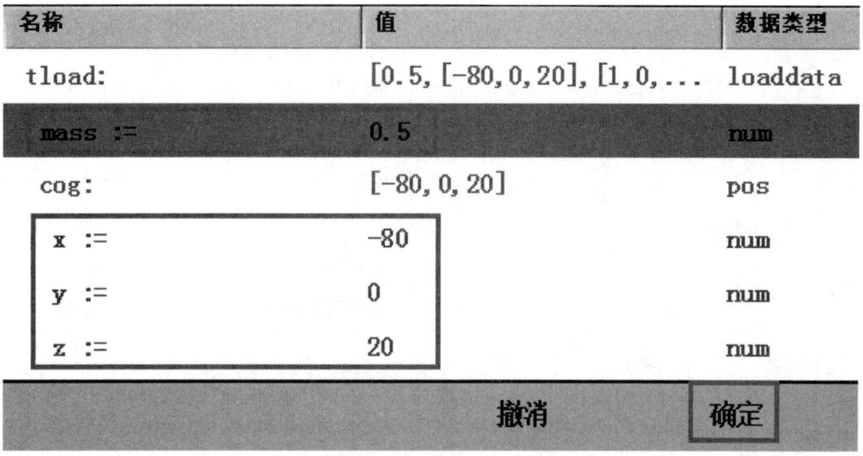

图 3-69　重量及重心设置

> **提示：** 重心数据是基于Tool0原点坐标方向的漂移，Tool0的默认方向如下所示。

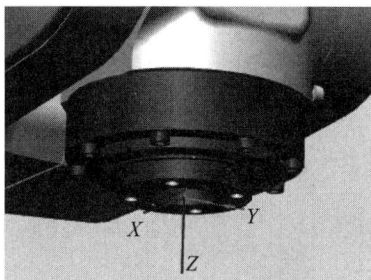

（二）出库程序创建

> **思考：** 工业机器人如何得知仓库中是否有物料？它是如何做出判断的？

工业机器人在工作时，都要对运行条件进行判断，如系统是否正常，工件是否在加工位，气压是否达到要求等，只有满足条件以后，工业机器人才能作业，否则有可能发生事故，造成人员和财产损失，所以做好准确的条件判断是非常重要的。

条件逻辑判断指令用于对条件进行判断后执行相应的操作，是 RAPID 的重要组成部分。下面介绍常用的条件判断指令 IF。

> **活动：** 分组列举出身边做条件判断的例子，并画出流程图。

IF 指令

IF 指令用于求解一个或多个条件表达式的值，当其中的一个条件表达式的值满足时，将执行相应的语句。如果没有一个条件表达式的值为真，那么将执行 ELSE 字句。

IF 判断指令，根据不同的条件执行不同的指令。

指令结构如下：

（1）只有一个条件判断

如果只有一个条件的判断，并且只执行一条语句，则可将 IF 语句简化为：

IF ＜条件表达式＞ THEN

语句 1；！条件表达式为真时执行

ENDIF

当"条件表达式"不满足时，则执行下面的指令。

IF 语句一个条件表达式一条执行语句流程如图 3-70 所示。

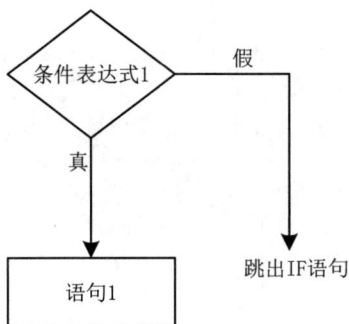

图 3-70 IF 语句一个条件表达式一条执行语句流程

（2）只有一个条件判断，对应执行不同语句

IF ＜条件表达式 1＞ THEN

语句 1；！条件表达式 1 为真时执行

ELSE

语句 2；！条件表达式 1 为真时执行

ENDIF

该流程如图 3-71 所示。

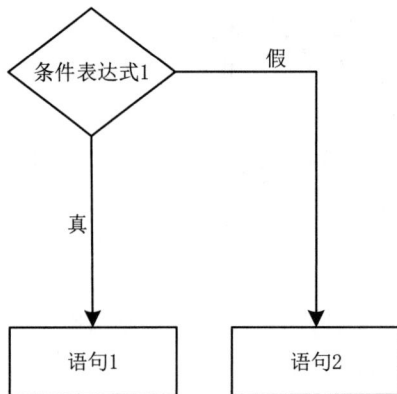

图 3-71 IF 一个条件表达式两条执行语句流程

（3）多个条件判断

IF ＜条件表达式 1＞ THEN

语句 1；！条件表达式 1 为真时执行

ELSEIF ＜条件表达式 2＞ THEN

语句 2；！条件表达式 2 为真时执行

ELSE

语句 3；！除以上两种情况外，执行"语句 3"。

ENDIF

该流程如图 3-72 所示。

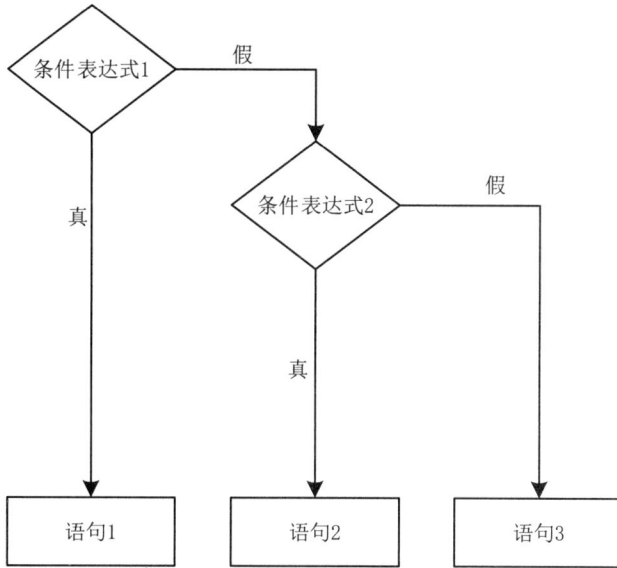

图 3-72　IF 指令多个条件判断流程

提示：条件表达式的数量可以根据实际情况进行增加或减少。

本任务中用到的信号如表 3-8 所示。

表 3-8　信号表

序号	信号		信号说明
1	DI1	仓库 1 检测	仓库 1 有料时，DI1 为 1 仓库 1 无料时，DI1 为 0
2	DI2	仓库 2 检测	仓库 2 有料时，DI2 为 1 仓库 2 无料时，DI2 为 0
3	DI4	传送带初始位	传送带初始位有料时，DI4 为 1 传送带初始位无料时，DI4 为 0
4	DI5	传送带终点位	传送带终点位有料时，DI5 为 1 传送带终点位无料时，DI5 为 0
5	DO2	传送带控制	DO2 为 1 时，传送带启动 DO2 为 0 时，传送带停止
6	DO3	夹爪控制	DO3 为 1 时，夹爪闭合 DO3 为 0 时，夹爪打开

①"工件坐标"选择"Gripping_tool"，创建名称为"Out_ Warehouse"的程序，将工业机器人移动到安全位置作为 Home 点，并将该点记录下来，位置如图 3-73 所示，记录的程序如图 3-74 所示。

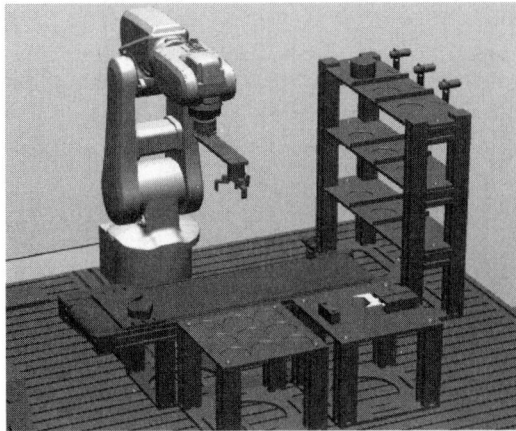

图 3-73 初始位置

```
PROC Out_Warehouse()
MoveJ pHome, v100, fine, tool0;
```

图 3-74 记录的程序数据

②添加 IF 指令，用来判断仓库第一个仓位是否有料。单击"添加指令"选择"Common"中的"IF"指令，如图 3-75 所示。

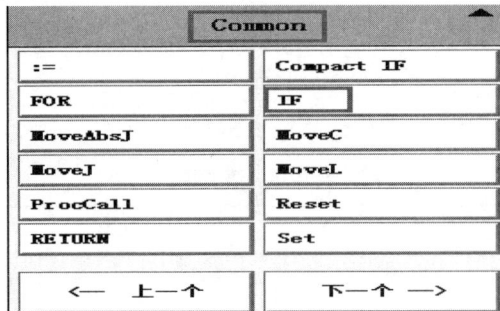

图 3-75 添加"IF"指令

③单击"<EXP>"，然后单击"编辑"命令，选择"ABC..."如图 3-76 所示。

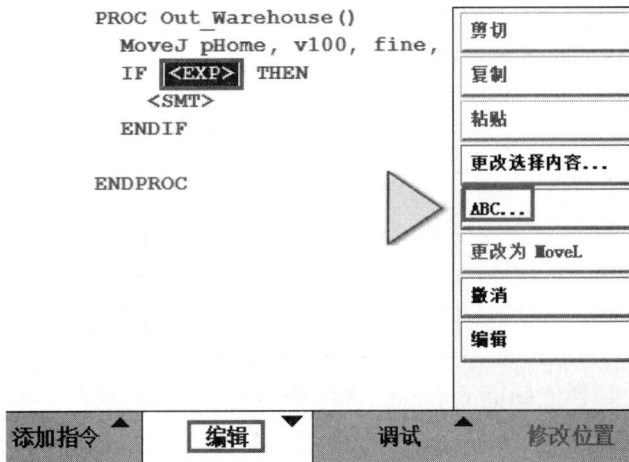

图 3-76 编辑 IF 指令

④使用软键盘输入"di1=1"（也可以输入大写 DI1=1），然后单击"确定"按钮，如图 3-77 所示。

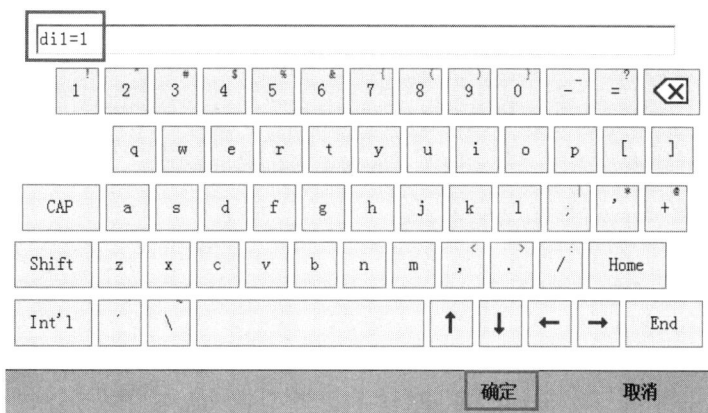

图 3-77 设置信号

⑤在"<SMT>"中添加出库运动指令，如图 3-78 所示。

```
PROC Out_Warehouse()
    MoveJ pHome, v100, fine, tool0;
    IF DI1 = 1 THEN
        <SMT>
    ENDIF

ENDPROC
```

图 3-78 添加运动指令

添加的运动指令如下所示。

PROC Out_Warehouse( )

MoveJ pHome, v100, fine, tool0;	安全点
IF DI1 = 1 THEN	判断条件
MoveJ p20, v100, z0, Gripper_tool;	抓取接近点
MoveL p10, v20, fine, Gripper_tool;	抓取点
Gripper_close;	调用夹爪闭合程序
WaitTime 0.5;	等待 0.5 秒
MoveL p20, v20, z0, Gripper_tool;	抓取离开点
MoveJ p30, v100, z0, Gripper_tool;	过渡点
MoveJ p40, v100, z0, Gripper_tool;	放置接近点
MoveL p50, v20, fine, Gripper_tool;	放置点
Gripper_open;	调用夹爪打开指令
WaitTime 0.5;	等待 0.5 秒
MoveL p40, v20, z0, Gripper_tool;	放置离开点
MoveJ pHome, v100, fine, tool0;	安全点

ENDIF

ENDPROC

注意:

1. 在抓取点、放置点时工业机器人的位置要精确，注意抓取指令参数的设置。

2. 抓取完成后需要多增加一个过渡点，调节工业机器人的姿态。

3. 每条运动指令设置的参数要符合要求。

实训2　料块出库搬运编程

实训名称	料块出库搬运编程
实训内容	完成工业机器人料块出库搬运。将仓库 A 处的料块搬运到 B 处，如下图所示。首先完成搬运轨迹规划，然后创建搬运程序，实现搬运功能，搬运程序运行时间不大于15s，搬运轨迹流畅、合理 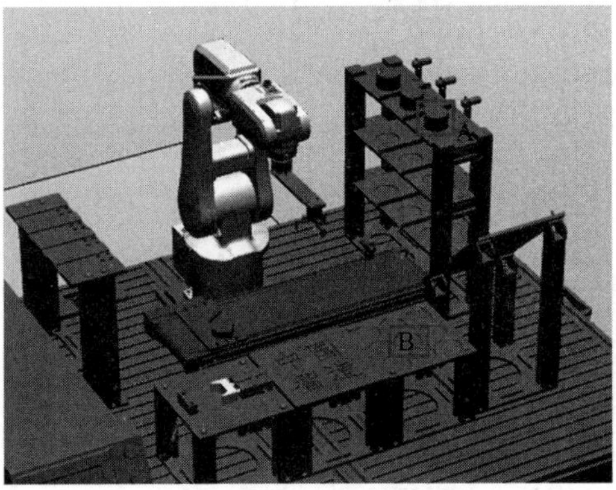
实训目标	1. 掌握搬运点位的轨迹规划； 2. 掌握搬运程序的创建流程及方法； 3. 掌握 IF 指令的应用； 4. 能够调试程序，实现控制功能
实训课时	6课时
实训地点	智能制造实训室

二、料块入库搬运编程

（一）料块传送编程

料块放置到传送带上以后，传感器检测到有料块时，启动传送带输送料块，当到达传送带的终点位置时，停止传送带运行。料块的检测除了用 IF 指令外，还可以用 WaitDI 指令。

WaitDI（Wait Digital Input）用于等待，直至设置数字信号输入。

WaitDI 指令结构如下：

WaitDI Signal Value

说明：Signal 数据类型为：signaldi。

下面用 WaitDI 指令实现料块的检测，程序创建步骤如下。

①新建名称为"Convery"的程序。

②单击"<SMT>"选择"添加指令"，然后单击"下一个"，如图 3-79 所示。

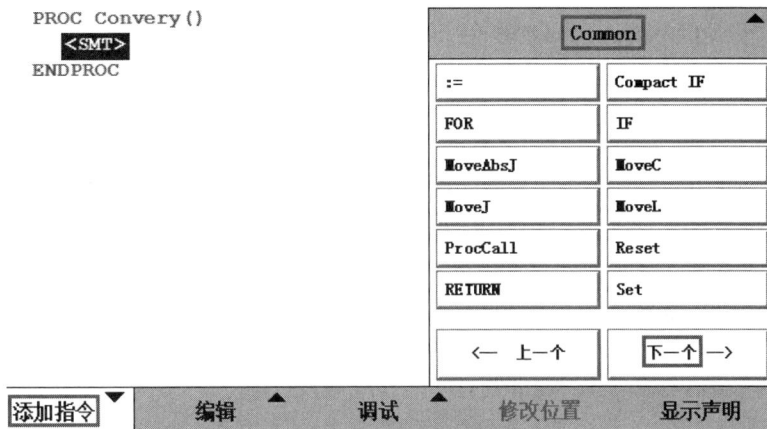

图 3-79　添加指令

③选择"WaitDI"指令，如图 3-80 所示。

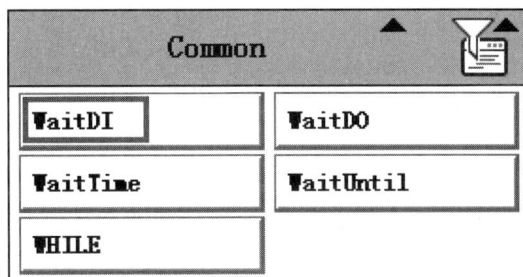

图 3-80　"WaitDI"指令

④选择"DI4"，然后单击"确定"按钮，如图 3-81 所示。创建完成的程序如图 3-82 所示。

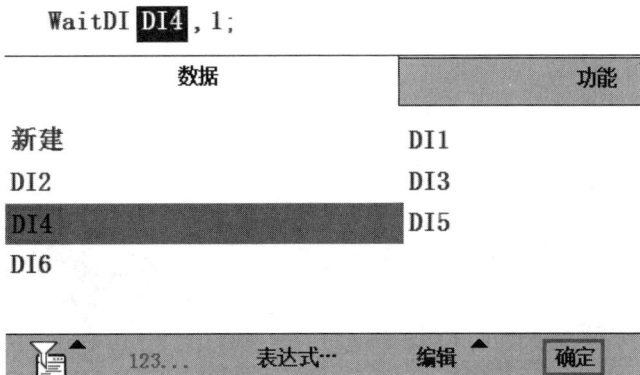

图 3-81　设置等待信号

```
PROC Convery()
   WaitDI DI4, 1;
ENDPROC
```

图 3-82　添加 "WaitDI" 指令后的程序

⑤添加 "Set" 指令，如图 3-83 所示。

```
PROC Convery()
   WaitDI DI4, 1;
   Set DO2;
ENDPROC
```

图 3-83　添加 "Set" 指令

⑥终点位传感器检测到料块以后，停止传送带运行，添加完成的程序如图 3-84 所示。

```
PROC Convery()
   WaitDI DI4, 1;
   Set DO2;
   WaitDI DI5, 1;
   Reset DO2;
ENDPROC
```

图 3-84　添加检测及复位指令后的程序

⑦先手动运行程序，再自动运行。

WaitDO 指令用法同 WaitDI，这里不再赘述。

（二）入库程序创建

当料库 B 处的传感器检测到没有料块时，工业机器人将 D 处的料块搬运到仓库的 B 处，当 B 处的传感器检测到有料块时，工业机器人将 D 处的料块搬运到平面料库的 E 处，如图 3-85 所示。

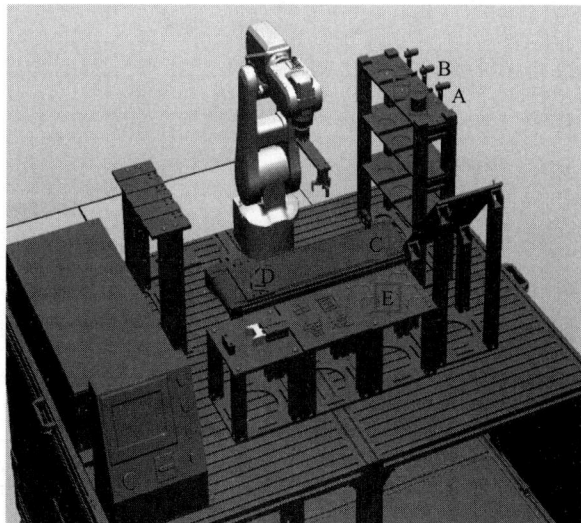

图 3-85　搬运工作站

1. D 处到 E 处的搬运程序

该程序在本项目的任务 1 中已经创建完成，程序名称为"Place_Platform"

2. D 处到 B 处的程序

创建完成后的程序如下所示。

MoveJ p90, v100, fine, Gripper_tool;	抓取接近点
MoveL p80, v20, fine, Gripper_tool;	抓取点
Gripper_close;	调用夹爪闭合程序
WaitTime 0.5;	等待 0.5 秒
MoveL p90, v100, z0, Gripper_tool;	过渡点
MoveJ p120, v100, z0, Gripper_tool;	过渡点
MoveL p130, v20, z0, Gripper_tool;	放置接近点
MoveL p140, v20, fine, Gripper_tool;	放置点
Gripper_open;	调用夹爪打开程序
WaitTime 0.5;	等待 0.5 秒
MoveL p130, v20, z0, Gripper_tool;	过渡点
MoveL p120, v100, z0, Gripper_tool;	过渡点
MoveJ pHome, v100, fine, tool0;	安全点

（三）主程序创建

1. 初始化程序创建

一般在程序的开始都要调用初始化程序，初始化程序用来设定信号的初始值，避免信号使用时发生错乱。

一个项目中的初始化程序一般单独创建在一个程序中，这样其他程序在使用它时可以直接调用。根据本项目的信号，在程序运行前需要将信号 DO2 和 DO3 复位。创建信号名称为"rIntiall"的程序，将上述两个信号复位。程序创建完成后如图 3-86 所示。

```
PROC rIntiall()
  Reset DO2;
  Reset DO3;
ENDPROC
```

图 3-86 初始化程序

2. 总程序调用

总程序创建，用 WHILE 指令。

WHILE 是条件判断指令，用于在给定条件满足的情况下，一直重复执行对应的指令。

WHILE 指令结构为：

WHILE Condition DO

……

ENDWHILE

说明：

①"Condition"为条件。

②评估条件表达式。如果表达式（条件）评估为 TRUE，则执行 WHILE 配块中的指令。

③随后，再次评估条件表达式（条件），如果该评估结果为 TRUE，则再次执行 WHILE 块中的指令。

该过程继续，直至表达式（条件）评估结果为 FALSE。随后，终止迭代，并在 WHILE 块后，根据本指令，继续程序执行。

如果表达式（条件）评估结果在开始时为 FALSE，则不执行 WHILE 块中的指令，且程序控制立即转移至 WHILE 块后的指令。

主程序创建流程如下。

①新建名称为"main"的程序。

②调用初始化程序。

③选择"添加指令"→"Common"→"WHILE"添加 WHILE 指令，如图 3-87 所示。

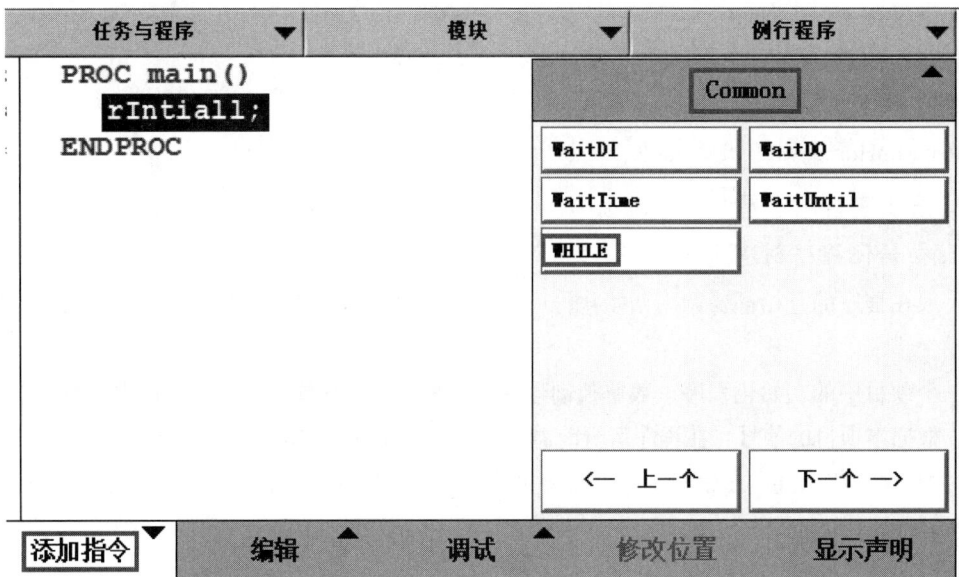

图 3-87　添加 WHILE 指令

④选择"<EXP>",，如图 3-88 所示。

图 3-88　编辑 WHILE 指令

⑤选择"TRUE",如图 3-89 所示。

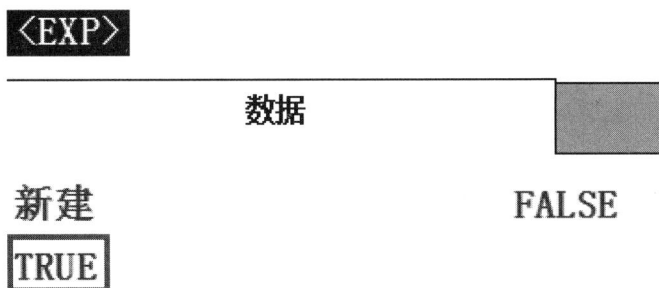

⟨EXP⟩

数据

新建   FALSE
TRUE

图 3-89　信号输入

⑥选择 ⟨SMT⟩,如图 3-90 所示。

```
PROC main()
    rIntiall;
    WHILE TRUE DO
        <SMT>
    ENDWHILE
ENDPROC
```

图 3-90　添加运动指令

⑦然后将已经创建好的程序添加到主程序中,在主程序的最后添加等待时间 0.1 秒,防止机器人系统过载运行,完成后的主程序如图 3-91 所示。

```
PROC main()
    rIntiall;
    WHILE TRUE DO
        Out_Warehouse;
        Convery;
        In_Warehouse;
        WaitTime 0.1;
    ENDWHILE
ENDPROC
```

图 3-91　主程序

⑧先手动运行主程序,再自动运行主程序。

实训3 料块出库码垛编程

实训名称	料块出库码垛编程
实训内容	完成料块的出库码垛。分别将 A、B、C 处的料块出库，经传送带的 D 处传送到 E 处，然后分别码垛到 A_1、B_1、C_1 处，如下图所示。首先完成搬运轨迹规划，然后创建搬运程序，实现料块码垛，程序运行时间不超过 60 秒 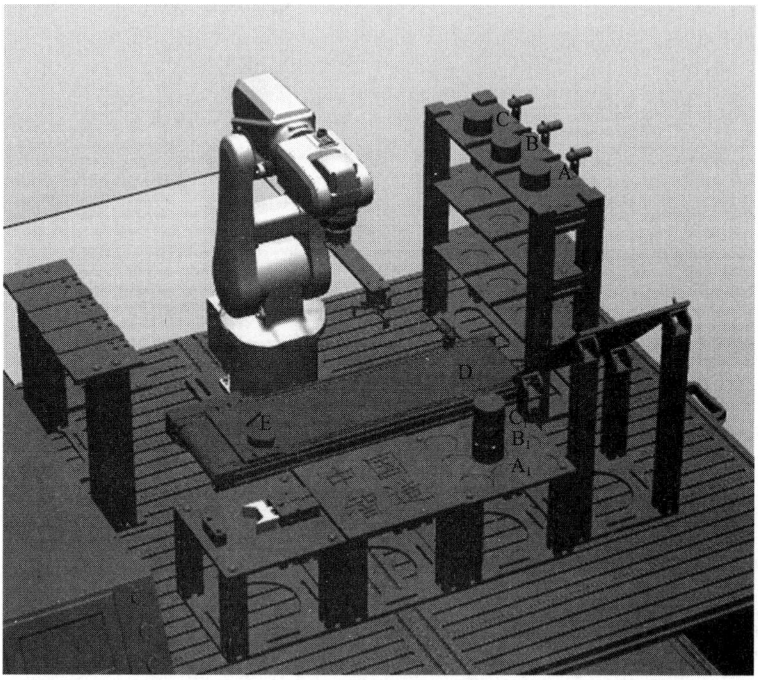
实训目标	1. 掌握搬运点位的轨迹规划； 2. 掌握 WaitDI 指令的应用方法； 3. 能够控制传送带运行及停止； 4. 能够调试程序，实现控制功能
实训课时	10 课时
实训地点	智能制造实训室

实训4　料块斜面搬运编程

实训名称	料块斜面搬运编程
实训内容	用吸盘工具实现斜面物料的搬运，搬运项目如下图所示。将圆形物料从 A 点搬运到 A1 点，三角形物料从 B 点搬运到 B1 点，正方形物料从 C 点搬运到 C1 点。在程序创建过程中，要按照要求完成工业机器人姿态的调整、轨迹的优化、速度及节拍的调整，在 50 秒内完成搬运工作  （a）工作台　　　　　　　（b）搬运料块
实训目标	1. 掌握搬运点位的轨迹规划； 2. 掌握斜面搬运时工业机器人姿态的调整方法； 3. 能够准确示教搬运点位； 4. 能够调试程序，实现控制功能
实训课时	8 课时
实训地点	智能制造实训室

练习题

1.编程练习

（1）当di2信号为1时，工业机器人将输出信号do3置1，分别用IF、WAITDI指令实现。

（2）当di3信号为1时，工业机器人等待3秒后，将输出信号do6置1，否则将输出信号do5置1，用IF指令实现。

2.操作题

将平面料库A1、B1、C1处的料块经过传送带，分别搬运至仓库的A、B、C处。

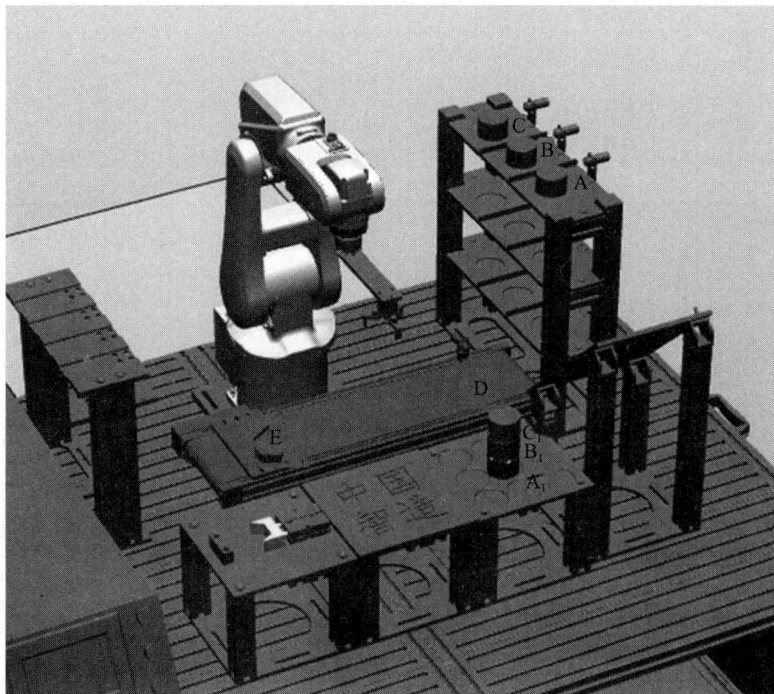

任务完成报告

姓名		学习日期	
任务名称	料块出入库搬运编程		

	考核内容	完成情况
学习自评	1.掌握 IF、WHILE、WAITDI、ProcCall 指令的应用	□好 □良好 □一般 □差
	2.掌握规划搬运轨迹的方法	□好 □良好 □一般 □差
	3.掌握优化轨迹和参数的方法	□好 □良好 □一般 □差
	4.掌握创建主程序的方法	□好 □良好 □一般 □差
学习心得		

任务 3 搬运工作站维护维修

随着工业机器人技术发展，以工业机器人为核心设备的工作站在工业生产制造领域得到越来越广泛的应用。但与此同时，生产要求的复杂性增加，整个系统出现相关故障的可能性也增大。轻的故障会导致产品质量下降和系统停机时间损失，较为严重的故障则可能会导致生产事故出现伤亡。为了避免故障带来的潜在损失和损害，必须对工作站进行日常维护保养，并且在出现故障时能迅速、准确地做出故障诊断，这也是目前生产制造中不可或缺的一个环节，受到越来越多的关注。

针对以上问题，本任务介绍了搬运工作站的维护保养，分析了工作站常见故障和解决方案。

任务要求：

①完成搬运工作站的维护保养。包括三级保养制，结合搬运工作站完成维护保养操作，能对搬运工作站的相关器件或设备定期维护，保证搬运工作站长效高质量运行。

②完成搬运工作站故障检修。能够完成搬运工作站常见故障的处理，包括传送带故障和气缸控制故障的检修。

知识目标：

①熟悉了解设备的三级保养制度；

②掌握搬运工作站维护保养操作；

③掌握搬运工作站常见故障诊断与检修操作。

能力目标：

①能够正确规范地执行搬运工作站维护保养操作；

②能够分析搬运工作站故障并予以排除。

学习内容：

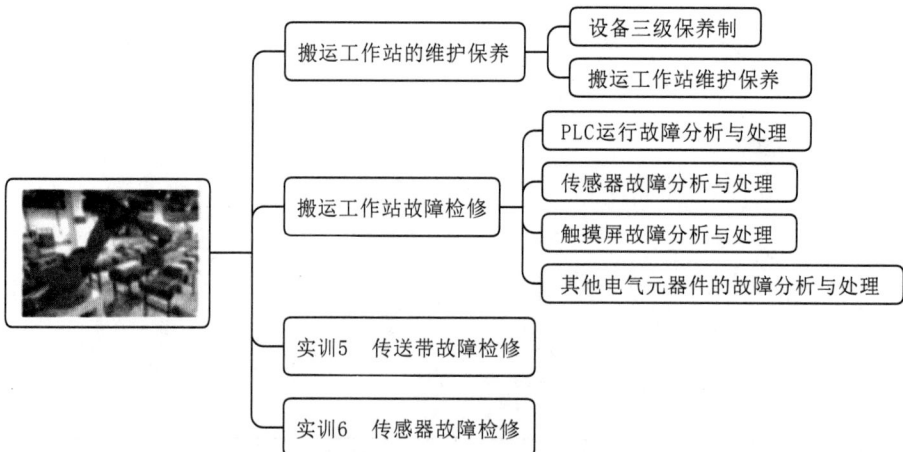

一、搬运工作站的维护保养

（一）设备三级保养制

三级保养制度是我国逐步完善和发展起来的一种以保养为主、保修结合的保养修理制，它能正确处理使用、保养和维修的关系，不允许只用不养、只修不养。

三级保养制将经常性的维护保养工作分为：日常维护保养、一级保养和二级保养这三种级别的保养。

1.日常维护保养

日常维护保养简称日保或例行保养。它是操作工人每天必须进行的保养。主要内容包括：班前班后检查，清洁设备各个部位，检查润滑部位，使设备经常保持润滑清洁；班中认真观察，听诊设备运转情况，及时排除小故障，并认真做好交接班记录。

日常保养周期：每班一次，用时 10~15 分钟。

日常维护保养由设备操作工人当班进行，要做到：班前四件事、班中五注意和班后四件事。

（1）班前四件事

①检查交接班、点检表记录，如表 3-9 所示。

②擦拭设备，按规定润滑加油。

③检查各电源及电气控制开关、各操纵机构、传动部位、挡块、限位开关等运转是否正确、灵活，安全装置是否可靠。

④在启动和试运转时，检查各部位工作情况，有无异常现象和声响。检查结束后，做好记录。

表 3-9　日常维护记录表

设备日常保养记录表											
设备名称：　　设备编号：　　使用场所：											
保养人：　　月度：01											
保养项目	日期										
	1	2	3	4	5	6	…	….	…	30	31
1.运动部位给油是否充分，油管有无破裂											
2.电磁阀运作是否正常，安全光电是否有效											
3.按钮、脚踏开关及急停按钮是否有效											
4.飞轮、全运转是否正常，停止位置是否正常											
5.周围有无异物，机体是否清洁，有无灰尘											
异常情况记录											
备注											

注：保养后用"√"表示日保，"△"表示周保，"○"表示月保，"×"表示有异常情况，并在"异常情况记录"栏予以记录。

（2）班中五注意

①设备的运行声音。

②设备的温度。

③液位、液压、气压、电气系统。

④气压系统，仪表信号。

⑤安全保险是否正常。

在使用过程中设备责任人应注意以下事项：

①严格按照操作规程使用设备，不要违章操作。

②设备上不要放置工、量、夹、刃具和产品等。

③应随时注意观察各部件运转情况和仪器仪表指示是否准确、灵敏，声响是否正常，如有异常，应立即停机检查，直到查明原因并排除为止。

④设备运转时，操作工应集中精力，不要边操作边交谈，更不能开着机器离开岗位。

⑤设备发生故障后，若自己不能排除，应立即与维修工联系；在排除故障时，不要离开工作岗位，应与维修工一起工作，并提供故障的发生、发展情况，共同做好故障排除记录。

（3）班后四件事

①关闭开关，所有手柄放到零位。

②清除铁屑、脏物，擦净设备导轨面和滑动面上的油污，并加油。

③清扫工作场地，整理附件、工具。

④填写交接班记录，办理交接班。

2. 一级保养

一级保养简称一保或定期保养。这是一项有计划、定期进行的维护保养工作。它是以操作工人为主，维修工人辅导，对设备进行局部解体和检查，清洗规定的部位，疏通油路，调整设备各个部位配合间隙，紧固设备的各个部位等一系列的工作。

一级保养周期：设备运转六百小时（1~2 个月），要进行一次一级保养，所用时间为 1h 左右（具体时间视设备不同而有所不同），一保完成后应详细填写记录并注明未清除的缺陷，由车间机械员验收，验收单交设备科存档，如表 3-10 所示。

一保的主要目的：减少设备磨损，消除隐患，延长设备使用寿命，为完成到下次设备一级保养期间的生产任务在设备方面提供保障。

表 3-10　一级保养维护记录表

设备名称	智能制造装备	设备编号	SYJY-01	设备负责人 / 操作人
保养类别	一级保养	保养周期	1 次 / 3 个月	上次保养 日期
保养内容	以清洁、润滑、紧固为主，检查操纵、指示用仪器、仪表、安全部位、各种阀门、润滑油平面。检查运动部件的润滑油状况，清洗各类滤清器，检查安全机件的可靠性，消除隐患，调整易损零部件的配合状况，旋转运动部位的磨损程度			

	保养项目	完成情况	备注（换件等）
1	清扫控制柜内部		
2	检查显示板显示是否准确，检查风冷却系统是否运转正常		
3	检查各电器开关、按钮是否灵活、可靠。修复或更换损坏的元件。检查压力表是否正常、准确；校验显示不准确的压力表		
保养人	保养后验收意见		
保养日期	审批意见／签字		

3. 二级保养

二级保养简称二保。这是以维修工人为主，操作工人参加，对设备的规定部位进行分解检查和修理。其内容除一保内容外，还要对设备进行部分解体检查修理，以及更换磨损件，对润滑系统清洗、换油，对电气系统进行检查和修理，使设备的技术状况全面达到规定设备完好标准的要求。

二级保养周期：设备运转三千小时（6~12 个月），要进行一次二级保养，所用时间为 7 天左右（具体时间视设备不同而有所不同），二保完成后，维修工人应详细填写检修记录，由车间机械员和操作者验收，验收单交设备科存档。

二保的主要目的：使设备达到完好标准，提高和巩固设备完好率，延长大修周期。

4. 三级保养制要求

实行"三级保养制"，操作工人必须对设备做到"四会""四项要求"并遵守"五项纪律"。

（1）"四会"

①会使用：熟悉设备结构，掌握设备的技术性能和操作方法，懂得加工工艺，正确使用设备。

②会保养：正确地加油、换油，保持油路畅通，油线、油毡、滤油器清洁，认真清扫，保持设备内外清洁，零件无油垢、无脏物，漆见本色、铁见光。按规定进行一级保养工作。

③会检查：了解设备精度标准，会检查与加工工艺有关的精度检验项目，并能进行适当调整。会检查安全防护和保险装置。

④会排除故障：能通过不正常的声音、温度和运转情况，发现设备的异常状况，并能判断异常状况的部位和原因，及时采取措施。发生事故，要进行分析，明确事故原因，吸取教训，制定预防措施。

（2）"四项要求"

①整齐：工具、工件、附件放置整齐，安全防护装置齐全，线路管道完整。

②清洁：设备内外清洁，设备零件无油垢、无碰伤，各部位不漏油、不漏水，垃圾清扫干净。

③润滑：按时加油换油，油质符合要求，油壶、油枪、油杯齐全，油毡、油线、油标清

楚，油路畅通。

④安全：实行定人、定机，熟悉设备结构和遵守操作规程，合理使用、认真保养，不超负荷使用设备，设备的安全防护装置齐全可靠，及时消除不安全因素，不出事故。

（3）"五项纪律"

①定人定机使用设备，遵守安全操作规程。

②经常保持设备清洁，并按规定加油，合理润滑。

③遵守交接班制度。

④管好工具、附件，不得丢失。

⑤发现故障，立即停机，自己不能处理的应及时报告。

（二）搬运工作站维护保养

搬运工作站的主要设备主要包括工业机器人、电气控制柜、气动装置、工装夹具、传送带、物料仓库等。针对搬运工作站各主要设备的三级保养内容如表3-11所示。

表3-11　搬运工作站三级保养

项目	保养等级		
	日常保养	一级保养	二级保养
工业机器人	（1）外表检查，无损伤污垢； （2）外围管线及电气附件安装检查； （3）通电运行检查	（1）控制柜检查：尘土、接线等； （2）机械部件连接检查	（1）减速机检查； （2）齿轮箱检查
电气控制柜	（1）外观检查，接线整齐、无损伤裸露导线等； （2）电气短路检查； （3）电气柜通电检查	电气线路、电气元器件的定期检查	—
气动装置	（1）气动管路检查，无破损、无松动脱落； （2）气泵压力检查； （3）电磁阀手动测试检查	（1）气动管路与接口老化检查； （2）空压机检查	—
工装夹具	（1）外观检查； （2）不同工具的放置位置检查	快换接口磨损性检查	—
传送带	（1）外观检查，安装整齐牢固； （2）运行检查，无卡阻现象； （3）传感器检查	皮带磨损性检查	—
物料仓库	（1）外观检查，安装牢固无倾斜； （2）物料检测传感器检查	—	—

1. 工业机器人维护保养

工业机器人本体的维护维修在项目2任务3中已经详细讲解了，所以本节不再赘述，只对工业机器人在工作站中的维护保养做一些补充。

（1）日常保养

日常保养的主要内容包括机器人操作者在开机前，对设备进行点检，确认设备的完好性以及机器人的原点位置。在工作过程中注意机器人的运行情况，包括油标、油位、仪表压力、指示信号、保险装置等，还要注意清理整理现场和清扫设备。如表 3-12 所示为几种典型的日常保养检查项目。

表 3-12　日常保养检查

序号	检查项目	检查点
1	异响检查	检查各传动机构是否有异常噪声
2	干涉检查	检查各传动机构是否运转平稳
3	风冷检查	检查控制柜后台风扇是否通风顺畅
4	管线附件检查	是否完整齐全，是否磨损，有无锈蚀
5	外围电气附件检查	检查机器人外部线路、按钮是否正常
6	泄漏检查	检查润滑油供排油口处有无泄漏润滑油

（2）一级保养

一级保养分为：控制柜保养维护和机器人本体的维护（在此不再讲解，具体见项目 2，任务 3，二、工业机器人日常维护保养）。

按照表 3-13 所示方法执行定期维护，能够使持机器人的性能保持最大化。

表 3-13　一级保养检查

序号	检查项目	检查点
1	控制单元电缆	检查示教器电缆是否存在不恰当扭曲
2	控制单元的通风单元	如果通风单元脏了，切断电源，清理通风单元
3	机械单元中的电缆	检查机械单元
4	各部件的清洁和检修	检查部件是否存在问题，并处理
5	外部主要螺钉的紧固	上紧末端执行器螺钉、外部主要螺钉

注释：

①关于清洁部位，主要是在平衡缸连接处、轴杆周围、机械手腕油封处清洁切削和飞溅物。

②关于紧固部位，主要包括末端执行器安装螺钉、机器人设置螺钉、因检修等而拆卸的螺

钉、露出于机器人外部的所有螺钉。

（3）二级保养

二级保养检查如表 3-14 所示。

表 3-14　二级保养检查

序号	检查项目	检查点
1	更换减速机和齿轮箱的润滑油	按照润滑要求进行更换
2	更换手腕部的润滑油	按照润滑要求进行更换

2. 电气控制柜维护保养

（1）日常保养

上电前检查，包括以下项目。

①检查工业机器人姿态是否在原点位置，若没有在原点位置，只给工业机器人上电，利用示教器手动调整工业机器人回到原点位置。

②检查各个功能模块单元，安装位置是否有变动，安装固定是否牢固。

③检查气动管线是否整齐，有无凌乱现象。

④检查控制柜接线是否整齐，有无电线裸露及脱落现象。

⑤检查控制柜、触摸屏支架上的航插是否均已连接牢固，有无脱落现象，如图 3-92 所示。

图 3-92　电气柜外部导线航插连接

⑥检查电气控制系统各元器件是否处于初始状态，例如断路器处于断开状态，触摸屏模块上的电源旋钮开关处于断开状态，如图 3-93 所示。

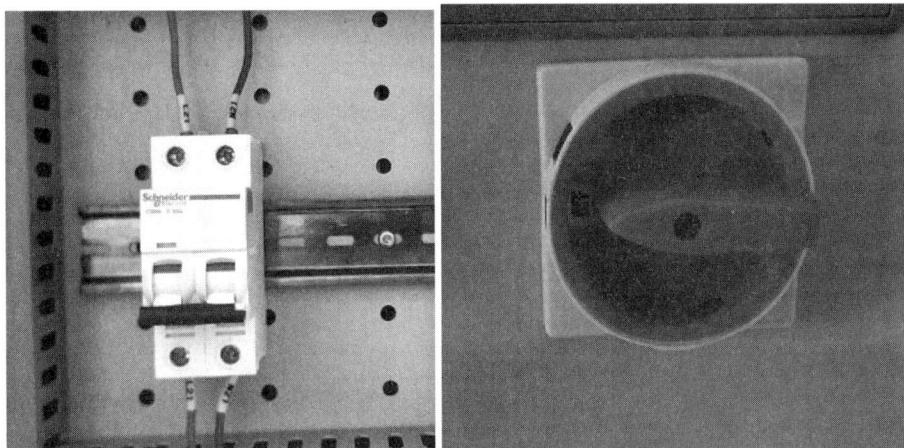

图 3-93 电源开关

⑦检查电气线路，保证线路无短路现象。将万用表打到短路检测挡，检查断路器出线端是否有短路现象，如图 3-94 所示。检查直流开关电源出线端是否有短路现象，如图 3-95 所示。

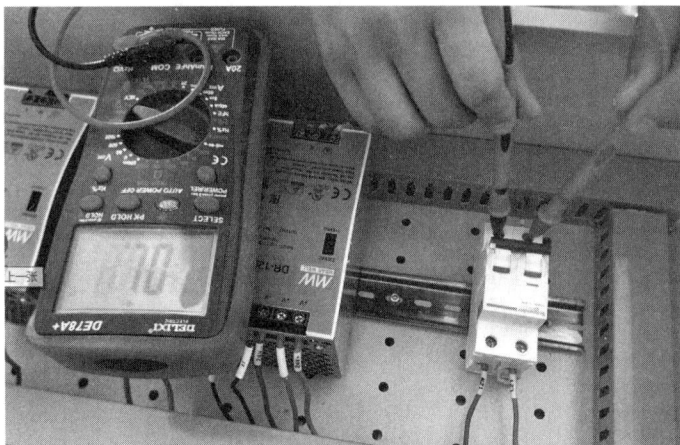

图 3-94 断路器出线端短路检测

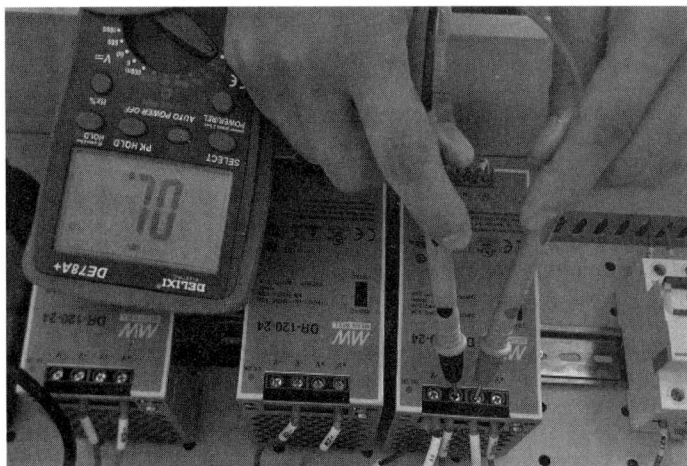

图 3-95 直流电源出线端短路检测

通电检查，包括以下项目。

①系统上电，带气泵打压完毕后，检查气路系统是否有漏气现象（利用听觉检查法）。

②系统上电，检查控制柜内各设备指示灯是否显示，例如 PLC 模块显示灯，触摸屏，开关电源显示灯，以太网交换机指示灯，以及电源指示灯（位置触摸屏模块面板上），如图 3-96 所示。

图 3-96　面板指示灯

（2）一级保养

①检查接地，要求接地电阻不大于 4Ω。

②检查主回路连接线接头和接线柱有无松动、发热和变色现象；控制回路连接线有无松动脱落现象；空气开关、接触器等动静触头有无断裂、烧蚀或接触不良等现象；电磁铁线圈外表的绝缘以及机械部件的动作是否可靠。

③检查主回路和控制回路的相关线路有无老化、锈蚀、破损现象。

④用软刷或吹风（不能用压缩空气）清除插件和全部零件上的积尘。不能用潮湿的抹布或溶剂擦拭电器元器件。

⑤检查控制柜的仪表、指示灯（信号灯）是否完全无损，指示是否准确有效。

⑥检查控制柜（箱）的门、锁是否正常，是否有门脱落、变形无法关闭、锁具失效等现象。

3. 气动装置维护保养

（1）日常保养

①保持气动系统的密闭性。漏气不仅会增加能量的消耗，也会导致供气压力下降，甚至造

成气动元件工作失常。严重的漏气会有较大的声响，轻微的漏气则可利用仪表或用涂抹肥皂水的方法进行检查。

②保证气动装置具有合适的工作压力和运动速度调节工作压力时，压力表应当工作可靠，读数准确。减压阀与节流阀调节好后，必须紧固调压阀盖或锁紧螺母，防止松动。

③气动元件的定检。气动元件的定检主要是彻底处理系统的漏气现象，如更换密封元件，处理管接头或连接螺钉松动。

（2）一级保养

对一般用户，提供一些压缩机维护建议，用户可参考实行。

每周：

（a）检查机组有无异常声响和泄漏；

（b）检查仪表读数是否正确；

（c）检查温度显示是否显示正常。

每月：

（a）检查机内是否有锈蚀、松动之处，如有锈蚀则去锈上油或涂漆，松动处上紧；

（b）排放冷凝水。

每三个月：

（a）清除冷却器外表面及风扇罩、扇叶处的灰尘；

（b）加注润滑油于电动机轴承上；

（c）检查软管有无老化、破裂现象；

（d）检查电器元件，清洁电控箱。

维修及更换各部件时必须确定：空压机系统内的压力都已释放，与其他压力源已隔开，主电路上的开关已经断开，且已做好不准合闸的安全标识。

①清洁冷却器。空压机每运行 2000 小时左右，为清除散热表面灰尘，需将风扇支架上的冷却器吹扫孔盖打开，用吹尘气枪对冷却器进行吹扫，直至散热表面灰尘吹扫干净。若散热表面污垢严重，难以吹扫干净，可将冷却器卸下，倒出冷却器内的油并将四个进出口封闭以防止污物进入，然后用压缩空气吹除两面的灰尘或用水冲洗，最后吹干表面的水渍，装回原位。

切记：勿用铁刷等硬物刮除污物，以免损坏散热器表面。

②排放冷凝水。空气中的水分可能会在油气分离罐中凝结，特别是在潮湿天气，当排气温度低于空气的压力露点或停机冷却时，会有更多的冷凝水析出。油中含有过多的水分将会造成润滑油的乳化，影响机器的安全运行，如：

（a）压缩机主机润滑不良；

（b）油气分离效果变差，油气分离器压差变大；

（c）引起机件锈蚀。

因此，应根据湿度情况制定冷凝水排放时间表。

4. 夹具维护保养

对夹具的维护和保养周期为 1 次 / 天，点检元件名称和点检内容如表 3-15 所示。

表 3-15　夹具点检

元件名称	点检内容
夹具表面	夹具表面清洁，无灰尘、杂物等，夹具上各按钮无损坏、残缺及凸凹槽应清洁
螺栓	螺栓无松动、脱落
定位销	定位销准确，夹持稳定
基准面	基准面贴合良好，夹持稳定

5. 其他部分维护维修

其他部分主要包括传送带模块、物料仓储模块。检查各模块安装是否牢固，外观是否有损坏、整洁，各模块的传感器安装位置是否准确牢固。

二、搬运工作站故障检修

（一）PLC 运行故障分析与处理

PLC 在智能制造装备中起着非常重要的作用。因此，为保证智能制造装备的正常运转，PLC 一旦出现故障，应尽快排除。

一般来说，PLC 是极其可靠的设备，出故障率很低，通常情况下，一般是由于外围设备的原因造成故障。常见故障如下：

（1）PLC 无法启动

PLC 外部电源故障，没有额定的功率输入。PLC 电源（电源模块）出错。

检查和处理方法：用万用表测量电源输入额定电压。如果电源正常，检测 PLC 部分的电源，如果是非常专业的技术人员，可以拆除设备进行维护。否则，请送到维修中心。

如果 PLC 模块的电源正常，检查 PLC 模块是否处于 RUN 模式，若 PLC 模块处于 STOP 模式，在博途软件中，联机 PLC 模块后，在菜单栏中点击"启动按钮"，如图 3-97 所示。

图 3-97　PLC 启动按钮

（2）PLC 输入信号开始后没有输出执行

主要查看 PLC 运行灯，是否有输入指示。如果输入信号有指示，但输出没有动作，有以下两种原因：

①如果 PLC 输出端有信号响应，说明输出端信号线松动，或者接线错误；

②如果 PLC 输出端无信号响应，检查系统是否因故障停止，或者程序编写错误。

（二）传感器故障分析与处理

检查各传感器信号是否正常，主要包括物料仓库检测传感器，传送带上物料检测传感器，安全光栅。

1. 正常状态

将物料放入指定的物料仓库，PLC 模块的输入端是有信号，拿开物料模块，PLC 模块的

输入端信号消失,如图 3-98 所示。

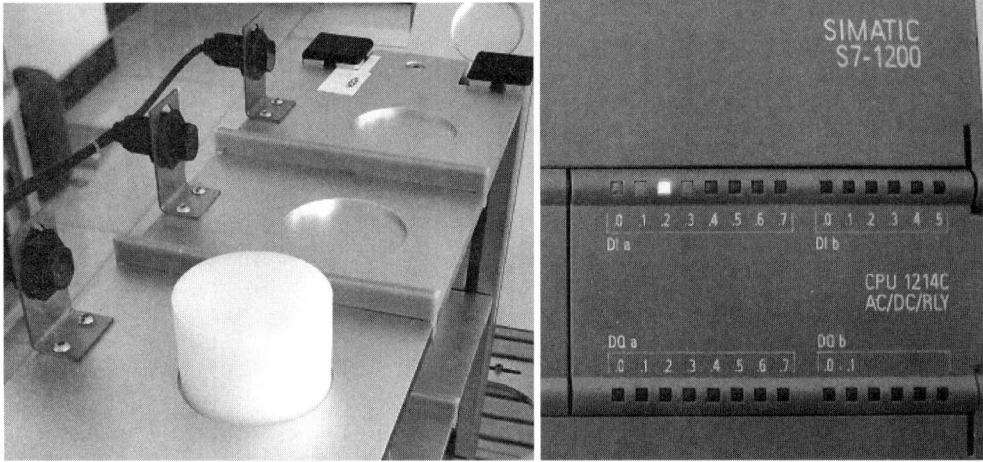

图 3-98　物料检测传感器

将物料放入传送带前端,PLC 模块的输入端有信号,如图 3-99 所示,将物料放入传送带后端,PLC 模块的输入端信号消失,如图 3-100 所示。

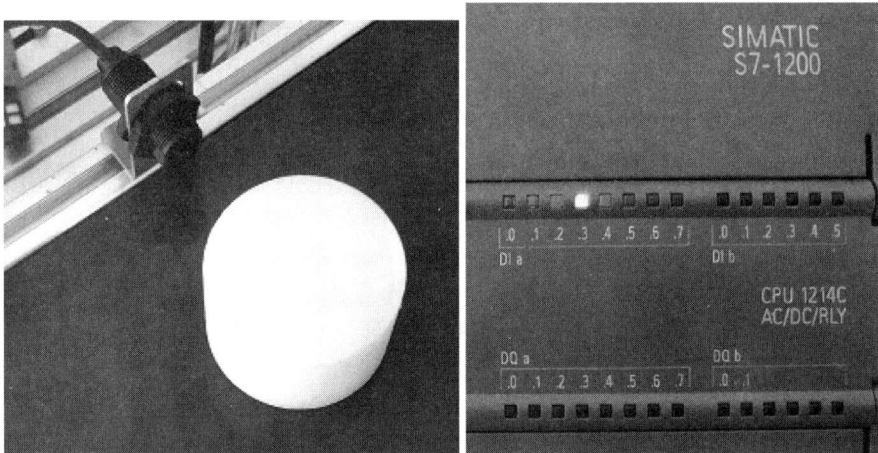

图 3-99　传送带前端检测传感器检测

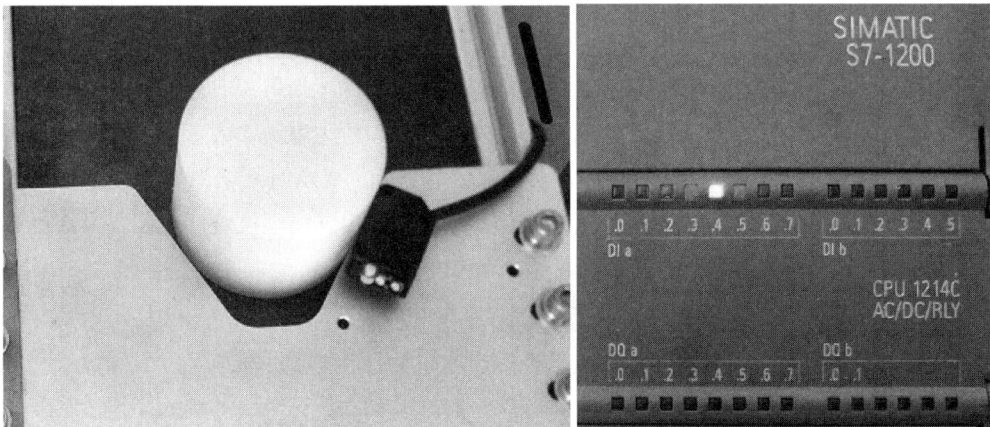

图 3-100　传送带后端检测传感器

用手或其他物体遮挡光栅，PLC 模块的输入端有信号，将物体拿开，PLC 模块的输入端信号消失，如图 3-101 所示。

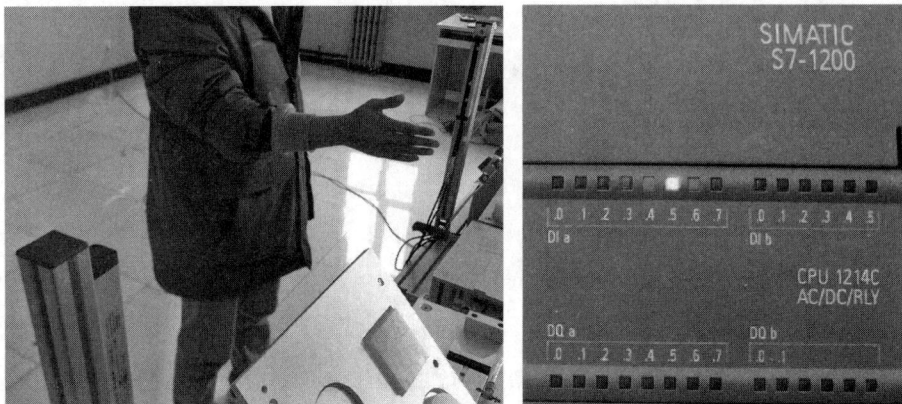

图 3-101　安全光栅传感器检测

2. 常见故障

传感器前端有物料模块时，PLC 模块的输入端没有信号显示，造成此故障一般有两种原因：

①传感器安装位置不正确。因为物料检测传感器都有一定的检测距离，当料块与传感器之间的距离过大时，传感器无法检测到料块；所以要调整传感器的安装位置，使传感器探头与料块之间距离小于检测距离。

②电气接线不正确。一般电气控制柜的柜内接线均由设计人员严格设计，专业电工接线，错误率很低；接线不正确主要是指电气线路某接线端子脱落或连接不牢固。

（三）触摸屏故障分析与处理

触摸屏如果没有严重磕碰或撞击，其本体的损坏率很低，一般故障主要是外围连接信号错误。常见的故障及处理方法如下。

1. 触摸屏上电后，屏幕没有显示

这种情况有以下两种原因：

①触摸屏电源接线错误。检查触摸屏电源是否为 24V 直流电源，正负极是否接反，通常情况下，电源的正负极接反的现象比较常见。

②触摸屏电源供电电压等级错误。工业控制领域中常用的电压等级一般有三种：交流电源 220V 和 380V，直流电源 24V；通常情况下，触摸屏电源一般为直流 24V。所以检查触摸屏的电源供电是否接到交流 220V 上，如果接到了 220V 电源上，要及时断电，然后接上 24V 电源并检查触摸屏是否显示正常，如果不能正常显示，则说明触摸屏已经被烧坏，需要重新更换。

2. 触摸屏上不能显示智能制造装备的工作状态，也不能控制 PLC 运行

因为触摸屏与外界设备的联系，均通过通信线与 PLC 信息交互。检查 PLC 与触摸屏的通信以太网线是否连接牢固，通信以太网线是否损坏。如果通信正常，触摸屏以太网接口和 PLC 的以太网接口均有指示灯闪亮。

3. IP地址设置不正确

西门子触摸屏与S7-1200PLC通过以太网通信，两者的IP地址需要在同一个网段，所以要修改两个设备的IP地址。具体设置方法参照项目5。

（四）其他电气元器件的故障分析与处理

1. 断路器常见故障

①闭合断路器时，断路器跳闸：电气控制线路有短路现象，需用万用表逐步排查。

②闭合断路器后，电气系统没有电：用万用表检查断路器前后端是否有电压；若前后端均无电压，说明外部供电没有接通；若断路器前端有电压而后端没有电压，说明断路器损坏，专业人员可以拆开断路器进行修理，非专业人员需要更换断路器。

2. 直流开关电源常见故障

直流开关电源最常见的故障有两类：一类是开关电源损坏，另一类是外部接线错误。

系统上电后，如果发现24V供电的设备不能工作，检查开关电源是否正常。检查方法如下：

用万用表分别测量开关电源前后端电压是否正常，前端电压为交流220V，后端电压为直流24V。

①如果前端电压正确，后端电压不正确，检查前端火线和零线是否接反。若接线正确无误，说明开关电源损坏。

②如果前后端电压数值均正确，检查开关电源后端24V电源的输出正负极是否接反。

实训5　传送带故障检修

实训名称	传送带故障检修
实训内容	识读机器人工作站传送带控制电气图纸，排除传送带无法启动的原因并排除故障 传送带
实训目标	1.能够识读传送带控制电气原理图； 2.能够分析传送带无法启动的原因； 3.能够使用万用表检测出故障位置
实训课时	6课时
实训地点	智能制造实训室

实训6　传感器故障检修

实训名称	传感器故障检修
实训内容	 识读机器人工作站传感器控制电气图纸，排除传感器无法启动的原因并排除故障
实训目标	1.能够识读传感器控制电气原理图； 2.能够分析传感器无法启动的原因； 3.能够使用万用表检测出故障位置
实训课时	6 课时
实训地点	智能制造实训室

练习题

1. 工业机器人的日常检查主要包括哪些内容？

2.搬运工作站气动系统维修的要点是什么？

3.IRB120 工业机器人本体、控制器和示教器之间是如何电气连接的？

4.如何检测搬运工作站中物料检测传感器是否正常？

任务完成报告

姓名		学习日期	
任务名称	搬运工作站维护维修		
学习自评	考核内容		完成情况
	1.能够完成工作站的保养		□好　□良好　□一般　□差
	2.能够掌握故障排除的思路		□好　□良好　□一般　□差
	3.能够完成传送带故障的排除		□好　□良好　□一般　□差
	4.能够完成气缸故障的排除		□好　□良好　□一般　□差

学习心得	

项目4　工业机器人雕刻应用编程

在智能制造工作场景中，工业生产所用的复杂程序一般都是先在软件中创建，然后将程序加载到实际控制系统中，这样既可以节省现场编程调试的时间，又能够保证产品加工的精度。

本项目我们以智能制造系统中的工业机器人为核心装备，在离线编程软件中生成现场工业机器人能够运行的复杂程序并进行调试。本项目所用到的智能制造装备实训台中的设备如图4-1所示，要雕刻的模型如图4-2所示。

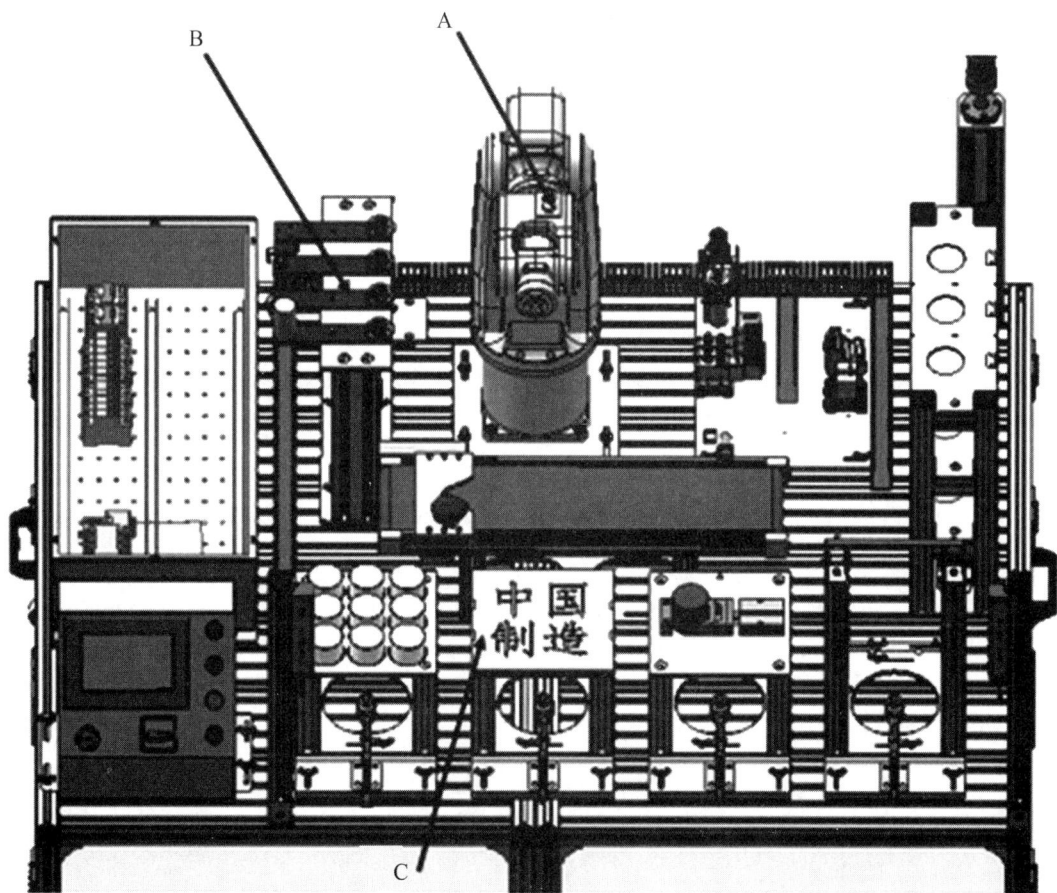

图4-1　智能制造装备实训工作台

A—工业机器人；B—雕刻工具；C—雕刻模型

本项目要实现的目标：

①完成工作站布局。按照项目要求在离线编程软件中布局雕刻工作站，包括导入模型、调节位置、创建系统等工作任务。

②根据布局的工作站完成"中"字雕刻程序创建。

③完成程序的现场调试。将创建的离线程序加载到真实的工业机器人中，真机运行，完成雕刻任务。

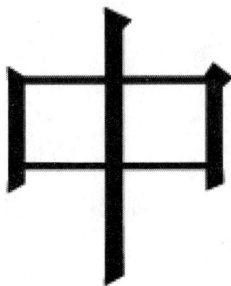

图 4-2　"中"字轨迹模型

将本项目分为以下两个任务：

任务 1　雕刻工作站的构建

①介绍离线编程的概念及其应用。

②介绍离线编程在工业上的实际应用。

③创建雕刻工作站。介绍工业机器人、工具及外围设备的加载方法及流程，工业机器人系统的创建。

任务 2　工业机器人雕刻编程及调试

①轨迹曲线与路径的创建。根据模型创建轨迹曲线，自动生成运动路径。

②目标点的调整与轴配置参数设置。调整生成的目标点，完成工业机器人雕刻轨迹的优化。

③联机调试。标定工具坐标和工件坐标，使软件中参数与硬件统一，达到联机调试的目的。

任务 1　雕刻工作站的构建

本任务的最终目标是完成工业机器人雕刻工作站的构建，雕刻工作站如图 4-3 所示。

任务要求：

①完成工作站的创建，工作站命名为"Carving_Station"，布局工作站完成工业机器人、雕刻工具、雕刻工作台、雕刻模型的加载及位置调整。

②完成工业机器人系统创建，工业机器人系统命名为"Carving_system"。

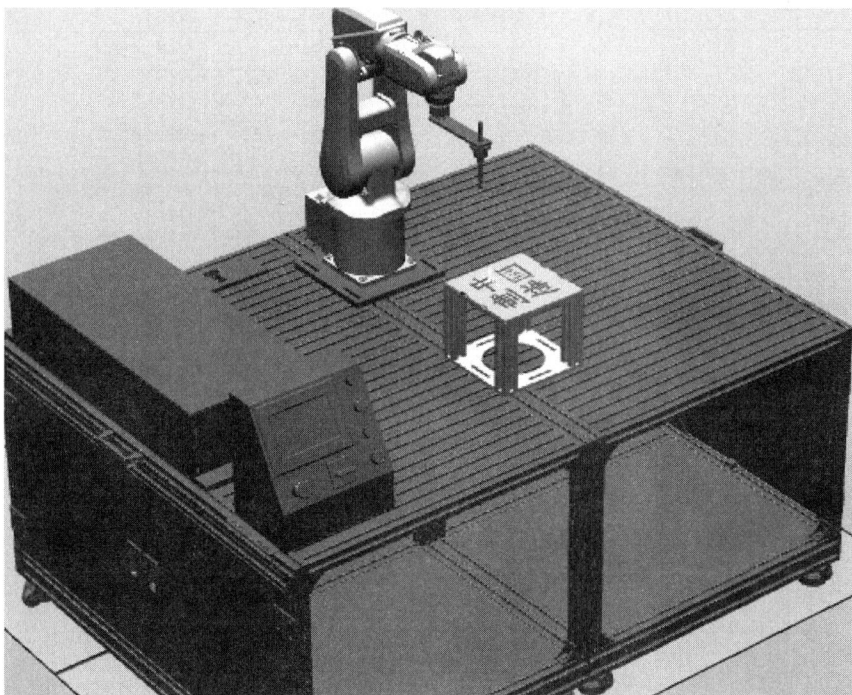

图 4-3　工业机器人雕刻工作站

知识目标：

①了解工业机器人离线编程的概念；

②掌握离线编程的应用；

③了解软件的功能；

④掌握工业机器人离线编程工作站的构建。

能力目标：

①能够理解离线编程的概念；

②能够说出离线编程的应用；

③能够构建工作站并创建系统。

学习内容：

```
                    ┌─ 离线编程概念
                    │
                    │                    ┌─ 打磨领域
                    │                    │
                    ├─ 离线编程应用 ──────┤─ 喷涂领域
                    │                    │
                    │                    ├─ 激光切割领域
                    │                    │
                    │                    └─ 去毛刺领域
                    │
                    │                              ┌─ 常用离线编程软件介绍
                    ├─ 离线编程软件及其功能介绍 ────┤
                    │                              └─ RobotStudio软件功能介绍
                    │
                    │                    ┌─ 新建工作站
                    │                    │
                    │                    ├─ 加载工业机器人及其工具
                    ├─ 创建雕刻工作站 ────┤
                    │                    ├─ 加载外围设备
                    │                    │
                    │                    └─ 创建工业机器人系统
                    │
                    └─ 实训1　激光切割工作站构建
```

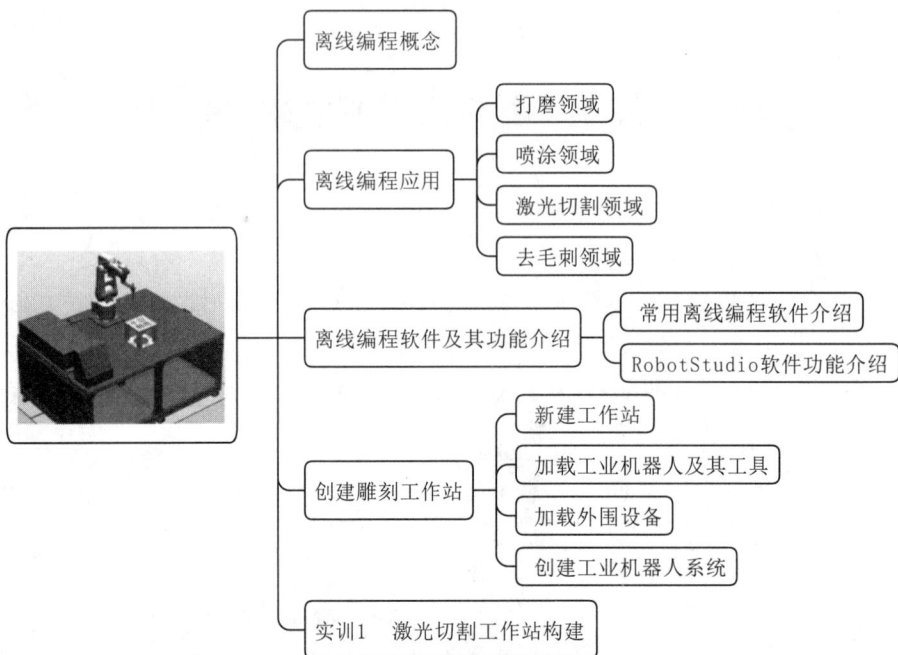

一、离线编程概念

工业机器人离线编程是使用软件在计算机中构建整个工作场景的三维虚拟环境，根据加工零件的大小、形状，同时配合软件操作者的一些操作，自动生成工业机器人的运动轨迹，即控制指令，然后在软件中仿真与调整轨迹，最后生成离线程序并传输给工业机器人。

二、离线编程应用

工业机器人离线编程技术主要应用于工业机器人复杂轨迹生成，广泛应用在打磨、喷涂、激光切割、去毛刺等领域。

（一）打磨领域

图4-4（a）所示为在离线编程软件中，通过模型的外部轮廓直接生成工业机器人切割程序；图4-4（b）所示为把程序下载到工业机器人控制器后，工业机器人对工件进行打磨操作。

（a）打磨（离线编程）　　　　　　　　　（b）打磨（实体工业机器人）

图4-4　打磨工作站

（二）喷涂领域

图 4-5（a）所示为在离线编程软件中进行工业机器人喷涂轨迹的规划，生成对应程序；图 4-5（b）所示为把程序下载到实际的工业机器人控制器后，由工业机器人进行喷涂操作。

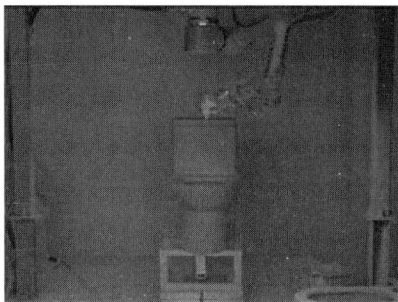

（a）喷涂（离线编程）　　　　　　（b）喷涂（实体工业机器人）

图 4-5　喷涂工作站

（三）激光切割领域

图 4-6（a）所示为在离线编程软件中，通过模型的外部轮廓生成工业机器人切割程序；图 4-6（b）所示为把程序下载到工业机器人控制器后，对工件进行激光切割。

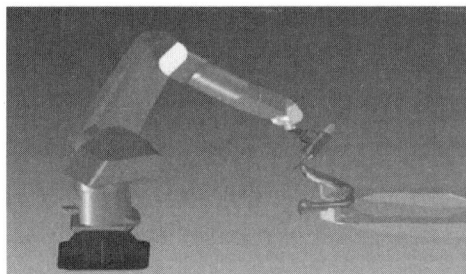

（a）激光切割（离线编程）　　　　（b）激光切割（实体工业机器人）

图 4-6　激光切割工作站

（四）去毛刺领域

图 4-7（a）所示为在离线编程软件中，通过对模型的操作直接生成去毛刺的轨迹程序；图 4-7（b）所示为把程序下载到工业机器人控制器后，工业机器人按照软件编写的程序对工件的毛刺进行处理。

（a）去毛刺（离线编程）　　　　　（b）去毛刺（实体工业机器人）

图 4-7　去毛刺工作站

思考：工业机器人离线编程的应用除了教材中所讲到的领域，还有哪些领域？

三、离线编程软件及其功能介绍

活动：学生分组上网查资料，制作PPT讲解常用的离线编程软件及其特点。

1.常用离线编程软件介绍

工业机器人离线编程与仿真软件是工业机器人应用与研究不可缺少的工具，常用离线编程与仿真软件有以下几种。

（1）RobotMaster

RobotMaster是加拿大的离线编程软件，支持市场上绝大多数机器人品牌（KUKA、ABB、Fanuc、Motoman、史陶比尔、珂玛、三菱、DENSO、松下等），RobotMaster在Mastercam中无缝集成了机器人编程、仿真和代码生成功能，提高了机器人编程速度。

RobotMaster离线编程软件界面如图4-8所示。

图4-8　RobotMaster软件界面

技术特点及优势：按照产品数模生成程序，优化功能，运动学规划和碰撞检测比较精确，并支持复合外部轴组合系统。

应用领域：切割、铣削、焊接、喷涂等领域。

（2）DELMIA

DELMIA是达索旗下的CAM软件。DELMIA/IGRIP是专业机器人模拟软件，利用IGRIP可快速和图形化地构造各种应用工作单元作业，同时 DELMIA/IGRIP 能很容易导入 CAD 数据，自动碰撞侦测功能可避免被破坏，减小风险。DELMIA 离线编程仿真软件界面如图 4-9 所示。

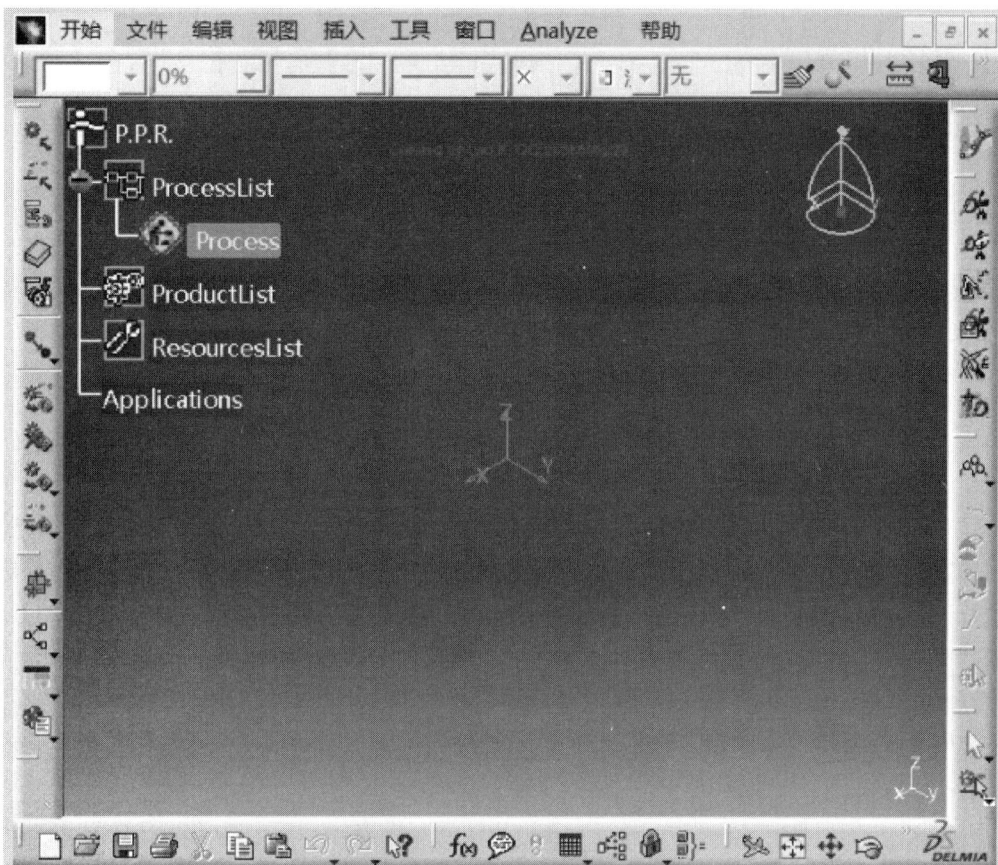

图 4-9　DELMIA 软件界面

技术特点及优势：DELMIA 能向随需应变（on-demand）和准时生产（just-in-time）的制造流程提供完整的数字解决方案，使制造厂商缩短产品上市时间，同时降低生产成本，促进产品创新。DELMIA 数字制造解决方案可以使制造部门设计数字化产品的全部生产流程，在部署任何实际材料和机器之前进行虚拟演示。其与 CATIA 设计解决方案、ENOVIA 和 SMART-EAM 的数据管理和协同工作解决方案紧密结合，给 PLM 的客户带来了实实在在的益处。结合这些解决方案，使用 DELMIA 的企业能够提高贯穿产品生命周期的协同、重用和集体创新的机会。

应用领域：涵盖汽车领域的发动机、总装和白车身 (body-in-white)，航空领域的机身装配、维护维修，以及一般制造业的制造工艺。

（3）RobotArt

RobotArt 是目前国内品牌离线编程软件中比较好的一款软件。软件根据几何数模的拓扑信息生成机器人运动轨迹，以及轨迹仿真、路径优化、后置代码等，同时集碰撞检测、场景渲染、动画输出于一体，可快速生成效果逼真的模拟动画。RobotArt 软件的界面如图 4-10所示。

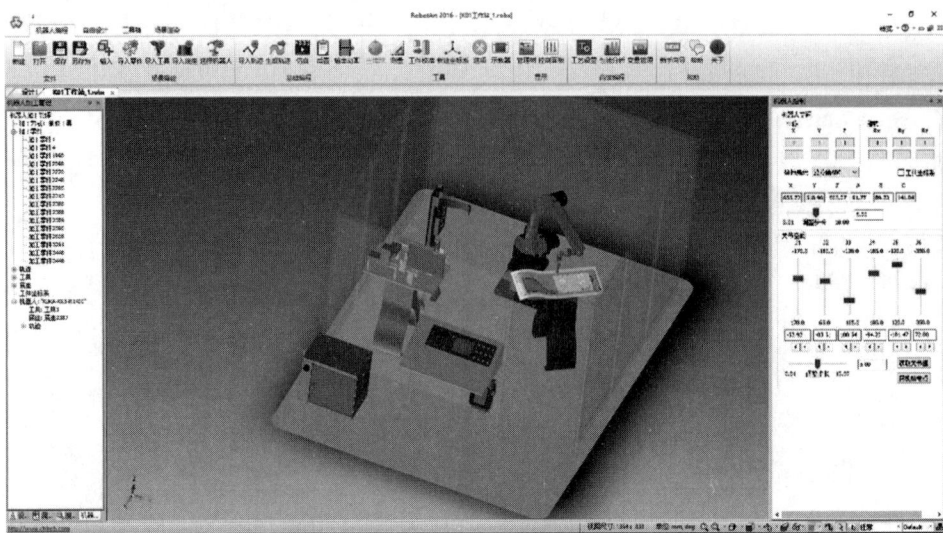

图 4-10　RobotArt 软件界面

技术特点及优势：支持多种格式的三维 CAD 模型。支持多种品牌工业机器人离线编程操作，如 ABB、KUKA、Fanuc、Yaskawa、Staubli、KEBA 系列、新时达、广数等。拥有大量航空航天高端应用经验。自动识别与搜索 CAD 模型的点、线、面信息生成轨迹。轨迹与 CAD 模型特征关联，当模型移动或变形时，轨迹自动变化。支持多种工艺包，如切割、焊接、喷涂、去毛刺、数控加工。

应用领域：打磨、去毛刺、焊接、激光切割、数控加工等领域。

（4）RobotStudio

RobotStudio 是瑞士 ABB 公司与其工业机器人设备配套的，基于 Windows 操作系统开发的仿真软件，具有强大的离线编程和仿真功能及友好的操作界面。RobotStudio 软件界面如图 4-11 所示。

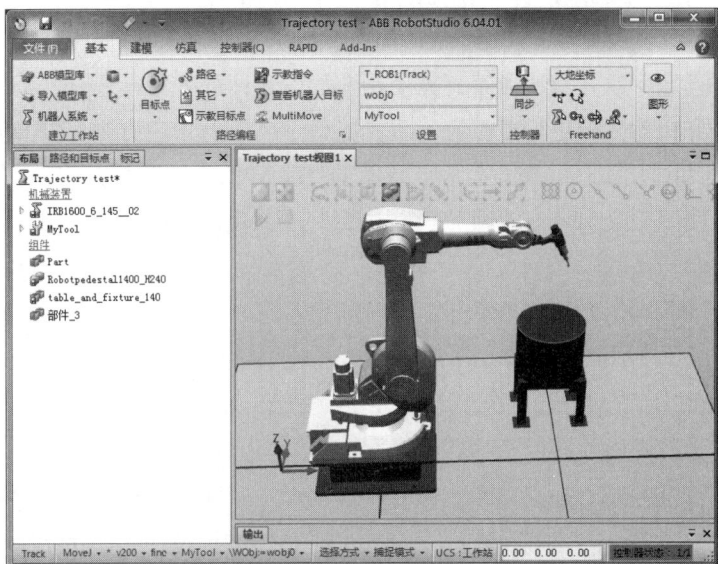

图 4-11　RobotStudio 软件界面

技术特点及优势：RobotStudio 支持 ABB 机器人的整个生命周期，使用图形化编程、编辑和调试机器人系统来控制机器人的运行，并模拟优化现有的机器人程序。

应用领域：搬运、激光切割、打磨、喷涂等领域。

其他仿真软件还有西门子旗下的 ROBCAD，以色列的 RobotWorks，发那科的 RoboGuide，安川的 Motosim，库卡的 Simpro 等，这里不再详细介绍。

2.RobotStudio 软件功能介绍

RobotStudio 软件具有强大的工业机器人仿真和离线编程功能，可以实现以下主要功能。

（1）模型导入

可方便地导入各种主流 CAD 格式的数据，包括 IGES、STEP、VRML、VDAFS、ACIS 及 CATIA 等。通过使用此类非常精确的 3D 模型数据，机器人程序工程师可以生成更为精确的机器人程序，从而提高产品质量。

（2）自动路径功能

通过使用待加工零件的 CAD 模型，仅在数分钟之内便可自动生成跟踪加工曲线所需要的机器人位置（路径），而这项任务以往通常需要数小时甚至数天时间。如图 4-12（a）所示为零件加工前的模型，图 4-12（b）为根据零件模型自动生成的加工路径。

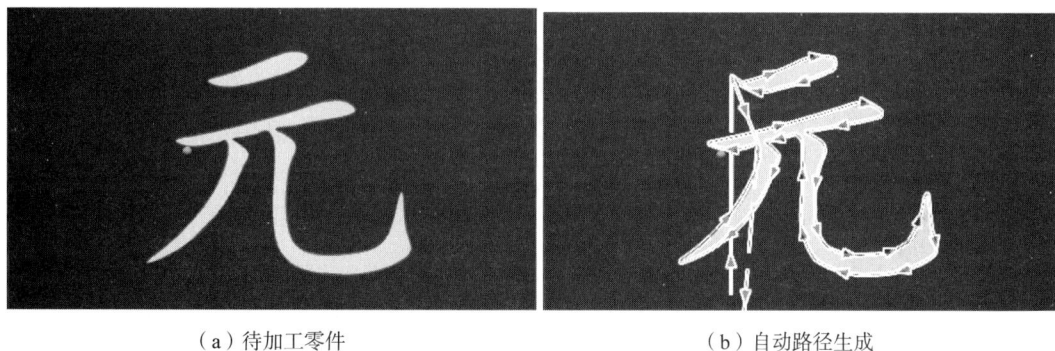

（a）待加工零件　　　　　　　　　　　　（b）自动路径生成

图 4-12　自动路径功能

（3）程序编辑

可生成机器人程序，使用户能够在 Windows 环境中离线开发或维护机器人程序，以显著缩短编程时间、优化程序结构。

（4）路径优化

如果程序包含接近奇异点的机器人动作，RobotStudio 可自动检测出来并报警，从而防止机器人在实际运行中发现这种现象。仿真监视器是一种用于机器人运动优化的可视工具，红色线条显示可改进之处，以使机器人按照最有效的方式运行。

（5）可达性分析

通过 Autoreach 能自动进行可到达性分析，使用十分方便，用户可通过该功能任意移动机器人或工件，直到所有位置均可到达，在数分钟之内便可完成工作单元平面布置验证和优化。如图 4-13 所示为工作站可达性分析。

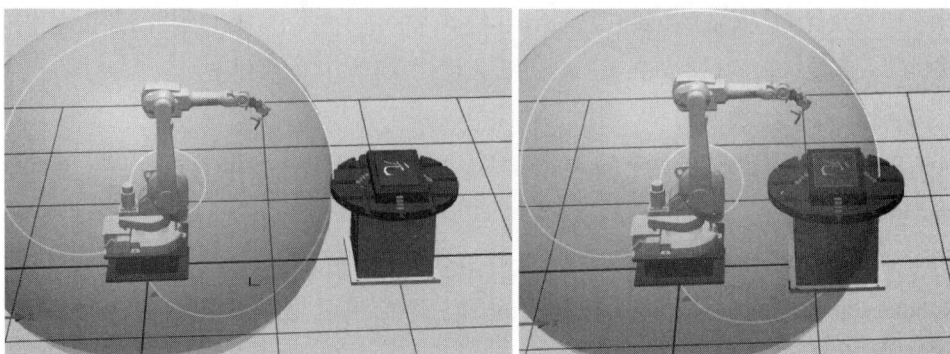

（a）位置不可达　　　　　　　　　　　　　　（b）位置可达

图 4-13　可达性分析

（6）在线作业

使用 RobotStudio 与真实的工业机器人进行连接通信，对工业机器人进行便捷的监控、程序修改、参数设定、文件传输及备份恢复等操作，使调试与维护工作更轻松。

（7）模拟仿真

根据设计，在 RobotStudio 中进行工业机器人工作站的动作模拟仿真以及节拍验证，为工程实施提供真实验证。

（8）碰撞检测

碰撞检测功能可避免设备碰撞造成的严重损失。选定检测对象后，RobotStudio 可自动检测并显示程序执行时这些对象是否会发生碰撞。如图 4-14 所示为碰撞检测对比。

（9）应用功能包

针对不同的应用提供功能强大的工艺功能包，将机器人更好地与工艺应用进行有效融合。

（10）二次开发

提供功能强大的二次开发平台，使机器人应用具有更多的可能，满足机器人的科研需要。

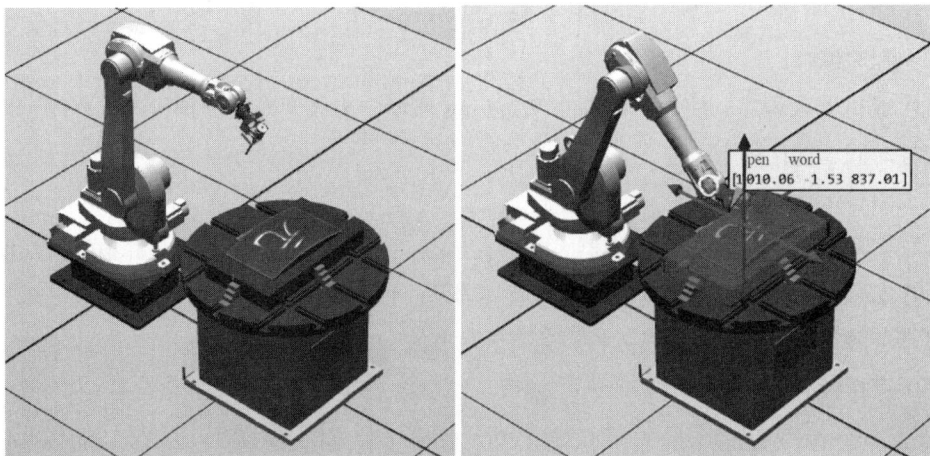

（a）未发生碰撞　　　　　　　　　　　　　　（b）发生碰撞

图 4-14　碰撞检测

四、创建雕刻工作站

雕刻工作站由工业机器人系统、雕刻刀具系统、回转变位机构、安全系统及雕刻软件系统组成，如图 4-15 所示。雕刻工作站可以完成工业生产中各种批量工件的雕刻工作，适用于轻质材料的切削、钻孔等加工，木材、尼龙及复合材料的产品的造型等，可与回转变位机协调运动，雕刻复杂零部件。雕刻程序需通过离线编程的形式实现。

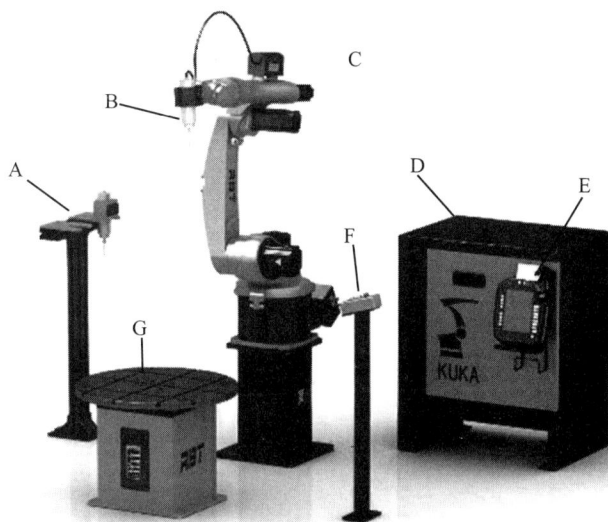

图 4-15 工业机器人雕刻工作站

A—刀具架；B—雕刻动力头系统；C—工业机器人；D—机器人控制柜；
E—示教器；F—外部急停装置；G—回转变位机

要实现工业机器人雕刻工作站的离线编程，需要在离线编程软件中导入模型构建工作站，然后创建工业机器人控制系统，使导入的机器人模型能够如真实的机器人一样在受控下动作，最后完成工业机器人离线程序的创建。布局完成后的工业机器人雕刻工作站如图 4-16 所示。

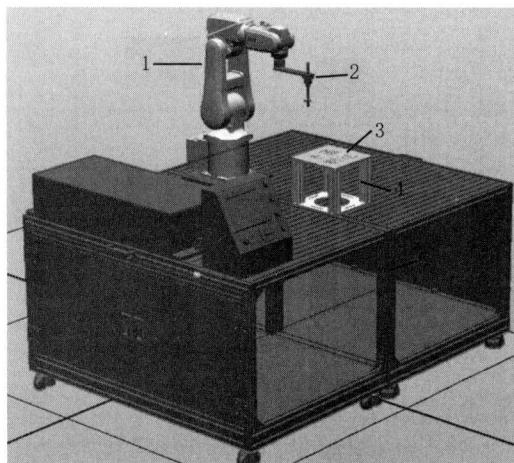

图 4-16 工业机器人雕刻工作站

1—工业机器人；2—雕刻工具；3—加工工件；4—加工台；5—工作台

要进行工作站的离线编程，首先要新建工作站并完成工作站的布局及系统的创建。一般工作站的布局流程如下：

①新建工作站；

②加载工业机器人及工具；

③加载外围设备；

④创建工业机器人系统。

本项目中选用 ABB 的 IRB120 六轴工业机器人，工作站创建及布局的流程如下。

（一）新建工作站

①选择"文件"→"新建"→"空工作站"，单击"创建"按钮，创建一个新的工作站，如图 4-17 所示。

图 4-17　新建工作站

②单击窗口顶部快速访问工具栏中的"保存"按钮，在弹出的"另存为"对话框中的"文件名"文本框中键入"Carving_Station"，单击"保存"按钮，如图 4-18 所示。

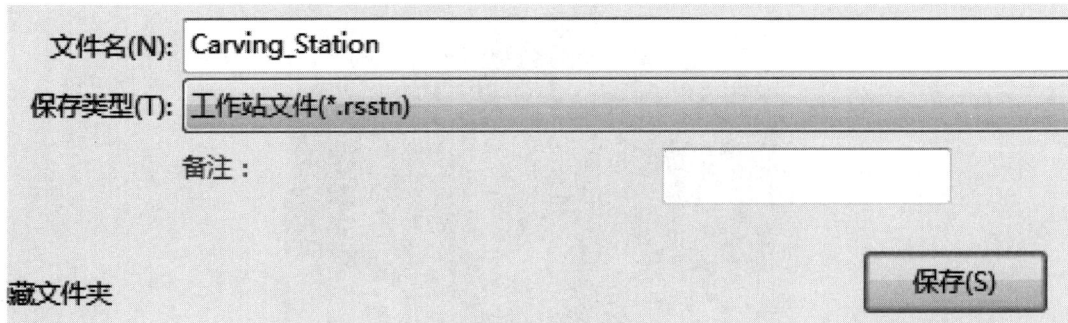

图 4-18　保存工作站

（二）加载工业机器人及其工具

①选择"基本"→"ABB 模型库"，单击"IRB120"工业机器人图标，如图 4-19 所示，

然后在弹出的对话框中单击"确定"按钮,如图4-20所示。

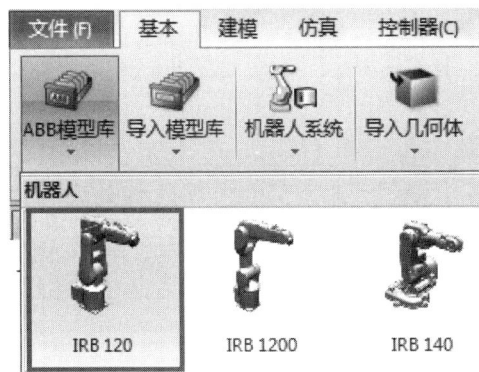

图4-19　选择模型库

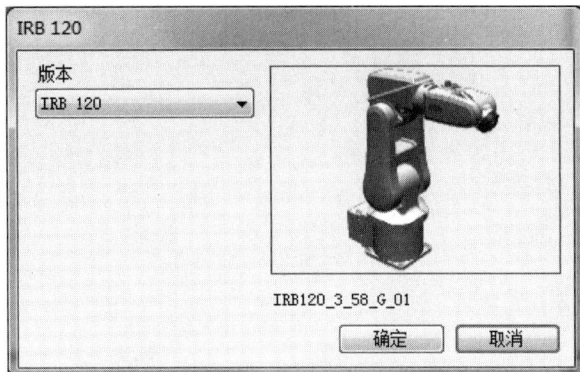

图4-20　选择工业机器人

> 提示:工业机器人加载到工作站之后,可以通过使用鼠标与按键组合的方式来平
> 移、旋转和缩放工作站视图。
>
> 平移:同时按住Ctrl和鼠标左键,移动鼠标时视图就会平移。
>
> 旋转:同时按住Ctrl、Shift和鼠标左键,移动鼠标时视角就会旋转。
>
> 缩放:滚动鼠标滚轮,可以放大或缩小视图。

②选择"基本"选项卡,单击"导入模型库"的下拉箭头,在弹出的菜单中选择"浏览库文件",如图4-21所示,然后选择"雕刻工具",如图4-22所示。

图4-21　导入模型库

智能制造装备应用

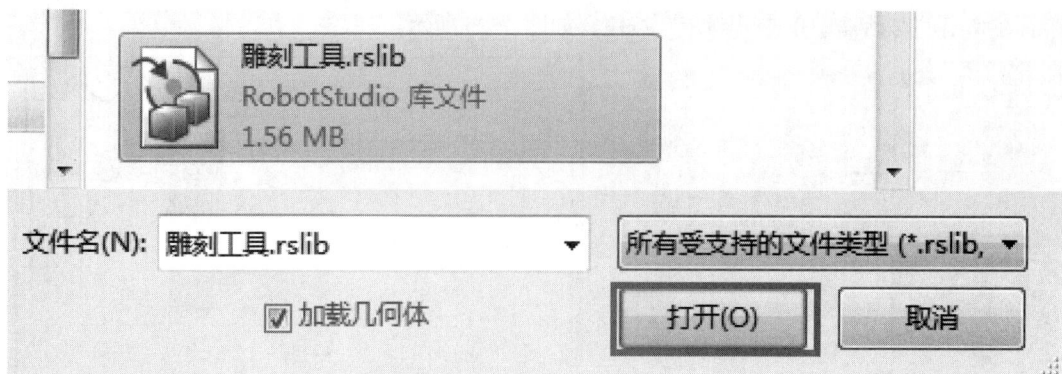

图 4-22　雕刻工具

　　工业机器人正常工作时，要带着安装在六轴法兰处的工具，所以现在需要把工具加载到工业机器人六轴法兰处。

　　③在"雕刻工具"上按住鼠标左键，向上拖到工业机器人"IRB120_3_58_01"后松开左键，如图 4-23 所示。在弹出的窗口中单击"是"按钮，如图 4-24 所示。

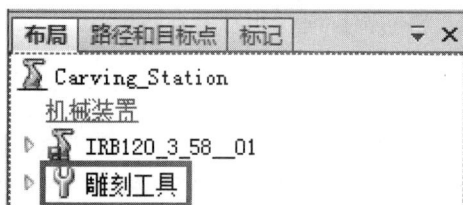

图 4-23　雕刻工具

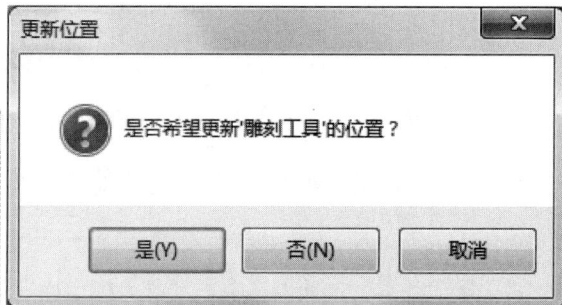

图 4-24　单击"是"按钮

　　工具已经安装到工业机器人法兰盘，如图 4-25 所示。

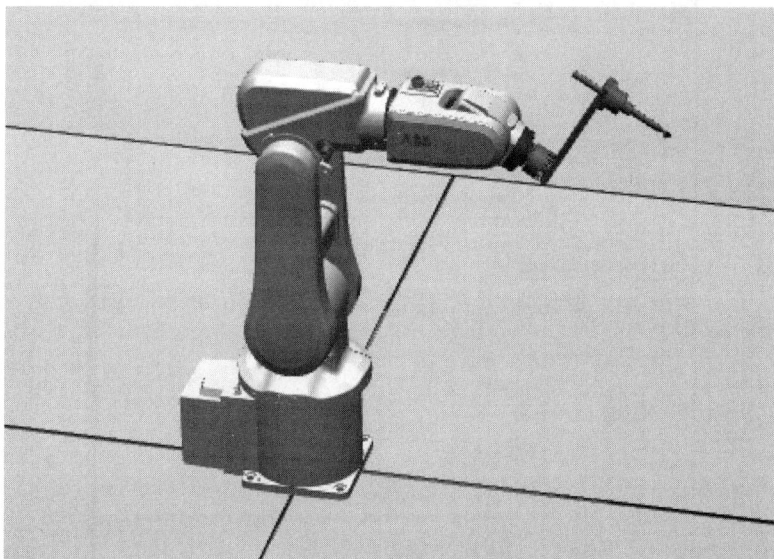

图 4-25　显示安装好的工具

> **提示：** 工具拆除：如果将工具从工业机器人法兰盘上拆下，则可以在"画笔工具"上右击，在弹出的菜单列表中选择"拆除"命令。

（三）加载外围设备

本项目中的雕刻工作站外围设备包括：工作台、雕刻工作台、雕刻工件，应按照顺序依次加载。

①选择"基本"→"导入几何体"，在弹出的"浏览几何体"对话框中选择工作台模型文件"工作台体 .stp"，如图 4-26 所示，单击"打开"按钮。加载到工作站中的模型如图 4-27 所示。

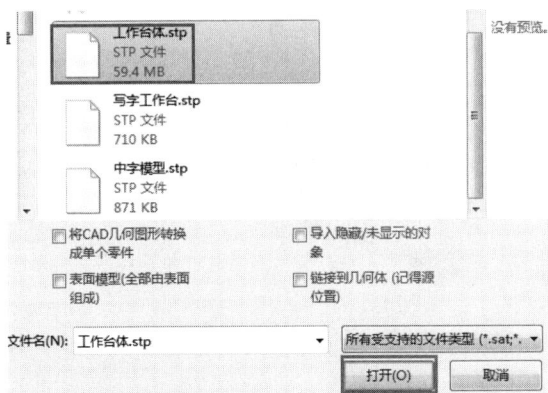

图 4-26　导入工作台

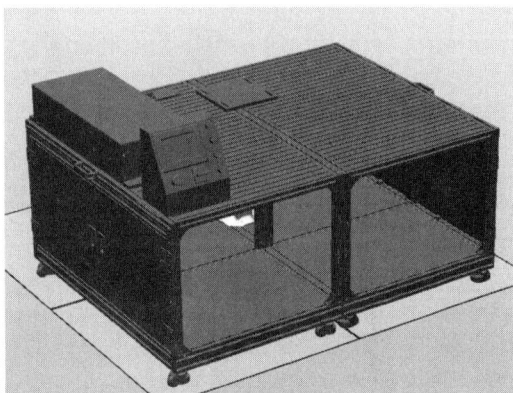

图 4-27　工作台

调整工业机器人位置，将工业机器人放置在工作台的安装板上，采用数字输入法位置数据的方式调节其位置。

②在工业机器人"IRB120_3_58_01"上右击，在弹出的菜单列表中选择"位置"→"设定位置"，如图 4-28 所示，在"位置 X、Y、Z"的第三个输入框中输入"800"，然后单击"应用"按钮，如图 4-29 所示。调整后的工业机器人如图 4-30 所示。

> **提示：** 坐标系选用大地坐标系，位置 X、Y、Z 表示分别沿着 X、Y、Z 的方向移动机器人。单击"应用"按钮，就可以进行位置调节。

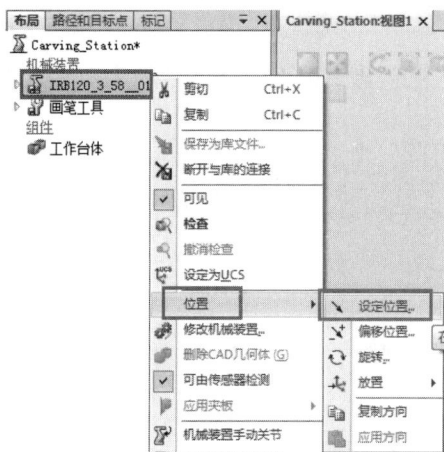

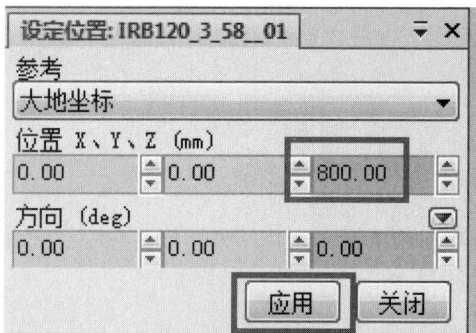

图 4-28　设定位置　　　　　　图 4-29　设置位置数据

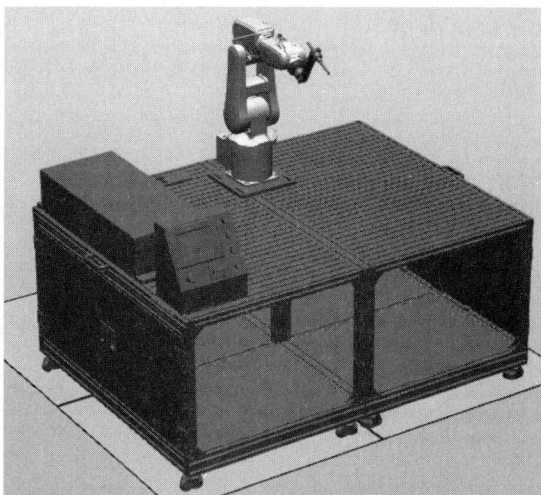

图 4-30　工业机器人调整后的位置

③加载"雕刻工作台",方式同"工作台"模型加载的方式。

加载完成后为了使"雕刻工作台"更方便地调整到工业机器人的运动范围以内,需要显示工业机器人工作区域。

④在机器人"IRB120_3_58_01"上右击,在弹出的菜单列表中选择"显示机器人工作区域",如图 4-31 所示。

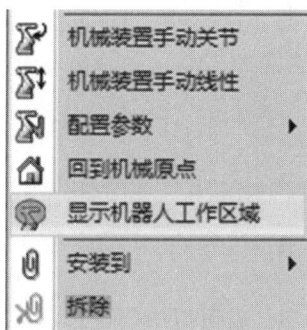

图 4-31　显示机器人工作区域

⑤勾选"当前工具"和"3D体积",如图 4-32 所示。如图 4-33 所示阴影区域为机器人可到达范围。

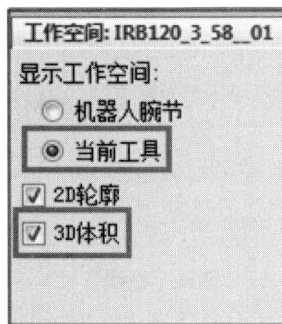

图 4-32　显示工作空间设置

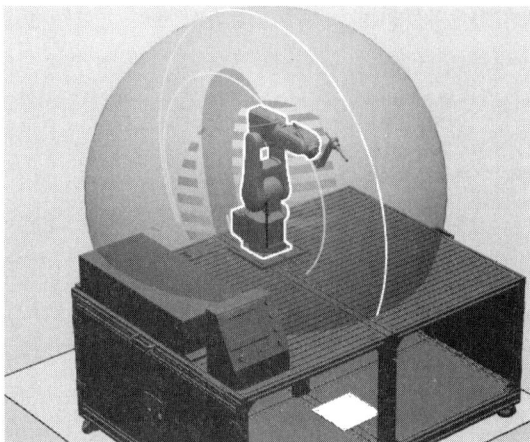

图 4-33　显示工业机器人运动范围

⑥采用"数字输入位置数据"的方式调节"雕刻工作台"的位置,在 Z 轴方向输入"800",然后单击"应用"按钮,如图 4-34 所示。

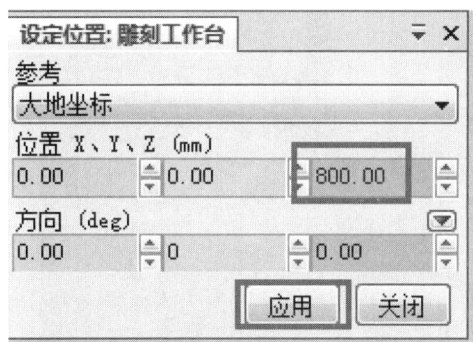

图 4-34　雕刻工作台位置调节

"雕刻工作台"位置确定以后,取消工业机器人运动范围显示。

⑦在机器人"IRB120_3_58_01"上右击,在弹出的菜单列表中选择"显示机器人工作区域"命令,如图 4-35 所示,工业机器人运动范围取消显示。

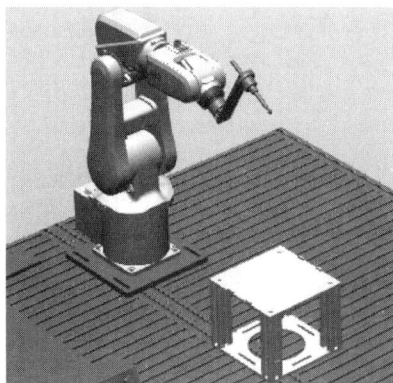

图 4-35　工业机器人运动范围取消显示

⑧加载雕刻工件。模型的名称为"中字模型 .stp",方法同"雕刻工作台"的加载方法。采用"手动移动"的方式调节模型到合适的位置。

⑨在"布局"面板中,选择"中字模型",如图 4-36 所示,在"Freehand"中选择"移动",如图 4-37 所示。

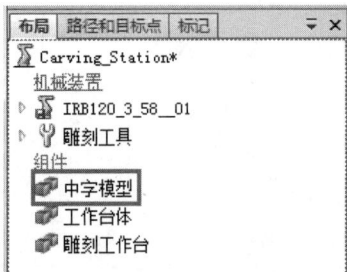

图 4-36　选择中字模型

图 4-37　选择"移动"

⑩沿着箭头方向拖动模型到合适的位置,鼠标点住对应方向的"箭头"拖动即可,将模型拖动到如图 4-38 所示的位置。

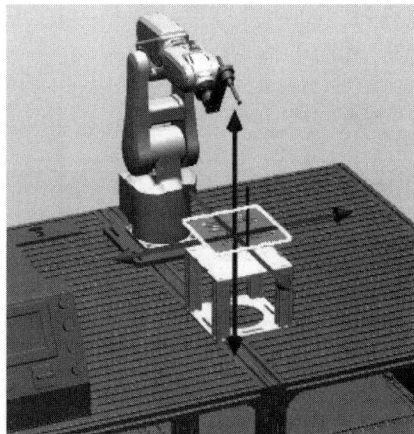

图 4-38　模型调节位置

⑪旋转模型方向,在"中字模型"上右击选择"位置"→"设定位置",如图 4-39 所示。

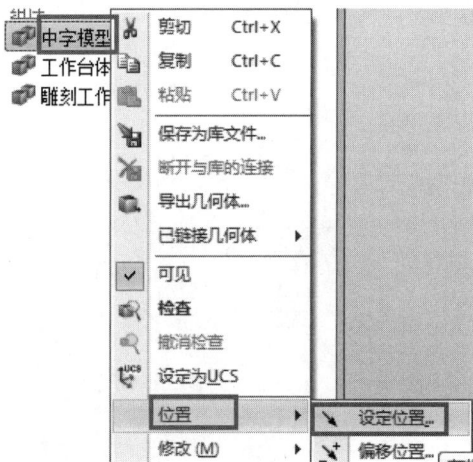

图 4-39　模型位置

提示：坐标系选用大地坐标系，方向（deg）从左到右三个输入框分别设置设备X、Y、Z轴的旋转角度。在对应的位置框内输入要调节的数值，方向的调节按照"右手定则"判断，即右手大拇指指向旋转轴的正方向，四指的绕向为旋转的正方向，四指绕向的反方向为旋转的负方向，单击"应用"按钮，就可以进行位置调节。

⑫通过"右手定则"判断，需要沿"Z轴"旋转90°，如图4-40所示。

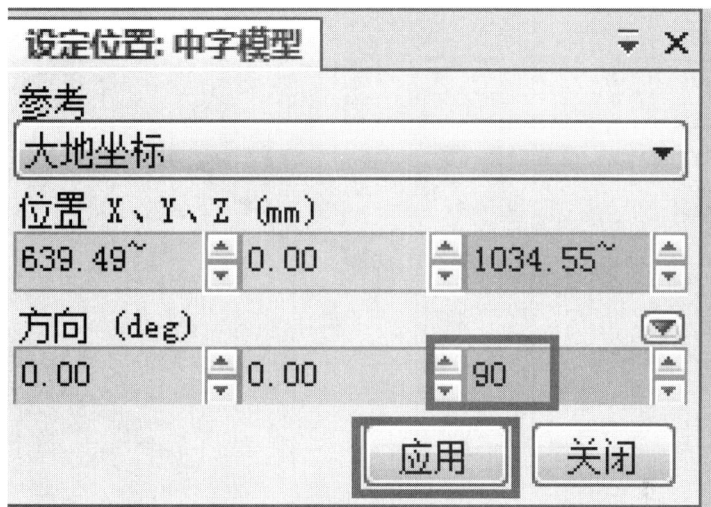

图4-40　旋转90°

⑬采用"一点法"放置工件，在布局面板中的"中字模型"上右击，在弹出的菜单列表中选择"位置"→"放置"→"一个点"，如图4-41所示。

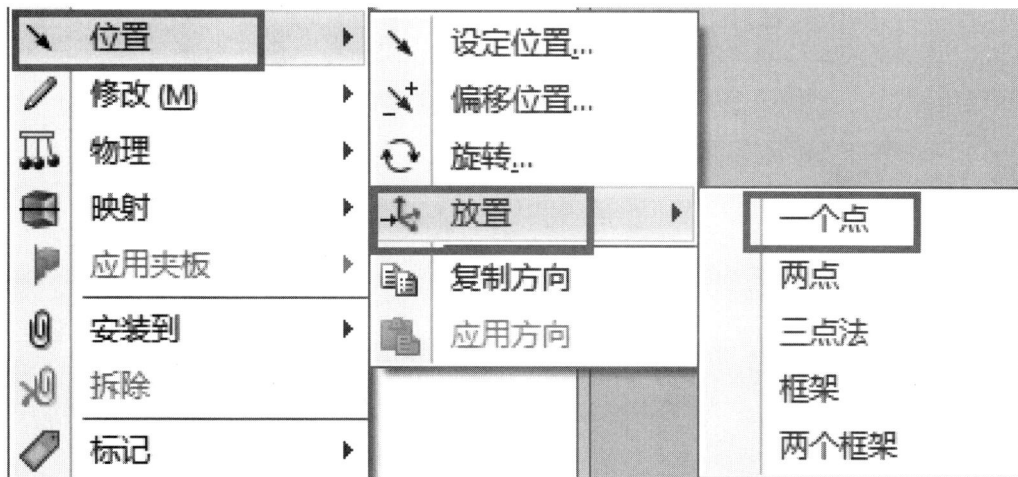

图4-41　一点法放置

⑭为了便于快速地捕捉到端点，捕捉方式选择"选择部件"和"捕捉端点"，如图 4-42 所示。

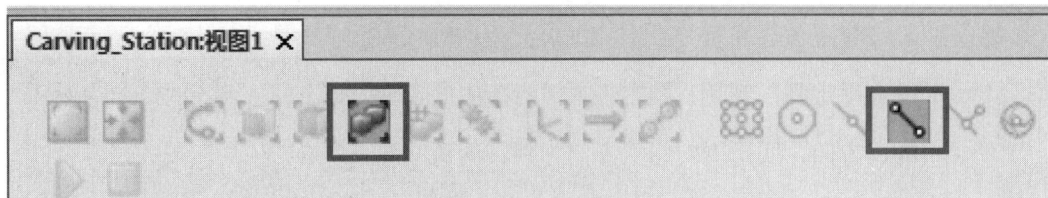

图 4-42　捕捉端点

⑮单击"主点—从"的第一个坐标框，捕捉到中点 A 并单击，单击"主点—到"的第一个坐标框，捕捉到中点 B 并单击，相应的坐标值自动显示在输入框中，然后单击"应用"按钮，如图 4-43 所示。

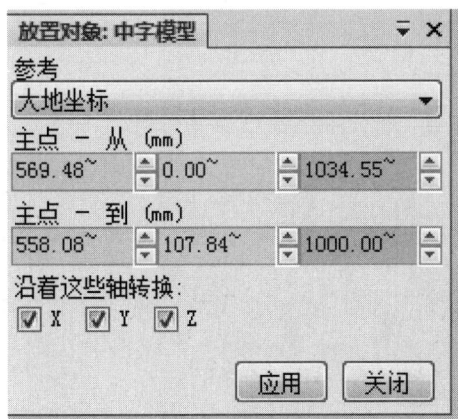

（a）位置数据

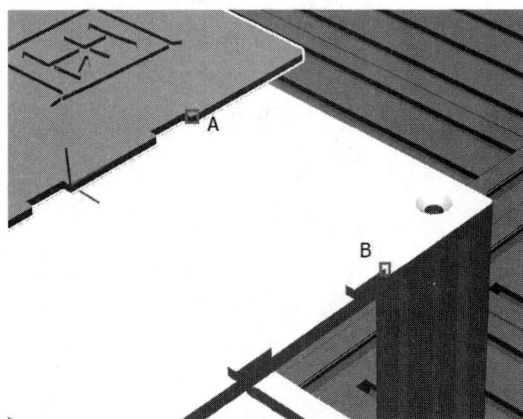

（b）A、B 点

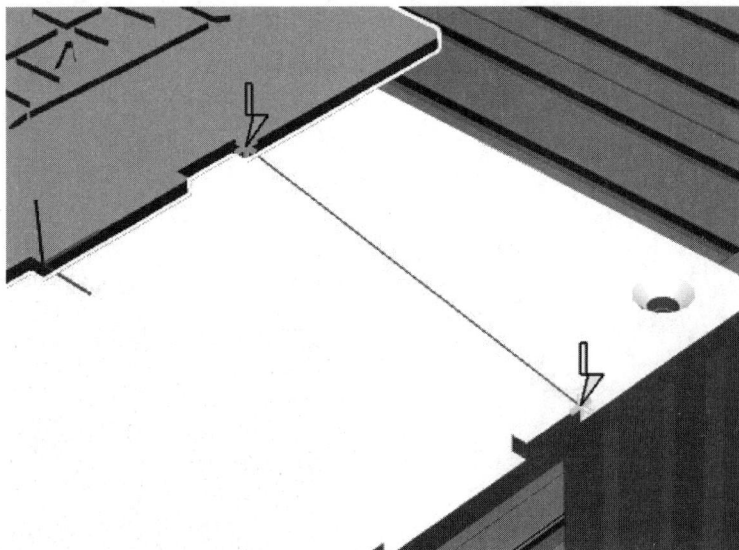

（c）选择部件后

图 4-43　移动工件

放置完成后如图 4-44 所示。

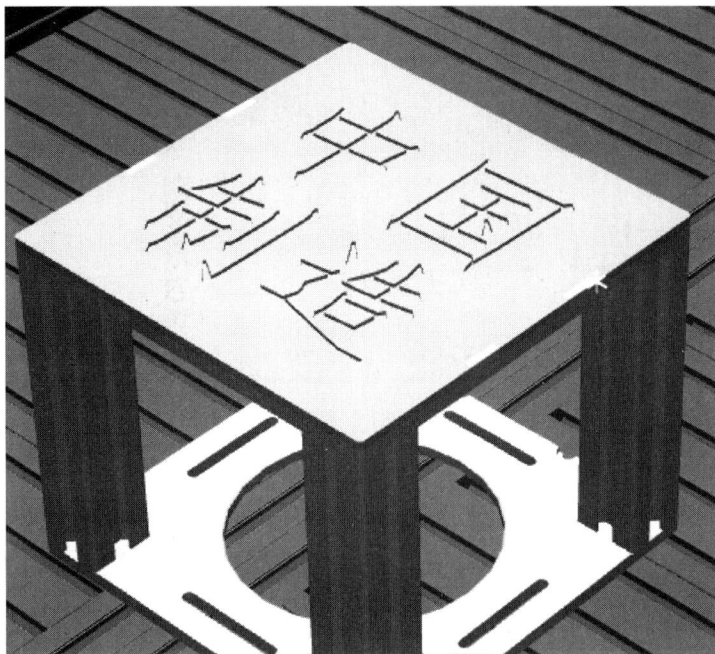

图 4-44　显示移动好的工件

（四）创建工业机器人系统

工业机器人系统是机器人编程、运动的基础，在完成布局以后，要为工业机器人加载系统，建立虚拟的控制器，使其具有电气的特性以完成相关的仿真工作。

本项目首先完成的是工作站的布局，采用"从布局"的方法创建机器人系统，操作步骤如下。

①选择"基本"选项卡，单击"机器人系统"的下拉箭头，选择"从布局"，如图 4-45 所示。

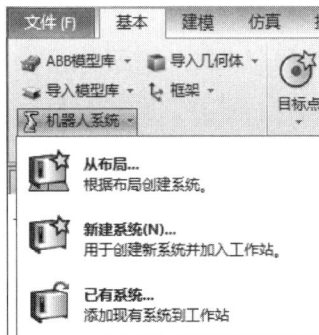

图 4-45　创建机器人系统

②修改系统名称为"Carving_system"，选择系统文件存放位置，"RobotWare"选择"6.04.01.00"，然后单击"下一个"按钮，如图 4-46 所示，再次单击"下一个"按钮，如图 4-47 所示。

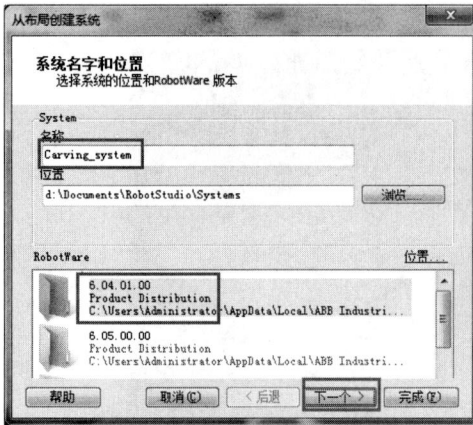

图 4-46　修改系统名称　　　　　　　图 4-47　勾选机器人

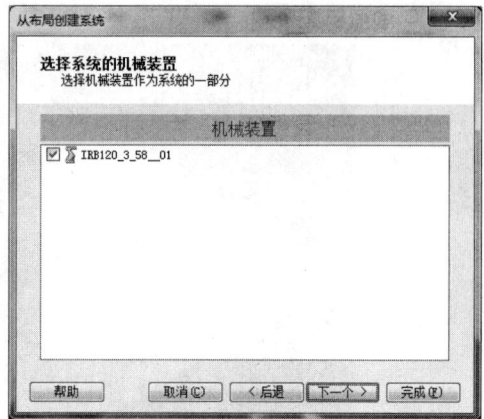

③单击"选项"按钮，如图 4-48（a）所示，进行语言及通信设置。单击"Default Language"，选择"Chinese"，如图 4-48（b）所示。

（a）单击"选项"按钮　　　　　　　　　（b）默认语言选择

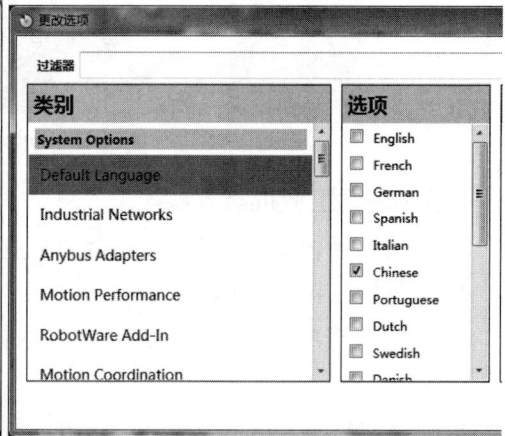

图 4-48　选项设置

④设置完成后单击"完成"按钮，如图 4-49 所示。

图 4-49　设置完成

⑤系统创建完成后，右下角"控制器状态"为绿色，说明系统创建成功，如图 4-50 所示。

图 4-50　控制器状态

实训1　激光切割工作站构建

实训名称	激光切割工作站构建
实训内容	完成工业机器人激光切割工作站的构建。新建工作站，加载工业机器人、工具、外围设备，创建工业机器人系统，激光切割工作站创建完成后如下图所示。 A—示教器；B—工业机器人控制柜；C—工作台； D—工件；E—工业机器人；F—工具
实训目标	1.掌握新建工作站的方法； 2.掌握模型加载的方法； 3.能够布局工作站； 4.能够创建工业机器人系统
实训课时	6课时
实训地点	机房

练习题

1.工业机器人离线编程与现场编程有什么区别?

2.工业机器人离线编程的应用领域有哪些?

3.RobotStudio 软件有哪些功能?

任务完成报告

姓名		学习日期	
任务名称	雕刻工作站的构建		
学习自评	**考核内容**		**完成情况**
	1.说出工业机器人离线编程概念		□好 □良好 □一般 □差
	2.说出工业机器人离线编程应用领域		□好 □良好 □一般 □差
	3.说出 RobotStudio 软件功能		□好 □良好 □一般 □差
	4.能够布局工业机器人雕刻工作站		□好 □良好 □一般 □差

学习心得	

任务 2　工业机器人雕刻编程及调试

本任务的最终目的为完成"中"字的雕刻轨迹程序的创建，在离线编程软件中将程序创建完成后，要将程序下载到工业机器人控制器中，调试并运行程序，完成"中"字轨迹的雕刻，"中"字轨迹模型如图 4-51 所示。

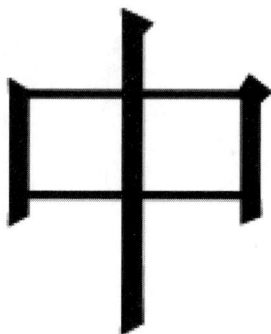

图 4-51　"中"字轨迹模型

任务要求：

①沿着"中"字的外边沿生成工业机器人雕刻路径，此雕刻路径中的运动点位要创建在名称为"Wobj_Carving"的工件坐标系中；

②雕刻速度设定为 V20，雕刻的转弯区半径设定为 Z0；

③完善轨迹，避免在工业机器人运行时中间过程点出现停顿；

④在真实的智能制造装备工作台上标定工业机器人的"TCP"和"工件坐标"；

⑤联机调试，将软件中完成的雕刻程序加载到真实的工业机器人控制器上运行。

知识目标：

①掌握轨迹曲线与路径的创建方法；

②掌握目标点与轴配置调整的方法；

③熟练掌握轨迹调整的方法；

④掌握联机调试的流程。

能力目标：

①能够创建工业机器人轨迹曲线；

②能够调整轨迹中的目标点并对轴进行轴配置参数调整；

③能够完善和调整工业机器人运动轨迹；

④能够标定工件坐标系；

⑤能够联机调试程序。

学习内容：

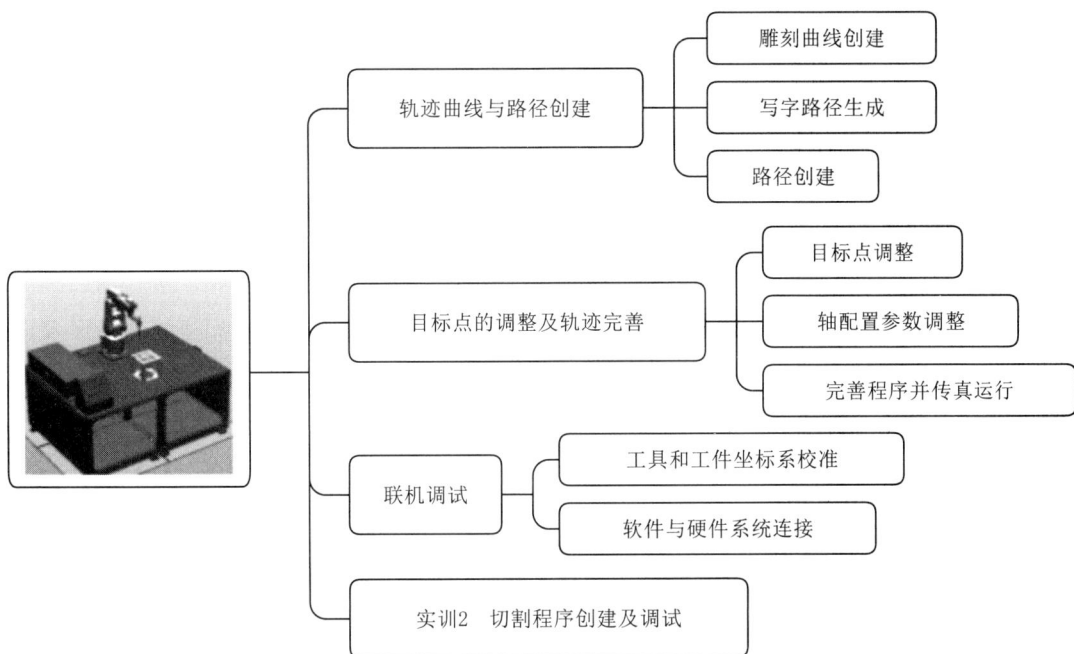

分组讨论：

　　雕刻工作站可以完成哪些雕刻工作及任务？复杂的雕刻任务能否用现场编程的形式实现？

　　国内外的工业机器人有很多离线编程软件，但是其离线编程的方法及流程大致相似，采用RobotStudio软件创建离线程序的流程如下：

　　①轨迹曲线与路径创建。沿着模型的边界创建曲线，根据创建的曲线生成写字路径。

　　②目标点调整及轨迹完善。调整自动生成的路径，目标点处的工业机器人的姿态及轴配置参数设置，添加过渡点，完善轨迹。

　　③联机调试。对实际工业机器人的工具和工件坐标系进行标定，将程序下载到实际的工业机器人中并运行。

一、轨迹曲线与路径创建

　　本节以工业机器人写字应用编程为载体，介绍工业机器人写"中"字轨迹和路径的创建流程及方法。

　　本工作站的路径是在设定好的工件坐标系中，工件坐标系定义工件相对于大地坐标系（或其他坐标系）的位置。工业机器人可以拥有若干工件坐标系，或者表示不同工件，或者表示同一工件在不同位置的若干副本。如图4-52中 A 为世界坐标系，B、C 为工件坐标系。

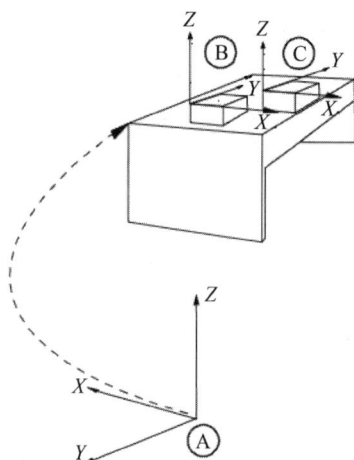

图 4-52 工件坐标系

对工业机器人进行编程，就是在工件坐标系中创建目标点和路径。应用工件坐标的优点是：当工件的位置发生变化时，只需更改工件坐标系的位置，所有路径将随之更新。

一般固定装置上面都设有定位销，用于保证加工工件与固定装置之间的相对精度。所以在实际应用中，建议以定位销作为基准来创建工件坐标系，这样更容易保证其定位精度。本项目中的工件坐标系创建的位置如图 4-53 所示。

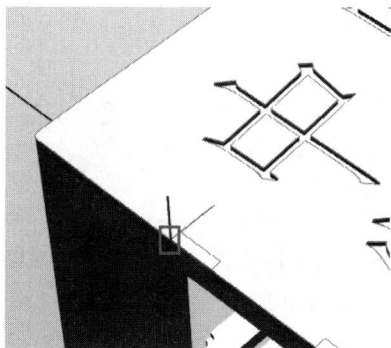

图 4-53 工件坐标系

解包名称为"Carving_station.rspag"的打包文件，工业机器人雕刻应用工作站如图 4-54 所示。

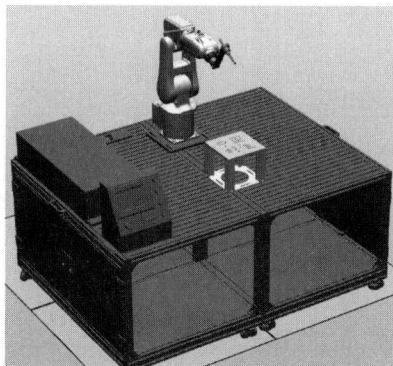

图 4-54 雕刻工作站

（一）雕刻曲线创建

在 RobotStudio 软件中，一次只能生成一条闭合的完整曲线，根据"中"字模型的特点，需要创建 3 条曲线，如图 4-55 所示的 *A*、*B*、*C* 三条曲线。

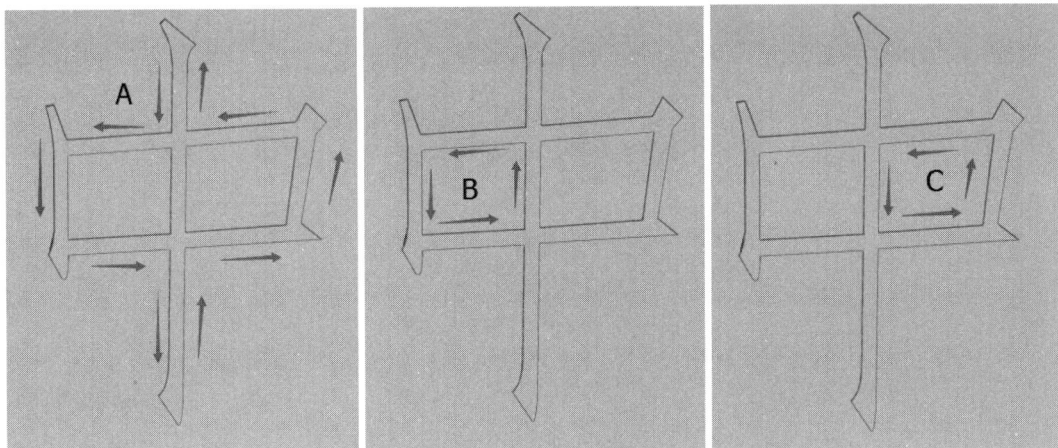

图 4-55　"中"字模型曲线

采用从表面创建工业机器人轨迹曲线的方法，*A* 曲线创建的步骤如下。

①选择"建模"→"表面边界"，将"选择工具"选为"表面"，如图 4-56 所示。

图 4-56　"表面边界"

②单击"选择表面"下的输入框，然后单击"中"字外面所在的上表面。此时，会看到在"选择表面"上显示"（Face）—中字模型"，单击"创建"按钮，完成表面边界创建，如图 4-57（a）所示。

③"部件_1"即生成的曲线，如图 4-57（b）所示。

B 曲线的创建方法与 *A* 曲线的创建方法相同，如图 4-58 所示，创建完成后的曲线如图 4-59 所示。

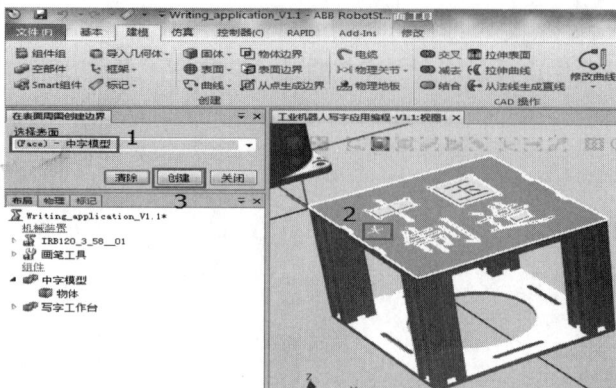

（a）创建表面边界

（b）生成部件_1

图 4-57　表面边界生成部件

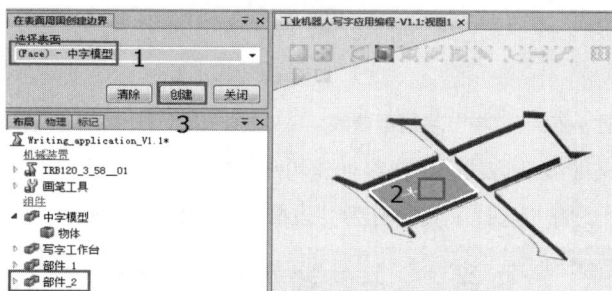

图 4-58　*B* 曲线创建

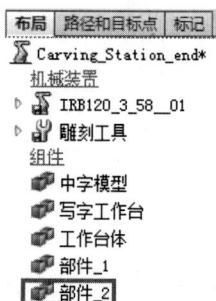

图 4-59　部件_2

C 曲线的创建方法也与 *A* 曲线的创建方法相同，如图 4-60（a）所示，创建完成后的曲线如图 4-60（b）所示。

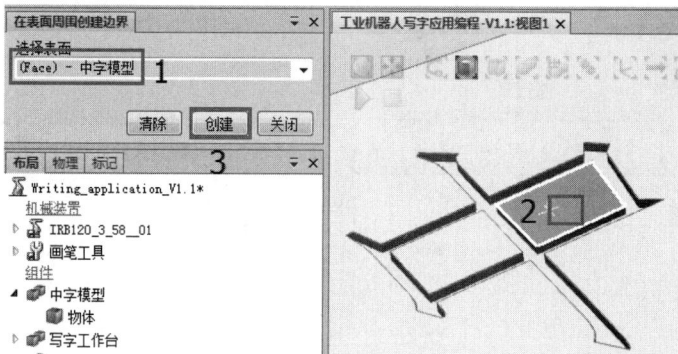

（a）*C* 曲线创建

（b）部件_3

图 4-60　*C* 曲线创建

至此，三条曲线 *A*、*B*、*C* 全部创建完成。

（二）写字路径生成

接下来根据生成的曲线自动生成工业机器人的运行轨迹。在轨迹创建过程中，通常需要创建工件坐标系，以方便进行编程以及路径修改。

操作步骤如下。

①选择"基本"→"其它"→"创建工件坐标",如图 4-61 所示。

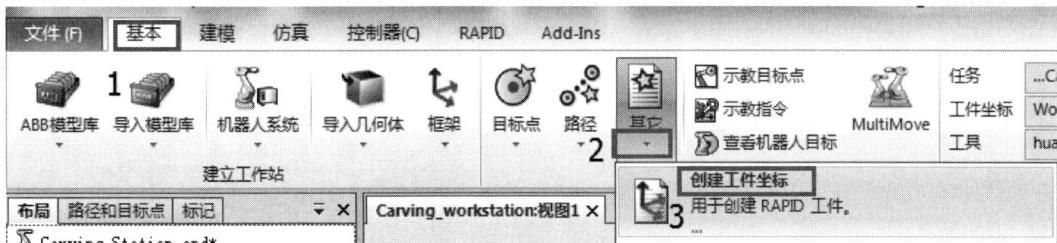

图 4-61　创建工件坐标系

②单击"选择表面"和"捕捉末端",设置工件坐标系名称为"Wobj_Carving",然后单击"用户坐标框架"中"取点创建框架",此时会出现下拉箭头,单击该下拉箭头,如图 4-62 所示。

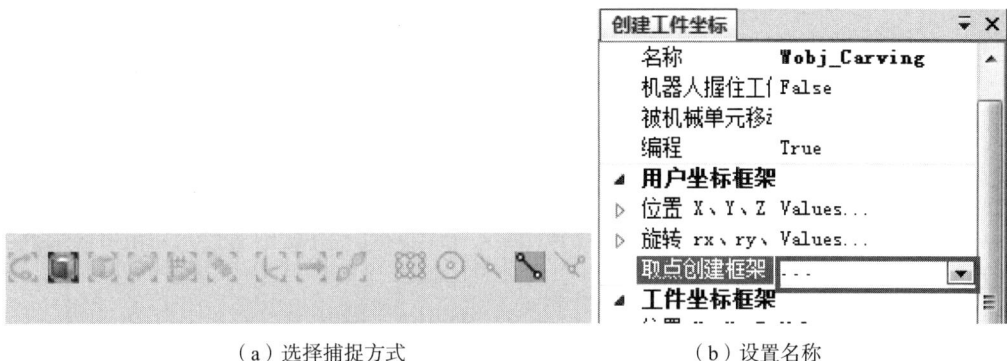

（a）选择捕捉方式　　　　　　　　　（b）设置名称

图 4-62　取点创建框架

③选择"三点"法创建工件坐标系。单击"X 轴上的第一个点"的第一个输入框,单击图 4-2-13 所示的 X 轴上第一个点 X_1；单击"X 轴上的第二个点"的第一个输入框,单击图 4-2-13 所示的 X 轴上第一个点 X_2；单击"Y 轴上的点"的第一个输入框,单击图 4-63 所示的 Y 轴上的点 Y_1。确认单击的三个角点的数据已经生成后,单击"Accept"按钮。

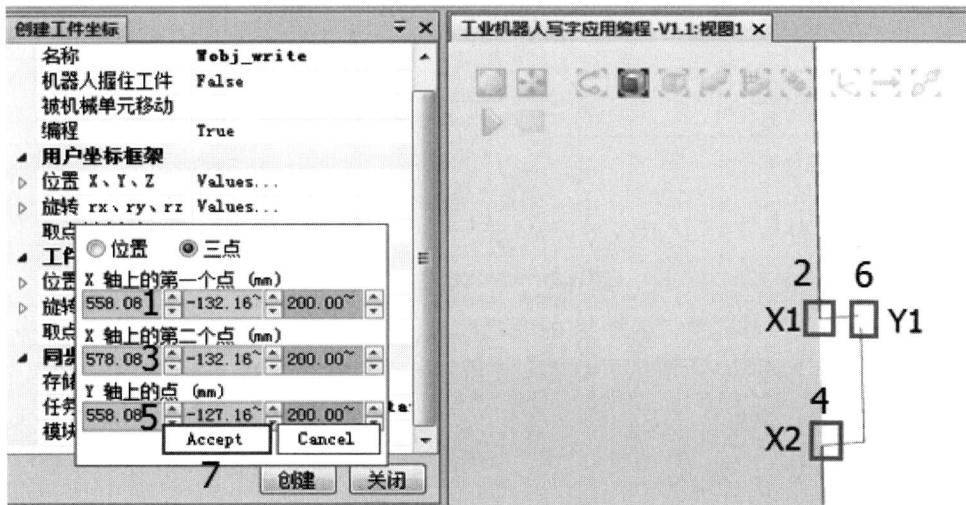

图 4-63　设置工件坐标系

④单击"创建"按钮，完成工件坐标系的创建，如图 4-64 所示，创建完成的工件坐标系"Wobj_Carving"如图 4-65 所示。

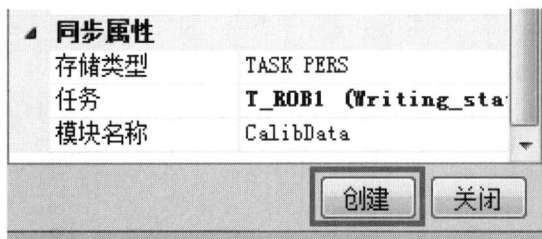

图 4-64　创建工件坐标系　　　　　　　　　图 4-65　工件坐标系

（三）路径创建

生成写字路径的操作步骤如下。

①在创建路径之前，先对工业机器人运动参数进行设置，在窗口的最下面将参数设置为"MoveL v20 z0 Carving_tool Wobj:=Wobj_Carving"，在自动路径生成时就会采用设置好的速度、工具以及工件坐标系，如图 4-66 所示。

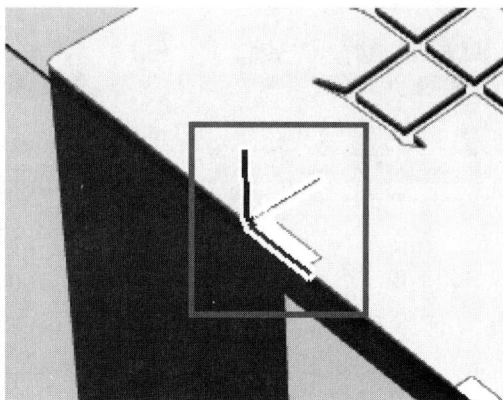

图 4-66　运动参数设置

②选择"基本"→"路径"→"自动路径"，如图 4-67 所示。

图 4-67　"自动路径"

③在"选择工具"中选择"曲线"，捕捉之前所创建的 A 曲线，"中"字外边缘有多条曲线，要按照顺序全部选中，本项目中采用从 M 点开始沿着图 4-68 所示的箭头方向依次选中。选择完成后如图 4-69 所示。

④在"选择工具"中选择"表面"，在"参照面"框中单击，捕捉"中"字外边缘所在的上表面，如图 4-70 所示。

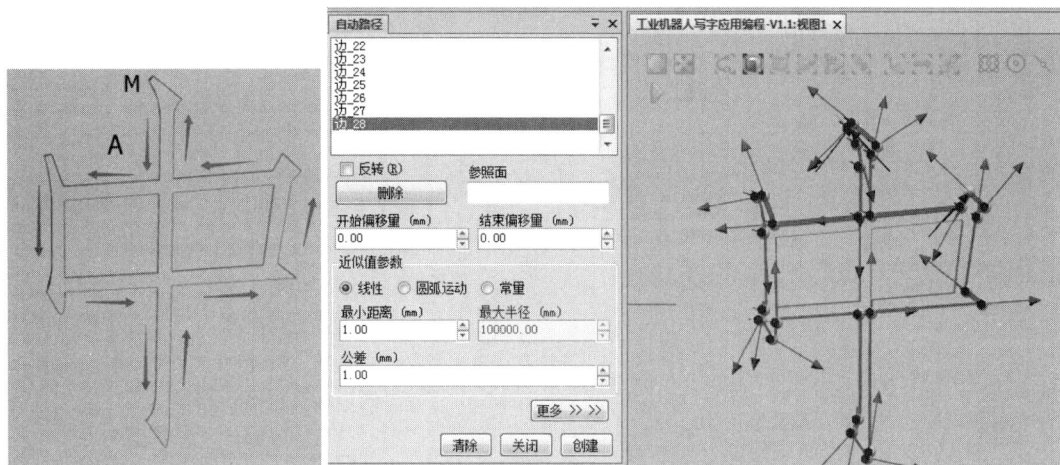

图 4-68　曲线选择

图 4-69　曲线选择

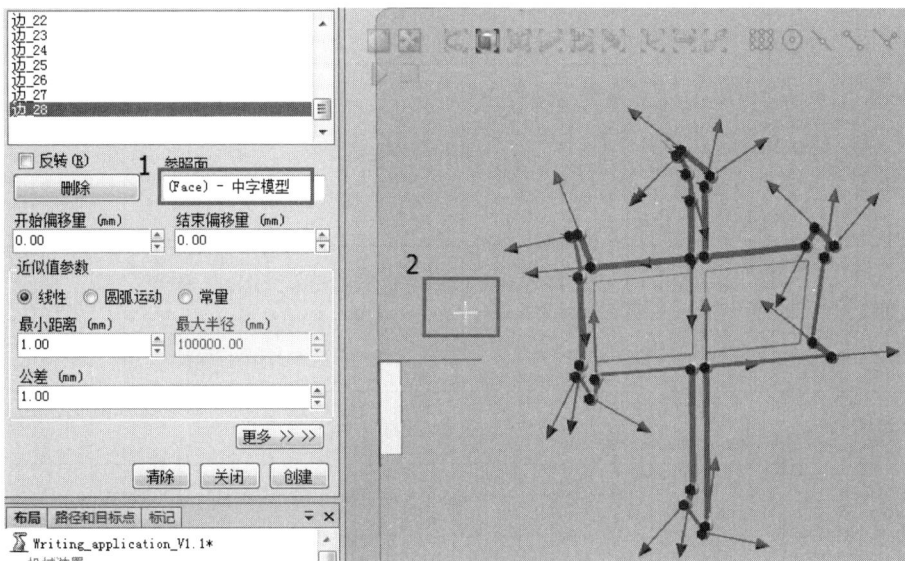

图 4-70　捕捉表面

提示：

在图4-70所示的"自动路径"面板中：

反转：轨迹运行方向置反，默认不勾选时轨迹运行方向为顺时针，勾选"反转"前面的矩形框后则为逆时针运行。

参照面：生成目标点的 Z 轴方向与选定表面相互垂直。

⑤按照图 4-71 所示数据进行设定，选择"常量"，将"距离（mm）"设置为"1.00"，参数设定完成后单击"创建"按钮，然后单击"关闭"按钮。

⑥设定完成后，则自动生成了工业机器人路径"Path_10"，如图 4-72 所示，可以看到生成了 Target_10~ Target_3050 共 305 个目标点。

图 4-71　近似值参数选择

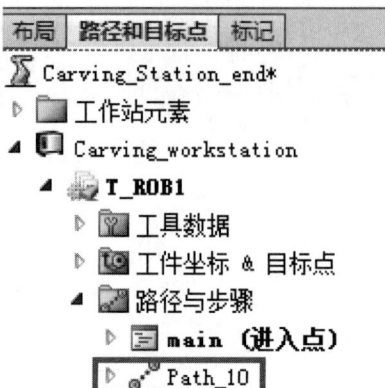

图 4-72　路径"Path_10"

提示：

图 4-71 中的参数说明：

线性	为每个目标生成线性指令，圆弧作为分段线性处理
圆弧运动	在圆弧特征处生成圆弧指令，在线性特征处生成线性指令
常量	生成具有恒定间隔距离的点
最小距离 /mm	设置生成两点之间的最小距离，即小于该最小距离的点将被过滤掉
最大半径 /mm	在将圆弧视为直线前确定圆的半径大小，直线视为半径为无限大的圆
弦差 /mm	设置生成的点所允许的最大偏差

需要根据不同的曲线特征来选择不同类型的近似值参数类型。通常情况下选择"圆弧运动"，这样在处理曲线时，线性部分执行线性运动，圆弧部分执行圆弧运动，不规则部分执行分段式线性运动。而"线性"和"常量"都是固定模式，即全部按照选定的模式对曲线进行处理。

⑦一次只能创建一条完整的闭合曲线路径，下面再按照 B 曲线创建路径，选择"基本"→"路径"→"自动路径"，如图 4-73 所示。

图 4-73 "自动路径"

⑧捕捉之前所创建的 B 曲线，B 曲线有 4 条曲线，按照一定方向选取。本项目中从 N 点开始沿着箭头方向选取曲线，如图 4-74 所示。

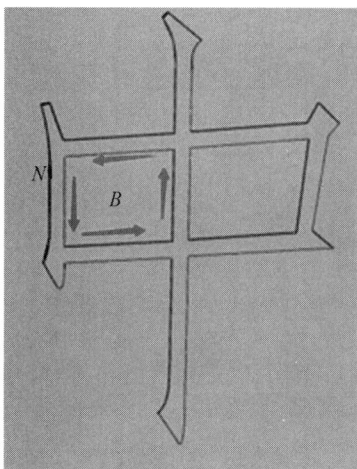

图 4-74 B 曲线

曲线选择完成后，"参照面"选择 B 曲线所在的面 D，如图 4-75 所示。

图 4-75 曲线选择

近似值参数选择"常量"，将"距离（mm）"设置为"1"，然后单击"创建"按钮，如图 4-76 所示。生成新的路径"Path_20"，如图 4-77 所示。

图 4-76　近似值参数设置

图 4-77　路径 "Path_20"

⑨捕捉之前所创建的 C 曲线，C 曲线有 4 条曲线，按照一定方向选取。本项目中从 P 点开始沿着箭头方向选取曲线，如图 4-78 所示，方法步骤同 B 曲线路径创建方法。创建完成后生成了新的路径 "Path_30"，如图 4-79 所示。

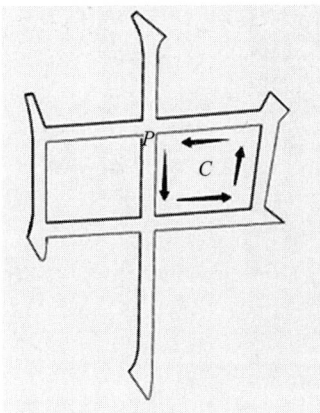

图 4-78　C 曲线

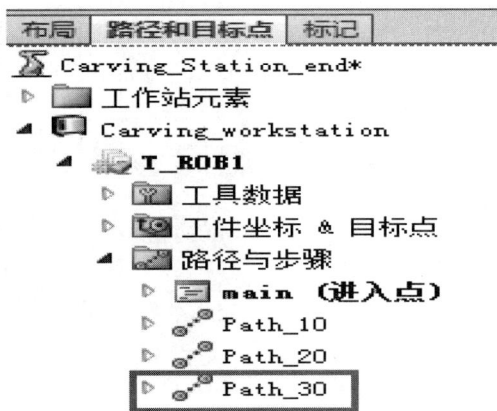

图 4-79　路径 "Path_30"

至此，生成了 Path_10、Path_20、Path_30 三条运行轨迹。

为了便于观察，可以先取消字体路径曲线的显示。

⑩分别在 "Path_10""Path_20" 和 "Path_30" 上右击，在弹出的菜单列表中，取消选择 "查看"→"可见"，以取消字体路径曲线的显示，如图 4-80 所示。"中"字路径取消后如图 4-81 所示。

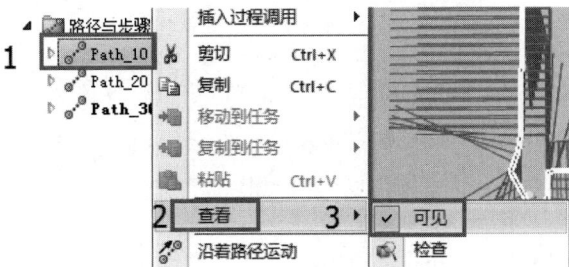

图 4-80　取消路径可见

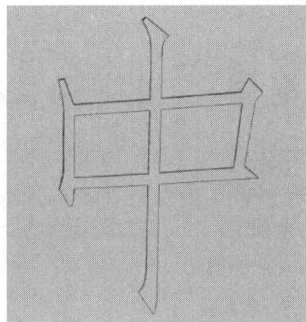

图 4-81　"中"字路径取消后

想一想：

根据创建的路径，工业机器人是否能按照轨迹运行？

二、目标点的调整及轨迹完善

创建了三条运行轨迹 Path_10、Path_20、Path_30 之后，工业机器人暂时还不能直接按照此条轨迹运行，因为部分目标点姿态工业机器人还很难到达。本节将学习如何修改目标点的姿态，从而让工业机器人能够到达各个目标点，然后进一步完善程序并进行仿真。

分组讨论：

在工业机器人现场编程中，是如何调节工业机器人姿态的？

（一）目标点调整

目标点调整的方法有多种，在实际应用中，单单使用一种调整方法难以将目标点一次性调整到位，尤其是对工具姿态要求比较高的工艺需求场合，通常综合运用多种方法进行多次调整。

1.Path_10 目标点调整

①选择"基本"→"路径和目标点"，在"路径和目标点"面板中依次展开"Writing_application"→"T_ROB1"→"工件坐标 & 目标点"→"Wobj_Carving"→"Wobj_Carving_of"，即可列出前面生成的各个目标点，如图 4-82 所示。

②在路径 Path_10 的第一个目标"Target_10"上右击，在弹出的菜单列表中选择"查看目标处工具"，勾选本工作站中的工具名称"雕刻工具"，在目标点"Target_10"处显示工具的姿态，如图 4-83 所示。

图 4-82　Path_10 中目标点

图 4-83　工具显示

③在目标点"Target_10"上右击，在弹出的菜单列表中选择"查看机器人目标点"，如图4-84所示。

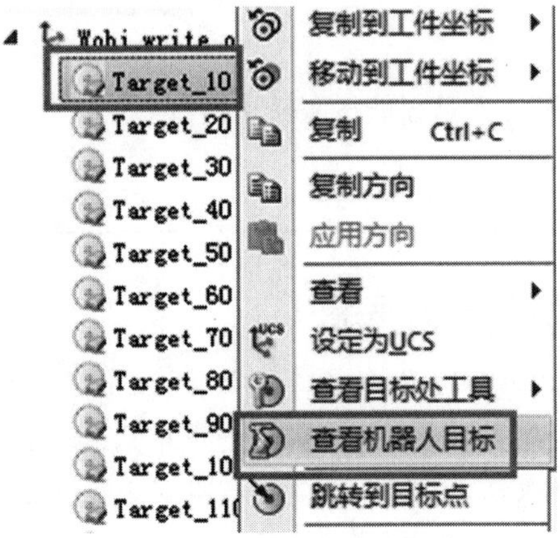

图4-84　查看机器人目标点

可以看到工业机器人无法到达Target_10点，需要调节工业机器人在此点的姿态。

④在"Target_10"上右击，选择"修改目标点"→"旋转"进行修改，如图4-85所示。

⑤在"参考"中选择"本地"，调节旋转角度时，沿着工具坐标系自身的方向调节，选择"Z"轴，在"旋转（deg）"文本框输入"-150"，单击"应用"按钮，如图4-86所示。

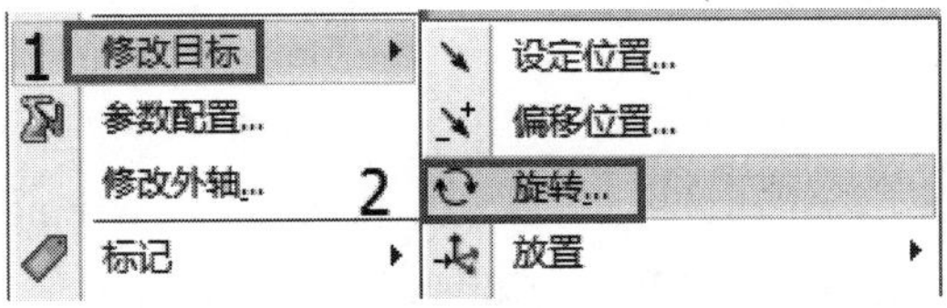

图4-85　"旋转"

图4-86　旋转目标点

⑥此时，工业机器人处在一个比较合适的位置，可以查看工业机器人的关节角度，如图4-87所示。

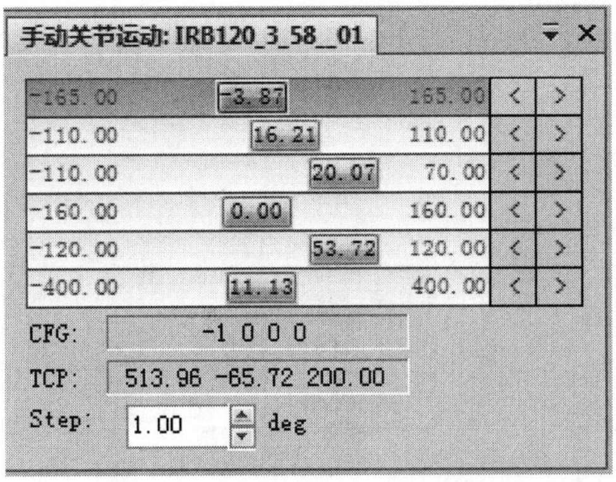

图4-87　工业机器人关节角度

至此，工业机器人可以到达该目标点。接着修改其他目标点。在本节中，当前自动生成的目标点的 Z 轴方向均为字的表面法线方向，因此 Z 轴无须再做更改。

修改 Path_10 中的其他点：

①单击"Target_20"并按住 Shift 键，然后单击 Path_10 的最后一个目标点"Target_3050"，在选择的目标点上右击，选择"修改目标"→"对准目标点方向"，如图 4-88 所示。

②在"参考"中选择"Target_10"，将"对准轴"选择"X"，"锁定轴"选择"Z"，单击"应用"按钮，如图 4-89 所示。

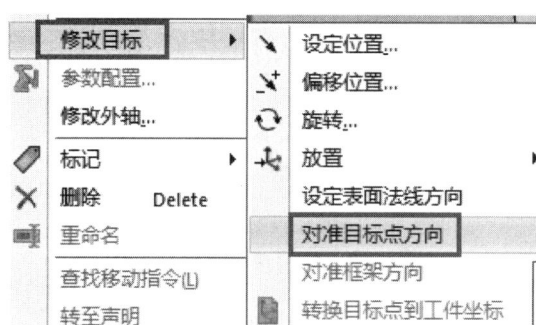

图 4-88　对准目标点　　　　　图 4-89　对准目标点

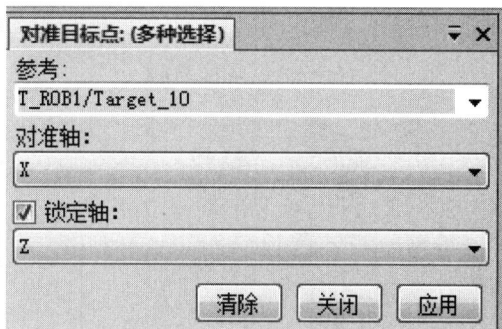

通过以上操作就将剩余所有目标点的 X 轴方向对准了自己调整好姿态的目标点 Target_10 的 X 轴正方向。选中所有的目标点，即可看到所有的目标点方向已经调整完成，如图 4-90 所示。

图 4-90　显示工具

2. "Path_20" 中工业机器人目标点调整

Target_10 点处机器人的姿态已经调节好，将 Path_20 中所有的点与目标点 Target_10 对准。

①利用 Shift 键以及鼠标左键，选中 Path_20 中剩余的所有目标点 Target_3060 ~ Target_3810，进行统一调整，方法同上。调节好目标点后，如图 4-91 所示。

②选择"基本"→"查看机器人目标"，取消工业机器人目标显示，如图 4-92 所示。

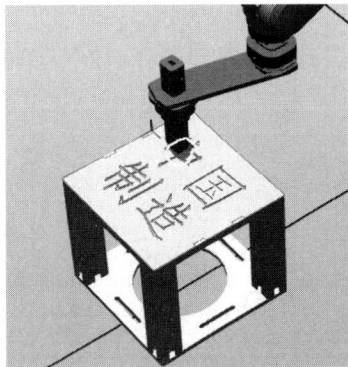

图 4-91　Path_20 中目标点　　　　　图 4-92　取消显示机器人目标

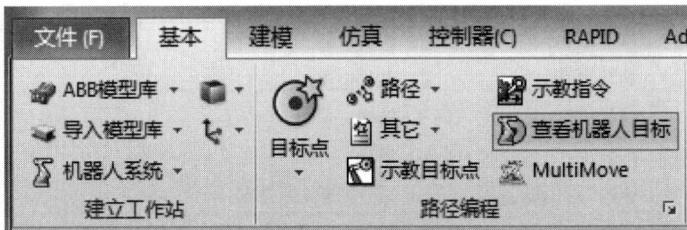

3. "Path_30" 中工业机器人目标点调整

将 Path_30 中所有的点与目标点 Target_10 对准，方法同 Path_20 的调整方法。

（二）轴配置参数调整

工业机器人到达目标点，可能存在多种关节组合的情况，即多种轴配置参数，需要为自动生成的目标点调整轴配置参数。

1. "Path_10" 路径，轴配置参数调整

①在目标点"Target_10"上右击，选择"参数配置"，如图 4-93 所示。

图 4-93　"参数配置"　　　　　图 4-94　"配置参数"

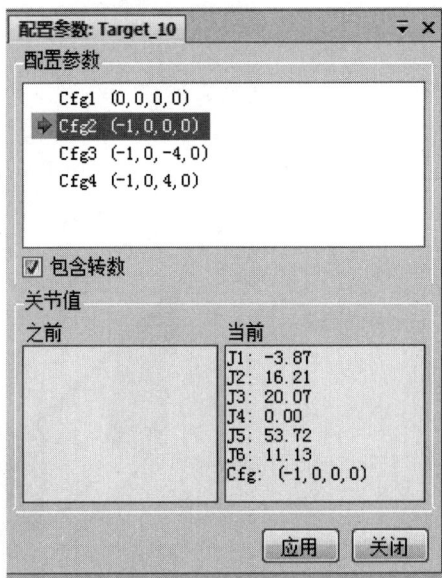

提示：

若工业机器人能够到达当前目标点，则在轴配置列表中可以查看到该目标点的轴配置参数，勾选"包含转数"前面的框，如图4-94所示。选择轴配置参数时，可以查看该属性框中"关节值"中的数值，以作参考。

①"之前"：目标点原先配置对应的各关节轴角度。

②"当前"；当前勾选轴配置所对应的各关节轴角度。

③"包含转数"：因为工业机器人的部分关节轴运动范围超过360°，例如本项目中的工业机器人IRB120关节6的运动范围为-400°至+400°，即运营范围为800°，同一个目标点的位置，假如工业机器人6轴为100°时能到达，那么关节6处于-260°时也可以到达。勾选"包含转数"后，可以找到更多的轴配置参数。

要选取一种使工业机器人轴变化范围比较小的轴配置参数。

②选择轴配置参数"Cfg2（-1，0，0，0）"，单击"应用"按钮，然后单击"关闭"按钮。

③展开"路径"，右击"Path_10"，选择"配置参数"→"自动配置"，如图4-95所示。

④在"Path_10"上右击，选择"沿着路径运动"，如图4-96所示。

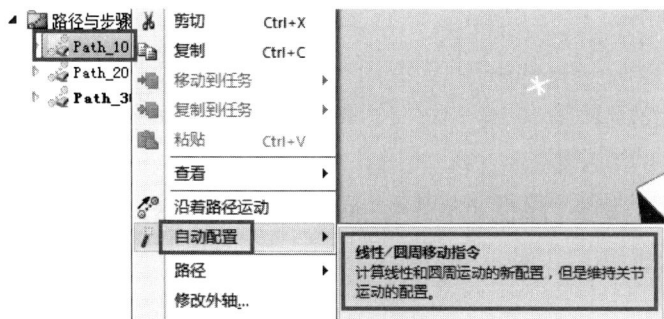

图4-95　自动配置参数　　　　　图4-96　"沿着路径运动"

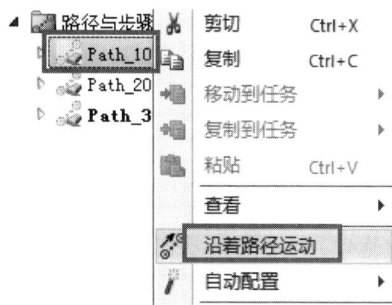

2．"Path_20"路径，轴配置参数调整

①在"Path_20"路径的第一个目标点"Target_3060"上右击，选择"参数配置"，如图4-97所示。

②在轴配置列表中选择该目标点的轴配置参数。选择"Cfg2（-1，0，0，0）"，可以观察到当前机器人各关节轴的角度，单击"应用"按钮，然后单击"关闭"按钮，如图4-98所示。

图 4-97　"参数配置"　　　　　图 4-98　"配置参数"

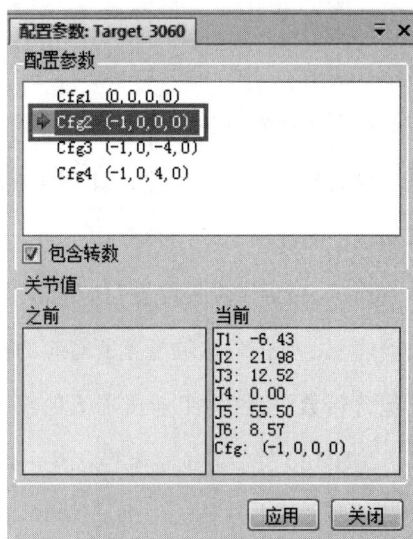

③展开"路径"，在"Path_20"上右击，选择"配置参数"→"自动配置"，如图 4-99 所示。

④在"Path_20"上右击，选择"沿着路径运动"，如图 4-100 所示。

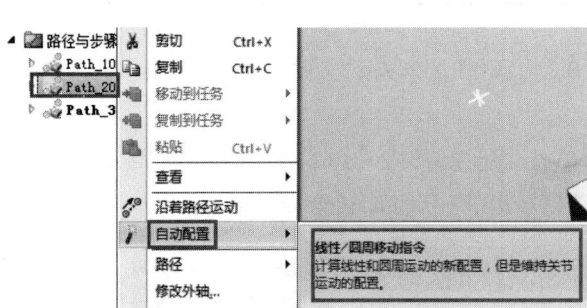

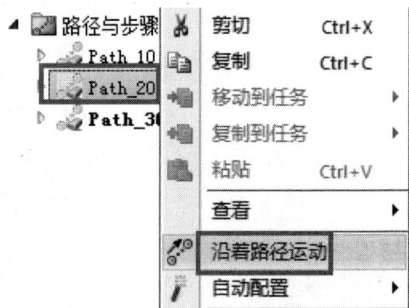

图 4-99　"自动配置"　　　　　图 4-100　"沿着路径运动"

3. "Path_30"路径，轴配置参数调整

"Path_30"路径轴配置参数调整方法与"Path_20"路径相同，在此不再赘述。

提示：

在为目标点配置轴配置过程中，若轨迹较长，可能会遇到相邻两个目标点之间轴配置变化过大，从而在轨迹运行过程中出现"机器人当前位置无法跳转到目标点位置，请检查轴配置"等问题。此时，可以用以下方法进行更改。

①轨迹起始点尝试使用不同的轴配置参数，如有需要可勾选"包含转数"之后再选择轴配置参数。

②尝试更改轨迹起始点位置。

（三）完善程序并仿真运行

轨迹完成后，下面来完善程序，由于工业机器人是按照轨迹点来运行的，所以从工业机器人的初始位置到达工作开始位置需要添加轨迹起始接近点、轨迹结束离开点（起始接近点、轨迹结束离开点可以是同一个点）以及安全位置 Home 点。

"Path_10"路径的起始接近点 pApproach_1，相对于起始点 Target_10 来说只是沿着其本身 Z 轴负方向偏移一定距离。

①在"Target_10"上右击，选择"复制"，如图 4-101 所示。

②在工件坐标系"Wobj_Carving"上右击，选择"粘贴"，如图 4-102 所示。

图 4-101 复制 Target_10   图 4-102 粘贴 Target_10

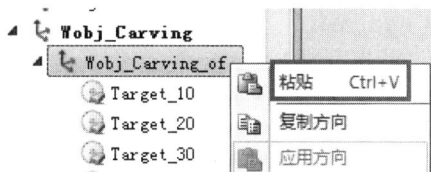

③在"Target_10_2"上右击，选择"重命名"，将名字修改为"pApproach_1"。修改完成后，再在"pApproach_1"上右击，选择"修改目标"→"设定位置"，如图 4-103 所示。

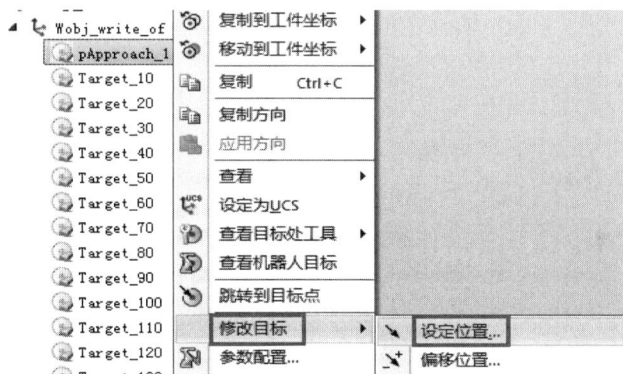

图 4-103 偏移位置

④"参考"设为"本地"，即相对于工具自身进行旋转，在"位置 X、Y、Z"的第三个框中输入（-20），单击"应用"按钮，如图 4-104 所示。

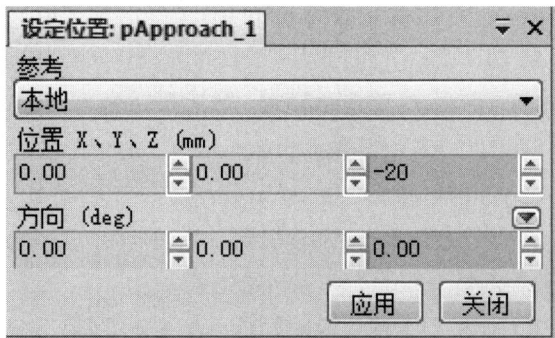

图 4-104 "设定位置"

⑤设置点 pApproach_1 的轴配置参数为（-1，0，0，0）。

⑥修改运动参数为"MoveJ v200 z0 Carving_tool Wobj:=Wobj_Carving",如图4-105所示。

图4-105 运动参数设置

⑦右击"pApproach_1",选择"添加到路径"→"Path_10"→"第一",如图4-106（a）所示，右击"pApproach_1",选择"添加到路径"→"Path_10"→"最后",如图4-106（b）所示。

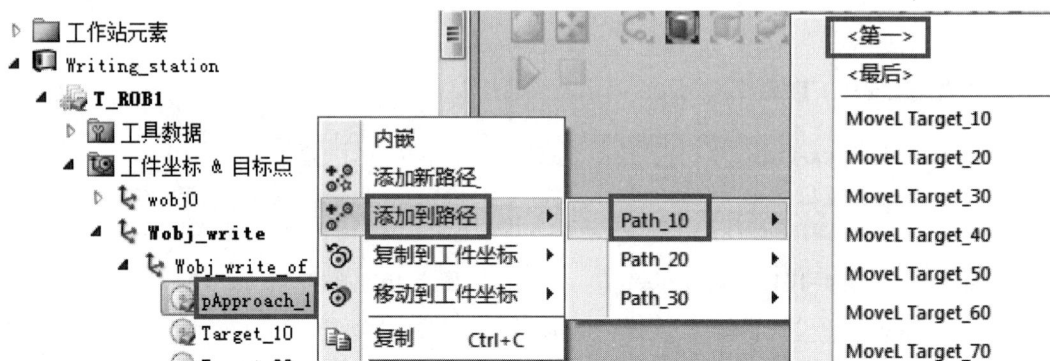

（a）添加点到路径第一

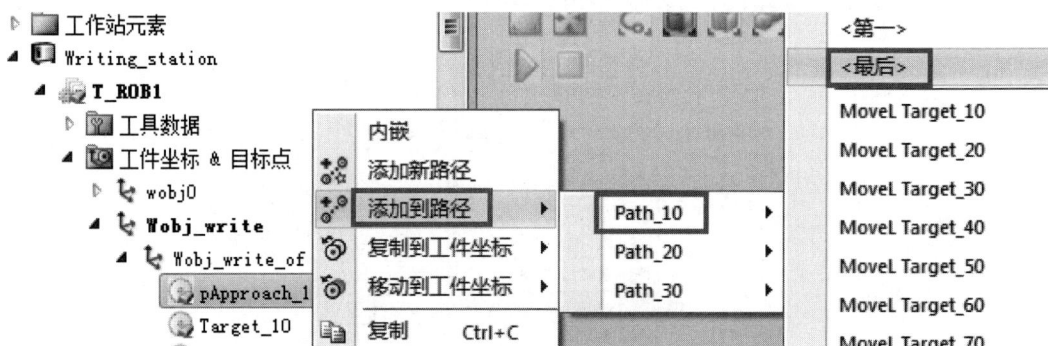

（b）添加点到路径最后

图4-106 添加点到路径

⑧找到路径Path_20的第一个位置点并复制，然后重命名为"pApproach_2",修改其位置，使之沿着Z轴方向偏移"-20",设置点pApproach_2的轴配置参数为（-1，0，0，0），并将其添加到路径Path_20的"第一"和"最后",操作方法与Path_10相同。

⑨找到路径Path_30的第一个位置点并复制，然后重命名为"pApproach_3",修改其位置，使之沿着Z轴方向偏移"-20",设置点pApproach_3的轴配置参数为（-1，0，0，0），并将其添加到路径Path_30的"第一"和"最后",操作方法与Path_10相同。

⑩添加安全位置Home点pHome,为工业机器人示教一个安全位置点。将工业机器人调整到初始位置，并将第五轴调整为90°，作为初始位置。

在"布局"面板中让工业机器人回到机械原点，在工业机器人"IRB120"上右击，选择"回到机械原点",如图4-107所示。

图 4-107　"回到机械原点"

在工业机器人"IRB120"上右击，选择"机械装置手动关节"，如图 4-108 所示，单击第五轴的设置位置，输入"30"，然后按"Enter"键，如图 4-109 所示。

图 4-108　"机械装置手动关节"

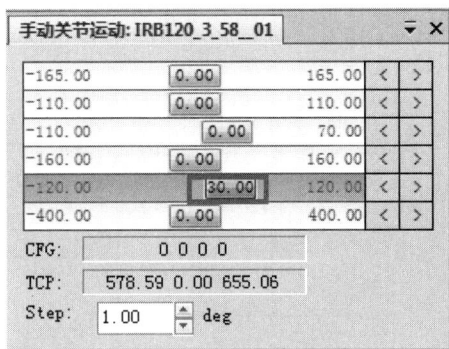

图 4-109　角度设置

⑪工件坐标选择"wobj0"，单击"示教目标点"，如图 4-110 所示。

图 4-110　示教目标点

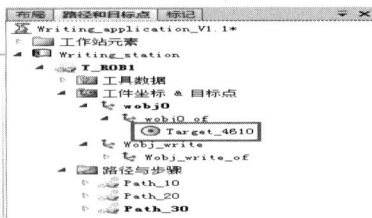

图 4-111　生成的目标点

⑫在生成的点"Target_4610"上右击，如图 4-111 所示，选择"重命名"，将名字修改为"pHome"，然后将其添加到路径"Path_10"的第一行和"Path_30"的最后一行，即运动的起始点和运动的结束点都在 Home 位置。

⑬修改 Home 点、轨迹起始处、轨迹过渡处、轨迹结束处的运动类型、速度、转弯半径等参数。

将 Home 点的转弯区半径修改为"fine"，在"MoveJ pHome"上右击，选择"编辑指令"，如图 4-112 所示。将"Zone"修改为"fine"，然后单击"应用"按钮，如图 4-113 所示。

路径 Path_30 中的 Home 点也进行同样的修改。

图 4-112　"编辑指令"　　　　　　　　　图 4-113　参数设置

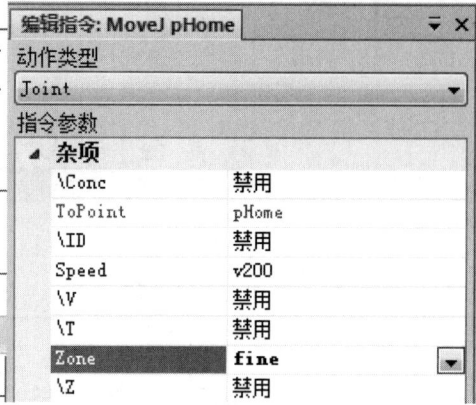

⑭分别在"Path_10""Path_20"和"Path_30"上右击，选择"配置参数"→"自动配置"，如图 4-114 所示。

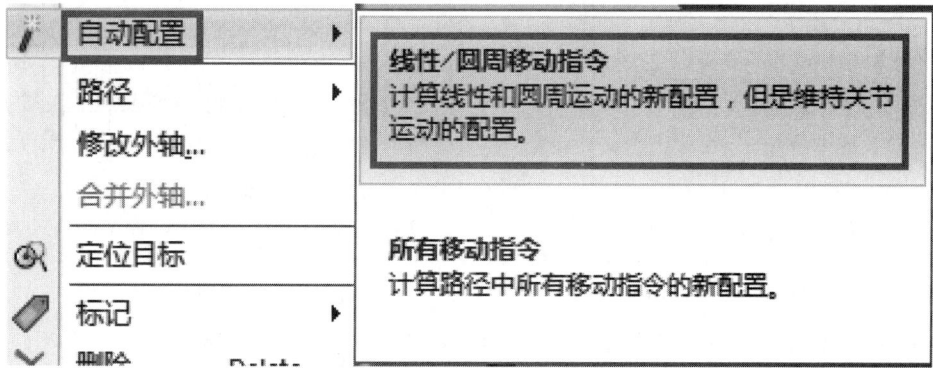

图 4-114　Path_10 自动配置

⑮新建一个路径，作为主程序，去调用路径"Path_10""Path_20"和"Path_30"。选择"基本"→"路径"→"空路径"，如图 4-115 所示。

⑯将路径重命名为"Main"，然后在路径"Main"上右击，选择"插入过程调用"→"Path_10"，将 Path_10 添加到 Main 中，如图 4-116 所示。

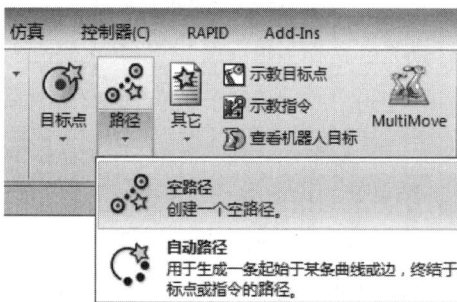

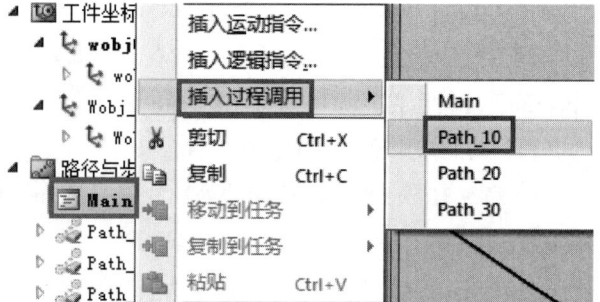

图 4-115　空路径　　　　　　　　　图 4-116　Path_10 添加到 Main

同样的方法，将 Path_20 和 Path_30 添加到 Main 中。

⑰选择"基本"→"同步"→"同步到 RAPID"，如图 4-117 所示，将需要同步的项目都打钩，如图 4-118 所示。

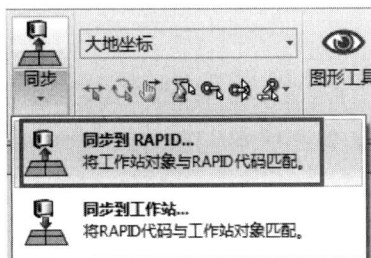

图 4-117　"同步到 RAPID"

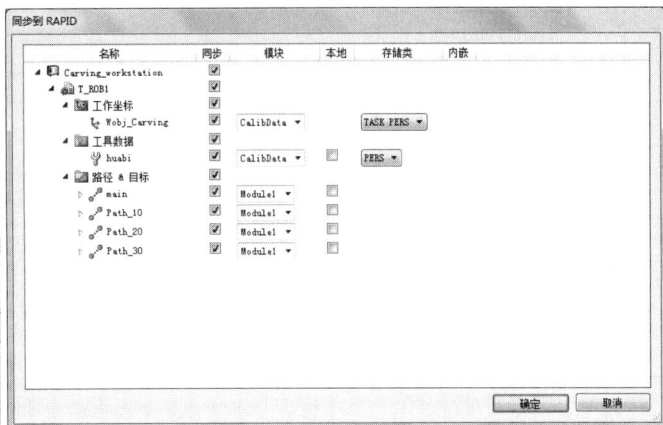

图 4-118　勾选同步选项

⑱选择"仿真"→"仿真设定"，如图 4-119 所示，程序的进入点选择"Main"，如图 4-120 所示。

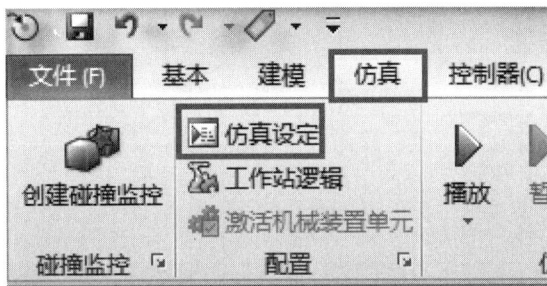

图 4-119　"仿真设定"

图 4-120　设置仿真进入点

⑲选择"仿真"→"播放"，进行仿真播放，如图 4-121 所示。

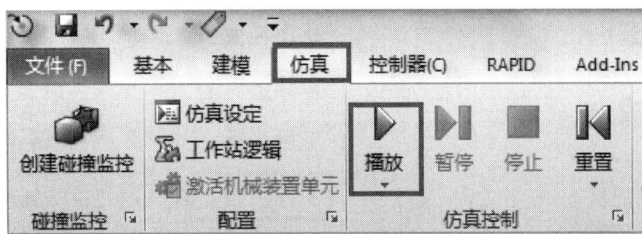

图 4-121　仿真播放

三、联机调试

离线程序在离线编程软件中创建完成后，要下载到实际的工业机器人中运行，具体流程如下。

①工具和工件坐标系校准。用四点法标定工具 TCP，用三点法创建工件坐标系。将标定好的工具和工件坐标系数据替换到离线程序中。

②联机设置。设置电脑 IP 地址，将离线编程软件打开进行连接，将离线程序加载到实际的工业机器人控制器中并运行。

（一）工具和工件坐标系校准

软件中工业机器人和真实环境中工业机器人的世界坐标系是相同的，为了保证软件中创建的程序能够应用到真实环境中，需要校准工具的 TCP 和工件坐标系。

工具的 TCP 标定参照项目 2 任务 2 中的 TCP 标定；工件坐标系标定方法如下。

在真实的环境中找到与软件中标定工件坐标系时对应的三个点 X_1、X_2、Y_1，分别将工业机器人工具的 TCP 点移动到相应的位置点并分别记录机器人的位置，三个位置点如图 4-122 所示。

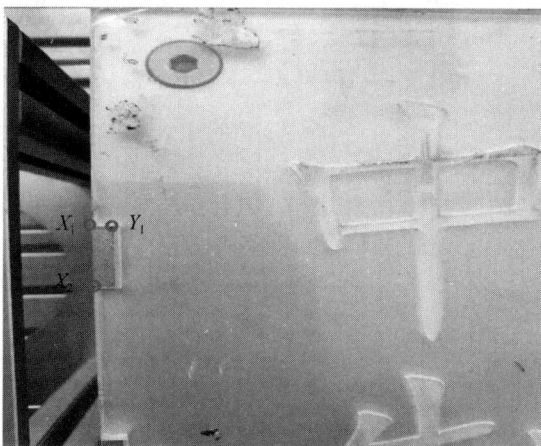

图 4-122　工件坐标系位置

①在示教器中新建一个工件坐标系。单击示教器左上角的菜单键，选择"手动操纵"，如图 4-123 所示。单击"工件坐标"，如图 4-124 所示。

图 4-123　"手动操纵"

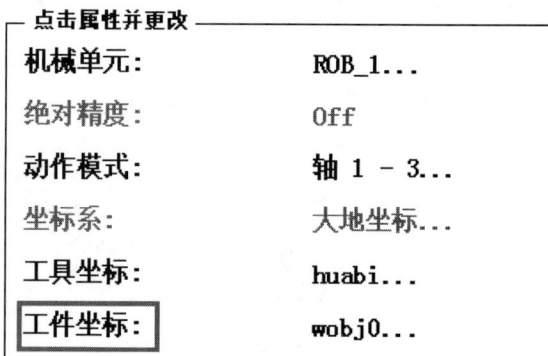

图 4-124　选择"工件坐标"

②单击"新建",如图 4-125 所示,名称采用默认的"wobj1",然后单击"确定"按钮,如图 4-126 所示。

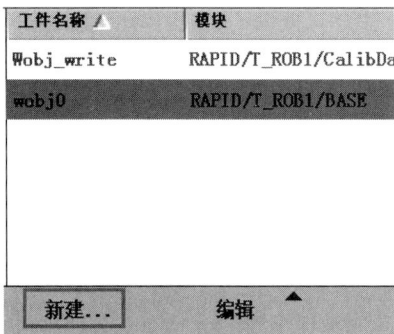

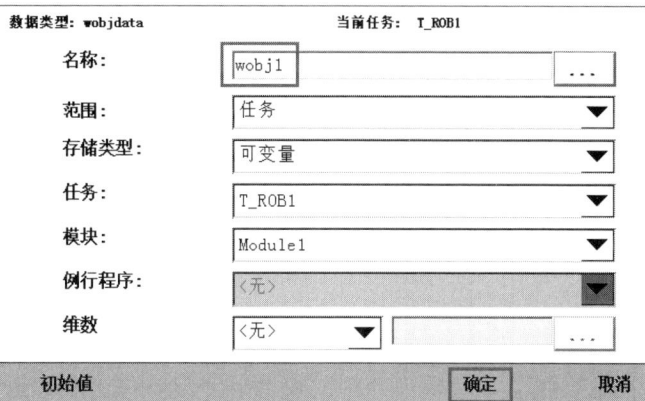

图 4-125　"新建"　　　　　　　　　　图 4-126　确定

③选择"wobj1",单击"编辑"→"定义",如图 4-127 所示,"用户方法"选择"3点",如图 4-128 所示。

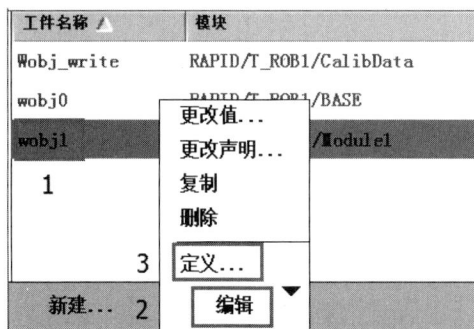

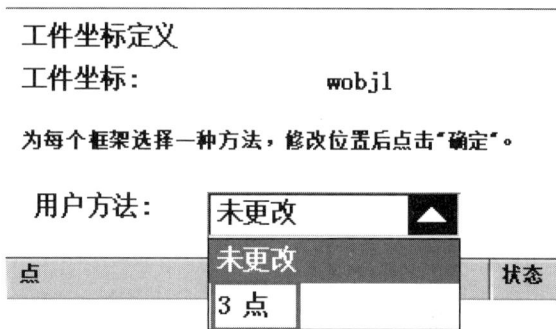

图 4-127　定义工件坐标　　　　　　　图 4-128　选择 3 点法

④将工业机器人的 TCP 点移动到第一个 X_1 点,选择"用户点 X_1"并单击"修改位置",如图 4-129 所示。再分别将工业机器人的 TCP 点移动到 X_2 点和 Y_1 点,并分别记录,操作方法同 X_1 点操作流程,完成以后单击"确定"按钮,如图 4-130 所示。

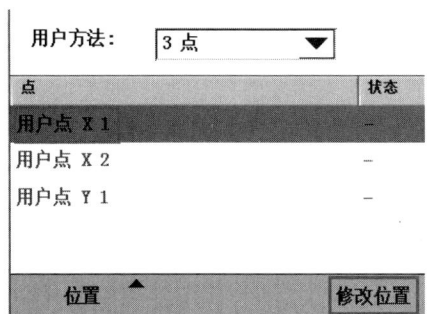

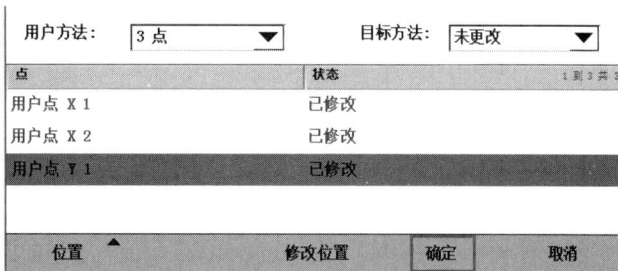

图 4-129　修改 X_1 点　　　　　　　图 4-130　修改完成后点击"确定"

⑤选择"wobj1"并单击"编辑"→"更改值",如图 4-131 所示,单击"编辑"后的下三角,可以看到"x""y""z"的值,如图 4-132 所示。将值记录下来。

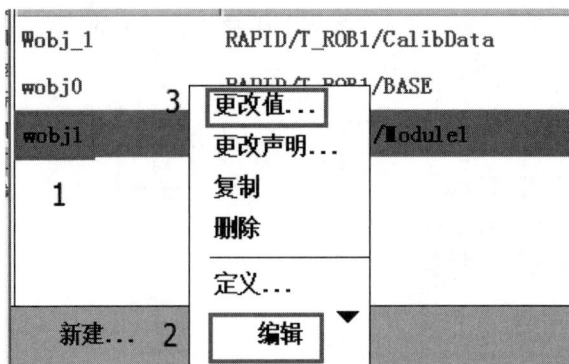

图 4-131 "更改值"

图 4-132 工件坐标系值

⑥选择"RAPID"选项卡，依次展开"RAPID"→"T_ROB1"→"CalibDdta"，如图 4-133 所示。

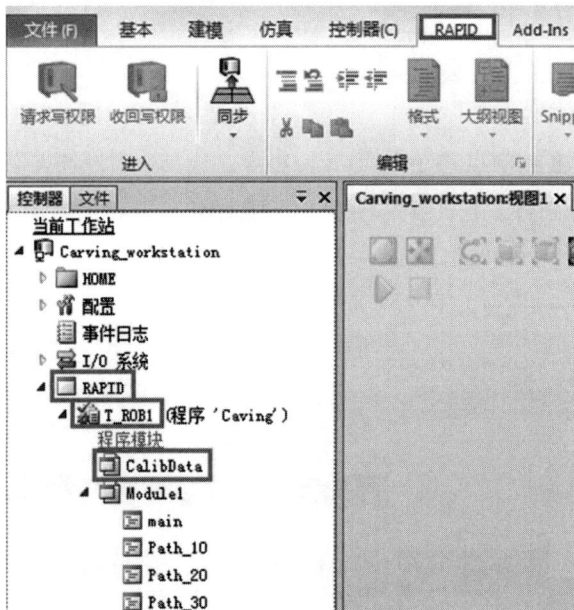

图 4-133 打开"CalibData"

⑦双击"CalibData"，找到对应的工具数据和工件坐标系数据，输入实际的值，如

图 4-134 所示。

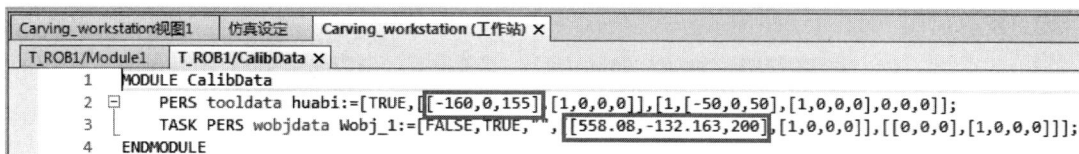

```
Carving_workstation视图1   仿真设定   Carving_workstation (工作站) ×

T_ROB1/Module1   T_ROB1/CalibData ×

1    MODULE CalibData
2        PERS tooldata huabi:=[TRUE,[[-160,0,155],[1,0,0,0]],[1,[-50,0,50],[1,0,0,0],0,0,0]];
3        TASK PERS wobjdata Wobj_1:=[FALSE,TRUE,"",[[558.08,-132.163,200],[1,0,0,0]],[[0,0,0],[1,0,0,0]]];
4    ENDMODULE
```

图 4-134　CalibData 数据

⑧单击"程序"→"保存程序为",如图 4-135 所示。将程序保存为"Carving"。

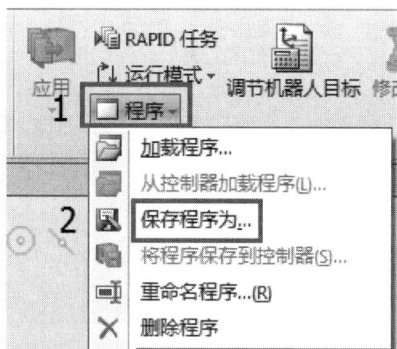

图 4-135　保存程序

（二）软件与硬件系统连接

①设置电脑 IP 地址为 192.168.125.×××网段；如图 4-136 所示设置为 192.168.125.6。

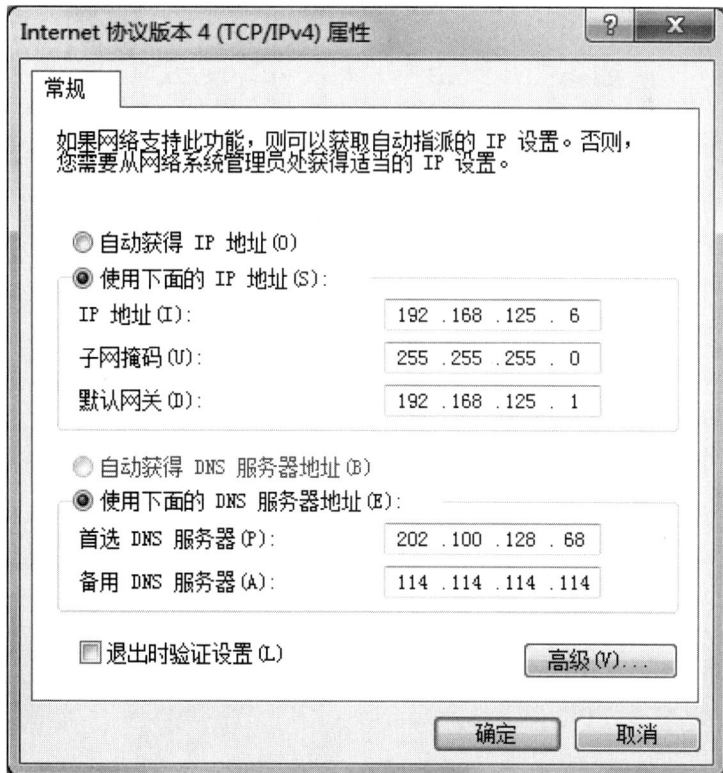

图 4-136　IP 地址设置

②将电脑的网口用网线连接到工业机器人控制柜的服务端口（地址为固定的192.168.125.1），如图 4-137 所示。

图 4-137　工业机器人服务端口

③打开 RobotStudio 软件，在"控制器"选项卡下，选择"添加控制器"→"一键连接"，如图 4-138 所示。

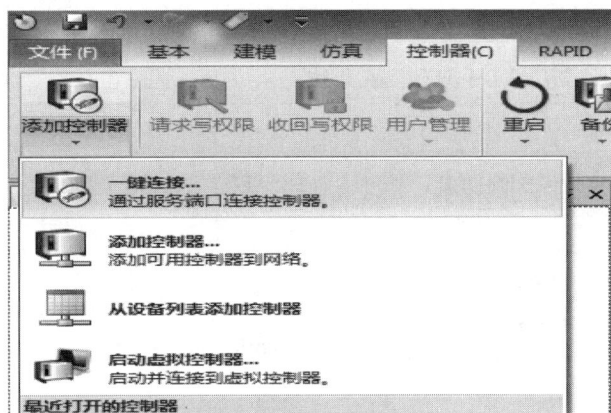

图 4-138　"一键连接"

④将示教器的钥匙开关切换到"手动"状态。

⑤在"控制器"选项卡下，选择"请求写权限"，如图 4-139 所示。

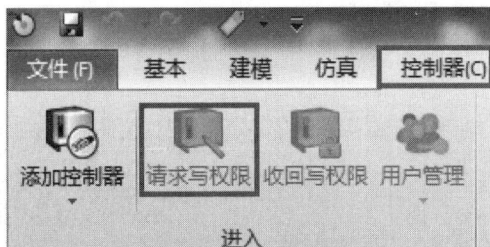

图 4-139　"请求写权限"

⑥在示教器上单击"同意"按钮进行确认。

⑦在"RAPID"选项卡下选择"程序"→"加载程序"，如图 4-140 所示，找到程序模块"Carving"单击进行加载。

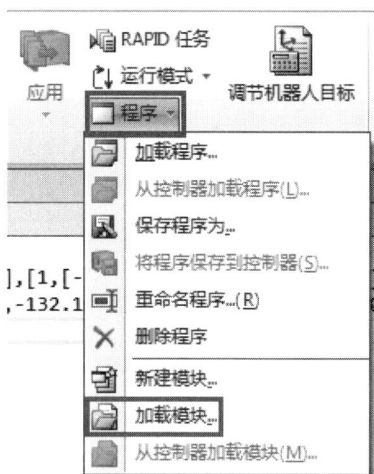

图 4-140　"加载程序"

⑧在软件中单击"收回写权限"命令，如图 4-141 所示。

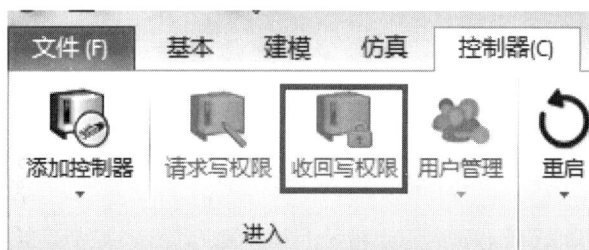

图 4-141　"收回写权限"

⑨先手动运行程序，确认无误后再自动运行。

实训2　切割程序创建及调试

实训名称	切割程序创建及调试
实训内容	创建完成"国"字外边缘切割程序，完善切割轨迹并联机运行

续表

实训目标	1. 掌握轨迹曲线与路径的创建方法； 2. 掌握目标点与轴配置调整的方法； 3. 能够优化及调整轨迹； 4. 能够联机调试程序
实训课时	6课时
实训地点	机房

练习题

（1）工业机器人离线编程的流程是什么？

（2）工件坐标系的作用是什么？

（3）离线程序创建完成后，在完善轨迹的过程中至少需要添加哪些过渡点？

（4）工业机器人联机调试的步骤有哪些？

任务完成报告

姓名		学习日期	
任务名称	工业机器人雕刻编程及调试		

	考核内容	完成情况
学习自评	1.完成工业机器人轨迹曲线创建	□好　□良好　□一般　□差
	2.完成工业机器人运动路径创建	□好　□良好　□一般　□差
	3.完成程序中目标点位置调整	□好　□良好　□一般　□差
	4.能够按照任务要求完善轨迹	□好　□良好　□一般　□差
	5.能够完成工业机器人联机调试	□好　□良好　□一般　□差
学习心得		

项目5 智能制造装备综合调试运行

智能制造装备投入工业生产运行的需求不断催生着工业生产向智能化、信息化发展升级，利用各种现代化的技术，实现工厂生产管理的自动化。这就要求智能制造装备在工业生产中具备完整的控制系统，实现智能制造装备各部分的协调运行。智能制造装备通常以工业机器人、数控机床等为核心设备，并配以相应的辅助执行机构（如气动设备、传感器设备等），由主控制器（一般为工控系统，如PLC）统一协调控制智能制造装备满足工艺加工需求。

本项目中使用的智能制造装备以工业机器人为核心设备，并配备气动设备、输送机构、传感检测、安全保护等设备。工业机器人与这些设备组合集成为智能制造系统，配合完成预定的生产任务。这套系统的主控制器为西门子系列PLC，并且配置操作与监控界面，供生产操作人员使用。智能制造装备如图5-1所示。

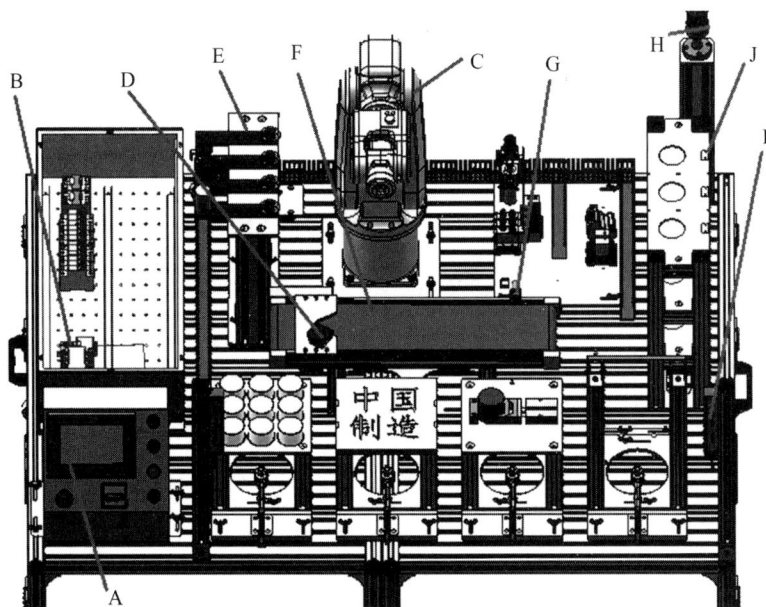

图 5-1 智能制造装备

A—控制操作面板；B—PLC；C—工业机器人；D—传送带后端传感器；E—夹爪吸盘等快换；F—传送带；
G—传送带前端传感器；H—三色灯；I—安全光栅；J—仓库传感器

本项目我们以PLC为整个智能制造系统的控制中心，接收传感器和安全保护系统的信号、操作界面的指令，作为控制条件；PLC与工业机器人以通信的方式实现信号的传递，PLC传输信号控制工业机器人执行相应的动作，如机器人的运行、输送带电机的启停、夹爪吸盘的吸合以及气缸的伸缩等。

因此，本项目最终成果为实现料块的出库加工的编程调试运行，要求如下：

①工业机器人将料块从智能仓库取出，经传送带运输后，放到加工单元，模拟加工后，将料块放到仓储物料单元。

②触摸屏为人机操作界面，PLC为主控制器，实现智能制造装备料块出库加工运行控制与相关运行数据信息显示。

③该智能制造装备控制系统配备有工作指示灯、安全保护装置等。

为实现上述项目目标，本项目分为以下两个任务进行讲解。

任务1　PLC与工业机器人联机运行

本任务要求学会PLC与工业机器人之间的通信设置，实现PLC控制工业机器人料块搬运功能编程运行。

①智能制造装备的通信方式。熟悉了解智能制造装备常用的通信方式。

②S7-1200与ABB工业机器人的PROFINET通信设置。熟悉在示教器中对工业机器人通信参数进行设置的方法；熟悉博途软件编程环境以及在博途软件中对PLC通信参数进行设置的方法。

③S7-1200PLC与ABB工业机器人编程联机实现PLC控制工业机器人完成料块搬运功能运行。

任务2　触摸屏、PLC与工业机器人联机调试运行

本任务要求能够学会组态触摸屏画面，通过触摸屏画面能够监视与控制智能制造装备料块出库加工过程的运行信息。

①触摸屏画面的组态编程。在博途软件中创建触摸屏项目，画面、按钮、指示灯等编程画面的组态；触摸屏程序的编译下载。

②触摸屏监视与控制PLC的运行。主要讲解S7-1200控制外围设备的程序，触摸屏与PLC控制信号连接实现对PLC程序执行的控制和数据的接收显示。

③编程调试实现智能制造装备料块出库加工功能。

任务1　PLC 与工业机器人联机运行

本任务利用智能制造装备实现 S7-1200PLC 控制 ABB 工业机器人完成料块的搬运操作。如图 5-2 所示，在控制操作面板上，通过按钮可以控制 ABB 工业机器人料块搬运操作的启动与停止。

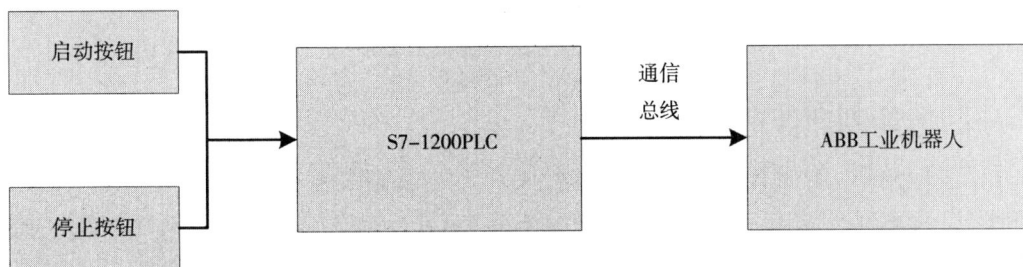

图 5-2　启停控制信号流示意图

启动与停止信号均由 S7-1200PLC 模块通过通信总线（PROFINET 通信）传送给 ABB 工业机器人，机器人接收到启动或停止信号，执行相应的动作。所以，本任务的重点是学习 S7-1200 与 ABB 工业机器人的 PROFINET 通信设置与调试应用，同时熟悉西门子系列 S7-1200PLC 的基本使用方法。

任务要求：

①智能制造装备的通信方式。了解智能制造装备在工业生产中的通信方式，掌握工业机器人常用的通信方式。

② S7-1200 与 ABB 工业机器人的 PROFINET 通信设置。熟悉在示教器中对工业机器人通信参数的设置方法，熟悉博途软件编程环境以及在博途软件中对 PLC 通信参数的设置方法。

③ S7-1200PLC 与 ABB 工业机器人编程联机实现 PLC 控制工业机器人完成料块出库搬运功能运行。

知识目标：

①了解 PLC 与工业机器人之间的各种通信连接方式；

②熟悉博途软件编程环境，掌握 PLC 项目的创建，位逻辑指令的调用及程序下载；

③掌握 PLC 的 PROFINET 通信设置；

④掌握 ABB 工业机器人的 PROFINET 通信设置。

能力目标：

①能够使用博途软件编写梯形图程序；

②能够熟练设置 PLC 与工业机器人 PROFINET 的通信参数；

③能够编程实现 PLC 控制工业机器人实现料块搬运功能。

学习内容：

```
                  ┌─ 智能制造装备通信应用 ─┬─ 通信应用介绍
                  │                        └─ 本项目通信方式
                  │
                  ├─ S7-1200与ABB工业机器人通信设置 ─┬─ 工业机器人的PROFINET通信
                  │                                    └─ S7-1200的PROFINET通信
                  │
                  ├─ PLC控制工业机器人料块搬运功能的编程运行 ─┬─ 功能分析
                  │                                              └─ 编程运行
                  │
                  └─ 实训1  S7-1200控制工业机器人出库搬运
```

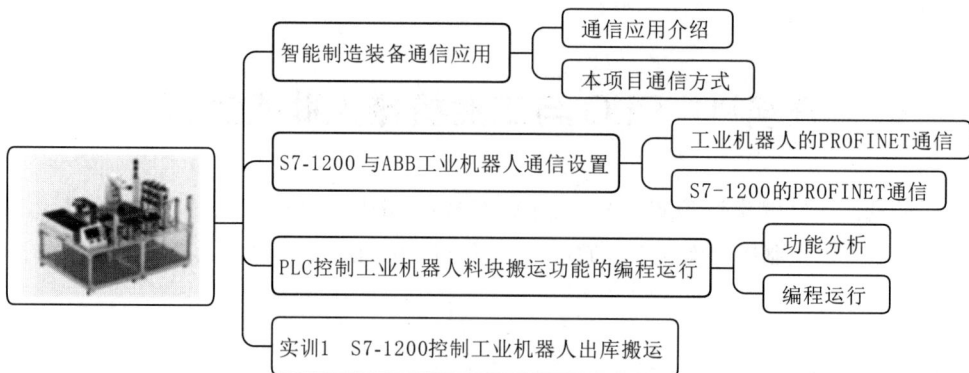

一、智能制造装备通信应用

在工业应用中，智能制造装备常应用在各种生产线、装配线及复合型设备上，如汽车组装生产线、工业电气产品生产线、食品生产线、半导体硅片搬运等。工业机器人作为智能制造装备的关键设备，在单机的各种搬运、码垛、焊接、喷涂等动作轨迹都编程并调试好后，还经常要配合生产线上的其他动作，要想完成全部动作，还需要与PLC配合一起控制，这就需要到PLC与工业机器人之间的信号通信，双方交换传输信号，比如PLC什么时候让机器人动作，当前动作到了什么位置点，以及机器人完成动作后通知PLC等，通过这样的交互通信，才能够满足智能制造装备的工艺加工需求。

（一）通信应用介绍

智能制造装备的通信应用主要是主控制器（PLC）与关键设备（工业机器人）之间的通信。在工业应用领域，通信方式有两类：一是通过I/O接口直连的方式；二是通过通信总线方式。

1. I/O接口直连

I/O接口直连通信传输中有多个数据位，同时在两个设备之间传输。发送设备将这些数据位通过对应的数据线传送给接收设备。接收设备可同时接收这些数据，不需要做任何变换就可直接使用，如图5-3所示。I/O接口直连主要用于近距离通信、数据传输量小的通信场合。这种方法的优点是传输速度快，处理简单。缺点是需要连接的数据线较多，另外在工业环境不好的情况下，容易出现信号干扰。

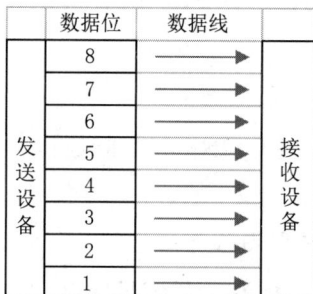

	数据位	数据线	
	8	→	
	7	→	
	6	→	
发送设备	5	→	接收设备
	4	→	
	3	→	
	2	→	
	1	→	

图5-3 I/O接口直连

通常情况下，工业机器人的控制柜上有：数量输入（DI）信号、数字量输出（DO）信号、模拟量输入（AI）信号、模拟量输出（AO）信号等信号（不同品牌机器人，还有其他信号）。

①ABB工业机器人上配置的标准I/O信号板包含数字量和模拟量的I/O信号接口，如图5-4所示。

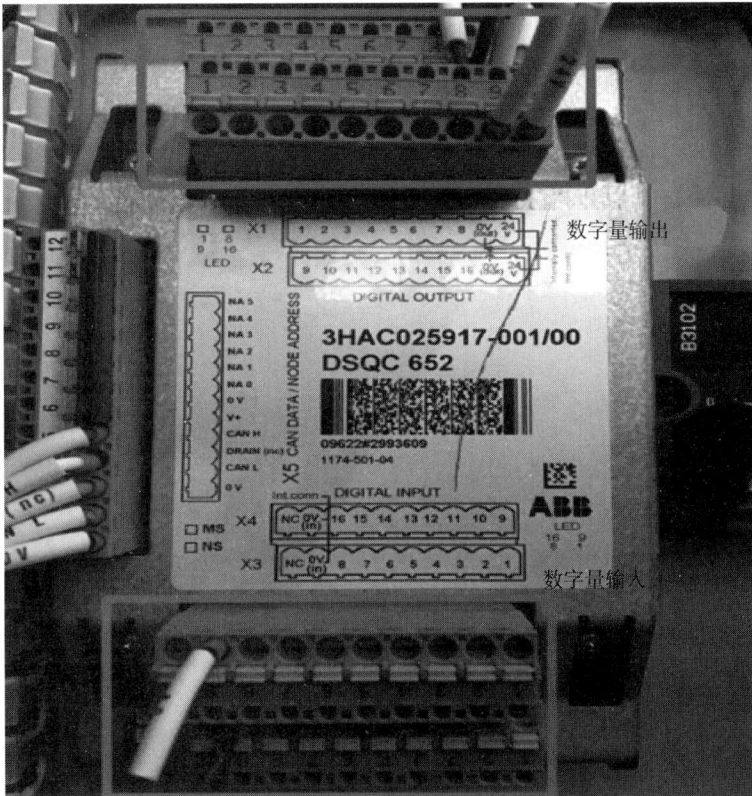

图 5-4　ABB 工业机器人 DSQC652 I/O 信号板

如图5-4所示，ABB工业机器人DSQC652 I/O信号板有16个数字量输入和16个数字量输出。根据工艺及通信数字量和模拟量信号接口的数量需求，可以选择其他I/O信号板，如表5-1所示。

表 5-1　常用 ABB 标准 I/O 信号板

型号	说明
DSQC651	8 个数字量输入，8 个数字量输出，2 个模拟量输出
DSQC652	16 个数字量输入，16 个数字量输出
DSQC653	8 个数字量输入，8 个数字量输出，带继电器
DSQC355A	4 个模拟量输入，4 个模拟量输出

如果 PLC 与工业机器人需要进行大量的数据通信，使用 I/O 信号接线方式，会有两个弊端，一是 I/O 信号接口不能满足需求，二是 PLC 与工业机器人之间需要连接大量的信号线。针对这种问题，可以采用通信线来实现 PLC 与工业机器人的信息数据交互。

②埃夫特 ER20-C10 工业机器人控制系统中信号输入输出部分共由四个 DM272/A 模块组成，如图 5-5 所示。

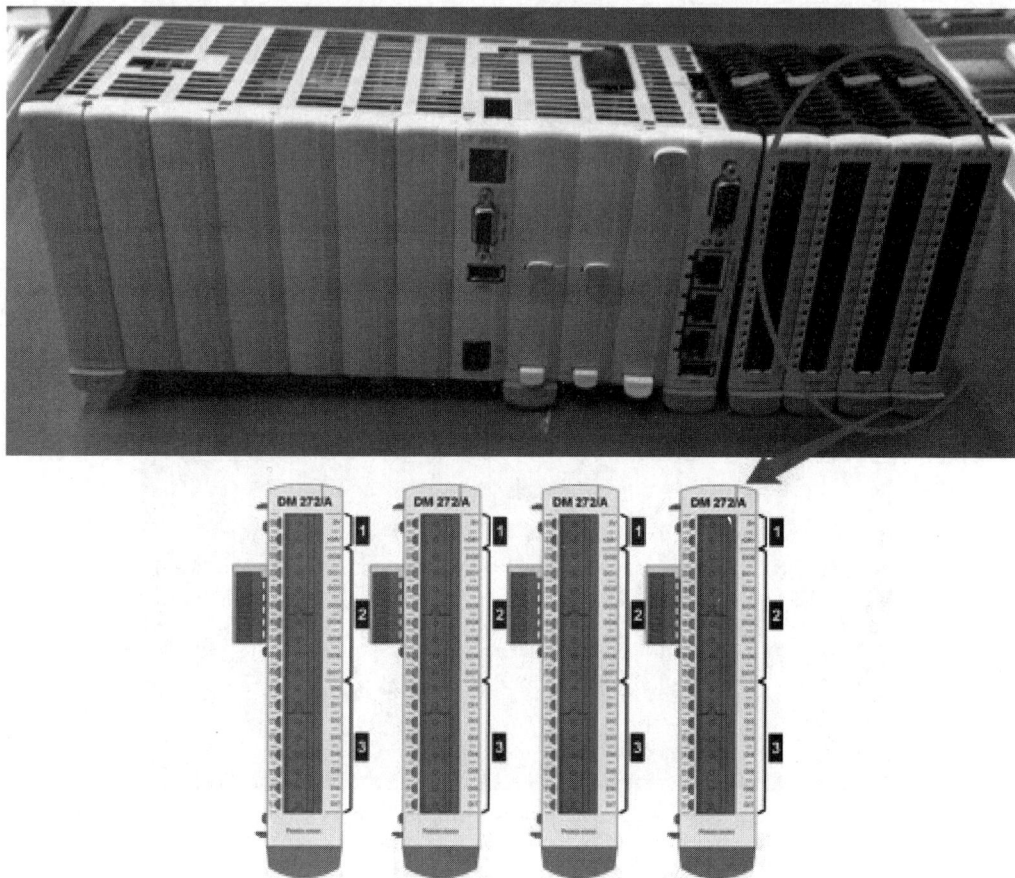

图 5-5　埃夫特 ER20-C10 工业机器人控制器

图 5-5 中从左到右依次将四个 DM272/A 模块命名为模块一到模块四，ER20-C10 机器人出厂时，已在程序中对 I/O 信号进行了配置，用户可根据实际需要接入或自定义使用。

2. 通信总线

在智能制造装备中，主控制器和工业机器人之间可以采用通信总线的方式相互传递数据信息，只需要一根数据传输电缆连接，因此两者都要支持相同的通信协议。

工业机器人作为智能设备在编程、调试、运行、维护的过程中需要通信网络技术，为了和 PLC 等其他工业设备进行系统集成，需要 RS485、DeviceNet、Profibus、Profinet、EthernetIP 等工业网络通信接口。工业机器人常用的通信接口有串行接口和以太网接口。

（1）串行接口

一般使用 RS485/RS232 接口，支持使用 MODBUS-RTU 通信协议，如图 5-6 所示。

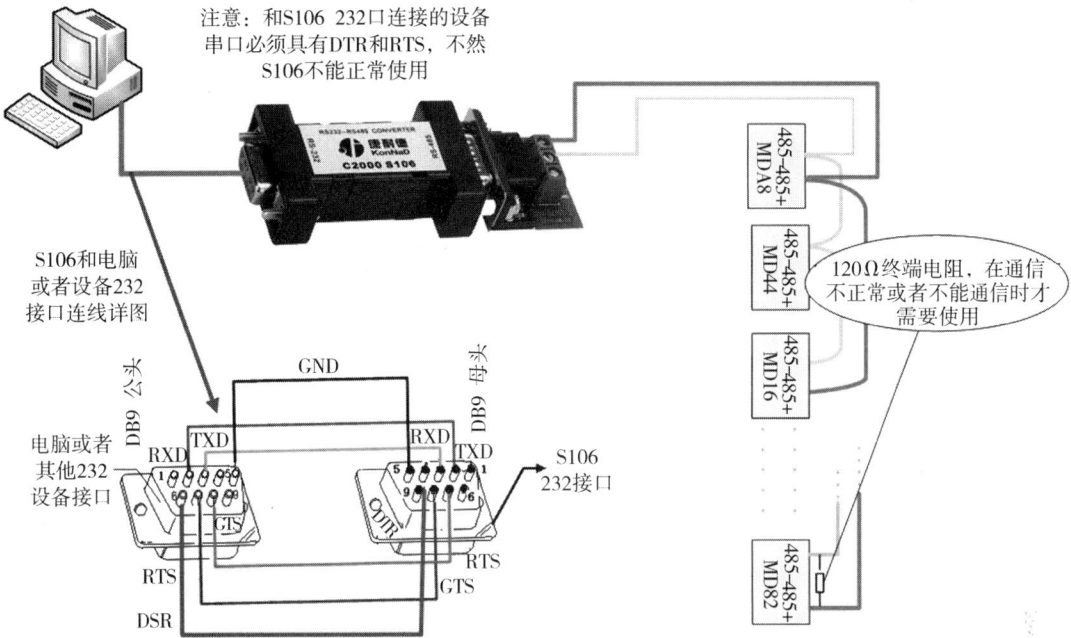

图 5-6　串口连接示意图

（2）以太网接口

以太网接口有许多类型，工业应用中常用的以太网接口为 RJ-45 接口，这种接口就是我们最常见的网络设备接口，俗称"水晶头"，专业术语为 RJ-45 连接器，如图 5-7 所示。工业以太网（Industrial Ethernet）源于以太网而又不同于普通以太网。工业以太网涉及工业企业网络的各个层次，无论是工业环境下的企业信息网络，还是采用普通以太网技术的控制网络，以及新兴的实时以太网，均属于工业以太网的技术范畴。

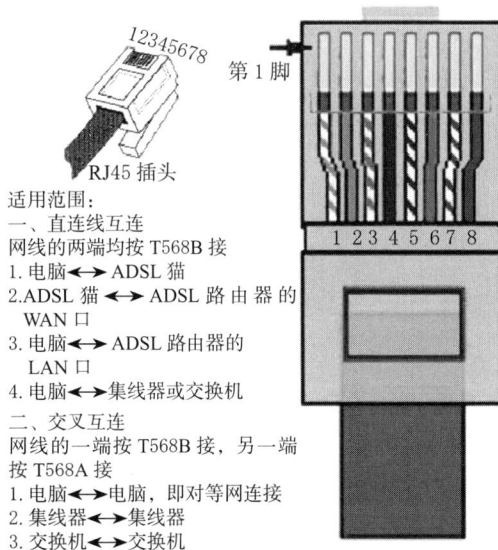

图 5-7　RJ-45 接口

工业以太网标准有：EtherNet/IP、PROFINET、P-NET、Interbus、EtherCAT、Ethernet Porwerlink、EPA、Modbus-TCP 等。

（二）本项目通信方式

ABB 机器人除了提供了丰富 I/O 接口外，还提供了各种工业现场总线通信接口，如 ABB 的标准通信，与 PLC 的现场总线通信，还有与 PC 机的数据通信，如图 5-8 所示为 ABB 工业机器人通信接口，可以轻松实现与周边设备的通信。

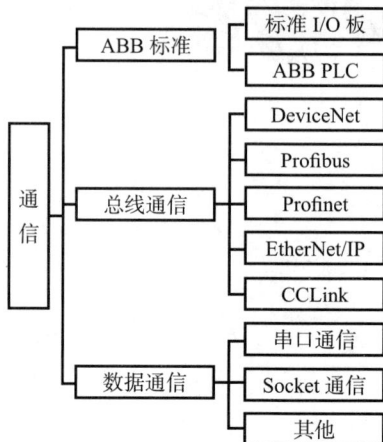

图 5-8　ABB 工业机器人通信接口

机器人端可以通过主板集成的通信接口，或扩展通信板方式增加通信的功能。

ABB 工业机器人的 IRC5 控制器在标配情况下，不包含 PROFINET 通信接口，如果工程师需要利用 PROFINET 通信，需要向 ABB 公司购买 PROFINET 通信板，ABB 机器人可以使用 DSQC688 模块通过 PROFINET 与 PLC 进行快捷和大数据量的通信，其通信网络结构如图 5-9 所示。

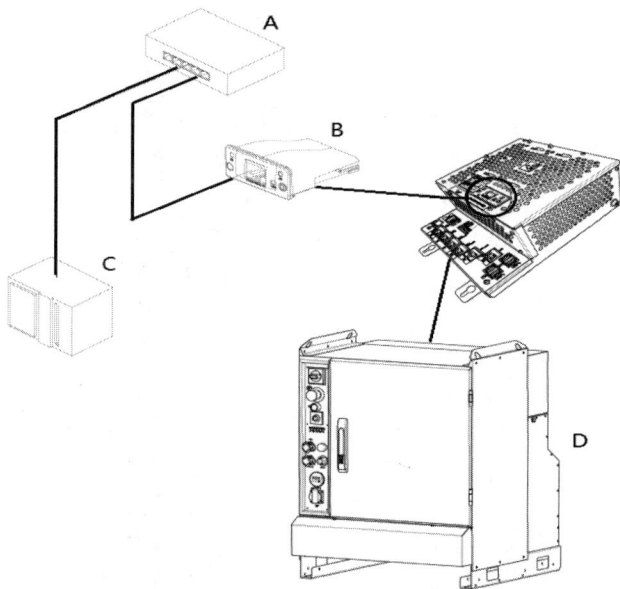

图 5-9　PLC 与 IRC5 的 PROFINET 通信网络

A—工业以太网交换机；B—机器人 PROFINET 适配器 DSQC688；

C—PLC 主站；D—机器人控制柜

二、S7-1200与ABB工业机器人通信设置

要实现 S7-1200 PLC 与 ABB 工业机器人之间的信息交换，就要搭建一个信息通道，让双方之间的信息通过此通道相互传递；这个信息通道的物理连接形态是以太网线，一端接到 PLC 的 PROFINET 端口，另一端接到 ABB 工业机器人控制柜的 X5 端口，如图 5-10 所示；协议连接形态就是 PROFINET 通信，所以需要对两端设备进行相应的参数设置。

(a) 机器人端　　　　　　　　　　　　　　　　(b) PLC 端

图 5-10　PROFINET 通信网线连接位置

本节先来完成 1 个信号的通信连接配置，PLC 发送一个信号给工业机器人，工业机器人接收到这个信号后执行相应的动作。

(一)工业机器人的 PROFINET 通信

以下步骤为设置 ABB 工业机器人的 PROFINET 通信参数，创建 1 个地址用于接收 PLC 发送来的信号。

①点击示教器左上角的菜单栏，点击控制面板中的"配置"，在弹出的对话框中点击"主题"中的"Communication"，如图 5-11 所示。

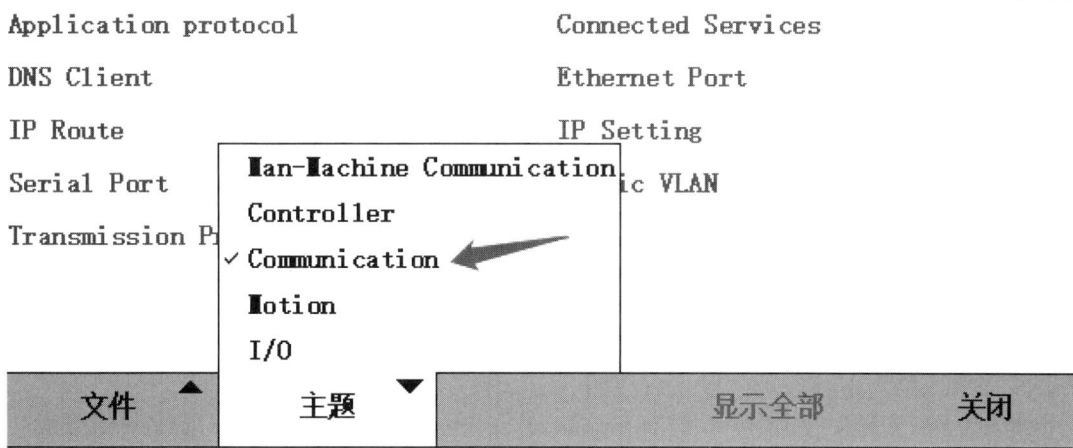

图 5-11　示教器中的通信配置

②在弹出的对话框中双击"IP Setting",继续双击"PROFINET Network",在弹出的对话框中修改相应的地址,如图 5-12 所示,点击"确定"按钮。

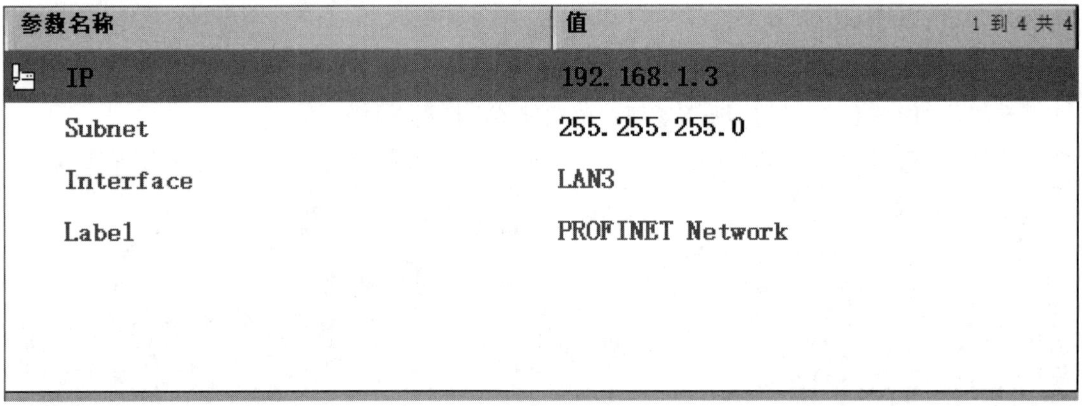

参数名称	值	1 到 4 共 4
IP	192.168.1.3	
Subnet	255.255.255.0	
Interface	LAN3	
Label	PROFINET Network	

图 5-12 IP 地址修改

这里设置了工业机器人的 IP 地址为"192.168.1.3",那么后续设置 PLC 的 IP 地址时,两者需在同一网段,IP 地址在同一网段,也就是修改 IP 地址最后一位数值,其他保持不变。例如工业机器人的 IP 地址设置为 192.168.1.3,那么 PLC 的 IP 地址需要设置为 192.168.1.X,其中 X 的值可以设置为 0~255 的任意数值,但是不能和工业机器人的 IP 地址重复。

③选中"主题"→"I\O"中的"Profinet Internal Device"并双击,再双击"PN_Internal_Device",在弹出的对话框中修改输入输出字节大小,如图 5-13 所示。字节大小根据 PLC 与工业机器人需要通信的数据大小确定,此处可以先选定 8 字节大小的输入和输出,点击"确定"按钮。

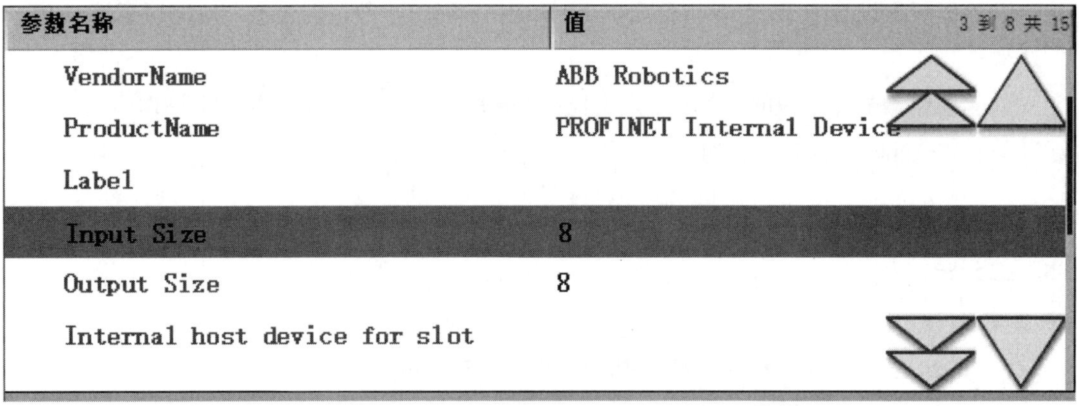

参数名称	值	3 到 8 共 15
VendorName	ABB Robotics	
ProductName	PROFINET Internal Device	
Label		
Input Size	8	
Output Size	8	
Internal host device for slot		

图 5-13 输入输出字节大小修改

④双击"主题"→"I\O"中的"Industrial Network",双击"PROFINET",修改"PROFINET Station Name",该名称设计者自定义即可,此处名称设置为"abb"(注意:此名称要记住,后续需要使用),如图 5-14 所示,然后点击"确定"按钮。

⑤双击"主题"→"I\O"中的"Signal",点击"添加",在弹出的对话框中,新建 1 个数字量输入,命名为"di0",类型"Type of Signal"选择"Digital Input","Assigned to Device"选择"PN_Internal_Device","Device Mapping"设置为"0","Access Level"选择

"All"，如图 5-15 所示，然后点击"确定"按钮即可。

参数名称	值	1 到 6 共 7
Name	PROFINET	
Connection	PROFINET Network	
Identification Label	PROFINET Controller/Device Network	
Configuration File		
PROFINET Station Name	**abb**	
Simulated	No	

图 5-14 通信站名设置

参数名称	值	1 到 6 共 12
Name	**di0**	
Type of Signal	Digital Input	
Assigned to Device	PN_Internal_Device	
Signal Identification Label		
Device Mapping	0	
Category		

图 5-15 数字量输入信号

重启系统，即完成通过示教器进行工业机器人端的 PROFINET 通信配置并完成 1 个数字量输入信号 di0 的创建。

> **练一练：**利用示教器对工业机器人进行PROFINET通信配置，并创建1个命名为di10
> 的数字量输入信号。

拓展：工业机器人的 PROFINET 通信配置有两种方法，一种是通过示教器设置，另一种是通过离线编程软件设置。

以上讲解的是通过示教器创建信号设置 PROFINET 通信，通常情况下示教器的系统都已经配置好；下面讲解如何利用通过 RobotStudio 进行 PROFINET 通信配置。

①打开 RobotStudio 软件，双击"空工作站"，在"ABB 模型库"中添加 IRB120 型号的工业机器人。点击"机器人系统"→"从布局"进行命名和路径选择，点击"下一个"后，继续点击"下一个"，在该对话框中点击"选项"，将默认语言修改为"中文"。在"Industrial

Networks"中选择"888-2 PROFINET Controller/Device",点击"确定"按钮,在图 5-16 中,看到"888-2 PROFINET Controller/Device"已经添加到系统中。点击"完成"按钮等待系统载入(系统载入时间较长,需耐心等待)。

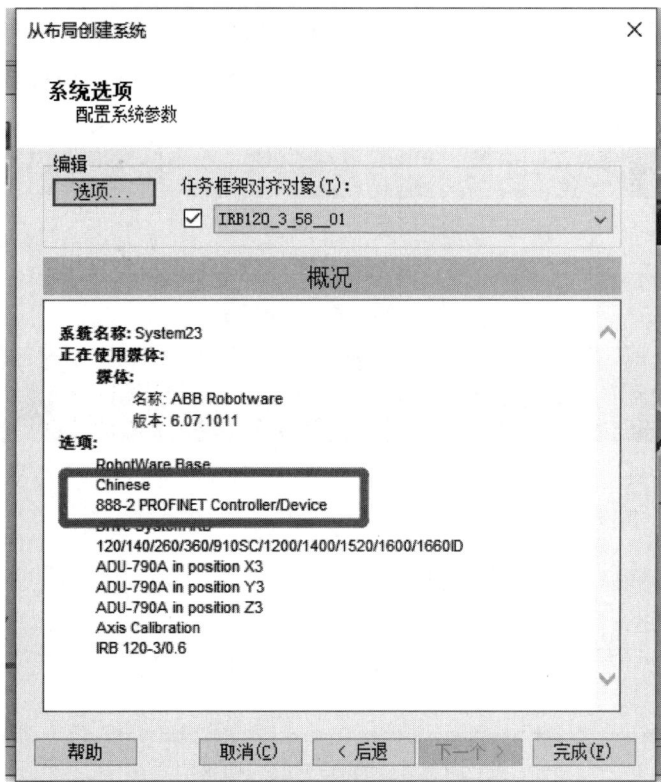

图 5-16 PROFINET 通信添加

②系统载入并启动后,点击菜单栏中的"控制器"→"配置"→"Communication",如图 5-17 所示。

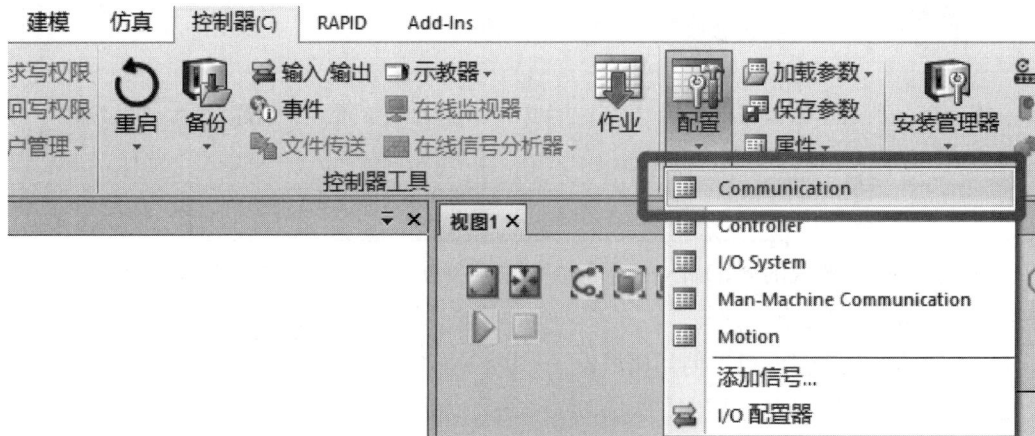

图 5-17 控制器通信配置

③如图 5-18 所示,在"IP Setting"中双击 IP 地址,在弹出的对话框中修改 IP 地址为"192.168.0.3",子网地址为"255.255.255.0",如图 5-19 所示。

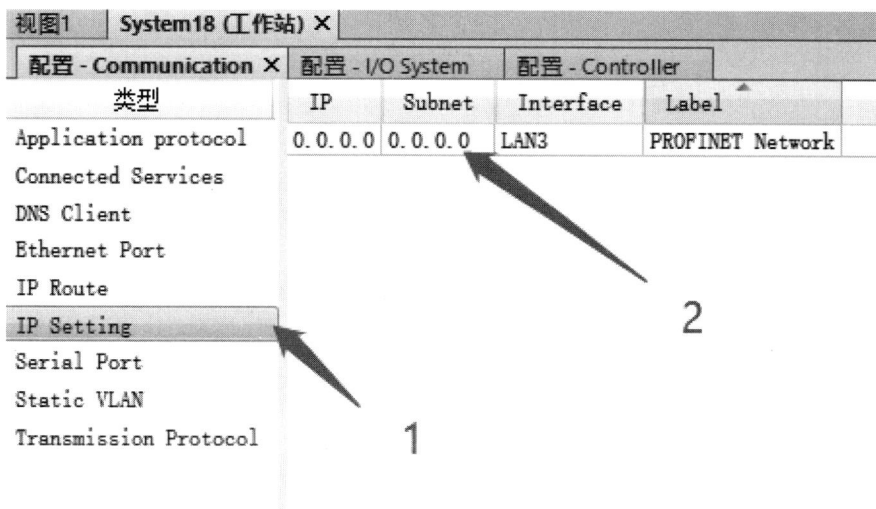

图 5-18　IP 地址设置

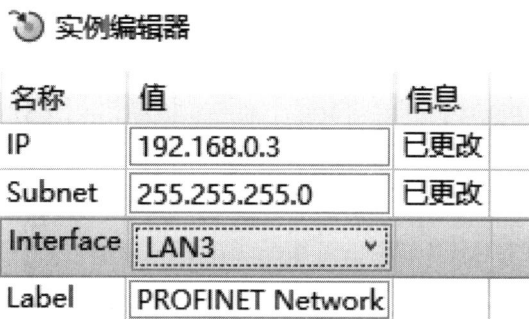

图 5-19　IP 地址修改

④修改完 IP 地址后，点击"确定"按钮，弹出如图 5-20 所示的对话框，提示需要重启系统，设置才会生效。点击"确定"按钮即可，不需要重启系统，待所有的设置更改完成后统一重启系统。

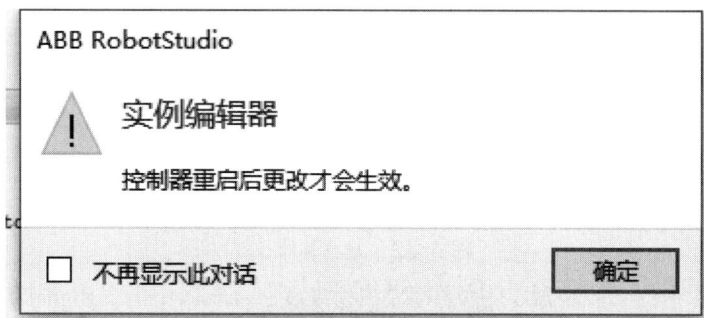

图 5-20　重启系统提示对话框

⑤点击菜单栏中的"控制器"→"配置"→"I/O System"，双击"Profinet Internal Device"中的"PN_Internal_Device"，将输入输出字节大小改为 8，表示进行 PROFINET 通信的输入输出存储空间为 8 个字节，如图 5-21 所示。

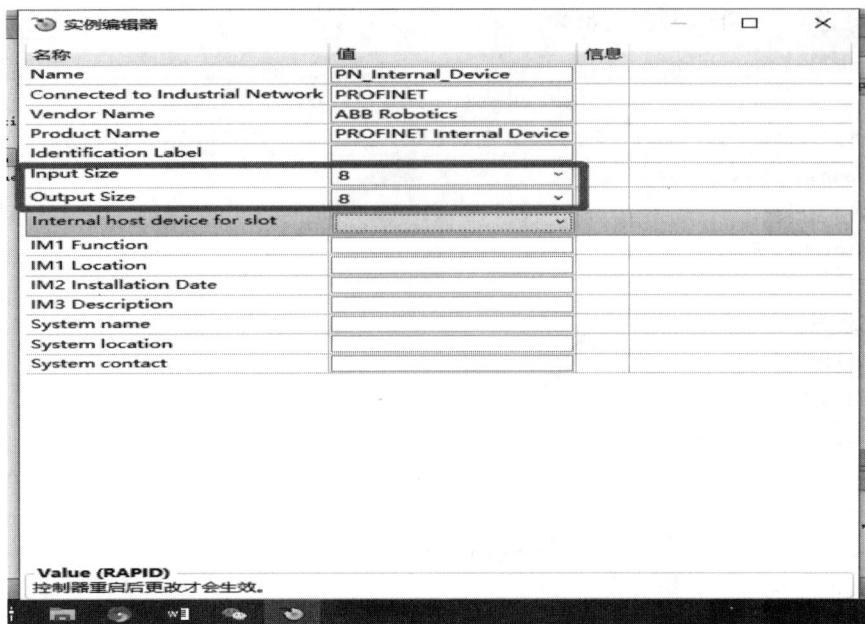

图 5-21　输入输出字节空间设置

⑥点击"确定"按钮之后，点击菜单栏中的"控制器"→"配置"→"I/O System"，双击"Industrial Network"中的"PROFINET"，在弹出的对话框中更改"PROFINET Station Name"，该名称设计者自定义即可，此处名称设置为"abb"，如图 5-22 所示（注意：此名称与前面 PLC 端 PROFINET 通信配置时的名称一致），然后点击"确定"按钮。

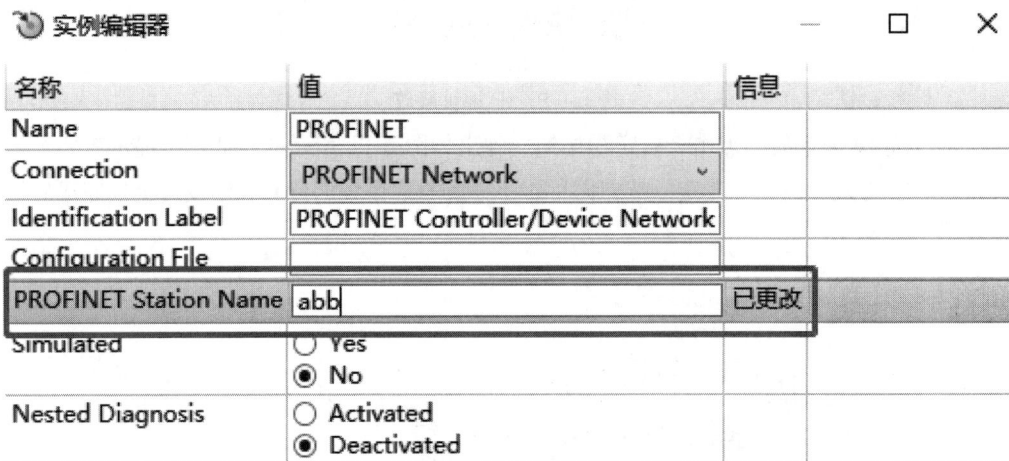

图 5-22　站名称修改

⑦点击菜单栏中的"控制器"→"配置"→"I/O System"中的"Signal"，在右侧栏中点击鼠标右键，点击"新建 Signal"，新建 1 个数字量输入，命名为"di0"，类型"Type of Signal"选择"Digital Input"，"Assigned to Device"选择"PN_Internal_Device"，"Device Mapping"设置为"0"，"Access Level"选择为"All"，如图 5-23 所示，然后点击"确定"按钮。

🕙 实例编辑器

名称	值	信息
Name	di0	已更改
Type of Signal	Digital Input ⌄	已更改
Assigned to Device	PN_Internal_Device ⌄	已更改
Signal Identification Label		
Device Mapping	0	已更改
Category		
Access Level	All ⌄	已更改
Default Value	0	
Filter Time Passive (ms)	0	
Filter Time Active (ms)	0	
Invert Physical Value	○ Yes ◉ No	

图 5-23　新建数字量输入信号

⑧点击"控制器"下的"重启"→"重启动（热启动）"，如图 5-24 所示。待系统重启后，就完成了 PROFINET 通信设置，并创建了一个数字量输入信号。

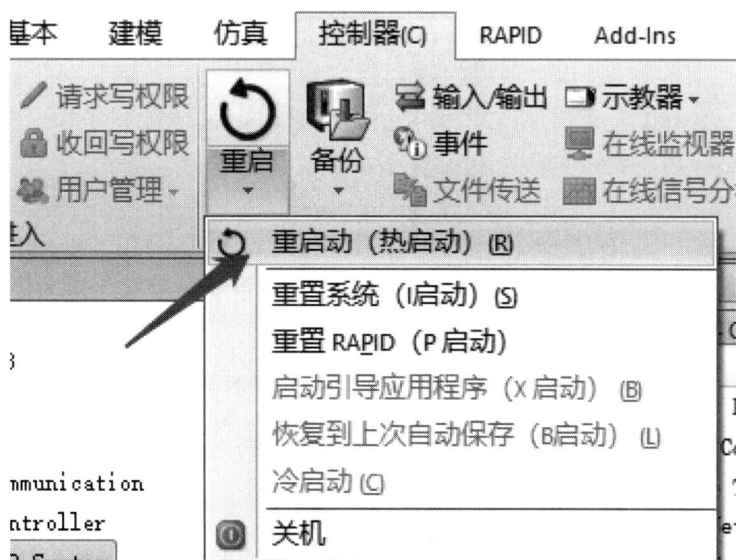

图 5-24　控制器重启

通过以上步骤，设置了工业机器人的 PROFINET 通信，并创建了 1 个数字量输入信号 di0，我们知道 di0 的数值为 PLC 通过 PROFINET 通信发送来的数值，那么如何将 di0 与 S7-1200 PLC 联系起来呢？

（二）S7-1200 的 PROFINET 通信

S7-1200 的 PROFNET 通信需要在博途软件中配置。

TIA 博途是全集成自动化软件 TIA Portal 的简称，是西门子工业自动化集团发布的一款全新的全集成自动化软件，可在同一开发环境中组态西门子的所有可编程控制器、人机界面和驱动装置。

拓展：一般情况下，每款 PLC 都有对应的专用编程软件。西门子其他型号的 PLC 编程软件如下：

① S7-200 系列 PLC：STEP 7-MicroWIN 编程软件，如图 5-25 所示。

图 5-25　STEP 7-MicroWIN 编程软件

② S7-200 SMART 系列 PLC：STEP 7-MicroWIN SMART 编程软件，如图 5-26 所示。

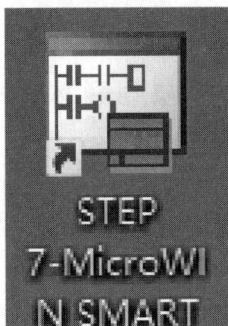

图 5-26　STEP 7-MicroWIN SMART 编程软件

下面我们先熟悉博途软件，新建项目，然后讲述如何在博途中配置 S7-1200 PLC 的 PROFINET 通信参数。

1. 新建项目

① 双击博途 TIA V15 图标，如图 5-27 所示，等待软件打开（由于软件比较大，需要等待一段时间才能打开），打开的界面如图 5-28 所示。

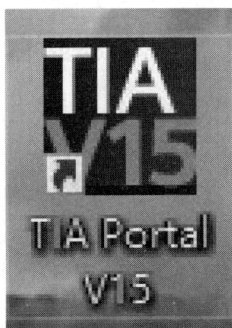

图 5-27　博途 TIA V15 快捷方式

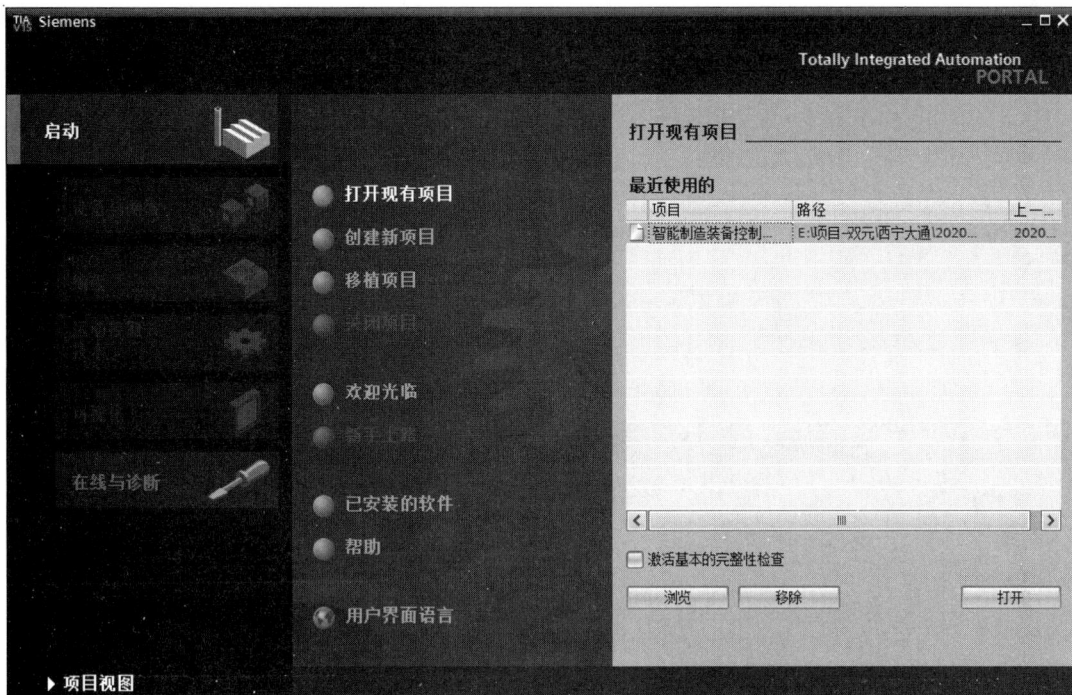

图 5-28　软件打开界面

②点击"创建新项目"，如图 5-29 所示，在右侧栏（放大如图 5-30 所示）中，用户可以自定义项目名称（此项目命名为 S7-1200），点击路径右侧图标选择项目要保存的位置。

③点击"创建"按钮，弹出如图 5-31 所示的对话框，等待一会儿，显示画面如图 5-32 所示。

④点击右侧栏中的"组态设备"，在弹出的对话框中选择"添加新设备"，在右侧栏中找到相应的 PLC 型号（根据所使用的 PLC 模块的型号确定，本项目中智能制造装备的 PLC 模块型号为 CPU1214 AC/DC/RLY），如图 5-33 所示。

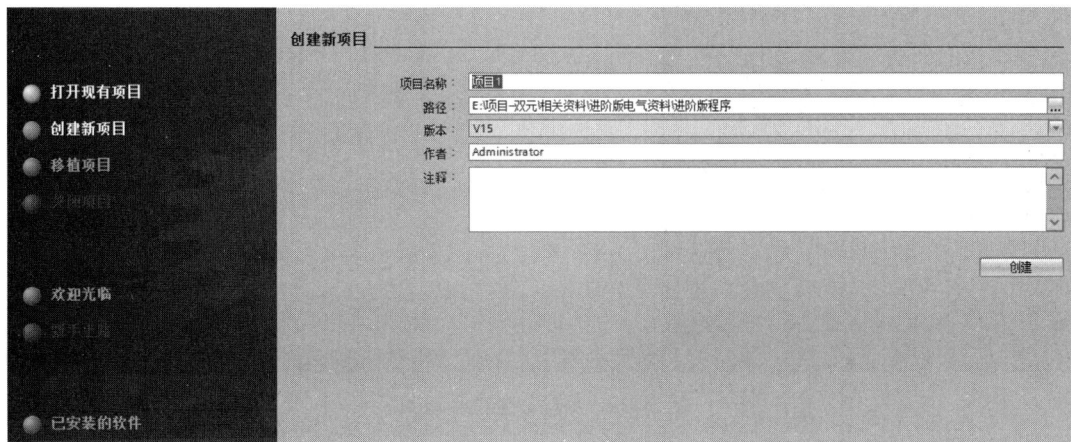

图 5-29　"创建新项目"

创建新项目

项目名称： S7-1200

路径： E:\项目-双元\相关资料\进阶版电气资料\进阶版程序 ...

版本： V15

作者： Administrator

注释：

创建

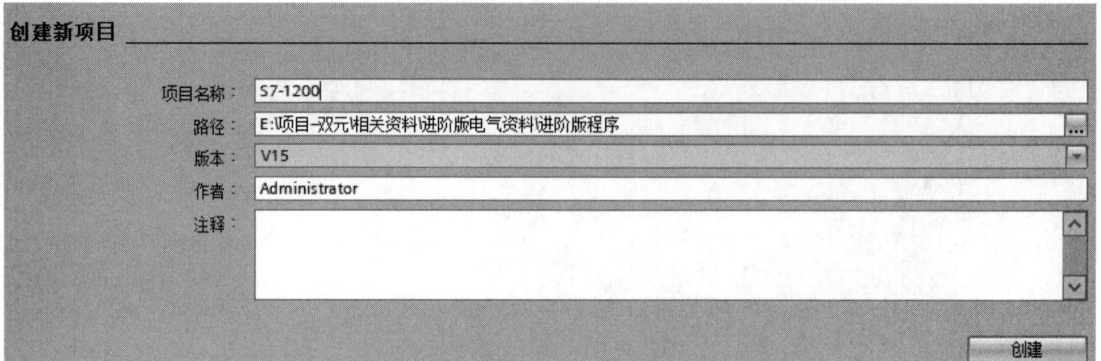

图 5-30　编辑创建新项目

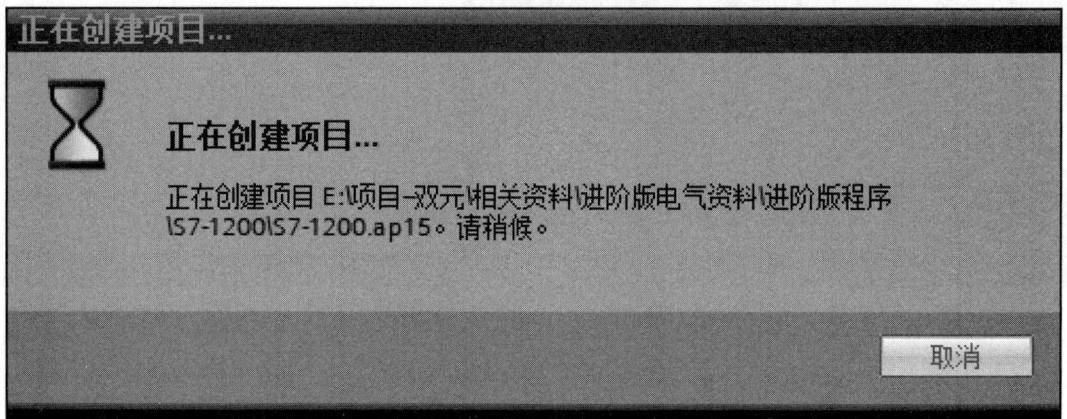

正在创建项目...

正在创建项目...

正在创建项目 E:\项目-双元\相关资料\进阶版电气资料\进阶版程序
\S7-1200\S7-1200.ap15。请稍候。

取消

图 5-31　"正在创建项目"

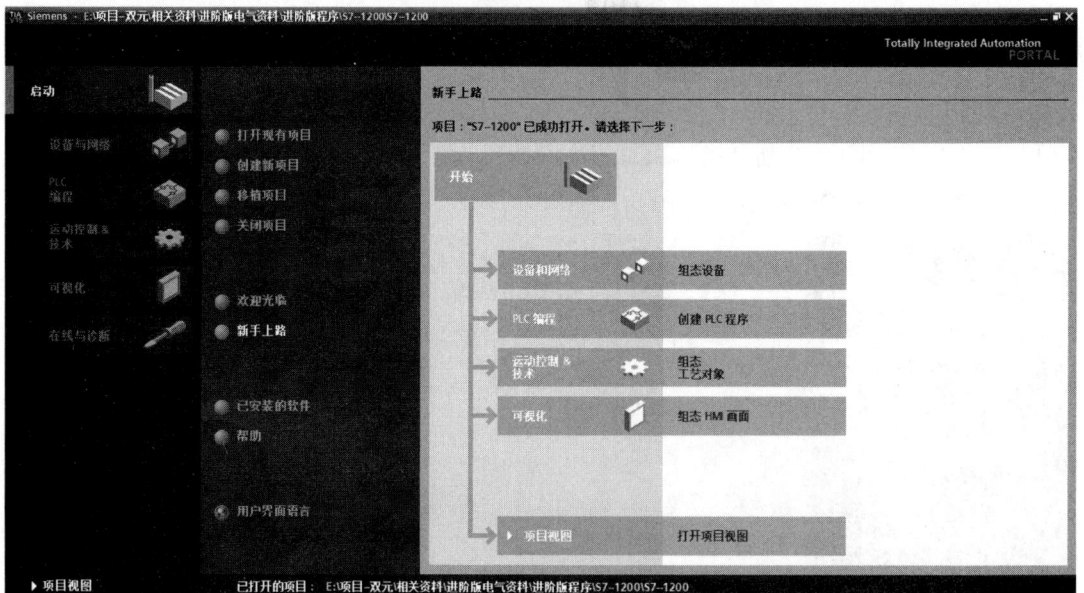

图 5-32　新项目创建示意图

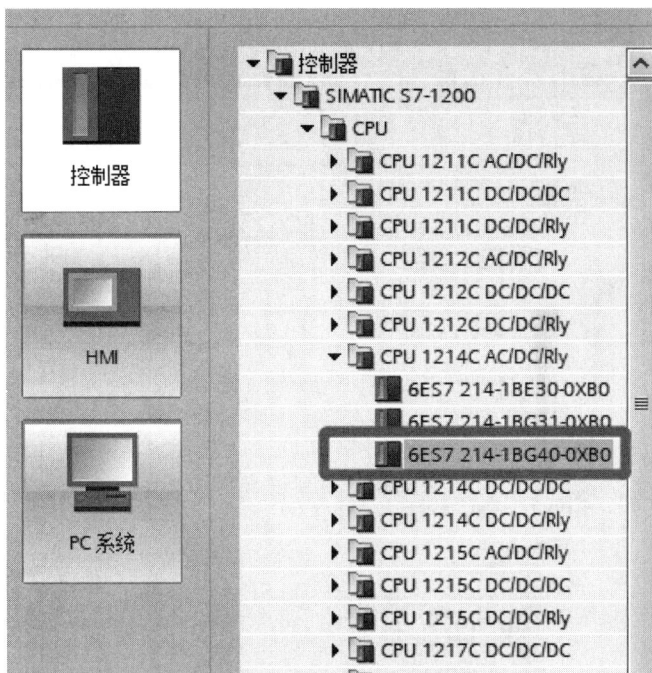

图 5-33 添加 PLC 模块

⑤在此界面右下角，点击"添加"按钮，弹出界面如图 5-34 所示。

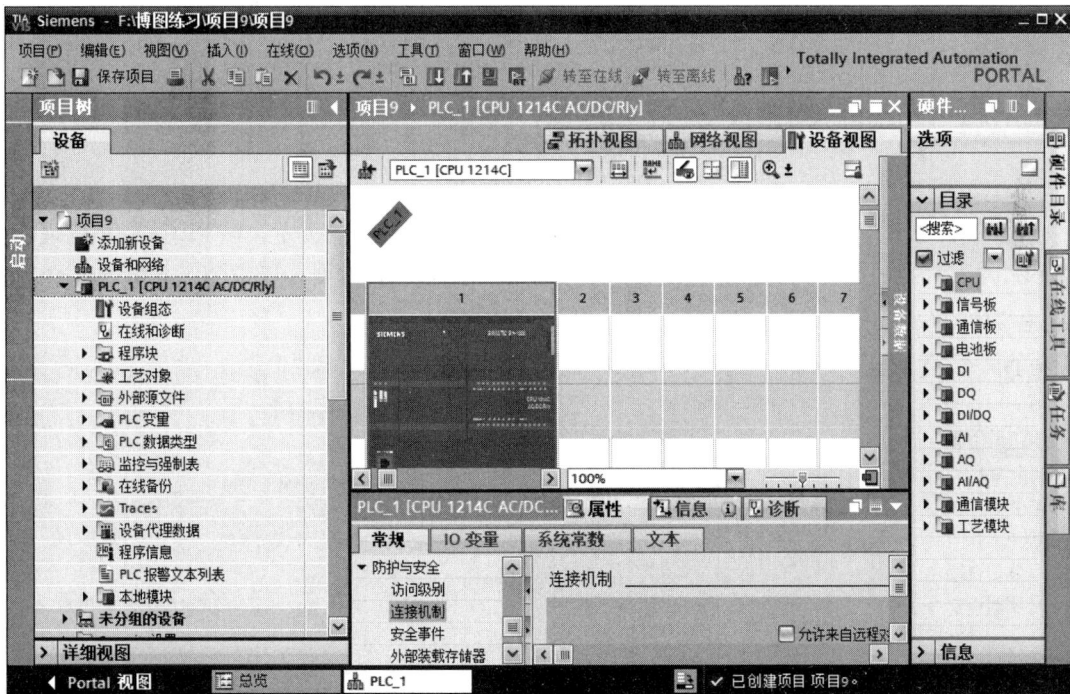

图 5-34 PLC 模块添加完成

⑥双击界面中的 PLC 模块，在界面下侧栏"常规"菜单栏中"PROFINET 接口"→"以太网地址"，如图 5-35 所示。

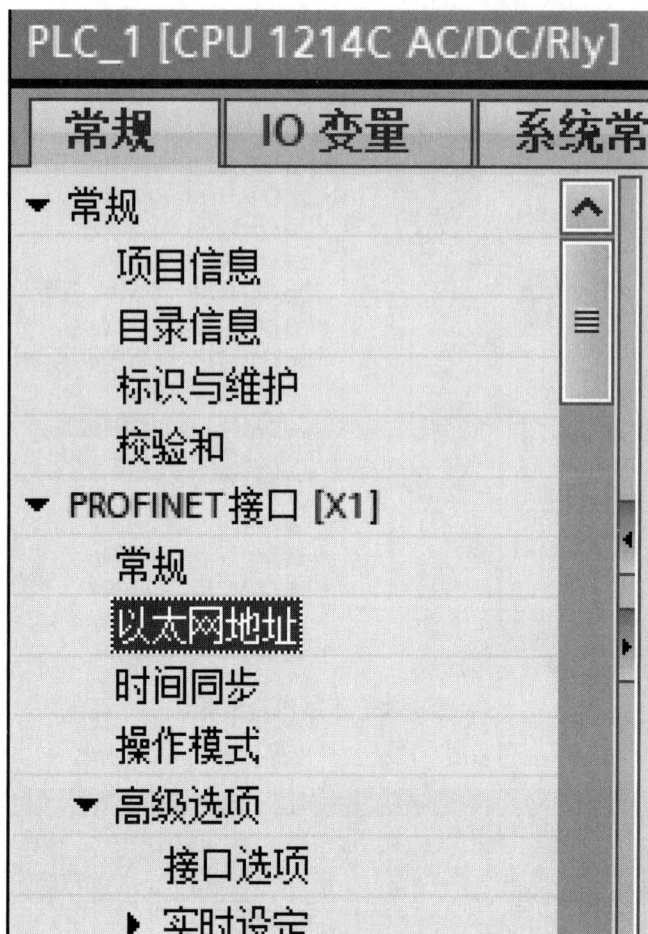

图 5-35　以太网地址

⑦在右侧栏"IP 协议"中修改相应的 IP 地址，如图 5-36 所示，该 PLC 的 IP 地址为 "192.168.1.2"，前面我们对工业机器人进行 PROFINET 通信设置时，设定的工业机器人 IP 地址为 "192.168.1.3"，两者的 IP 地址在同一网段。

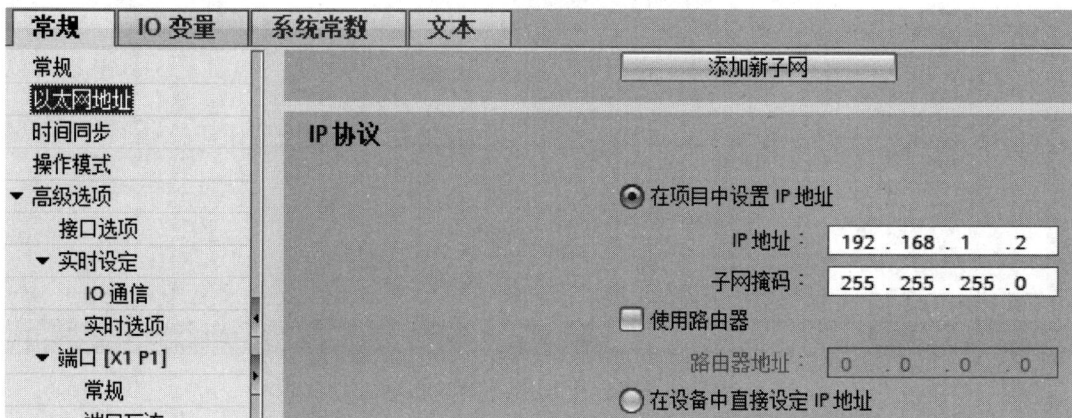

图 5-36　修改 IP 地址

由此创建了一个 PLC 项目，并组态了 1 台 PLC 设备（IP 地址为 "192.168.1.2"）。

注意：在项目创建及组态过程中要时刻点击菜单栏中的"保存项目"按钮，以防数据丢失。

此时，在左侧"项目树"→"设备"中找到"PLC_1"→"程序块"→"Main"，双击打开，程序编辑区域如图 5-37 所示，在右侧空白处就可以调用 S7-1200 PLC 的指令，进行梯形图编程。

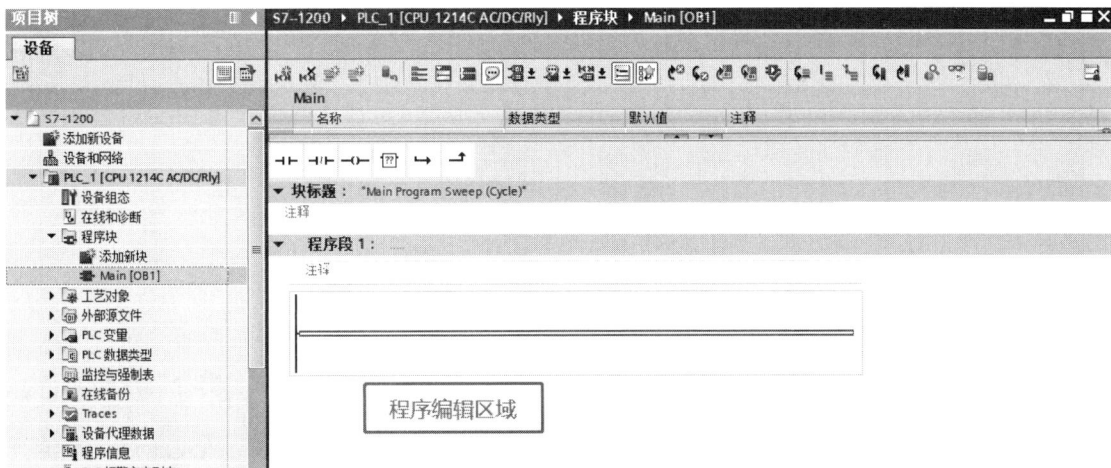

图 5-37　程序编辑区域

2. 与工业机器人 PROFINET 通信配置

在博途软件中，S7-1200 与第三方设备建立 PROFINET 通信时，需要第三方设备相关厂家提供 GSD 文件，将此 GSD 文件导入博途软件中，才能够在博途软件中找到 ABB 工业机器人的选项标识。

①在"选项"菜单下，单击"管理通用站描述文件（GSD）"，在弹出对话框中的"原路径"选择条中找到需要安装的 GSD 文件，进行安装，如图 5-38 所示。

图 5-38　GSD 文件安装

②安装完成后，弹出对话框提示 GSD 文件是否安装成功，如图 5-39 所示。若提示安装成功，点击"关闭"按钮。

图 5-39　安装完成提示

在"选项"菜单下，再次单击"管理通用站描述文件（GSD）"，弹出对话框如图 5-40 所示。

图 5-40　已安装的 GSD 文件

③双击项目树中的"设备和网络"，将右侧硬件目录中 ABB 的 GSD 文件拖曳到设备和网络视图中，如图 5-41 所示。

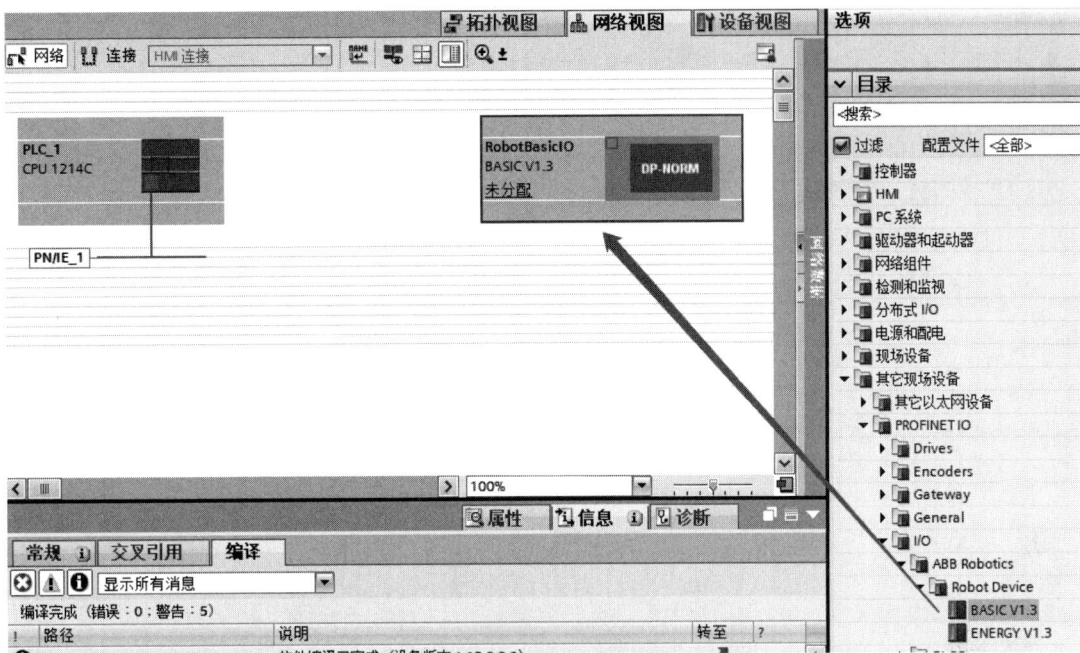

图 5-41　ABB 硬件组态

④点击 PLC 模块的以太网口并按住不放，连接到 RobotBsicIO 模块的以太网口，如图 5-42 所示。

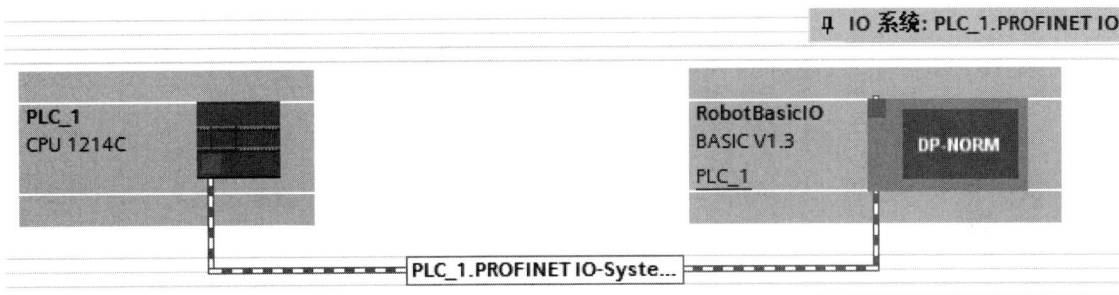

图 5-42　以太网连接

⑤双击网络视图中的"RobotBsicIO"模块，将右侧硬件目录"模块"下的 16 字节数字量输入（DI_8bytes）和 16 字节数字量输出（DO_8bytes）拖曳到设备概览中，如图 5-43 所示。

为什么要选择 8 字节数字量输入和 8 字节数字量输出？因为在上一节工业机器人 PROFINET 通信设置时设置了工业机器人的通信地址空间为 8 字节数字量输入和 8 字节数字量输出，要保证两边的存储地址大小相同。

⑥双击网络视图中的"RobotBsicIO"模块的网口，在下侧的属性栏中"PROFINET 接口"→"以太网地址"中修改 IP 地址为 192.168.1.3（此处地址为机器人的地址，前面已经确定机器人的 IP 地址为 192.168.1.3，要保持一致，见图 5-1-12），在"PROFINET"栏中将"自动生成 PROFINET 设备名称"前的勾选号去掉，将"PROFINET 设备名称"更改为"abb"，如图 5-44 所示（这与前面配置机器人端通信设置时的站名需一致，见图 5-14）。

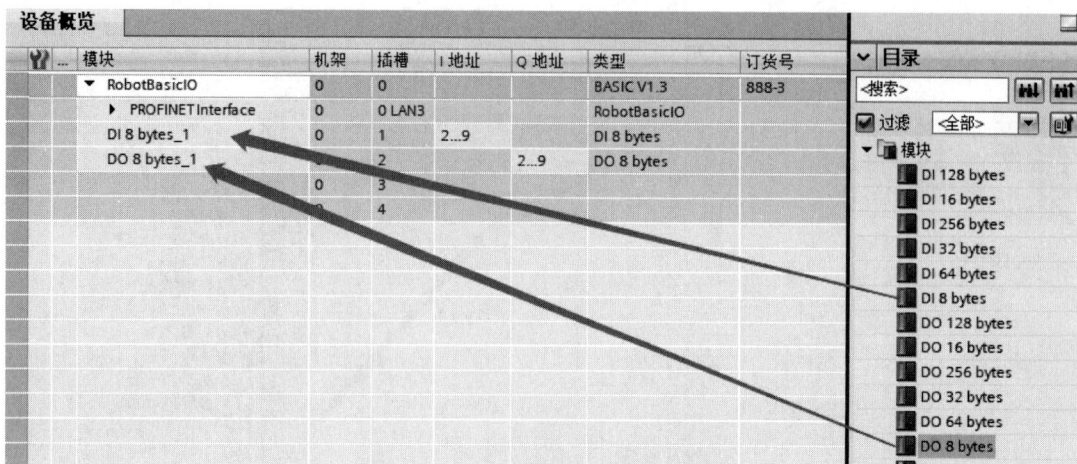

图 5-43　数字量输入输出模块配置

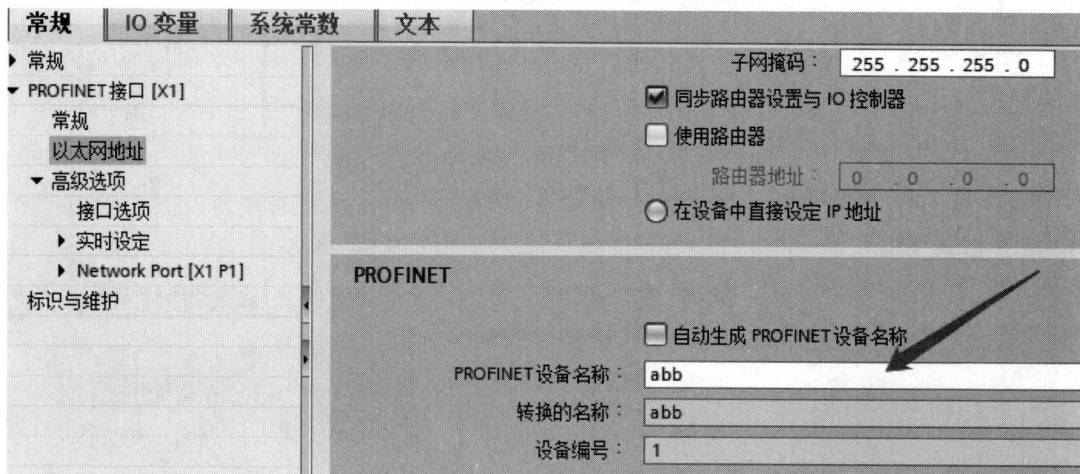

图 5-44　PROFINET 设备名称设置

完成以上操作，即完成 S7-1200PLC 的 PROFINET 通信设置。

我们来回看一下图 5-43，8 字节的数字量输入输出表示的含义为：PLC 把数据放到 QB2~QB9 的地址中，工业机器人就能够直接从该地址内读取数据。如图 5-45 所示，Q2.0 的值将通过 PROFINET 通信传送给的 di0，当 Q2.0 为 1 时，di0 为 1；当 Q2.0 为 0 时，di0 为 0。

PLC端		机器人端
	Q2.0　→	di0
	Q2.1　→	di1
	Q2.2　→	di2
	Q2.3　→	di3
QB2	Q2.4　→	di4
	Q2.5　→	di5
	Q2.6　→	di6
	Q2.7　→	di7

图 5-45　PLC 与机器人通信地址映射表

所以，同理，工业机器人发送给 PLC 的数据会放到 IB2~IB9 的地址中，PLC 可以直接读取该地址内的数据。

三、 PLC控制工业机器人料块搬运功能的编程运行

在前两个章节中，我们已经熟悉了 PLC 与工业机器人的通信方法，掌握了 PLC 与工业机器人之间 PROFINET 通信的设置方法。本节我们将利用以上知识编程实现 PLC 控制工业机器人料块搬运功能。

功能要求如下：

如图 5-46 所示，功能流程描述如下：

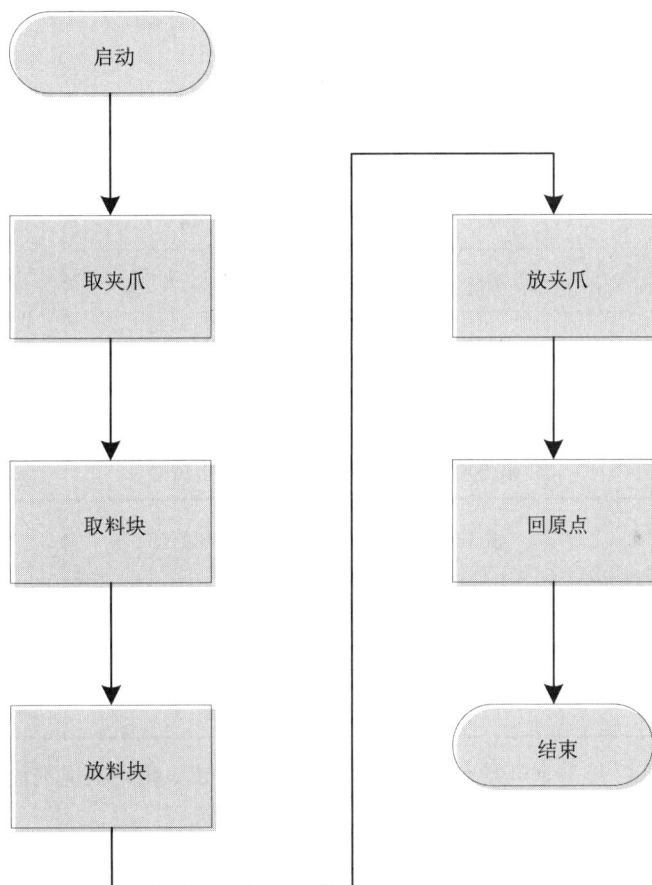

图 5-46 料块搬运功能流程图

①按下操作面板上启动按钮，PLC 发送给工业机器人启动信号；

②工业机器人接收到启动信号后，移动到快换夹具模块，拾取夹爪工具；

③工业机器人移动到智能仓库模块，抓取料块；

④工业机器人抓取料块后，移动到仓储物料模块，放下料块；

⑤工业机器人放下料块后，移动到快换夹具模块，放夹爪，回到原点，执行结束。

在执行步骤②～⑤的过程中，若按下停止按钮，工业机器人停止在当前状态，再次按下启动按钮，工业机器人继续执行。

（一）功能分析

根据功能需求可以分析出控制系统的结构如图 5-47 所示。

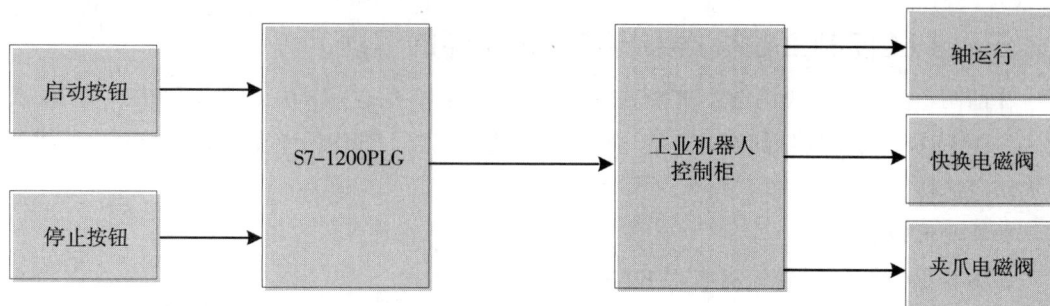

图 5-47　控制系统结构图

S7-1200PLC 的输入输出信号如表 5-2 所示。

表 5-2　S7-1200 的输入输出信号

输入信号	输入来源	输出信号	输出对象
启动	启动按钮	启动信号	ABB 工业机器人控制柜
停止	停止按钮	停止信号	

ABB 工业机器人的输入输出信号如表 5-3 所示。

表 5-3　工业机器人的输入输出信号

输入信号	输入来源	输出信号	输出对象
启动信号	S7-1200PLC	快换动作信号	快换电磁阀
停止信号		夹爪动作信号	夹爪电磁阀

根据 S7-1200PLC 与工业机器人的 PROFINET 通信设置，确定映射地址如表 5-4 所示。

表 5-4　信息交互地址

PLC 发送地址	信息	机器人接收地址
Q2.0	启动信号	di0
Q2.1	停止信号	di1

（二）编程运行

1. 编写 PLC 程序

①新建项目、组态 PLC 模块，PLC 地址设置为 192.168.1.2。

②编写梯形图程序，如图 5-48 所示。

▼　**程序段 1：** .....

传感器1有信号

```
      %I1.0                                            %Q2.0
     "启动按钮"                                        "系统启动"
  ─────┤ ├──────────────────────────────────────────────( )──────
```

▼　**程序段 2：** .....

传感器2有信号

```
      %I1.1                                            %Q2.1
     "停止按钮"                                        "系统停止"
  ─────┤ ├──────────────────────────────────────────────( )──────
```

图 5-48　梯形图程序

程序段 1：按下启动按钮时，I1.0 得电，Q2.0 得电为 1，传送给工业机器人，工业机器人接收到信号开始启动运行。

程序段 2：按下停止按钮时，Q2.1 得电为 1，传送给工业机器人，工业机器人接收到信号，暂停运行，保持当前姿态。

③ PROFINET 通信设置。

④将程序编译下载到 PLC 中。

编写完毕后需要进行编译、下载，具体如下：

①程序编写完成后，点击"编辑"菜单下的"编译"，弹出如图 5-49 所示对话框。

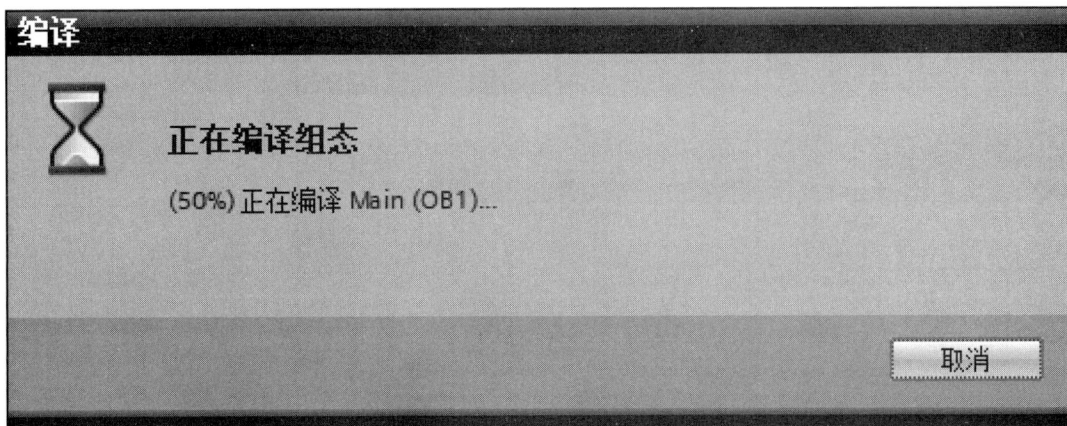

编译

正在编译组态

(50%)正在编译 Main (OB1)...

取消

图 5-49　"编译"对话框

等待编译完成后，在下方显示栏中提示程序编译的结果，如图 5-50 所示。

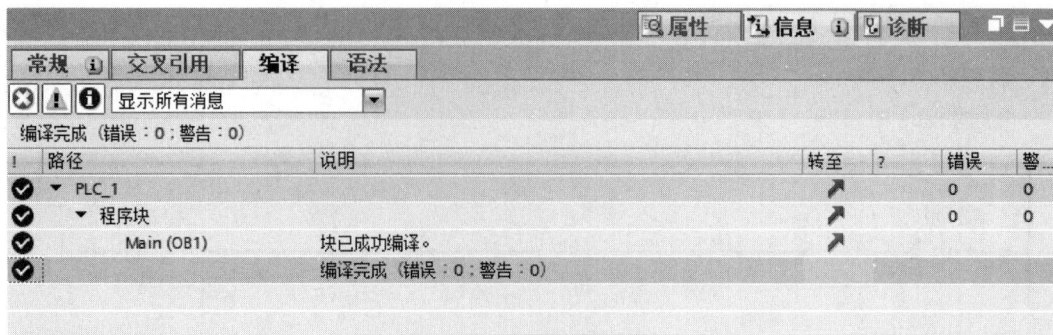

图 5-50　程序编译结果

编译完成显示错误为 0。注意：此处编译是指检查编写的梯形图程序是否有语法和逻辑上的错误，而不是检查功能上的错误。

②用网线将编程电脑和 PLC 连接起来，网线一端插到电脑的网口，另一端接到 PLC 的 PROFINET 接口。PLC 上电。

③在博途软件中，点击"在线"→"下载到设备"，弹出如图 5-51 所示对话框，可以看到"选择目标设备"栏中，还没有找到 PLC 模块，点击"开始搜索"。

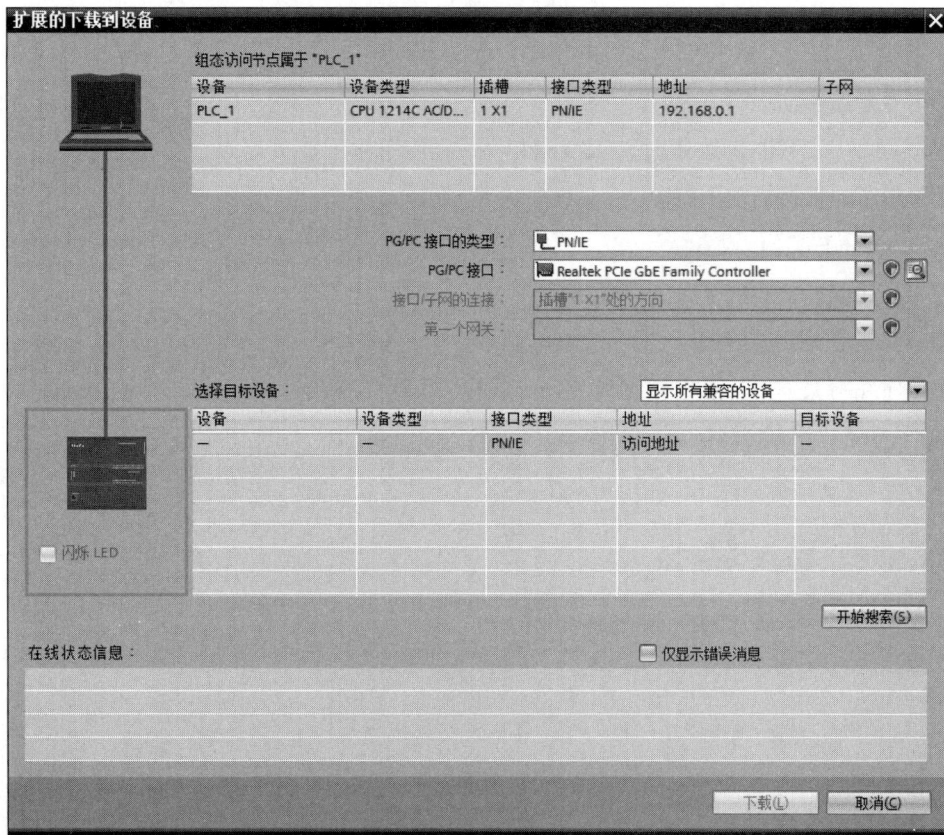

图 5-51　设备搜索

④电脑搜索一段时间后，找到 PLC 设备，如图 5-52 所示。点击"下载"按钮等待程序下载到 PLC 中，下载完成后就可以运行 PLC 程序了。

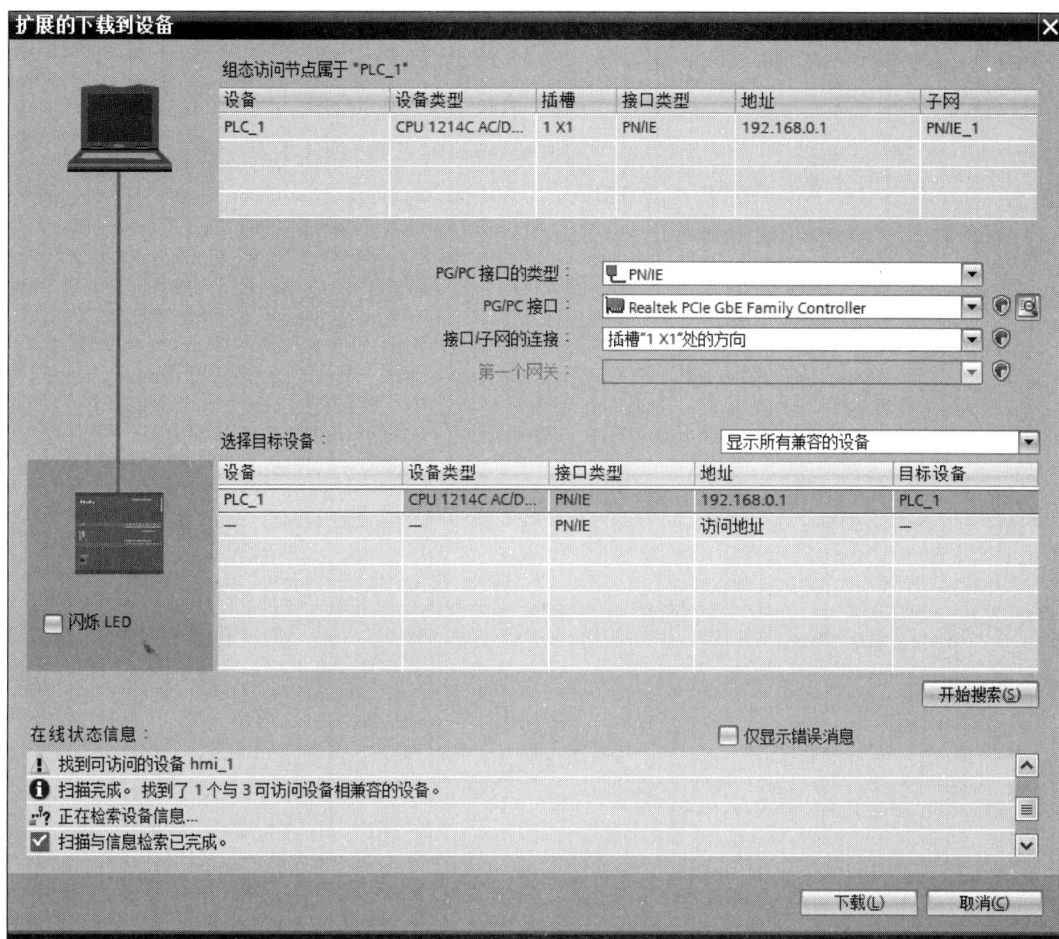

图 5-52　程序下载

2. 编写工业机器人程序

①工业机器人 PROFINET 通信设置，创建数字量输入信号。

通过表 5-2 的分析，我们需要工业机器人从 PLC 端接收 2 个信号，那么我们就要创建 2 个数字量输入地址来存放。我们已经讲解了数字量输入 di0 信号的创建（双击"主题"→"I\O"中的"Signal"，点击"添加"）在弹出的对话框中，新建 1 个数字量输入并命名为"di0"，类型"Type of Signal"选择"Digital Input"，"Assigned to Device"选择"PN_Internal_Device"，"Device Mapping"设置为"0"，"Access Level"选择为"All"。然后点击"确定"按钮即可）。数字量输入 di1 的信号创建方法与 di0 相同，但是名称命名为"di1"，参数"Device Mapping"设置为"1"即可。

②将数字量输入输出关联工业机器人系统输入功能，即将数字量输入 di0 关联到工业机器人自有系统的启动功能，将数字量输入 di1 关联到工业机器人自有系统的停止功能。具体操作如下：

（a）点击示教器左上角的菜单栏，点击控制面板中的"配置"选项，在弹出的对话框中，点击"主题"中的"I/O"，如图 5-53 所示。

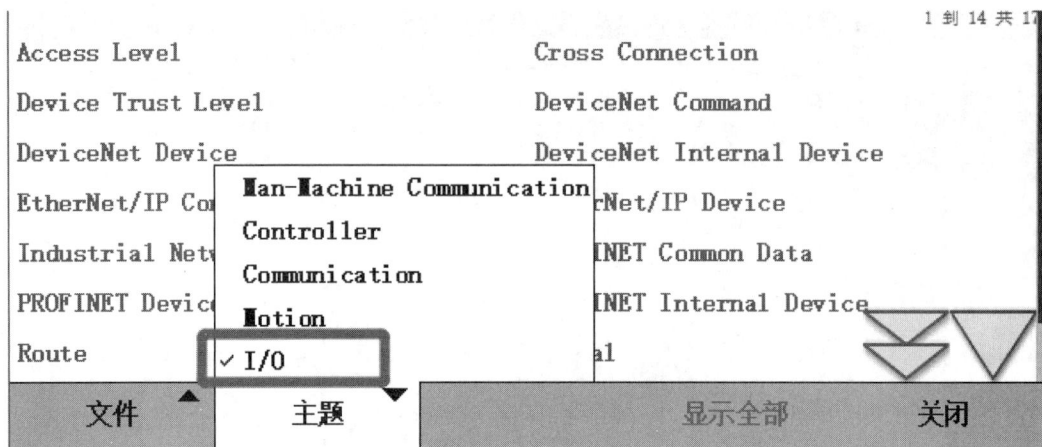

图 5-53　I/O 配置

（b）在弹出的画面中，找到"System Input"并双击。在弹出的对话框中点击"添加"，如图 5-54 所示。

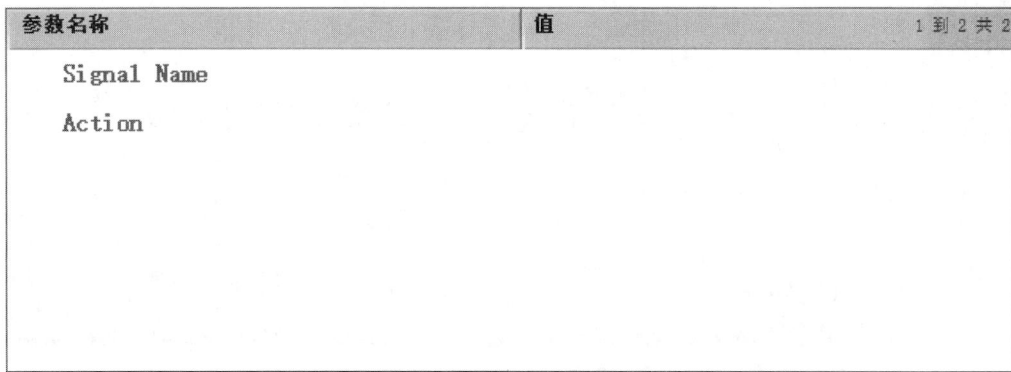

图 5-54　系统输入设置

在图 5-1-54 中，双击"Signal Name"选择"di0"；然后双击"Action"，选择"Start"，点击"确定"；最后双击"Argument 1"，选择"Continuous"。界面如图 5-55 所示。用同样的方法设置停止信号 di1，如图 5-56 所示。

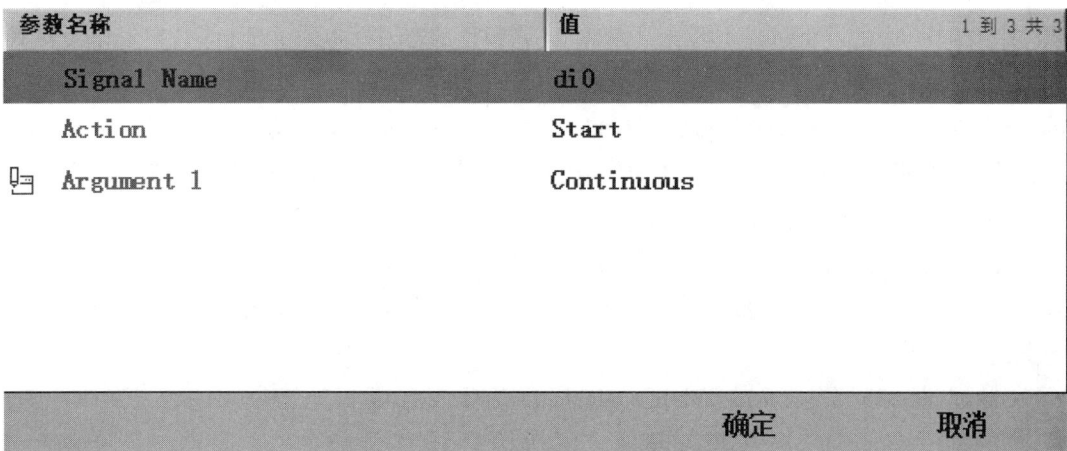

图 5-55　系统启动设置

参数名称	值	1 到 2 共 2
Signal Name	di1	
Action	Stop	

		确定	取消

图 5-56　系统停止设置

③示教编程。通过示教器编程工业机器人实现料块搬运。工业机器人示教编程在前面的章节中已经掌握，这里不再讲解。

④工业机器人示教程序完毕后，先手动运行示教程序，检查工业机器人运行能否实现料块的搬运。若功能运行正确，继续下一步；若不正确，进行修改。

3. 系统运行

①将工业机器人转换为自动运行状态；先将钥匙旋钮转换到自动挡状态，然后按下电机启动按钮，如图 5-57 所示。

图 5-57　机器人控制柜操作面板

②在控制面板上按下启动按钮，工业机器人将执行取夹爪、取料块、搬运料块、放料块、放夹爪、回原点等流程。

③在步骤2过程中，若按下停止按钮，工业机器人将保持当前状态并停止，再次按下启动按钮，工业机器人继续执行。

实训1　S7-1200控制工业机器人出库搬运

实训名称	S7-1200 控制工业机器人出库搬运
实训内容	本实训完成 PLC 控制工业机器人完成出库操作。要求如下： 　PLC 发送启动信号，工业机器人换夹爪工具后，从智能仓库模块上取料，放到打磨定位模块上，气缸夹紧料块，工业机器人放夹爪工具，回到原点。 　若在运行过程中，PLC 发送停止信号，工业机器人停止运行，保持当前状态，再次按下启动按钮，工业机器人继续运行
实训目标	1.掌握 ABB 工业机器人 PROFINET 通信设置； 2.熟悉博途编程软件的使用方法； 3.掌握 S7-1200PLC 的 PROFINET 通信设置； 4.能够通过 PROFINET 通信实现 S7-1200 控制 ABB 工业机器人的启停运行
实训课时	6 课时
实训地点	智能制造实训室

练习题

1. 在工业应用领域，主控制器（PLC）与关键设备（工业机器人）之间的通信方式有两类：一是 ＿＿＿＿＿＿＿＿＿；二是 ＿＿＿＿＿＿＿＿＿。

2. 设备之间采用 I/O 接口直连的通信方式，其优点是 ＿＿＿＿＿＿＿＿，缺点是 ＿＿＿＿＿＿＿＿＿＿＿＿＿。

3. ABB 工业机器人 DSQC652 I/O 信号板，有 ＿＿＿ 个数字量输入和 ＿＿＿ 个数字量输出。

4. 如果 ABB 工业机器人需要使用带有模拟量的信号板，可以采用信号板的型号为 ＿＿＿＿＿＿；该信号板有 ＿＿＿ 个数字量输入和 ＿＿＿ 个数字量输出。

5. 工业机器人常用的通信接口有 ＿＿＿＿＿＿ 和 ＿＿＿＿＿＿。

6. 串行接口一般使用 ＿＿＿＿＿＿ 接口，一般支持使用 ＿＿＿＿＿＿ 通信协议；工业应用中常用的以太网接口为 ＿＿＿＿＿ 接口，俗称 ＿＿＿＿。

7. S7-1200 系列 PLC 与 ABB 工业机器人进行 PROFINET 通信设置时，如果 PLC 的 IP 地址设置为 192.168.0.1，那么 ABB 工业机器人的 IP 地址可以设置为 ＿＿＿＿＿＿＿＿。

8. 在博途软件中，S7-1200 与第三方设备建立 PROFINET 通信时，需要第三方设备相关厂家提供 ＿＿＿＿＿＿ 文件。

任务2　触摸屏、PLC与工业机器人联机调试运行

本任务目标是利用智能制造装备实现料块的出库模拟加工功能的编程调试运行。

如图5-58所示，工业机器人将料块从智能仓库（序号1）取出；放到传送带前端（序号2），经传送带运输后到达指定位置（序号3）；工业机器人抓取物料，放到加工单元（序号4），模拟加工后，将料块放到仓储物料单元（序号5）。

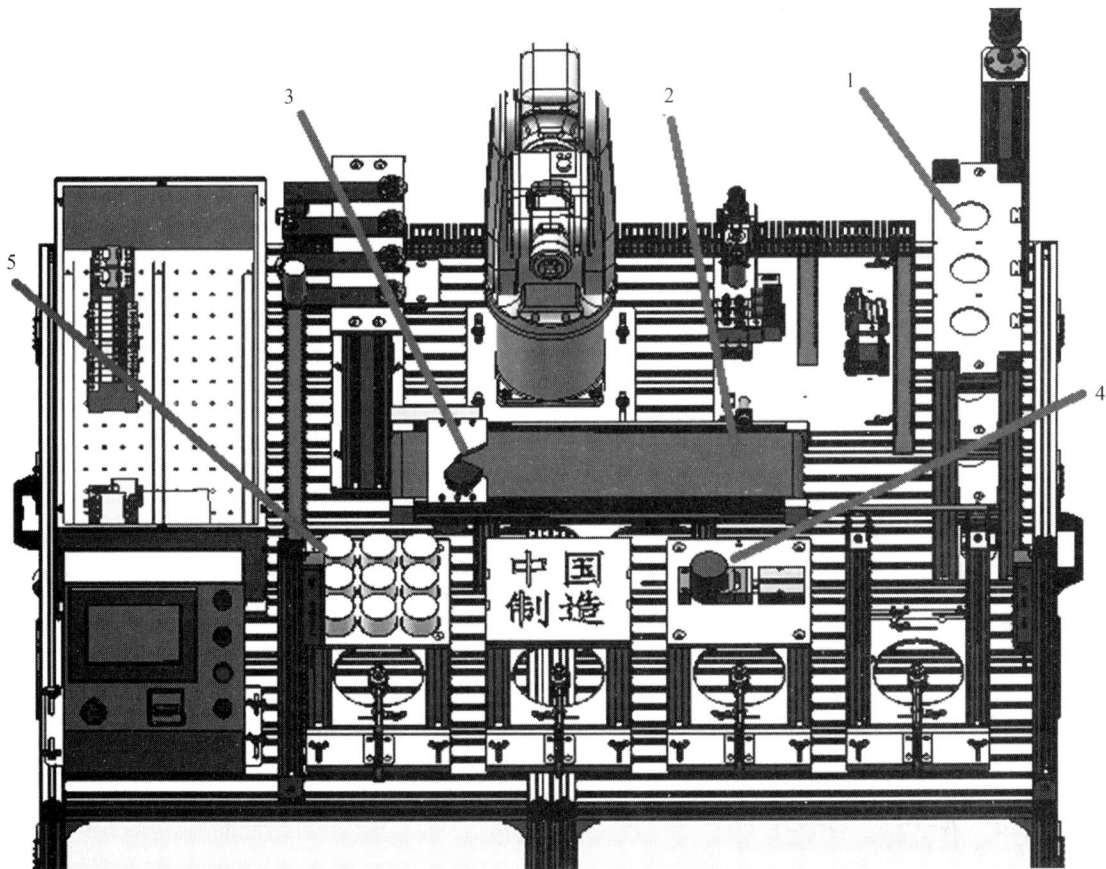

图5-58　出库模拟加工示意图

本任务要求能够学会组态触摸屏画面，通过触摸屏画面能够监视与控制智能制造装备料块搬运过程的运行。本任务功能需求涉及的主要知识内容如下：

①触摸屏画面的组态编程。在博途软件中创建触摸屏项目，画面、按钮、指示灯等画面的组态；触摸屏程序的编译下载。

②触摸屏监视与控制PLC的运行。主要讲解S7-1200控制外围设备的程序，触摸屏与PLC控制信号连接实现对PLC程序执行的控制和数据的接收、显示。

③触摸屏、PLC与工业机器人联机实现料块出库模拟加工编程运行。

知识目标：

①熟悉西门子系列触摸屏；

②掌握西门子触摸屏基本图形的组态编程；

③掌握西门子系列触摸屏与 PLC 的联机编程运行；

④掌握触摸屏、PLC、工业机器人之间的信息交互编程。

能力目标：

①能够熟练使用博途软件编写梯形图程序；

②能够熟练设置 PLC 与工业机器人 PROFINET 信息交互的通信参数；

③能够编程实现触摸屏控制与监视智能制造装备实现料块出库加工功能。

学习内容：

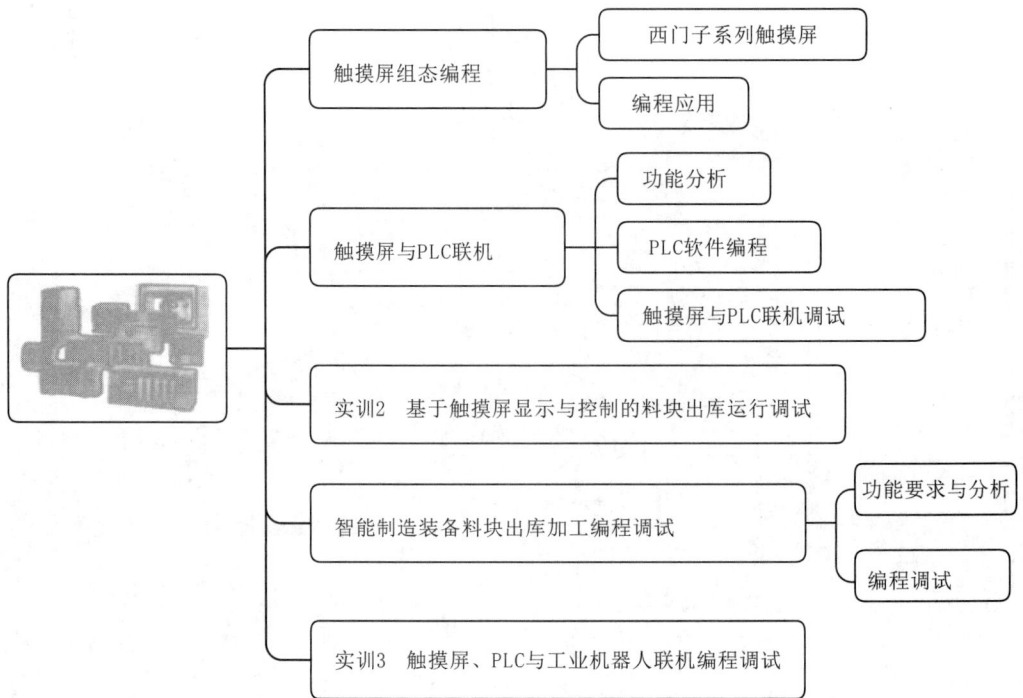

一、触摸屏组态编程

触摸屏应用范围十分广阔，不仅在工业控制，在其他领域如电信、税务、银行、电力、医院、商场的业务查询；机场、火车站、地铁自助购票；以及办公、军事指挥、电子游戏、点歌点菜、多媒体教学、房地产预售；电梯按钮、旋转门控制等也获得广泛应用，如图 5-59 所示。

工业用触摸屏是与 PLC 配套使用的设备，是替代传统机械按钮和指示灯的智能化显示终端。用触摸屏上的图符替代机械按钮，可以避免触点抖动、机械老化、接触不良，能提高系统可靠性。还可通过设置参数，显示数据，以曲线或动画等形式描绘和监控多种被控设备的工作状态和运行参数，实现对系统的自动控制。

图 5-59　触摸屏现场应用

当前在一些控制要求较高、参数变化多、硬件接线有变化的场合，触摸屏与 PLC 组合控制形式已占主导地位。

（一）西门子系列触摸屏

触摸屏面板（Touch Panel，TP），一般简称触摸屏。触摸屏是人机界面的发展方向，用户可以在触摸屏的屏幕上生成满足自己要求的触摸式按键。触摸屏使用直观方便，易于操作。画面上的按钮和指示灯可以取代相应的硬件元件，减少 PLC 需要的 I/O 点数，降低系统的成本，提高设备的性能和附加价值。

人机界面的基本工作过程是显示现场设备（通常是 PLC）中开关量的状态和寄存器中数字变量的值，用监控画面向 PLC 发出开关命令，并修改 PLC 寄存器中的参数。人机界面的工作原理如图 5-60 所示。

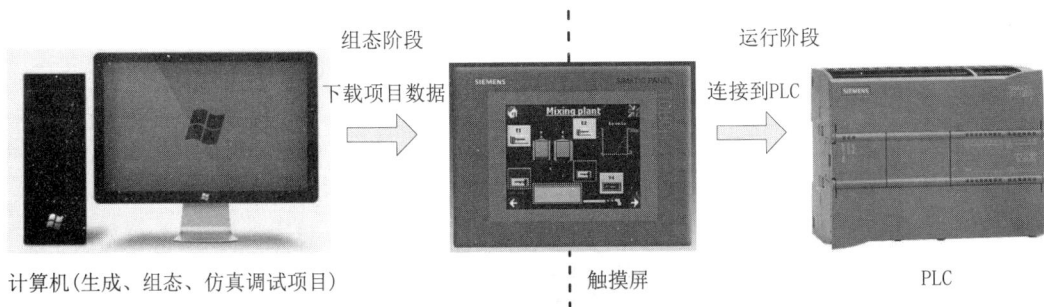

计算机(生成、组态、仿真调试项目)　　　触摸屏　　　PLC

图 5-60　触摸屏工作过程

西门子提供了范围广泛的 SIMATIC HMI 面板：从简单的操作员键盘和移动设备，到灵活多变的多功能面板。多年来，这些面板作为人机交互设备，已被成功用于各行各业中。SIMATIC HMI 面板结构紧凑，功能齐全，可以完美集成到任何生产设备和自动化系统中，如

图 5-61 所示。

图 5-61 SIMATIC HMI 面板

SIMATIC HMI 精简系列面板有 7 或 10 寸显示屏，键盘或触摸控制，可以提供一个 15 英寸的基本面板触摸屏。每个 SIMATIC Basic Panel 都设计采用了 IP65 防护等级，可以理想地用在简单的可视化任务甚至恶劣的环境中。而且它集成了软件功能，如报告系统、配方管理，以及图形功能。SIMATIC S7-1200 与 SIMATIC HMI 精简系列面板的完美整合，为小型自动化应用提供了一种简单的可视化和控制解决方案。SIMATIC Step7 Basic 是西门子开发的高集成度工程组态系统，提供了直观易用的编辑器，用于对 SIMATIC S7-1200 和 SIMATIC HMI 精简系列面板进行高效组态。

KTP700 Basic 是第二代 SIMATIC HMI 精简系列面板，其硬件如图 5-62 所示。西门子满足了用户对高品质可视化和便捷操作的需求，即使在小型或中型机器和设备中也同样适用。根据旧款的价格确定了新一代精简系列面板的价格，同时其性能范围也有了显著扩展。高分辨率和 65500 色的颜色深度是其突出优势。借助 PROFINET 或 PROFIBUS 接口及 USB 接口，其连通性也有了显著改善。借助 WinCC(TIA Portal) 的最新版本软件可进行简易编程，从而实现新面板的简便组态与操作。

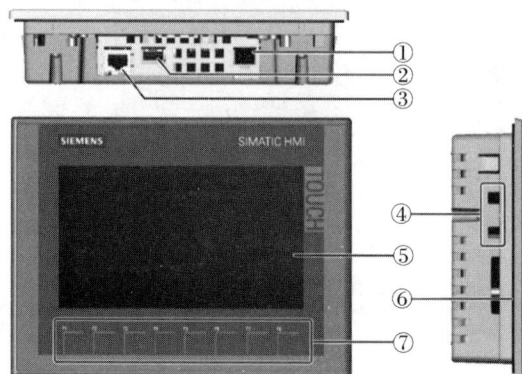

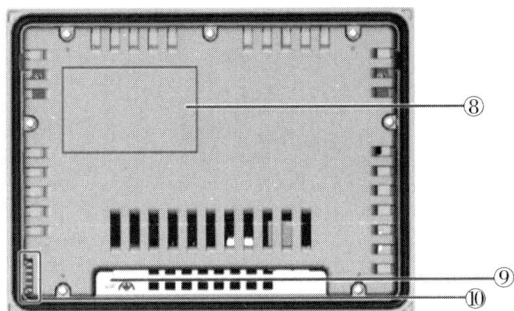

图 5-62　KTP700 触摸屏硬件图

①电源接口；②USB 接口；③PROFINET 接口；④装配夹的开口；⑤显示屏；

⑥嵌入式密封件；⑦功能键；⑧铭牌；⑨功能接地的接口；⑩标签条导槽

精简系列面板是利用个人计算机上的组态软件来生成满足用户需要的监控画面，从而实现对生产现场的管理和监控。西门子精简系列面板之前广泛使用的是 SIMATIC WinCCflexible 组态软件，目前 TIA 博图软件已经把 S7-1200 编程软件和精简系列面板的组态软件 WinCC 集成在一起，使用 TIA Portal（博图）软件，就能实现精简系列面板的组态和 PLC 的编程，使得整个项目开发变得简单、高效。

（二）编程应用

下面根据任务 2 的项目要求，以西门子 KTP700 触摸屏为例，讲解如何创建触摸屏程序，并组态画面。

1. 硬件组态

①打开博途软件，新建项目，组态设备 1 台 PLC（本任务选择 CPU1214 AC/DC/RLY）（步骤参照项目 5 任务 1）。

②在同一项目下，点击项目树中的"添加新设备"，如图 5-63 所示。

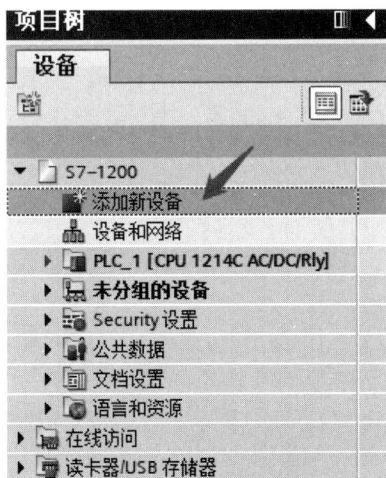

图 5-63　添加新设备

在弹出的对话框中，选取一款触摸屏（此处选择精简系列 7 寸屏 KTP700），如图 5-64 所示。

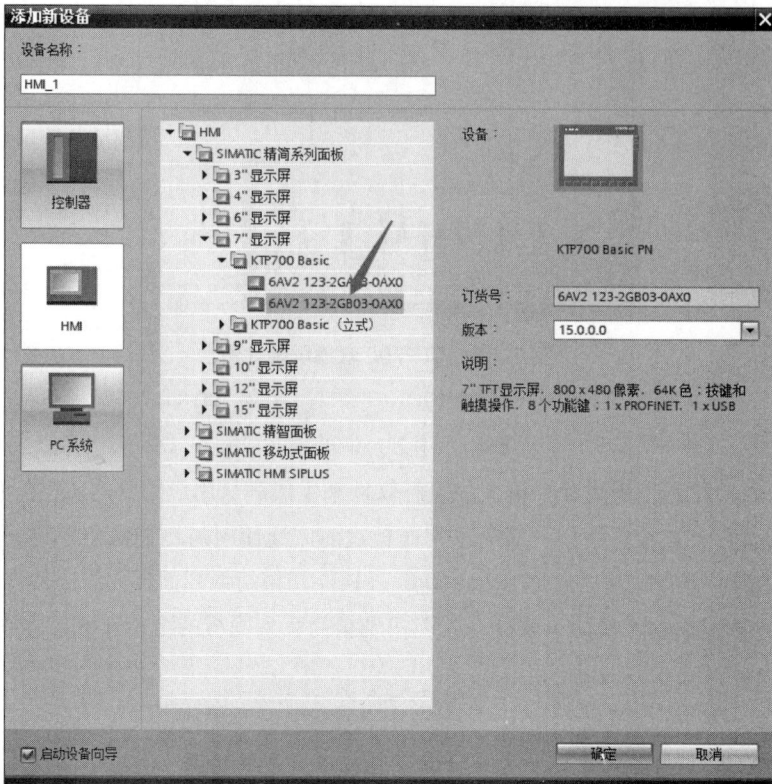

图 5-64　选择触摸屏

③点击"确定"按钮，弹出对话框，如图 5-65 所示。

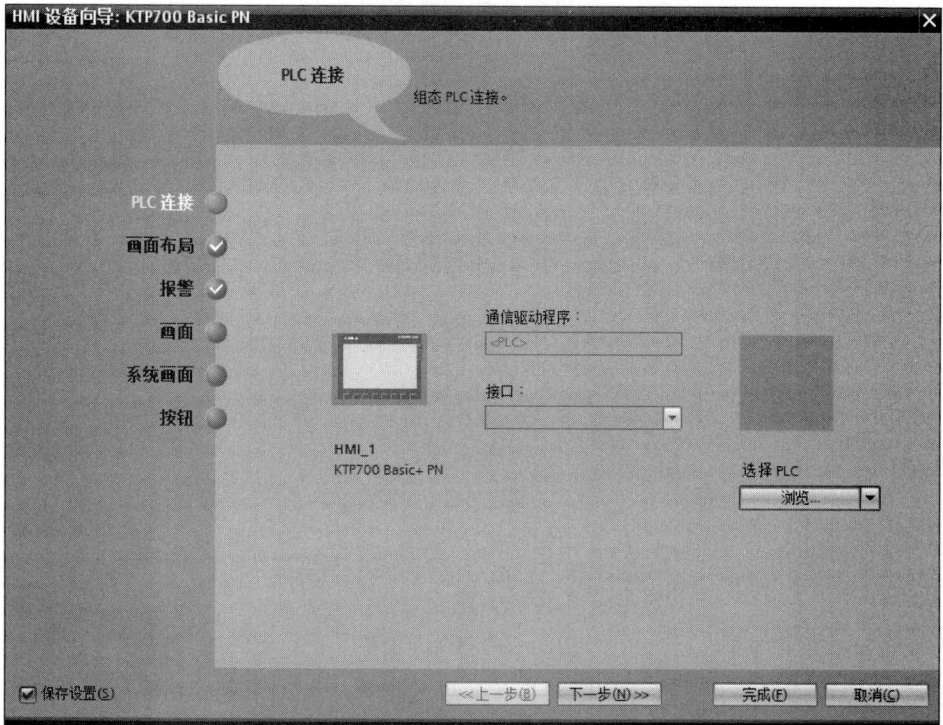

图 5-65　组态触摸屏

点击"浏览"按钮，选择需要连接的 PLC 模块，如图 5-66 所示，然后直接点击"完成"按钮（不要点击"下一步"）。

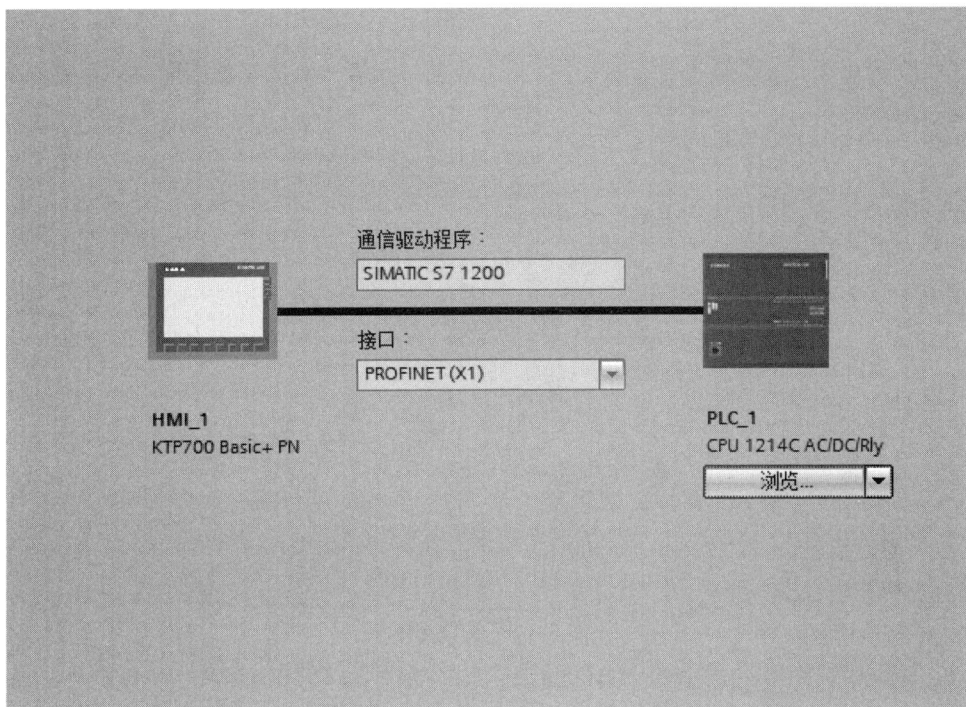

图 5-66　触摸屏与 PLC 建立连接

2. 按钮组态

①在项目树的 HMI 项目下"画面"的下拉菜单，如图 5-67 所示，包含 3 个画面：根画面、仓库状态显示、调用子程序。

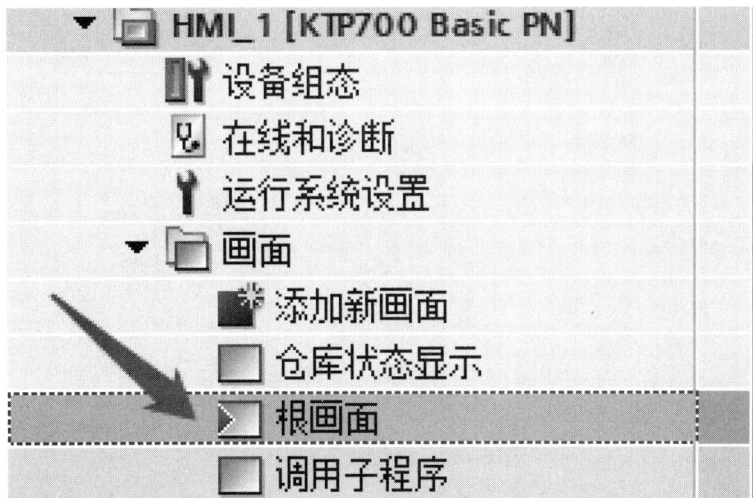

图 5-67　新建触摸屏画面

触摸屏上电运行后，默认的当前界面是根画面，另外两个画面需要在根画面中点击相应的按钮进入。一般情况下，工程师组态画面时，都会根据自己的爱好添加所需要的画面，所以仓库状态显示画面和调用子程序画面可以根据工程师的喜好选择是否使用。在智能制造装备基本功能编程项目中，我们只需要使用根画面就足够了，多画面添加切换在项目5任务3中再做讲解。

②打开根画面，如图5-68所示，在右侧工具箱"元素"将按钮▇▇拖曳到组态画面中，可以调整按钮的大小。

图 5-68　按钮图形

③在画面中选中组态的按钮，右击鼠标，点击"属性"，在下方的按钮属性栏中，属性一栏的"属性列表"→"常规"→"标签"→"text"修改为"启动按钮"。在"事件"→"按下"→"添加函数"的下拉菜单中，选择"置位位"，如图5-69所示。

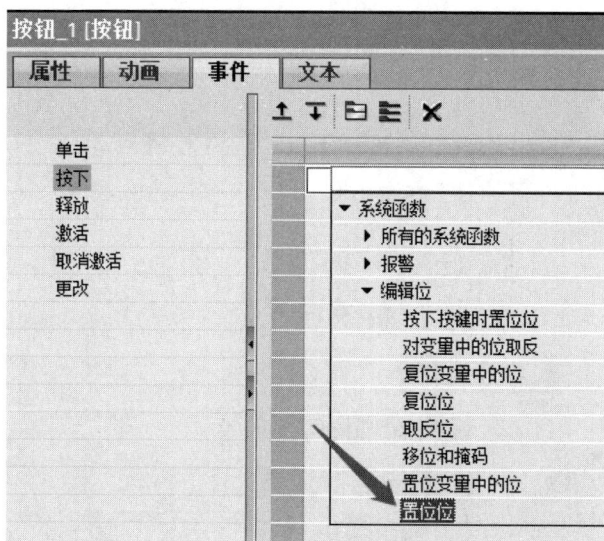

图 5-69　置位位函数选择

④在"变量（输入/输出）"中，按照图5-70所示，在PLC变量中选择启动按钮变量M0.0（此变量需要在PLC中定义使用后，才能够在这里显示并选择），同理，在"事件"→"释放"→"添加函数"的下拉菜单中，选择"复位位"，同样选择变量M0.0。这样表明当该按钮按下时该位为1接通，松开时该位为0断开。

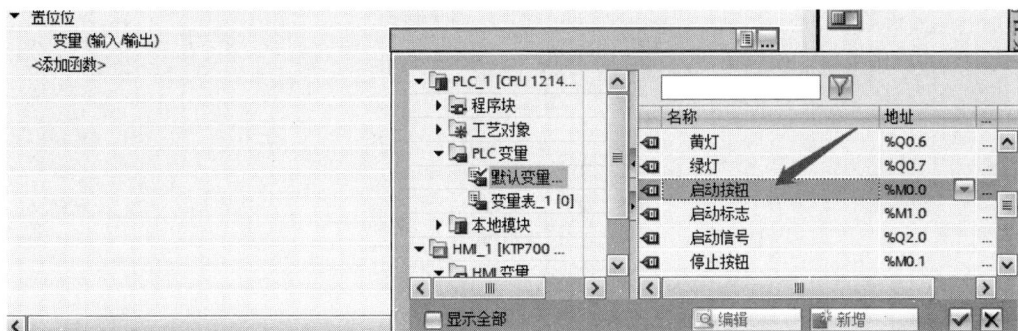

图 5-70 变量选择

⑤重复组态"启动按钮"的步骤，组态"停止按钮"和"复位按钮"，完成"启动按钮""停止按钮"和"复位按钮"的组态后，画面如图 5-71 所示。

图 5-71 按钮组态

3. 指示灯组态

以上为启动、停止和复位按钮的组态，下面讲解物料状态指示灯的组态。

①将"工具箱"→"基本对象"中的圆形拖曳到组态画面中，如图 5-72 所示。

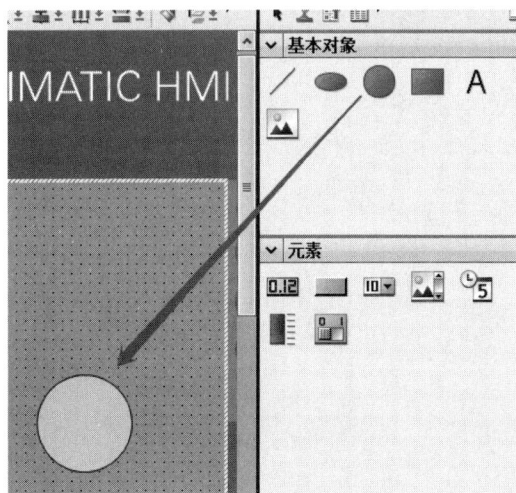

图 5-72 圆形拖曳

②点击圆形图形，双击下方的属性中"动画"→"添加新动画"，如图 5-73 所示。

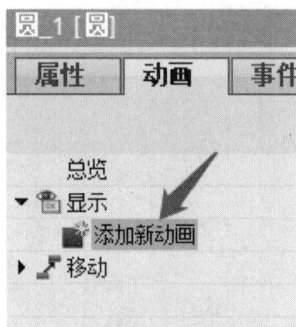

图 5-73　添加新动画

③在弹出的对话框中点击"外观"后再点击"确定",在"变量"中选择仓库 1 传感器 I0.0,然后双击下方的"添加",设置范围为 0 时,背景色为灰色,范围为 1 时,背景色为绿色。(表示当 I0.0 的值为 0 时,圆形的颜色为灰色,当 I0.0 的值为 1 时,圆形的颜色为绿色),如图 5-74 所示。

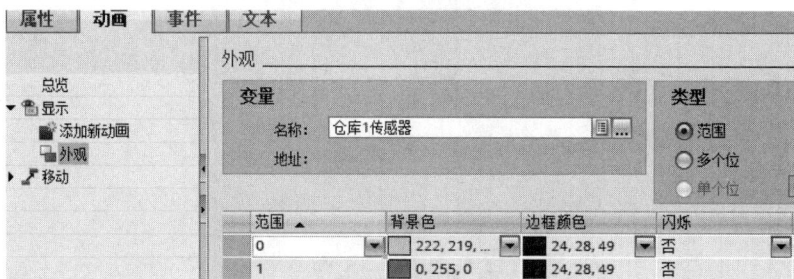

图 5-74　状态显示灯组态

④在右侧"工具箱"→"基本对象"中拖曳文本对象"A"到指示灯上方,双击输入"仓库 1",调整适合大小。

⑤重复物料状态显示灯组态步骤组态仓库 2 和仓库 3 的状态显示灯,仓库 2 的链接地址为 I0.1,仓库 3 的链接地址为 I0.2;完成以上组态后,画面如图 5-75 所示。

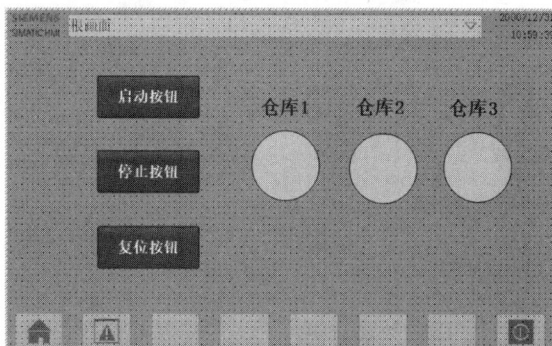

图 5-75　组态画面

⑥程序编译检查。

二、触摸屏与 PLC 联机

在任务 1 中,是操作面板上的物理按钮通过 S7-1200PLC 模块与 ABB 工业机器人通信实现机器人的启动与停止。本任务中，我们来学习如何在触摸屏上制作可触摸的按钮，然后通过PLC 与工业机器人通信实现机器人的启动和停止。触摸屏最终界面如图 5-76 所示。

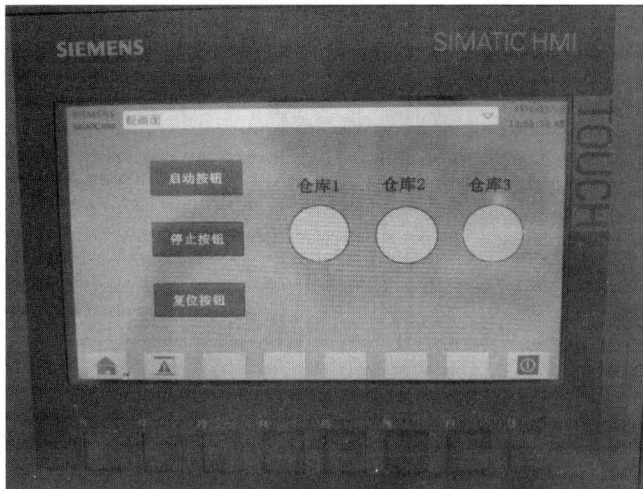

图 5-76　触摸屏画面

各图形的作用如下：

①启动按钮。控制智能制造装备启动运行。

②停止按钮。控制智能制造装备停止运行。

③复位按钮。当系统出现故障（光栅遮挡）时，智能制造装备停止运行，必须人工排除故障后，按下复位按钮确认，故障方可排除。

④指示灯。智能仓库对应的库位上有料块时指示灯显示为绿色，库位上无料块时指示灯显示为灰色。

本任务智能制造装备的运行要求及流程如图 5-77 所示。

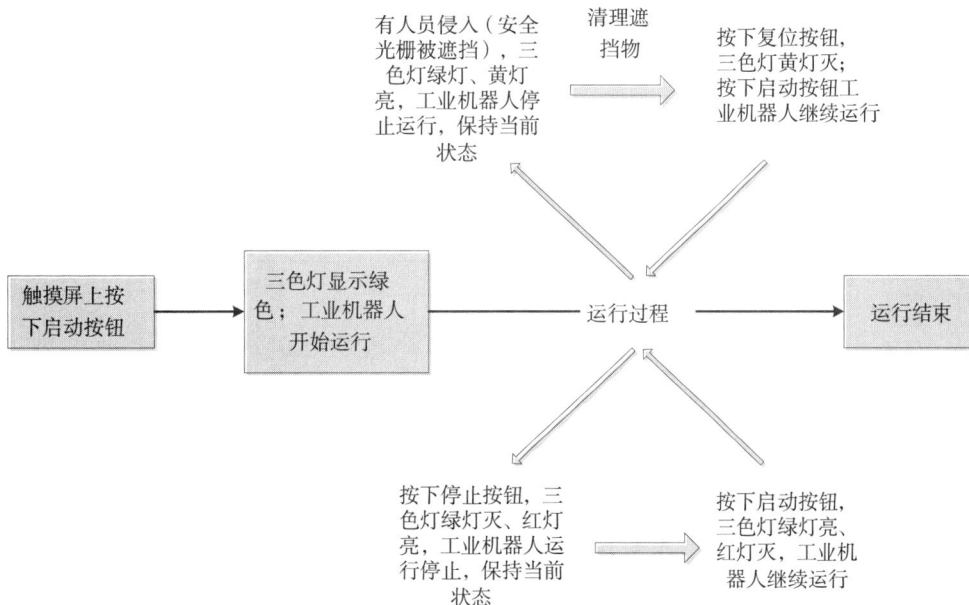

图 5-77　功能运行流程图

具体运行信息如下：

①初始状态。智能仓库 1~3 号库位上均有料块，触摸屏上指示灯均为绿色（若无料块，相应的指示灯为灰色）；工作台上的三色指示灯均不亮。

②启动状态。在触摸屏上按下启动按钮，工业机器人开始料块搬运功能操作（料块搬运流程与任务 1 的料块搬运流程相同）；工作台上三色指示灯的绿灯亮（表示系统处于正常运行工作状态）。工业机器人顺利完成料块搬运，回到原点后，绿灯熄灭。

③停止状态。系统在运行过程中，在触摸屏上按下停止按钮，工业机器人停止运行并保持当前状态，同时三色灯的红灯和绿灯均为点亮状态（表示系统处于运行过程中的中断状态）；再次按下启动按钮，工业机器人继续运行，同时三色灯的红灯灭、绿灯保持亮的状态。

④故障状态。系统在运行过程中，如果安全光栅被遮挡，工业机器人停止运行并保持当前状态，同时三色灯的红灯和黄灯均为点亮状态（表示系统处于运行过程中的故障状态）；直到确认故障排除后，按下复位按钮确认，再按下启动按钮，工业机器人继续运行，同时三色灯的黄灯熄灭。

（一）功能分析

智能制造装备的电气原理图如图 5-78 所示。

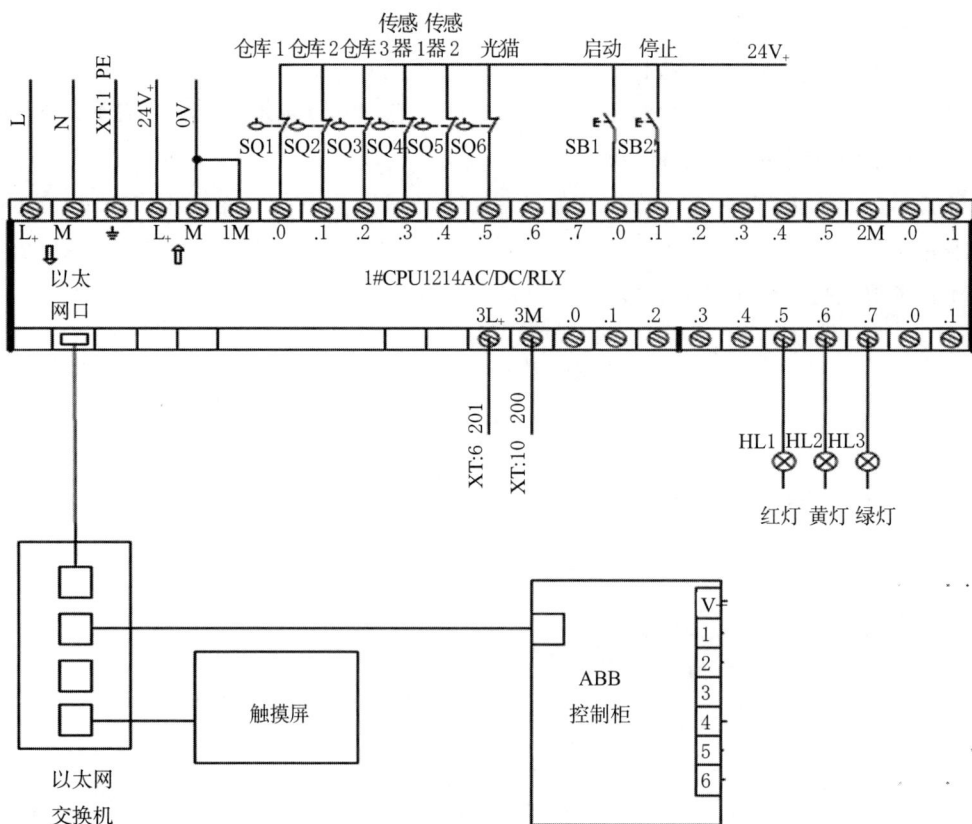

图 5-78　智能制造装备电气原理图

①根据以上功能分析，结合电气原理图，分析 PLC 接收的信号主要有三部分：一部分是触摸屏发来的信号；另一部分是仓库传感器发来的信号；还有一部分是光栅栏传感器发来的信

号，具体如表 5-5 所示。

表 5-5　PLC 接收信号表

PLC 接收的信号	信号地址	发送信号的设备
启动按钮信号	M0.0	触摸屏
停止按钮信号	M0.1	
复位按钮信号	M0.2	
仓库 1 物料检测信号	I0.0	智能仓库传感器
仓库 2 物料检测信号	I0.1	
仓库 3 物料检测信号	I0.2	
光栅信号	I0.5	光栅传感器

触摸屏发送"启动""停止""复位"信号给 PLC，PLC 接收到相应的信号后执行相应的动作，信号的地址由编程人员自定义即可；智能仓库的每个库位上均有 1 个检测传感器，传感器检测该库位是否有料块存在，并将信号发送给 PLC；光栅信号为安全信号，有人员进入时，会遮挡光栅，光栅传感器把信号传送给 PLC。

② PLC 要发送的信号主要有三部分：一是发送给触摸屏信号；二是发送给三色灯信号；三是发送给机器人信号，具体信息如表 5-6 所示。

表 5-6　PLC 发送信息号表

PLC 发送的信号	信号地址	接收信号的设备
仓库 1 物料检测信号	I0.0	触摸屏
仓库 2 物料检测信号	I0.1	
仓库 3 物料检测信号	I0.2	
红灯	Q0.5	三色灯
黄灯	Q0.6	
绿灯	Q0.7	

PLC 发送的信号	信号地址	接收信号的设备
启动信号	Q2.0	机器人
停止信号	Q2.1	

PLC 将智能仓库传感器发送来的信号传送给触摸屏，触摸屏接收到信号后在画面上显示相应的指示灯状态；根据智能制造装备运行状况，PLC 控制三色灯各种颜色指示灯的点亮与熄灭状态；PLC 将触摸屏发送来的启动、停止信号通过 PROFINET 通信传送给工业机器人，来控制机器人的运行和停止。

（二）PLC 软件编程

1. 硬件组态

硬件组态同任务 1 的 PLC 硬件组态。

2. PROFINET 通信设置

同任务 1 的 PLC PROFINET 通信设置。

3. 编写程序

①在项目书中 PLC 的项目下，点击"PLC 变量"，双击"添加新变量表"，系统会创建一个名为"变量表_1"的变量表，如图 5-79 所示。

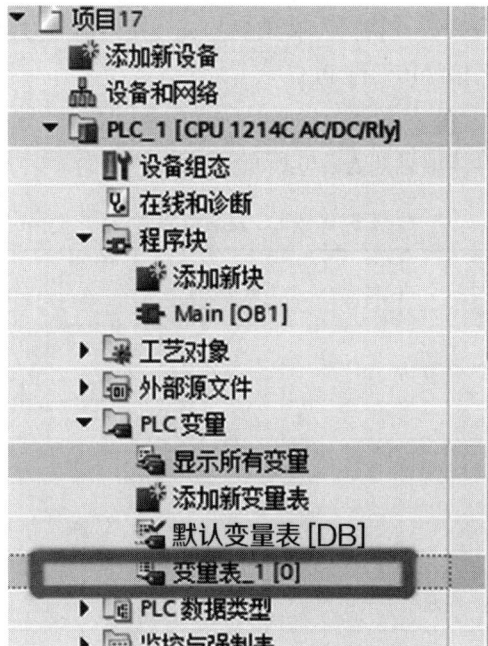

图 5-79　添加新变量表

②双击新建的变量表将其打开，将上述功能分析的变量填入变量表内，如图 5-80 所示。

		名称	数据类型	地址	保持	可从 …	从 H…	在 H…
1	⬛	仓库1检测信号	Bool	%I0.0	☐	☑	☑	☑
2	⬛	仓库2检测信号	Bool	%I0.1	☐	☑	☑	☑
3	⬛	仓库3检测线皇后	Bool	%I0.2	☐	☑	☑	☑
4	⬛	光栅检测信号	Bool	%I0.3	☐	☑	☑	☑
5					☐	☑	☑	☑
6	⬛	启动按钮	Bool	%M0.0	☐	☑	☑	☑
7	⬛	停止按钮	Bool	%M0.1	☐	☑	☑	☑
8	⬛	复位按钮	Bool	%M0.2	☐	☑	☑	☑
9					☐	☑	☑	☑
10	⬛	红灯	Bool	%Q0.5	☐	☑	☑	☑
11	⬛	黄灯	Bool	%Q0.6	☐	☑	☑	☑
12	⬛	绿灯	Bool	%Q0.7	☐	☑	☑	☑
13	⬛	启动信号	Bool	%Q2.0	☐	☑	☑	☑
14	⬛	停止信号	Bool	%Q2.1	☐	☑	☑	☑
15		<添加>		📋	☐	☑	☑	☑

默认变量表

图 5-80　添加变量

一般情况下，填写变量表时，将相同地址类别的变量放到一起，并且按照地址顺序依次排列，这样能够清晰地看到每个地址的作用，也能够很快地查到有哪些地址已被使用，防止后续编写程序时，重复利用地址，造成程序混乱。变量表中的变量在程序编写过程中，根据变量需求不断添加。

③编写梯形图程序（图 5-81）。

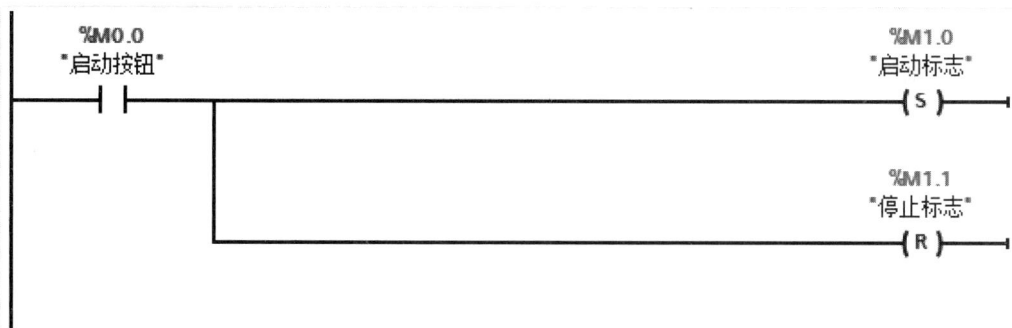

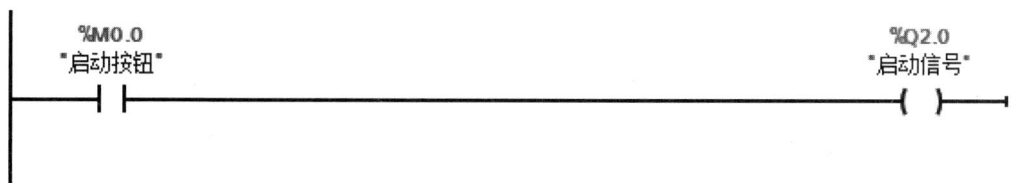

图 5-81

程序段 3： 系统停止

注释

程序段 4： 机器人停止

注释

程序段 5： ___

注释

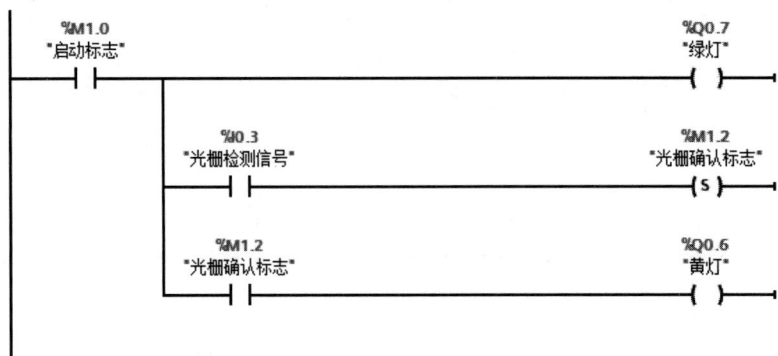

程序段 6： ___

注释

程序段 7： ___

注释

图 5-81　编写梯形图程序

（a）按下启动按钮，程序段 1 中的 M0.0 得电，启动标志位 M1.0 置位，停止标志 M1.1 复位。同时程序段 2 中 Q2.0 得电，该信号通过 PROFINET 通信传送给机器人，机器人启动运行。

（b）启动标志位 M1.0 置位后，程序段 5 中的 Q0.7 得电，绿灯亮。如果此时光栅检测有信号，I0.3 得电，光栅标志位 M1.2 置位，Q0.6 得电，黄灯亮，同时程序段 4 中的 Q2.1 得电，机器人停止运行。检查确认光栅位置无遮挡后，按下复位按钮，程序段 7 中的 M0.2 得电，光栅确认标志 M1.2 复位，程序段 5 中的 Q0.6 失电，黄灯灭。然后按下启动按钮，程序段 2 中的 Q2.0 得电，机器人继续运行。

（c）如果在机器人运行过程中按下停止按钮，程序段 3 中的 M0.1 得电，启动标志 M1.0 复位，那么程序段 5 将不被执行；停止标志为 M1.1 置位；同时程序段 4 中机器人运行停止；程序段 6 中红灯亮。

（三）触摸屏与 PLC 联机调试

1. 电气连接检查

①触摸屏、PLC 与机器人三者之间通过交换机用以太网线相互连接起来。

如图 5-82 所示，工业以太网交换机的 4 个网口的另一端分别接 S7-1200PLC、触摸屏、工业机器人和编程计算机（顺序任意）。

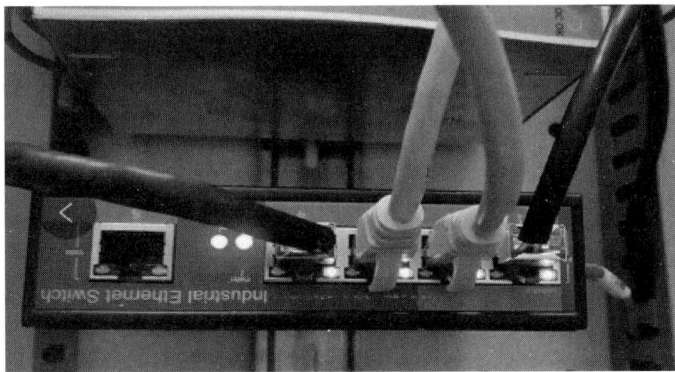

图 5-82　工业级以太网交换机

②用 1 根以太网线，将编程电脑与交换机连接起来。这样电脑可以在网络内同时搜索到 PLC 和触摸屏，能对两者进行编程调试。

2. 程序下载

①系统上电，检查各网络接口指示灯是否正常闪烁。

②配置机器人 PROFINET 通信设置，并编写机器人程序（此部分与任务 1 相同，可以直接利用任务 1 中的工业机器人程序）。

③设置编程电脑、触摸屏、PLC、工业机器人的 IP 地址。为了不更改 PLC 与工业机器人的 IP 地址，我们以任务 1 中的地址进行相应的配置。任务 1 中，工业机器人的 IP 地址为 192.168.1.3，PLC 的 IP 地址为 192.168.1.2，那么我们将触摸屏的地址设置为 192.168.1.4，编程电脑的 IP 地址设置为 192.168.1.1。

触摸屏的 IP 地址设置方法如下：

（a）在项目树中双击"设备和网络"，如图 5-83 所示。弹出对话框"网络视图"，如图 5-84 所示。

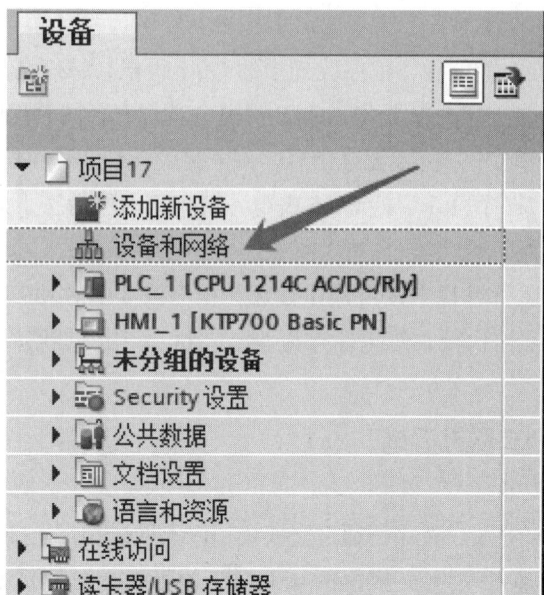

图 5-83　设备和网络

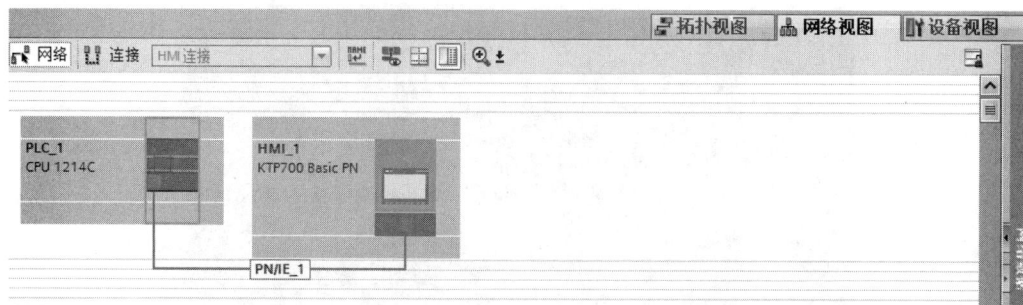

图 5-84　网络视图

（b）选中触摸屏模块上的以太网口（图 5-84 中触摸屏上的绿色亮点），在界面下方的触摸屏 PROFINET 属性里修改触摸屏的 IP 地址为 192.168.1.4，如图 5-85 所示。

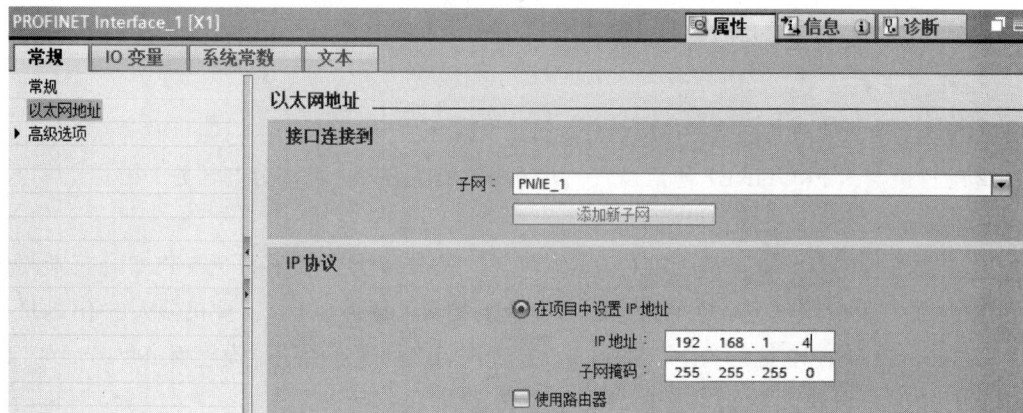

图 5-85　修改触摸屏 IP 地址

④将 PLC 程序和触摸屏的程序分别下载到 S7-1200 和 KTP700 中。

3. 正常运行调试

①系统上电，程序下载完毕后，如果仓库 1 到仓库 3 上均有料块，那么触摸屏界面上仓库 1、仓库 2、仓库 3 均为绿色，如图 5-86 所示。

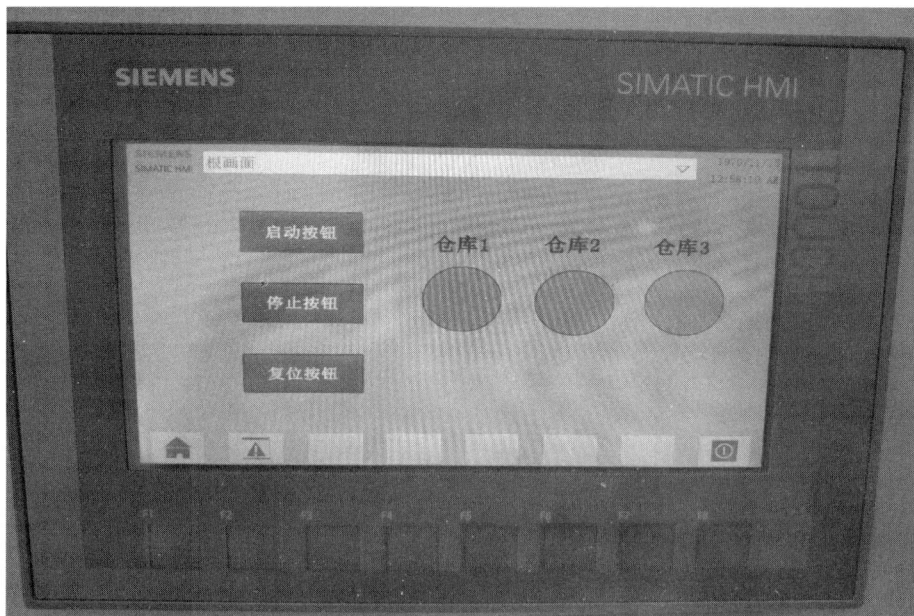

图 5-86　触摸屏上电状态

②在触摸屏上按一下启动按钮，工业机器人开始运行，同时三色灯中绿灯点亮；当仓库 1 上的料块被取走后，触摸屏上仓库 1 的指示灯变为灰色，如图 5-87 所示。

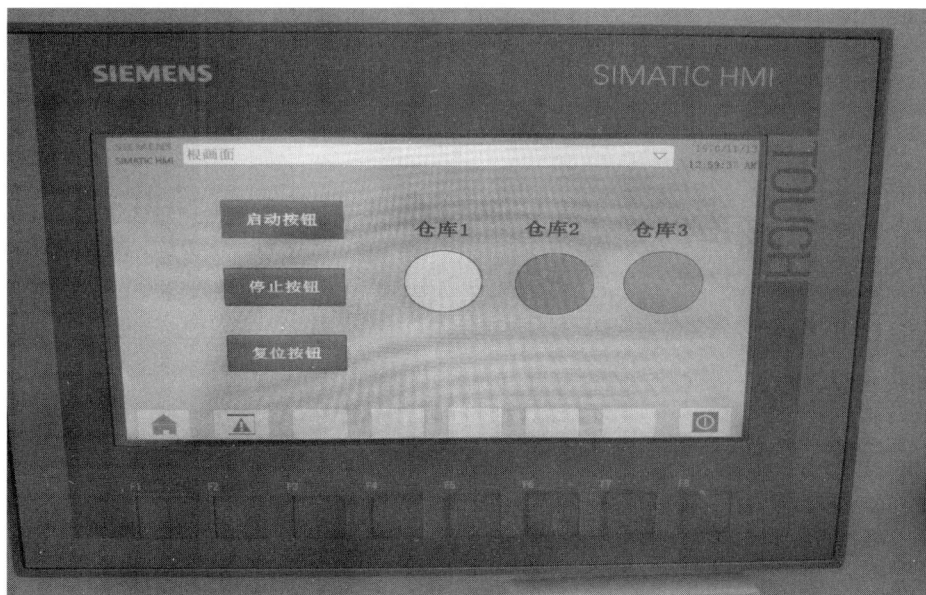

图 5-87　物料状态指示

③工业机器人完成料块搬运后，回到原点。智能制造装备正常运行结束。

思考：智能制造装备正常运行完成料块搬运后，触摸屏界面和三色灯分别是什么状态?

4.停止运行调试

①按下启动按钮，智能制造装备开始正常运行，在这个过程中，在触摸屏上按一下停止按钮，工业机器人暂停运行并保持当前状态，工作台上的三色灯中绿灯灭、红灯亮。

②再一次按下启动按钮，工业机器人继续运行，三色灯中绿灯亮、红灯灭，最终完成料块的搬运，回到原点。

5.安全保护调试

①按下启动按钮，智能制造装备开始正常运行，在这个过程中，用物体遮挡一下安全光栅，工业机器人暂停运行并保持当前状态，工作台上的三色灯中黄灯亮。

②确认安全光栅之间没有物体遮挡后，在触摸屏上按下复位按钮，黄灯熄灭。

③再一次按下启动按钮，工业机器人继续运行，最终完成料块的搬运，回到原点。

实训2　基于触摸屏显示与控制的料块出库运行调试

实训名称	基于触摸屏显示与控制的料块出库运行调试
实训内容	本实训完成基于触摸屏显示与控制的料块出库编程调试。要求如下： （1）通过触摸屏控制料块搬运的启动与停止； （2）触摸屏上实时显示仓库1到仓库3的料块存在状态； （3）三色灯的状态为：启动运行时为绿色，停止运行时为红色，光栅遮挡时，黄色灯闪烁（间隔时间为1s）。三色灯的状态也要在触摸屏上实时显示。 具体要求见实训手册
实训目标	1.进一步巩固掌握ABB工业机器人与S7-1200的PROFINET通信设置； 2.熟练使用博途软件编写梯形图程序； 3.能够利用博途软件编写触摸屏程序； 4.能够编程实现基于触摸屏显示与控制的料块出库功能
实训课时	10课时
实训地点	智能制造实训室

三、智能制造装备料块出库加工编程调试

上一节详细讲解了如何利用触摸屏控制智能制造装备实现料块由智能仓库移送到物料仓储单元，也就是由一个点直接运送到另一个点。本节将系统性地讲解如何对触摸屏、PLC和工业机器人综合编程调试，实现料块的出库、运输、加工和码垛等流程。

（一）功能要求与分析

1.功能要求

功能流程如图5-88所示，具体描述为：系统启动，工业机器人轴移动到工具平台拾取夹爪工具，然后到智能立体仓库夹取一个物料模块并放到传送带首端，传送带首端传感器检测到有物料，传送带运行，传送带末端传感器检测到有物料，传送带停止；工业机器人将物料送到加工平台夹紧固定，进行加工，加工完成后，工业机器人夹取物料并移送到物料仓库单元，工业机器人放回夹爪工具，回到原点。

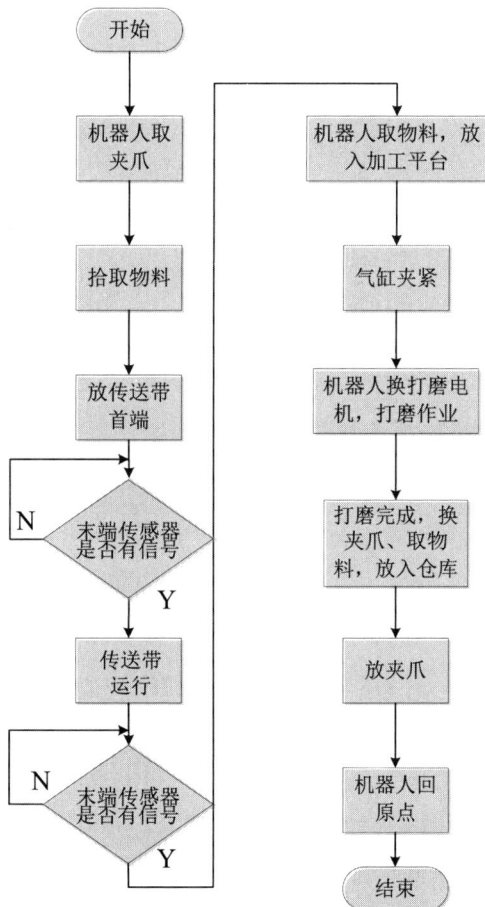

```
          ┌────────┐
          │  开始  │
          └────┬───┘
               │
     ┌─────────┴─────────┐                    ┌──────────────────┐
     │  机器人取          │                   │  机器人取物料，放  │
     │  夹爪              │                   │  入加工平台        │
     └─────────┬─────────┘                    └────────┬─────────┘
               │                                       │
     ┌─────────┴─────────┐                    ┌────────┴─────────┐
     │  拾取物料          │                   │  气缸夹紧         │
     └─────────┬─────────┘                    └────────┬─────────┘
               │                                       │
     ┌─────────┴─────────┐                    ┌────────┴─────────┐
     │  放传送带          │                   │  机器人换打磨电    │
     │  首端              │                   │  机，打磨作业      │
     └─────────┬─────────┘                    └────────┬─────────┘
               │                                       │
        N ╱────┴────╲                          ┌───────┴──────────┐
       ┌──┤末端传感器 │                         │  打磨完成，换     │
       │  ╲是否有信号╱                          │  夹爪、取物       │
       │   ╲───┬───╱                           │  料，放入仓库      │
       │       │Y                              └───────┬──────────┘
       │  ┌────┴────┐                                  │
       │  │ 传送带  │                           ┌───────┴──────────┐
       │  │ 运行    │                           │  放夹爪           │
       │  └────┬────┘                           └───────┬──────────┘
       │       │                                        │
       │  N ╱──┴────╲                           ┌───────┴──────────┐
       └─┤末端传感器 │                          │  机器人回         │
          ╲是否有信号╱                          │  原点             │
           ╲───┬───╱                            └───────┬──────────┘
               │Y                                       │
                                                  ┌─────┴────┐
                                                  │   结束   │
                                                  └──────────┘
```

图5-88　料块出库加工流程

其他运行信息如下：

①初始状态。智能仓库1~3号库位上均有料块，触摸屏上指示灯均为绿色（若无料块，相应的指示灯为灰色）；工作台上的三色指示灯均不亮。

②启动状态。在触摸屏上按下启动按钮，工业机器人开始料块出库加工操作；工作台上

三色指示灯中的绿灯亮（表示系统处于正常运行工作状态）。工业机器人顺利完成料块加工流程，回到原点后，绿灯熄灭。

③停止状态。系统在运行过程中，在触摸屏上按下停止按钮，工业机器人停止运行并保持当前状态，同时三色灯中的红灯和绿灯均为点亮状态（表示系统处于运行过程中的中断状态）；再次按下启动按钮，工业机器人继续运行，同时三色灯中的红灯灭、绿灯保持亮的状态。

④故障状态。系统在运行过程中，如果安全光栅被遮挡，工业机器人停止运行并保持当前状态，同时三色灯中的红灯和黄灯均为点亮状态（表示系统处于运行过程中的故障状态）；确认故障排除后，按下复位按钮，再按下启动按钮，工业机器人继续运行，同时三色灯中的黄灯熄灭。

2. 功能分析

根据本项目智能制造控制系统功能的要求，做以下分析。

确定系统的电气控制结构拓扑图，如图 5-89 所示。

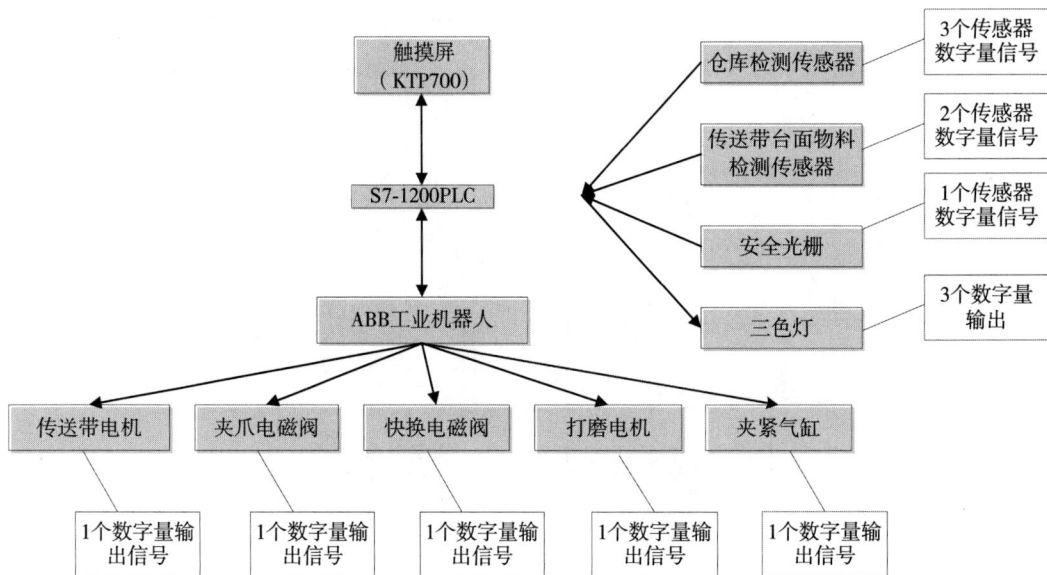

图 5-89　电气结构拓扑图

智能制造装备的控制系统结构为外部控制器作为主控系统的结构。ABB 工业机器人控制器直接控制与自身功能联系紧密的外围设备，如传送带电机的运转、夹爪电磁阀（控制夹爪工具的夹紧与放松）、快换电磁阀（控制快换的夹紧和松开）、打磨电机（控制打磨电机的启停）；ABB 工业机器人的信息通过现场总线（本项目为 PROFINET）传送给 S7-1200。S7-1200 采集外部传感器等数据信息，控制其他外围设备，通过现场总线发送相关数据给 ABB 工业机器人，并接收 ABB 工业机器人发出的相关数据。所以，所有的控制信息和数据信息都由 S7-1200 PLC 运算处理，触摸屏通过总线与 S7-1200 连接，可以控制 S7-1200 的运行，也能够显示 S7-1200 的相关数据信息。

（1）触摸屏显示分析

触摸屏需要控制智能制造装备的启停，显示仓库物料状态信息。其功能与任务2第二节相同。

（2）S7-1200PLC

接收仓库传感器的信息并传送给触摸屏；接收传送带物料传感器的信息并传送给工业机器人；接收安全光栅的信息并控制智能制造装备的运行和停止；根据运行状态控制三色灯。与任务2第二节不同的是，要采集传送带物料传感器的信息并传送给工业机器人，所以PLC的编程应用，只需要在任务2第二节的基础上加入传送带物料传感器信息采集并且传送给工业机器人即可。PLC接收和发送信号表分别如表5-7和表5-8所示。

表5-7　PLC 接收信号表

PLC 接收的信号	信号地址	发送信号的设备
启动按钮信号	M0.0	触摸屏
停止按钮信号	M0.1	
复位按钮信号	M0.2	
仓库 1 物料检测信号	I0.0	智能仓库传感器
仓库 2 物料检测信号	I0.1	
仓库 3 物料检测信号	I0.2	
传送带前端物料检测	I0.3	传送带传感器
传送带后端物料检测	I0.4	
光栅信号	I0.5	光栅传感器

表5-8　PLC 发送信号表

PLC 发送的信号	信号地址	接收信号的设备
仓库 1 物料检测信号	I0.0	触摸屏
仓库 2 物料检测信号	I0.1	
仓库 3 物料检测信号	I0.2	
红灯	Q0.5	三色灯
黄灯	Q0.6	
绿灯	Q0.7	
启动信号	Q2.0	机器人
停止信号	Q2.1	
传送带前端物料检测	Q2.2	
传送带后端物料检测	Q2.3	

（3）工业机器人

工业机器人除执行轨迹运行外，还需控制一些外围设备：控制夹爪电磁阀的开合实现料块的抓取与松开；控制传送带电机实现传送带的运行与停止；控制快换电磁阀实现工具的更换；控制打磨电机实现打磨电机的启停。工业机器人需要编程实现的功能不再是简单的料块搬运。具体功能描述如下：工业机器人接到启动信号后，拾取夹爪工具，在智能立体仓库夹取料块，移送到传送带前端，放料块；检测到传送带前端有料块（此信号为 PLC 检测，传送给工业机器人）后，传送带开始运行，当料块被运输到传送带后端，检测到传送带后端有料块（此信号为 PLC 检测，传送给工业机器人），等待 2s 后，传送带停止运行；工业机器人抓取料块放入打磨加工平台后，更换打磨电机工具，同时打磨平台气缸动作夹紧料块，工业机器人更换打磨电机工具后，在打磨平台上进行打磨作业（打磨作业即开启打磨电机做预定轨迹运行）；打磨作业完成后，工业机器人更换夹爪，将打磨平台上的料块抓取移动到仓库物料单元，然后放夹爪，回到原点。工业机器人接收和发送信号分别如表 5-9 和表 5-10 所示。

表 5-9　工业机器人接收信号

机器人接收的信号	信号地址	发送信号的设备
启动信号	DI0	S7-1200PLC
停止信号	DI1	
复位信号	DI2	
传送带前端物料检测	DI3	
传送带后端物料检测	DI4	

表 5-10　工业机器人发送信号

PLC 发送的信号	信号地址	接收信号的设备
打磨电机启停	DO1	打磨电机
传送带启停	DO2	传送带电机
夹爪开合	DO3	夹爪电磁阀
快换开合	DO4	快换电磁阀
气缸开合	DO5	气缸电磁阀

（二）编程调试

根据以上对于智能制造装备料块出库功能的分析，需要编程的设备是触摸屏、S7-1200PLC 与工业机器人。

1. 触摸屏编程

触摸屏的编程与任务 2 第二节相同。

2. S7-1200PLC 编程

S7-1200PLC 程序的编写只需要在任务 2 第二节的基础上，添加传送带传感器信息的采集与传输即可。添加程序如图 5-90 所示。

程序段 1： ……

注释

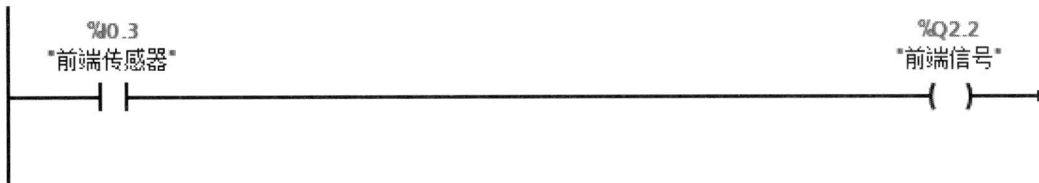

程序段 2： ……

注释

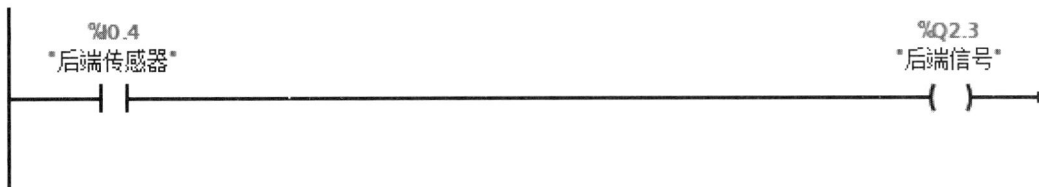

图 5-90 传送带传感器检测梯形图

当料块位于传送带前端时，前端传感器检测到有物料信号，I0.3 接通，同时 Q2.2 得电，数据通过 PROFINET 通信传送给机器人；同理，当料块位于传送带后端时，后端传感器检测到有物料信号，I0.4 接通，同时 Q2.3 得电，数据通过 PROFINET 通信传送给机器人。

3. 工业机器人编程

①工业机器人 PROFINET 通信设置，创建数字量输入信号。参照任务二第一节，根据表 5-9 和表 5-10 的地址对照表创建输入信号和输出信号。

②创建各功能子程序。取夹爪子程序（QJZCX），放夹爪子程序（FJZCX），料块移送子程序（LKYSCX），取打磨电机子程序（QDJCX），放打磨电机子程序（FDJCX），码垛子程序（MDCX），如图 5-91 所示。

名称	模块	类型	1 到 7 共 7
FDJCX()	Module1	Procedure	
FJZCX()	Module1	Procedure	
LKYSCX()	Module1	Procedure	
main()	Module1	Procedure	
MDCX()	Module1	Procedure	
QDJCX()	Module1	Procedure	
QJZCX()	Module1	Procedure	

图 5-91 创建各功能子程序

各子程序的具体功能说明如下：

①取夹爪子程序（QJZCX）。工业机器人由原点位置移动到快换夹具模块拾取夹爪工具，然后回到原点。

②放夹爪子程序（FJZCX）。工业机器人由原点位置移动到快换夹具模块放下夹爪工具，然后回到原点。

③料块移送子程序（LKYSCX）。机器人由原点移动到智能立体仓库，拾取料块，将料块放到传送带前端，工业机器人回到原点等待，同时传感器检测到传送带前端有料块（DI3=1）时，等待2s，机器人发送命令时传送带运行（DO2=1）；传送带后端传感器检测到信号（DI4=1）时，等待2s后，传送带停止（DO2=0）。工业机器人拾取料块放到打磨加工单元后，更换打磨电机工具［依次调用放夹爪子程序（FJZCX），取打磨电机子程序（QDJCX）］，同时气缸夹紧（DO5=1），工业机器人带着打磨电机移动到料块上方，启动电机（DO1=1），做圆周轨迹进行打磨作业。打磨完成后，工业机器人更换夹爪工具［依次调用放打磨电机子程序（FDJCX）和取夹爪子程序（QJZCX）］。同时夹紧气缸打开（DO5=0），工业机器人拾取物料放入仓储物料单元（调）码垛子程序（MDCX）。

④取打磨电机子程序（QDJCX）。工业机器人由原点移动到快换夹具模块，拾取打磨电机模块。

⑤放打磨电机子程序（FDJCX）。工业机器人由原点移动到快换夹具模块，放下打磨电机模块。

⑥码垛子程序（MDCX）。工业机器人移动到打磨加工单元拾取物料，放到仓储物料单元，然后回到原点。

以下是料块移送子程序（LKYSCX）中打磨功能部分的编程，如图5-92所示其他自行编程。

```
MoveJ p10, v150, z50, tool0;
MoveL p20, v10, z50, tool0;
Reset DO3;
MoveL p10, v150, z50, tool0;
FJZCX;
QDMCX;
MoveJ p10, v150, z50, tool0;
Set DO1;
MoveL p50, v10, z50, tool0;
MoveC p60, p70, v10, z10, tool0;
MoveL p10, v150, z50, tool0;
FDMCX;
MoveJ phome, v150, z50, tool0;
```

图5-92　料块移送子程序打磨功能部分的编程

各个子程序编程完毕后，从主程序中根据功能需求有序调用子程序，如图 5-93 所示。

```
PROC main()
    QJZCX;
    LKYSCX;
    MDCX;
    FJZCX;
ENDPROC
```

图 5-93　调用子程序

程序编写完成后，先进行手动调试，成功后再联机自动运行。

实训3　触摸屏、PLC与工业机器人联机编程调试

实训名称	触摸屏、PLC 与工业机器人联机编程调试
实训内容	本实训完成触摸屏、PLC 与工业机器人联机编程调试，主要实现料块的出库、加工、入库功能，要求如下： （1）触摸屏控制系统的启停，并显示仓库信息； （2）PLC 控制三色灯根据系统情况显示不同颜色； （3）工业机器人根据指令完成料块的出库、加工、入库功能。 具体要求见实训手册
实训目标	1.熟练掌握触摸屏、PLC 与工业机器人三者之间的通信设置。 2.能够编程调试实现智能制造装备的料块加工功能
实训课时	16 课时
实训地点	智能制造实训室

练习题

1. 填空题

（1）任务 2 中，触摸屏需要从 S7-1200PLC 接收的信号有 ＿＿＿＿＿＿＿＿＿＿＿＿＿＿＿＿＿；触摸屏发送给 S7-1200PLC 的信号有 ＿＿＿＿＿＿＿＿＿＿＿＿＿＿＿＿＿。

（2）S7-1200PLC 编写梯形图程序时，需要编写变量表，那么变量表的主要作用是 ＿＿＿＿＿＿＿＿＿＿＿＿＿＿。

（3）西门子触摸屏的尺寸有 ＿＿＿＿＿＿＿＿＿。

（4）SIMATIC Basic Panel 设计采用的防护等级是 ＿＿＿＿＿。

（5）西门子精简系列面板可以用 ＿＿＿＿＿＿＿、＿＿＿＿＿＿ 这两款软件编程实现。

2. 问答题

智能制造装备料块出库加工过程中，工业机器人和 PLC 之间的数据交换的信息有哪些？

项目6 物料自动出库编程调试

1.实训内容

本项目属于智能制造装备应用模块综合考核项目，项目在智能装备实训工作台上完成，要求如下：

①在触摸屏上做出画面，用以启动工业机器人运行，触摸屏显示工业机器人的运动状态、料库的状态等内容。

②PLC接收到触摸屏信号，发出指令控制工业机器人运行。

③在触摸屏上按下"雕刻程序"按钮时，工业机器人实现对"中"字的雕刻；在触摸屏上按下"出入库程序"按钮时，工业机器人实现从仓库抓取物料，并放置在传送带的一端，到达传送带另一端后将物料放置在实训台的仓库中（要求工业机器人从开始启动运动到将物料放置到仓库，用时不超过20s，工业机器人的每次抓取和放置物料要准确）。

智能装备实训工作台如图6-1所示。

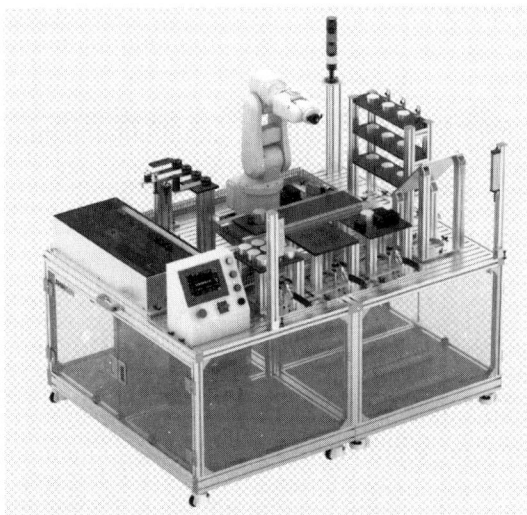

图6-1 智能装备实训工作台

2.实训目标

①掌握触摸屏画面的创建及参数设置；

②掌握PLC与触摸屏的通信设置；

③能够实现PLC的编程及控制；

④掌握工业机器人雕刻程序的创建流程；

⑤掌握搬运程序的创建方法及流程；

⑥能够优化程序，实现项目的要求。

3.实训场所

机房、智能制造实训室。

4.实训课时

16 课时。

5.实训设备

设备名称	数量 / 组	每组人数
计算机（安装博途和 RobotStudio 软件）	1	4 人
智能制造实训台	1	

6.实训耗材

无。

7.实训步骤

实训1　工业机器人编程调试

本任务要完成工业机器人雕刻程序和出入库程序的创建。

一、雕刻程序创建及调试

本部分要完成"制造"两个字雕刻程序的创建及联机调试。机器人自动抓取雕刻工具，执行雕刻程序完成雕刻任务，雕刻完成后自动放置雕刻工具。

（一）轨迹曲线与路径创建

①分别创建"制造"两字的表面边界，如图 6-2 所示。

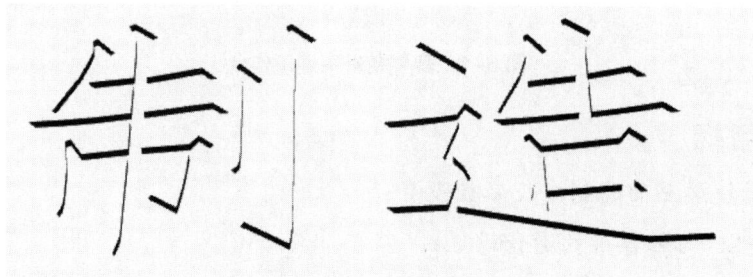

图 6-2　表面边界

②创建工件坐标系，命名为"Wobj_Carving"，创建的位置如图 6-3 所示。

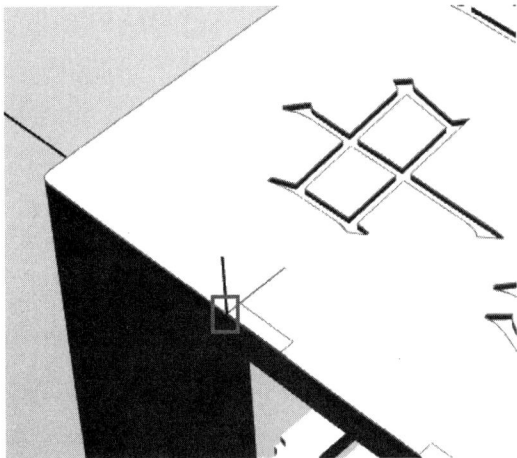

图 6-3　工件坐标系位置

③根据创建的"制造"两字的表面边界创建路径。采用"自动路径"的方式创建写字路径，采用"常量"方式创建程序，距离设置为 1mm。

运动参数设置如图 6-4 所示。

MoveL ▾ * v20 ▾ z0 ▾ Carving_tool ▾ \WObj:=Wobj_Carving ▾

图 6-4　运动参数设置

（二）目标点调整与轴配置参数设置

①对生成的路径上的点进行目标点的调整，将第一个点设置到合适的姿态及位置。

②将第一条路径中的目标点与第一个点对齐。

③将第二条路径中的目标点与第一个点对齐。

④设置合适的轴配置参数。

注意事项：设置合适的轴配置参数，第一个点的轴关节角度变化要小。

⑤添加过渡点。过渡点包括 Home 点、接近点、离开点等。

（三）在线调试

①在智能装备工作台上采用"四点法"标定工具 TCP。

②采用"三点法"创建工件坐标系。

③设置电脑的 IP 地址为 192.168.125.10。

④将电脑连接到机器人的服务端口（地址为固定的 192.168.125.1）。

⑤打开软件，连接到工业机器人控制器，单击"请求写权限"命令，获取工业机器人控制器的控制权限。

⑥用标定的实际 TCP 的位置数据和工件坐标系的位置和方向等数据，替换创建完成的离线程序中 TCP 的位置数据和工件坐标系数据。

⑦保存程序模块。

注意事项：自动运行时需要在主程序调用此程序或者将此程序的名称修改为 main。

⑧将保存的程序模块加载到实际的工业机器人控制器中。

⑨在程序的开始和结束处分别调用抓取雕刻工具的程序（Pick_Carving）和放置雕刻工具的程序（Drop_ Carving）。

⑩联机调试，先手动运行再自动运行。

二、出入库程序的创建

本部分要编程完成料块的出入库。工业机器人从初始位置出发，自动抓取夹爪工具（自动抓取的程序为 Pick_Gripping_tool），当仓库 A 处的传感器检测到 A 处有料块时，工业机器人将 A 处的料块搬运到传送带的 B 处，启动传送带，料块到达 C 处后，经传送带 C 处的传感器检测到位后，工业机器人再将 C 处的料块搬运回 A 处，搬运完成后自动放置夹爪（自动放置的程序为 Drop_Gripping_tool），工业机器人回到初始位置。料块搬运如图 6-5 所示。

任务要求：

料块抓取位置要精确，工业机器人姿态要合理，搬运时间不超过 60 秒。

完善轨迹，避免在工业机器人运行时中间过程点的停顿。

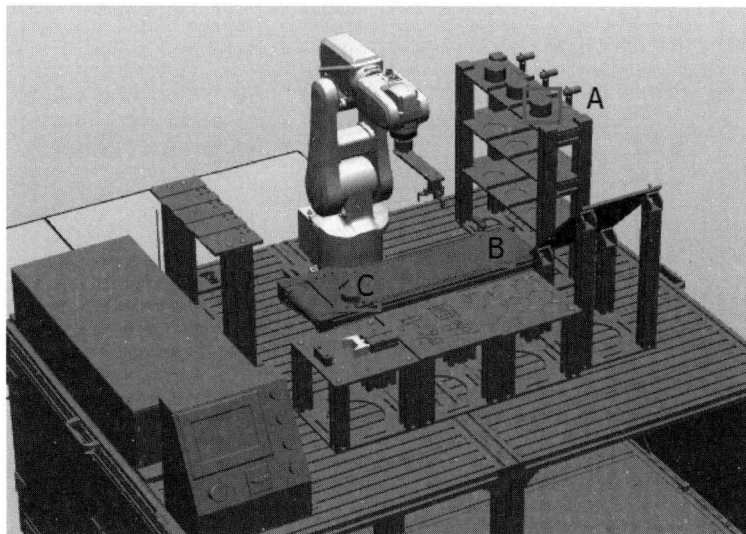

图 6-5　出入库搬运程序

①创建名称为"rInitAll_ 自己名字"的初始化程序，用于将所有输出信号复位（应用复位指令将 DO1-DO6 全部复位）。

②创建名称为"Carry_ 自己名字"的搬运程序。在搬运程序的开始调用步骤 1 中创建的初始化程序和夹爪自动抓取程序（Pick_Gripping_tool），然后创建搬运程序，最后添加自动放置夹爪程序（Drop_Gripping_tool）。

③调试程序。

三、主程序创建

工业机器人自动运行时，程序的入口是"main"，所以需要将编写好的程序通过程序调用的形式添加到主程序中。当信号 DI21 为"1"时运行雕刻程序，当信号 DI22 为"1"时运行出入库搬运程序。

程序框架如图 6-6 所示：

```
PROC main()
    WHILE TRUE DO
      IF <EXP> THEN
        <SMT>
      ELSEIF <EXP> THEN
        <SMT>
      ENDIF
      WaitTime 0.1;
    ENDWHILE
ENDPROC
```

图 6-6　主程序框架

说明：采用 WHILE 指令，保证主程序一直循环扫描执行，添加等待时间 0.1 秒，防止工业机器人控制器超负荷运行。

实训2　PLC程序设计

本任务实现 PLC 与触摸屏的通信以及 PLC 与工业机器人的通信，实现 PLC 工作站外部状态的监控及对工业机器人的控制。

PLC 要实现智能制造装备工作站外围设备数据的采集，包括仓库有料信号、急停信号、伺服上下电信号的采集，同时还要采集触摸屏上发出的控制信号。首先完成变量的创建，然后完成 PLC 程序设计。

一、PLC变量的创建

本任务中需要创建的 PLC 变量如表 6-1 所示（PLC、触摸屏、工业机器人之间变量设定关系见表 6-4。

表 6-1　PLC 变量表

输入信号	信号说明	信号方向	输出信号	信号说明
I0.0	仓库 1 有料		Q2.0	仓库 1 有料—输出
I0.1	仓库 2 有料		Q2.1	仓库 2 有料—输出
I0.2	仓库 3 有料		Q2.2	仓库 3 有料—输出
I0.3	传送带初始位检测		Q2.4	传送带初始位检测—输出
I0.4	传送带终点位检测		Q2.5	传送带终点位检测—输出
I0.6	急停		Q2.6	急停—输出

输入信号	信号说明	信号方向	输出信号	信号说明
I0.7	伺服上电		Q2.7	伺服上电—输出
I1.0	伺服下电		Q3.0	伺服下电—输出
M0.0	启动		Q3.1	启动—输出
M0.1	停止		Q3.2	停止—输出
M1.3	雕刻程序		Q4.4	雕刻程序—输出
M1.4	出入库程序		Q4.5	出入库程序—输出
I2.0	伺服上电反馈		M10.0	伺服上电反馈—输出
I2.1	自动运行反馈		M10.1	自动运行反馈—输出

①打开名称为"综合调试"的 PLC 程序，在此基础上进行编程。

②添加 PLC（型号为 CPU1214C AC/DC/Rly），并设置 PLC 的地址为"192.168.1.2"。

③打开"PLC 变量"中的"默认变量表"添加变量。

二、PLC程序设计

根据创建的 PLC 变量表及信号控制，完成 PLC 程序设计。

①在"程序段 2"中，根据控制要求编写 PLC 程序，如第一条控制程序，当仓库 1 有料时，PLC 的 Q2.0 输出为 1。

注意：急停信号的输入用常闭触点，如图 6-7 所示。

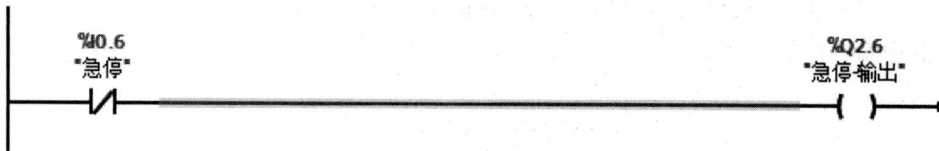

图 6-7　急停信号控制程序

②按照变量表中的控制要求，依次完成控制程序的创建。

③创建完成后，编译并下载。

④启动 PLC，使 PLC 运行。

实训3　触摸屏程序设计

本任务需要在触摸屏上创建 3 个界面，分别为主界面、监控界面和自动运行界面，各界面的要求如下。

一、添加触摸屏

①在 PLC 程序设计打开的博途软件中添加触摸屏（型号为：KTP700 Basic）。

②设置触摸屏的 IP 地址为 192.168.1.4。

③在网络视图中将 PLC、触摸屏和 RobotBasicIO 的网口与触摸屏的网口关联，如图 6-8 所示。

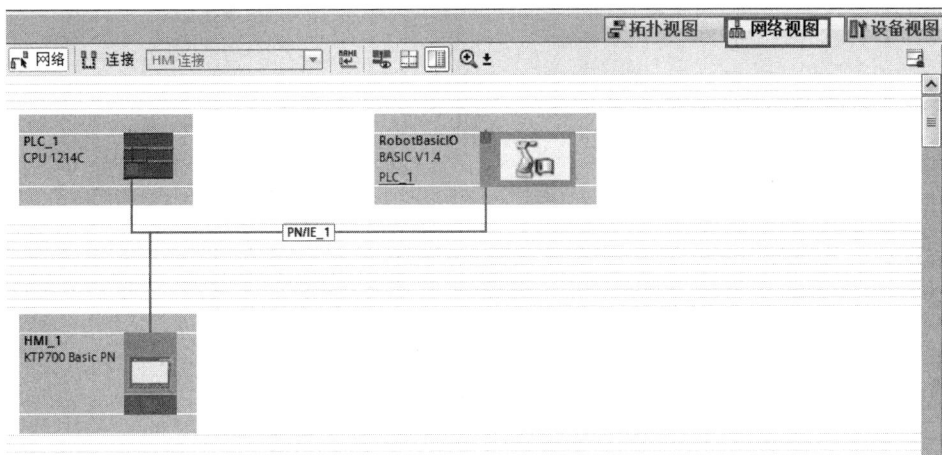

图 6-8　网络组态

说明：RobotBasicIO 为工业机器人总线中的输入输出口，用于传输数据。

④将自动生成的三个界面分别命名为"主界面""监控界面""自动运行"。

二、主界面

①在"根画面"上添加图片及按钮，"主界面"按钮用于激活"主界面"，"监控界面"按钮用于激活"监控界面"，"自动运行"按钮用于激活"自动运行"。完成后的界面如图 6-9 所示。

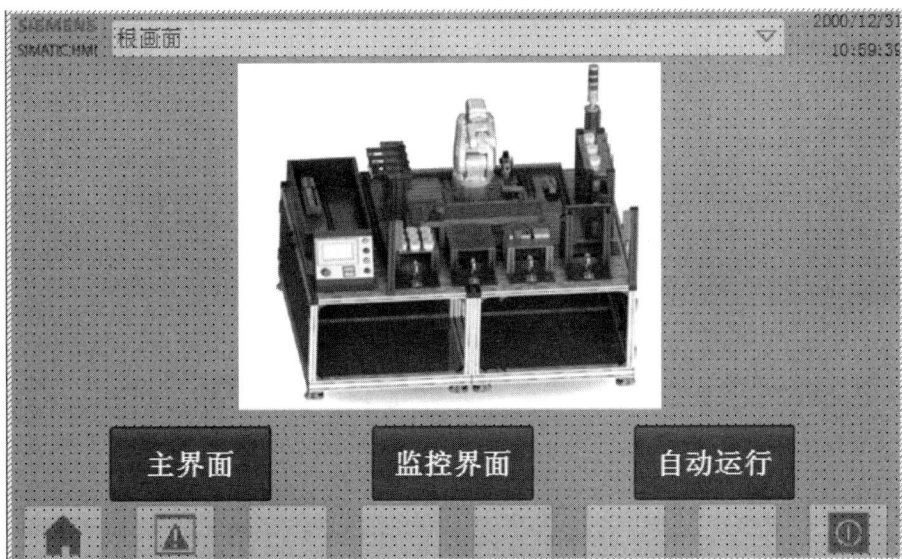

图 6-9　主界面画面设置

②添加图片，在"基本对象"中将"图形视图"拖曳到主界面中，然后在"图形视图"上右击，选择"添加图形"命令，添加图片并调整其大小和位置，如图 6-10 所示。

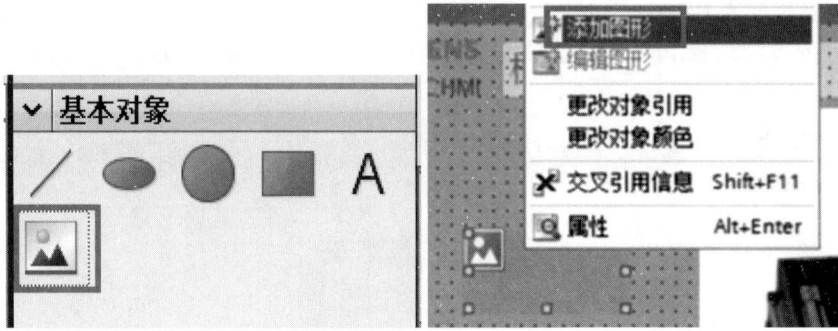

图 6-10　添加图形

三、监控界面

在监控界面上设置"仓库 1""仓库 2""仓库 3""伺服上电指示""自动运行指示"的显示画面。关联变量如表 6-2 所示。

表 6-2　关联变量

序号	信号说明	关联信号	设置说明
1	仓库 1 有料	Q2.0	当信号为 1 时显示绿色，信号为 0 时显示灰色
2	仓库 2 有料	Q2.1	当信号为 1 时显示绿色，信号为 0 时显示灰色
3	仓库 3 有料	Q2.2	当信号为 1 时显示绿色，信号为 0 时显示灰色
4	伺服上电指示	M10.0	当信号为 1 时显示绿色，信号为 0 时显示灰色
5	自动运行指示	M10.1	当信号为 1 时显示绿色，信号为 0 时显示灰色

设置的监控界面如图 6-11 所示。

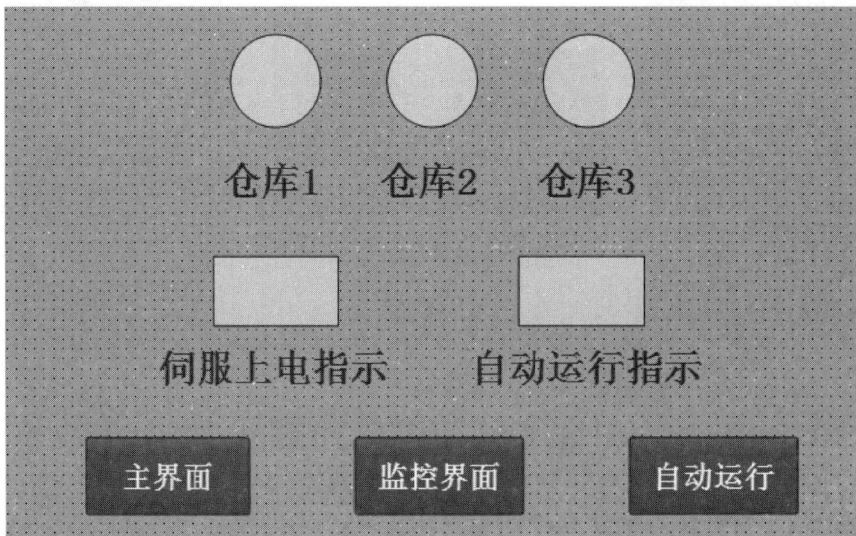

图 6-11　监控界面

四、自动运行界面

在自动运行界面上设置"雕刻程序""出入库程序""启动""停止"控制按钮，关联变量如表 6-3 所示。

表 6-3　关联变量

序号	信号说明	关联信号	设置说明
1	雕刻程序	Q4.4	—
2	出入库程序	Q4.5	—
3	启动	Q3.1	设置为绿色
4	停止	Q3.2	设置为红色

设置的自动运行界面如图 6-12 所示。

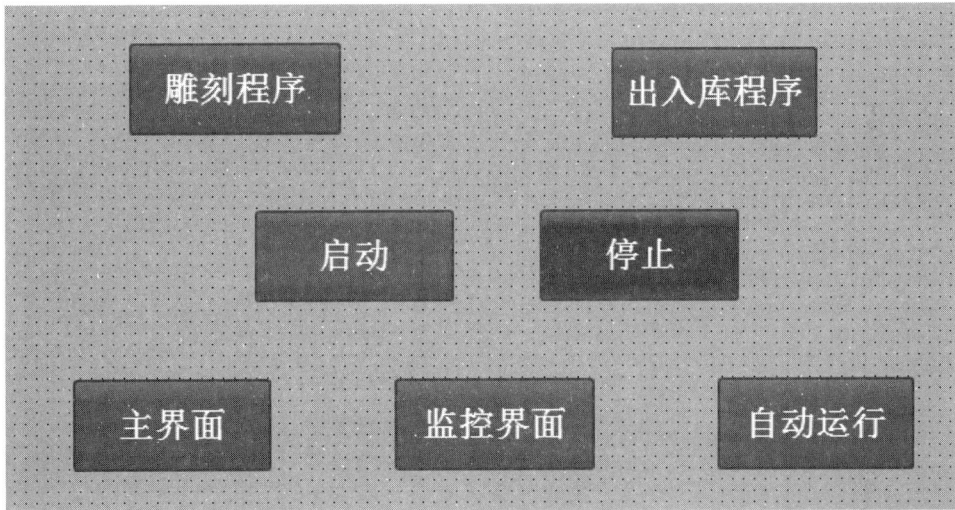

图 6-12　自动运行界面

三个界面设置完成后编译并下载。

项目验收

姓名		实施日期		分数	
项目名称	物料自动出库编程调试				
项目验收	**验收内容**			**完成情况**	
	1.能够创建工业机器人雕刻程序			□完成　□未完成	
	2.能够完成出入库程序创建			□完成　□未完成	
	3.能够完成 PLC 程序设计			□完成　□未完成	
	4.能够完成触摸屏画面设计			□完成　□未完成	
	5.能够实现全部功能			□完成　□未完成	

实训总结	实训过程	
	遇到问题	
	解决办法	
	心得体会	

信号关联表见表 6-4。

表 6-4 信号关联表

工业机器人端		信号方向	PLC 端			
输入信号			输出信号	信号方向	输入信号	信号说明
输入信号：通过总线输入	DI1（总线上的输入地址 0，按照顺序）	←	Q2.0	←	I0.0	仓库 1 有料
	DI2	←	Q2.1	←	I0.1	仓库 2 有料
	DI3	←	Q2.2	←	I0.2	仓库 3 有料
	DI4	←	Q2.3	←	I0.3	传送带初始位检测
	DI5	←	Q2.4	←	I0.4	传送带终点位检测
	DI6	←	Q2.5	←	IQ.5	安全光栅
	DI7（关联系统信号 Quick Stop）	←	Q2.6	←	I0.6	急停
	DI8（关联系统信号 Motor on）	←	Q2.7	←	I0.7	伺服上电
	DI9（关联系统信号 Motor off）	←	Q3.0	←	I1.0	伺服下电
	DI10（关联系统信号 Start）	←	Q3.1	←	M0.0	启动（通过触摸屏）
	DI21（地址 20）	←	Q4.4	←	M1.3	写字程序
	DI22（地址 21）	←	Q4.5	←	M1.4	出入库程序
	输出信号					
输出信号：DSQC652I/O 板	D01（打磨电机）		Q0.5			三色灯 - 红（停止）
	D02（传送带）		Q0.6			三色灯 - 黄（暂停）
	D03（夹爪控制）		Q0.7			三色灯 - 绿（运行）
	D04（快换）					
	D05（气缸）					
	D06（吸盘）					

续表

工业机器人端		信号方向	PLC 端			
	输入信号		输出信号	信号方向	输入信号	信号说明
输出信号：总线	D017（关联总线上的输出地址为 0，关联系统信号 Motors on State）	➡			I2.0(M10.0)	伺服上电反馈
	D018（关联总线上的输出地址为 1，关联系统信号 Auto on）	➡			I2.1(M10.1)	自动运行反馈